技能应用速成系列

AutoCAD 2022 中文版从入门到精通

（升级版）

赵洪雷　编著

电子工业出版社

Publishing House of Electronics Industry

北京·BEIJING

内 容 简 介

本书从实际应用和典型操作的角度出发，循序渐进地全面介绍了 AutoCAD 2022 的软件功能及其在几个主流应用领域的制图技能。本书采用"完全案例"的编写形式，兼具技术手册和应用技巧参考手册的特点，简明实用，逻辑清晰，是一本易学易用的参考书。

全书分 4 篇共 18 章，详细介绍了 AutoCAD 2022 软件界面及基础操作、二维辅助绘图功能、绘制点线图元、绘制圆弧与多边形、绘制边界、面域与图案填充、定义图块属性和外部参照、应用图层设计中心与选项板、标注图形尺寸与公差、输入图形文字表格与信息查询、三维设计环境、三维建模功能、三维编辑功能，以及 AutoCAD 在等轴测图设计、建筑设计、机械设计、室内装潢设计等领域的应用功能和图纸的后期输出技术。另外，书中的案例以视频演示方式进行讲解，使读者学习起来更加方便。

本书解说详细、操作实例通俗易懂、实用性和操作性极强、层次性和技巧性突出，既可以作为高等院校和社会培训机构的教材，也可以作为工程制图领域广大读者和工程技术人员的自学参考书。

图书在版编目（CIP）数据

AutoCAD 2022 中文版从入门到精通：升级版 / 赵洪雷编著. —北京：电子工业出版社，2021.7
（技能应用速成系列）

ISBN 978-7-121-41471-8

Ⅰ. ①A…　Ⅱ. ①赵…　Ⅲ. ①AutoCAD 软件　Ⅳ.①TP391.72

中国版本图书馆 CIP 数据核字（2021）第 124202 号

责任编辑：许存权

印　　刷：北京市大天乐投资管理有限公司
装　　订：北京市大天乐投资管理有限公司
出版发行：电子工业出版社
　　　　　北京市海淀区万寿路 173 信箱　　　邮编：100036
开　　本：787×1 092　1/16　印张：33.75　　字数：864 千字
版　　次：2021 年 7 月第 1 版
印　　次：2021 年 7 月第 1 次印刷
定　　价：89.00 元

凡所购买电子工业出版社图书有缺损问题，请向购买书店调换。若书店售缺，请与本社发行部联系，联系及邮购电话：（010）88254888，88258888。

质量投诉请发邮件至 zlts@phei.com.cn，盗版侵权举报请发邮件至 dbqq@phei.com.cn。

本书咨询联系方式：（010）88254484，xucq@phei.com.cn。

前　言

　　本书是"技能应用速成系列"丛书中的一本，全书以 AutoCAD 2022 为蓝本，全面、系统地介绍了 AutoCAD 的二维绘图、三维建模、图形标注、后期输出等软件功能，以及 AutoCAD 在建筑设计、机械设计、室内装潢设计等几个主要制图领域的实际应用功能，相信读者通过本书的学习，可以轻松、全面地掌握 AutoCAD 的软件功能，并将其应用到行业工作实践中，快速成为设计高手。

本书特点

　　★ **循序渐进、通俗易懂。**本书完全按照初学者的学习规律和习惯，由浅入深、由易到难安排每个章节的内容，可以让初学者在实战中掌握 AutoCAD 的基础知识及其在工程制图中的应用。

　　★ **案例丰富、技术全面。**本书的每一章都是 AutoCAD 的一个专题，每个案例都包含多个知识点。读者按照本书进行学习，同时可以举一反三，达到入门并精通的目的。

　　★ **视频教学、轻松掌握。**本书配有高清语音教学视频，手把手地精心讲解，并进行相关技巧点拨，使读者领悟并轻松掌握每个案例的操作要点，提高学习效率。

本书内容

全书为 4 篇共 18 章，详细介绍 AutoCAD 的基本绘图功能及其在主流应用领域中的应用。

1. 基础入门篇（第 1～5 章），系统讲述 AutoCAD 的基础入门知识。

第 1 章　初识 AutoCAD 2022　　　　　　　第 2 章　AutoCAD 辅助绘图功能
第 3 章　AutoCAD 点线绘制功能　　　　　　第 4 章　绘制圆、弧与多边形
第 5 章　绘制边界、面域与图案

2. 进阶篇（第 6～9 章），讲述 AutoCAD 软件的高级制图技能。

第 6 章　图块、属性与外部参照　　　　　　第 7 章　图层、设计中心与选项板
第 8 章　尺寸标注与公差　　　　　　　　　第 9 章　文字、表格与信息查询

3. 三维设计篇（第 10～12 章），讲述 AutoCAD 的三维制图功能。

第 10 章　AutoCAD 三维设计环境　　　　　第 11 章　AutoCAD 三维建模功能
第 12 章　AutoCAD 三维编辑功能

　　4. 工程案例应用篇（第 13～18 章），讲述 AutoCAD 在主要制图应用领域的实际应用技巧，将软件与专业有效地结合在一起。

第 13 章　AutoCAD 在等轴测图中的应用　　第 14 章　AutoCAD 在建筑制图中的应用

5．附录　附录列举了 AutoCAD 中一些常用的命令快捷键和系统变量。用户掌握这些快捷键和系统变量，可以有效地改善绘图的环境，提高绘图效率。

注：受限于本书篇幅，为保证图书内容的充实性，将第 17、18 章及附录内容放在配套资源中，以便读者学习。另外，本书默认单位为 mm。

技术服务

为了服务读者，编者在"算法仿真在线"公众号中为读者提供了 CAD/CAE/CAM 方面的技术资料分享服务，有需要的读者可关注"算法仿真在线"公众号。同时，还在公众号中提供技术答疑，解答读者在学习过程中遇到的疑难问题。读者也可以直接发邮件到编者邮箱 comshu@126.com，编者会尽快给予解答。另外，还为本书建立了 QQ 交流群（1056812562），方便读者之间学习交流。

资源下载：本书配套视频资源等均存储在百度云盘中，请根据以下网址进行下载。

链接：https://pan.baidu.com/s/1_B5MQ8llNWT9e-GxhgyB2Q

提取码：mzwb

目 录

第一篇　基础入门篇

第二篇 进 阶 篇

第三篇 三维设计篇

第四篇　工程案例应用篇

第一篇　基础入门篇

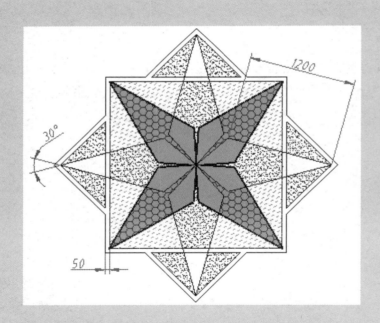

第1章

初识AutoCAD 2022

AutoCAD 2022 是 AutoCAD 系列家族的最新成员,本章主要介绍 AutoCAD 2022 的基本概念、应用范围、工作界面、命令执行、坐标输入及绘图文件的设置等基础知识,使读者对 AutoCAD 2022 有一个基础的了解和认识。

内容要点

- ◆ 了解 AutoCAD 2022 软件
- ◆ 认识 AutoCAD 2022 工作界面
- ◆ 了解命令及选项的执行特点
- ◆ 上机实训——绘制简单零件图
- ◆ 启动与退出 AutoCAD 2022 软件
- ◆ AutoCAD 文件的基本操作
- ◆ 掌握 AutoCAD 基本操作技能

1.1 了解 AutoCAD 2022 软件

在学习 AutoCAD 2022 软件之前，先简单介绍该软件的基本概念、应用范围及软件的启动和退出等知识。

AutoCAD 是一款集多种功能于一体的高精度计算机辅助设计软件，该软件具有功能强大、易于掌握、使用方便等特点，不仅在机械、建筑、服装和电子等领域得到了广泛的应用，而且在地理、气象、航天、造船石油、乐谱、灯光和广告等领域也得到了多方面的应用。目前，它已成为计算机 CAD 系统中应用较为广泛的图形软件。

AutoCAD 2022 是目前 AutoCAD 最新的一个版本，其中"Auto"是英文 Automation 的词头，意思是"自动化"；"CAD"是英语 Computer-Aided-Design 的缩写，意思是"计算机辅助设计"；而"2022"表示 AutoCAD 软件的版本号，表示 2022 年版。

1.2 启动与退出 AutoCAD 2022 软件

本节主要学习 AutoCAD 2022 软件的启动方式、工作空间、工作空间的切换及软件的安全退出方式等技能。

1.2.1 启动 AutoCAD 2022

当成功安装 AutoCAD 2022 绘图软件之后，可以通过以下几种方式启动 AutoCAD 2022 软件。

◇ 双击桌面上的软件图标 **A**。
◇ 选择"开始"→"所有程序"→"Autodesk"→"AutoCAD 2022"→"AutoCAD 2022-简体中文"命令。
◇ 双击"*.dwg"格式的文件。

启动 AutoCAD 2022 软件之后，即可进入该软件的工作界面，同时自动打开名为"Drawing1.dwg"的默认绘图文件。

1.2.2 了解与切换工作空间

AutoCAD 2022 软件为用户提供了多种工作空间。如果用户为 AutoCAD 初始用户，那么启动 AutoCAD 2022 后，会进入如图 1-1 所示的"草图与注释"工作空间，这种工作空间比较适合于二维制图。

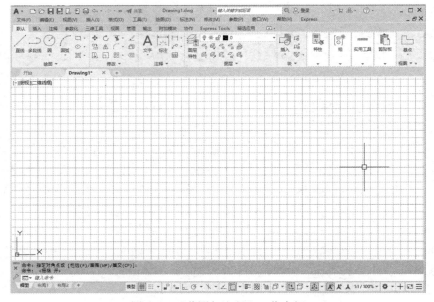

图 1-1   "草图与注释"工作空间

除"草图与注释"工作空间外，AutoCAD 2022 软件还为用户提供了"三维基础"和"三维建模"两种工作空间，其中"三维建模"工作空间如图 1-2 所示。

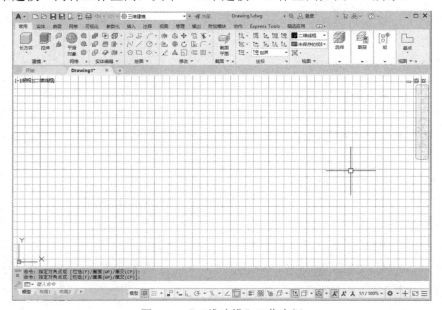

图 1-2   "三维建模"工作空间

在"三维建模"工作空间中，用户可以非常方便地访问新的三维功能，而且新窗口中的绘图区可以显示出渐变背景色、地平面或工作平面（UCS 的 XY 平面）及新的矩形栅格。

由于 AutoCAD 2022 软件为用户提供了多种工作空间，用户可以根据自己的绘图习惯和需要选择相应的工作空间，工作空间的切换方式有以下几种。

◇　单击标题栏中的  按钮，在展开的按钮菜单中选择相应的工作空间，如图 1-3 所示。

◇　选择"工具"→"工作空间"子菜单中的相应命令，如图 1-4 所示。

◇　单击状态栏中的 ✿▾ 按钮，从弹出的按钮菜单中选择相应的工作空间，如图 1-5 所示。

图 1-3　"工作空间"按钮菜单　　　　图 1-4　"工作空间"子菜单　　　　图 1-5　按钮菜单

⦂⦂⦂ 小技巧

无论选择何种工作空间，用户都可以在日后对其进行更改，也可以自定义并保存自定义的工作空间。

1.2.3　退出 AutoCAD 2022 软件

当退出 AutoCAD 2022 软件时，先要退出当前的 AutoCAD 文件，如果当前文件已经关闭，则可以使用以下几种方式退出 AutoCAD 软件。

◇　单击 AutoCAD 2022 标题栏中的窗口控制按钮 ✕ 。

◇　按 Alt+F4 组合键。

◇　选择菜单栏中的"文件"→"退出"命令。

◇　在命令行中输入"Quit"或"Exit"后，按 Enter 键。

◇　展开应用程序菜单，单击 退出 Autodesk AutoCAD 2022 按钮。

在退出 AutoCAD 2022 软件之前，如果未对当前的 AutoCAD 绘图文件进行保存，则系统将会弹出如图 1-6 所示的提示对话框。

图 1-6　AutoCAD 提示对话框

单击 是(Y) 按钮，将弹出"图形另存为"对话框，用于对图形进行命名保存；单击 否(N) 按钮，系统将放弃保存并退出 AutoCAD 2022 软件；单击 取消 按钮，系统将取消执行退出命令。

1.3　认识 AutoCAD 2022 工作界面

AutoCAD 具有良好的用户界面，从图 1-1 和图 1-2 所示的工作界面中可以看出，AutoCAD 2022 的工作界面主要包括标题栏、菜单栏、工具栏、绘图区、命令行、状态栏、功能区、选项板等，本节将简单讲述各组成部分的功能及其相关的操作。

1.3.1　应用程序菜单

单击 AutoCAD 2010 工作界面左上角中的 **A·** 按钮，弹出如图 1-7 所示的应用程序菜单，用户通过应用程序菜单可以快速访问一些常用工具、搜索常用命令和浏览最近使用的文档等。

图 1-7　应用程序菜单

1.3.2　标题栏

标题栏位于 AutoCAD 2022 工作界面的顶部，包括工作空间、快速访问工具栏、程序名称显示区、信息中心和窗口控制按钮等内容，如图 1-8 所示。

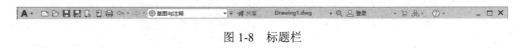

图 1-8　标题栏

◇ 单击 草图与注释 按钮，可以切换工作空间。

◇ "快速访问工具栏"不但可以快速访问某些命令，还可以添加、删除常用命令按钮、控制菜单栏的显示等。

◇ "程序名称显示区"主要用于显示当前正在运行的程序名和当前被执行的图形文件名称。

◇ "信息中心"可以快速获取所需信息、搜索所需资源等。

◇ "窗口控制按钮"位于标题栏最右端，主要有"最小化"按钮 、"恢复"按钮 、"最大化"按钮 和"关闭"按钮 ，分别用于控制 AutoCAD 窗口的大小和关闭。

1.3.3　菜单栏

菜单栏位于标题栏的下侧，如图 1-9 所示，AutoCAD 的常用制图工具和管理编辑等工具都分门别类地排列在这些菜单中，在主菜单项上单击，即可展开此菜单，然后将鼠标指针移至所需命令选项上单击，即可执行该命令。

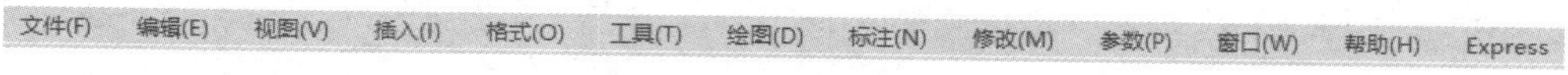

| 文件(F) | 编辑(E) | 视图(V) | 插入(I) | 格式(O) | 工具(T) | 绘图(D) | 标注(N) | 修改(M) | 参数(P) | 窗口(W) | 帮助(H) | Express |

图 1-9　菜单栏

AutoCAD 共为用户提供了"文件""编辑""视图""插入""格式""工具""绘图""标注""修改""参数""窗口"和"帮助"12 个菜单，各菜单的主要功能如下。

◇ "文件"菜单对图形文件进行设置、保存、清理、打印及发布等。

◇ "编辑"菜单对图形进行一些常规编辑，包括复制、粘贴、链接等。

◇ "视图"菜单主要用于调整和管理视图，以方便视图内图形的显示，便于查看和修改图形。

◇ "插入"菜单主要向当前文件引用外部资源，如块、参照、图像、布局及超链接等。

◇ "格式"菜单主要用于设置与绘图环境有关的参数和样式等，如绘图单位、颜色、线型及文字、尺寸样式等。

◇ "工具"菜单主要为用户设置了一些辅助工具和常规的资源组织管理工具。

◇ "绘图"菜单是一个二维和三维图元的绘制菜单，几乎所有的绘图和建模工具都组织在此菜单中。

◇ "标注"菜单是一个专门为图形标注尺寸的菜单，它包含了所有与尺寸标注相关的工具。

◇ "修改"菜单主要对图形进行修整、编辑、细化和完善。

◇ "参数"菜单主要为图形添加几何约束和标注约束。

◇ "窗口"菜单主要用于控制 AutoCAD 多文档的排列方式及 AutoCAD 工作界面元素的锁定状态。

◇ "帮助"菜单主要为用户提供一些帮助性的信息。

菜单栏最左端的图标是"菜单浏览器"图标；菜单栏最右端的图标按钮是 AutoCAD 文件的窗口控制按钮，如"最小化"按钮 ▬、"恢复"按钮 ❐、"最大化"按钮 ▢ 和"关闭"按钮 ✖。

▦ 小技巧

在默认设置下，菜单栏是隐藏的，当变量 MENUBAR 的值为 1 时，显示菜单栏；当变量 MENUBAR 的值为 0 时，隐藏菜单栏。

1.3.4　绘图区

绘图区位于 AutoCAD 2022 工作界面的正中央，如图 1-10 所示。绘图区是用户的工作区域，图形的设计与修改工作就是在绘图区中进行操作的。

在默认状态下，绘图区是一个无限大的电子屏幕，无论多大或多小尺寸的图形，都可以在绘图区中绘制和灵活显示。当用户移动鼠标指针时，绘图区会出现一个随光标移动的十字符号，此符号被称为"十字光标"，它是由"拾取点光标"和"选择光标"叠加而成的。其中"拾取点光标"是点的坐标拾取器，当执行绘图命令时，显示为拾取点光标；"选择光标"是对象拾取器，当选择对象时，显示为选择光标；当没有执行任何命令时，显示为十字光标，如图 1-11 所示。

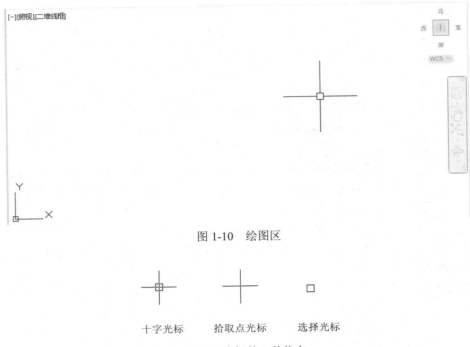

图 1-10　绘图区

十字光标　　　拾取点光标　　　选择光标

图 1-11　光标的 3 种状态

在绘图区左下部有 3 个标签，即模型、布局 1、布局 2，分别代表两种绘图空间，即模型空间和布局空间。"模型"标签代表当前绘图区窗口是处于模型空间，通常在模型空间进行绘图。"布局 1"和"布局 2"是默认设置下的布局空间，主要用于图形的打印输出。用户可以通过单击标签，在这两种操作空间中进行切换。

1.3.5　命令行

绘图区的下侧是 AutoCAD 独有的窗口组成部分，即命令行，它是用户与 AutoCAD 软件进行数据交流的平台，主要功能是用于提示和显示用户当前的操作步骤，如图 1-12 所示。

图 1-12　命令行

命令行分为命令输入窗口和命令历史窗口两部分，上面两行是命令历史窗口，用于记录执行过的操作信息；下面一行是命令输入窗口，用于提示输入命令或命令选项。

小技巧

　　由于命令历史窗口的内容显示有限，如果需要直观快速地查看更多的历史信息，则可以通过 F2 功能键，系统会以文本窗口的形式显示历史信息，如图 1-13 所示，再次按 F2 功能键，即可关闭文本窗口。

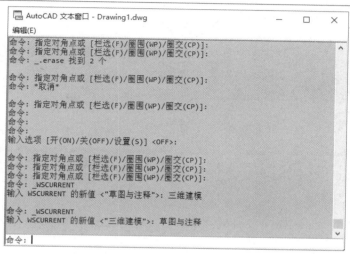

图 1-13　文本窗口

1.3.6　状态栏

　　状态栏位于 AutoCAD 2022 工作界面的底部，它由坐标读数器、辅助功能区、状态栏菜单 3 部分组成，如图 1-14 所示。

图 1-14　状态栏

　　状态栏左端为坐标读数器，用于显示十字光标所处位置的坐标值；坐标读数器右端为辅助功能区，辅助功能区左端的按钮主要用于控制点的精确定位和追踪；中间的按钮主要用于快速查看布局、查看图形、定位视点、注释比例等；右端的按钮主要用于对工具栏、窗口等固定工作空间切换及绘图区的全屏显示等。

　　单击状态栏右端的 ☰ 按钮，将打开如图 1-15 所示的状态栏菜单，状态栏菜单中的各选项与状态栏中的各按钮功能一致，用户可以通过菜单项及菜单中的功能键对辅助按钮的开关状态进行控制。

图 1-15　状态栏菜单

1.3.7　功能区

　　功能区主要出现在"草图与注释""三维建模""三维基础"等工作空间中，它代替了 AutoCAD 众多的工具栏，以面板的形式将各工具按钮分门别类地集合在选项卡中，如图 1-16 所示。

图 1-16　功能区

用户在调用工具时，只需在功能区中展开相应的选项卡，然后在所需面板中单击相应按钮即可。由于在使用功能区时，无须再显示 AutoCAD 的工具栏，这样会使得应用程序窗口变得单一、简洁有序。通过单一简洁的界面，功能区还可以将可用的工作区域最大化。

1.4　AutoCAD 文件的基本操作

本节主要学习 AutoCAD 文件的基本操作功能，如新建、保存、另存为、打开与清理等。

1.4.1　新建绘图文件

当启动 AutoCAD 2022 软件后，系统会自动打开一个名为"Drawing1.dwg"的绘图文件，如果用户需要重新创建一个绘图文件，则需要使用"新建"命令。

● "新建"命令的执行方式

执行"新建"命令主要有以下几种方式。

◇　单击"快速访问"工具栏→"新建"按钮□。
◇　选择菜单栏中的"文件"→"新建"命令。
◇　单击"标准"工具栏→"新建"按钮□。
◇　在命令行中输入 New 后按 Enter 键。
◇　按 Ctrl+N 组合键。

执行"新建"命令后，弹出如图 1-17 所示的"选择样板"对话框。在此对话框中，为用户提供了多种基本样板文件，其中"acadISO-Named Plot Styles"和"acadiso"都是公制单位的样板文件，两者的区别在于前者使用的打印样式为"命名打印样式"，后者使用的打印样式为"颜色相关打印样式"，用户可以根据需求进行选择。

选择"acadISO-Named Plot Styles"或"acadiso"样板文件后单击 打开(0) 按钮，即可创建一个新的空白文件，进入 AutoCAD 默认设置的二维界面。

> **小技巧**
>
> 如果用户需要创建一个三维操作空间的公制单位绘图文件，则可以执行"新建"命令，在弹出的"选择样板"对话框中选择"acadISO–Named Plot Styles3D"或"acadiso3D"样板文件作为基础样板，即可创建三维绘图文件，进入如图 1-18 所示的三维工作空间。

图 1-17 "选择样板"对话框

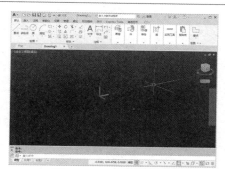
图 1-18 三维工作空间

● **使用"无样板"方式新建文件**

AutoCAD 为用户提供了"无样板"方式创建绘图文件的功能，具体操作就是在"选择样板"对话框中单击 打开(Q) ▼ 下拉按钮，打开如图 1-19 所示的按钮菜单，在按钮菜单中选择"无样板打开—公制"命令，即可快速新建一个公制单位的绘图文件。

图 1-19 打开下拉按钮菜单

1.4.2 保存绘图文件

"保存"命令将绘制的图形以文件的形式进行保存，保存绘图文件的目的是为了方便以后查看、使用或修改编辑等。

执行"保存"命令主要有以下几种方式。

- ✧ 单击"快速访问"工具栏→"保存"按钮 🖫。
- ✧ 选择菜单栏中的"文件"→"保存"命令。
- ✧ 单击"标准"工具栏→"保存"按钮 🖫。
- ✧ 在命令行中输入 Save 后按 Enter 键。
- ✧ 按 Ctrl+S 组合键。

执行"保存"命令后，弹出如图 1-20 所示的"图形另存为"对话框，在此对话框中，可以进行如下操作。

- ✧ 设置保存路径。单击"保存于"下拉按钮，在展开的下拉列表中设置保存路径。
- ✧ 设置文件名。在"文件名"文本框中输入文件的名称，如"Drawing4.dwg"。
- ✧ 设置文件类型。单击"文件类型"下拉按钮，在展开的下拉列表中设置文件类型，如图 1-21 所示。

设置完路径、文件名及文件类型后，单击 保存(S) 按钮，即可将当前文件保存。

图 1-20 "图形另存为"对话框

图 1-21 设置文件类型

⊞⊞ 小技巧

默认的存储类型为"AutoCAD 2022 图形（*.dwg）"，使用此种格式将文件保存后，只能被 AutoCAD 2022 及其以后的版本所打开，如果用户需要在 AutoCAD 早期版本中打开此文件，必须使用为低版本的文件格式进行保存。

1.4.3 另存绘图文件

当用户在已保存图形的基础上进行了其他的修改工作后，又不想将原来的图形覆盖，可以使用"另存为"命令，将修改后的图形以不同的路径或不同的文件名进行保存。

执行"另存为"命令主要有以下几种方式。

- ✧ 选择菜单栏中的"文件"→"另存为"命令。
- ✧ 单击"快速访问"工具栏→"另存为"按钮 🖫。
- ✧ 在命令行中输入 Save As 后按 Enter 键。
- ✧ 按 Ctrl+Shift+S 组合键。

1.4.4 打开已经保存的文件

当用户需要查看、使用或编辑已经保存的图形文件时，可以使用"打开"命令，将此图形所在的文件打开。

执行"打开"命令主要有以下几种方式。

◇ 单击"快速访问"工具栏→"打开"按钮🗁。

◇ 选择菜单栏中的"文件"→"打开"命令。

◇ 单击"标准"工具栏→"打开"按钮🗁。

◇ 在命令行中输入 Open 后按 Enter 键。

◇ 按 Ctrl+O 组合键。

执行"打开"命令后，系统将弹出"选择文件"对话框，在此对话框中选择需要打开的图形文件，如图 1-22 所示。单击 打开(0) 按钮，即可将此文件打开。

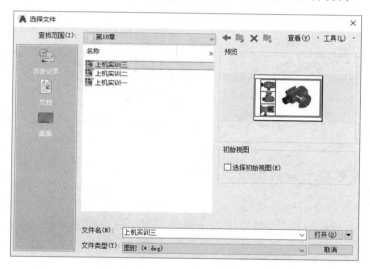

图 1-22 "选择文件"对话框

1.4.5 清理垃圾文件

有时为了给图形文件"减肥"，以减小图形文件的存储空间，可以使用"清理"命令，将图形文件内部的一些无用垃圾资源（如图层、样式、图块等）进行清理。

执行"清理"命令主要有以下几种方式。

◇ 选择菜单栏中的"文件"→"图形实用程序"→"清理"命令。

◇ 在命令行中输入 Purge 后按 Enter 键。

◇ 使用命令表达式的缩写 PU。

执行"清理"命令，弹出如图 1-23 所示的"清理"对话框，在此对话框中，带有"+"号的选项，表示该选项内含有未使用的垃圾项目，单击该选项将其展开，即可选择需要清理的项目，如果用户需要清理文件中所有未使用的垃圾项目，则可以单击对话框底部的 全部清理(A) 按钮。

图 1-23 "清理"对话框

1.5 了解命令及选项的执行特点

每种软件都有多种命令的执行特点，就 AutoCAD 绘图软件而言，其命令行特点有以下几种。

● 通过菜单栏与快捷菜单执行命令

选择菜单中的命令是一种比较传统、常用的命令启动方式。另外，为了更加方便地启动某些命令，AutoCAD 也为用户提供了快捷菜单。所谓快捷菜单，就是单击鼠标右键弹出的快捷菜单，选择快捷菜单中的命令，即可快速执行相应的功能。根据操作过程的不同，快捷菜单归纳起来共有 3 种。

- ◇ 默认模式菜单。此种菜单是在没有执行命令的前提下或没有选择对象的情况下，单击鼠标右键弹出的快捷菜单。
- ◇ 编辑模式菜单。此种菜单是在有一个或多个对象被选择的情况下，单击鼠标右键弹出的快捷菜单。
- ◇ 模式菜单。此种菜单是在一个命令执行的过程中，单击鼠标右键弹出的快捷菜单。

● 通过工具栏与功能区执行命令

与其他计算机软件一样，单击工具栏或功能区中的按钮也是一种常用、快捷的命令启动方式。通过形象而又直观的按钮代替了 AutoCAD 的命令，远比那些复杂烦琐的菜单命令更为方便直接，用户只需将光标放在按钮上，系统就会自动显示出该按钮所代表的命令，单击按钮即可执行该命令。

● **在命令行输入命令表达式**

所谓"命令表达式",就是 AutoCAD 的英文命令,用户只需在命令行的输入窗口中输入 AutoCAD 命令的英文表达式,然后再按 Enter 键,就可以启动命令。这是一种比较原始的方式,也是一种很重要的方式。

如果用户需要执行命令中的选项功能,则可以在相应步骤提示下,在命令行输入窗口中输入该选项的代表字母,然后按 Enter 键,也可以使用快捷菜单方式启动命令的选项功能。

● **使用功能键与快捷键**

功能键与快捷键是较为快捷的一种命令启动方式。每一种软件都配置了一些命令快捷键,在表 1-1 中列出了 AutoCAD 自身设定的一些命令快捷键,在执行这些命令时只需要按下相应的快捷键即可。

表 1-1　部分 AutoCAD 的命令快捷键

快 捷 键	功　能	快 捷 键	功　能
F1	AutoCAD 帮助	Ctrl+N	新建文件
F2	打开文本窗口	Ctrl+O	打开文件
F3	对象捕捉开关	Ctrl+S	保存文件
F4	三维对象捕捉开关	Ctrl+P	打印文件
F5	等轴测平面转换	Ctrl+Z	撤销上一步操作
F6	动态 UCS	Ctrl+Y	重复撤销的操作
F7	栅格开关	Ctrl+X	剪切
F8	正交开关	Ctrl+C	复制
F9	捕捉开关	Ctrl+V	粘贴
F10	极轴开关	Ctrl+K	超级链接
F11	对象追踪开关	Ctrl+0	全屏
F12	动态输入	Ctrl+1	特性管理器
Delete	删除	Ctrl+2	设计中心
Ctrl+A	全选	Ctrl+3	特性
Ctrl+4	图纸集管理器	Ctrl+5	信息选项板
Ctrl+6	数据库连接	Ctrl+7	标记集管理器
Ctrl+8	快速计算器	Ctrl+9	命令行
Ctrl+W	选择循环	Ctrl+Shift+P	快捷特性
Ctrl+Shift+I	推断约束	Ctrl+Shift+C	带基点复制
Ctrl+Shift+V	粘贴为块	Ctrl+Shift+S	另存为

另外,AutoCAD 还有一种更为方便的命令快捷键,即命令表达式的缩写。严格地说,它算不上是命令快捷键,但是使用命令表达式的缩写的确能起到快速执行命令的作用,所以也称其为快捷键,不过使用此类快捷键时需要配合 Enter 键。例如,"直线"命令的英文缩写为"L",用户只需按下 L 键后再按 Enter 键,就能执行画线命令。

1.6 掌握 AutoCAD 基本操作技能

本节主要学习 AutoCAD 的基本操作技能，使读者快速了解和应用 AutoCAD 软件，以便绘制一些简单的图形。

1.6.1 图形对象的基本选择技能

图形对象的选择是 AutoCAD 重要的基本技能之一，它常用在对图形对象（以下简称对象）编辑之前，下面简单介绍几种常用的对象选择技能。

- **点选**

点选是比较简单的一种对象选择方式，此方式一次仅能选择一个对象。在命令行"选择对象："的提示下，系统自动进入点选模式，此时鼠标指针变为矩形选择框形状，将矩形选择框放在对象的边沿上单击，即可选择该图形，被选择的图形对象以虚线显示，其结果如图 1-24 所示。

图 1-24　点选结果

- **窗口选择**

窗口选择是一种常用的选择方式，使用此方式可以一次选择多个对象。在命令行"选择对象："的提示下从左向右拉出矩形选择框，此选择框即为窗口选择框，窗口选择框以实线显示，内部以浅蓝色填充，如图 1-25 所示。

当指定窗口选择框的对角点之后，所有完全位于窗口选择框内的对象都能被选择，其结果如图 1-26 所示。

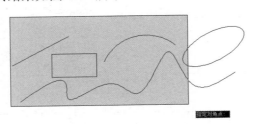

图 1-25　窗口选择框

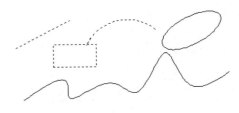

图 1-26　窗口选择结果

- **窗交选择**

窗交选择是使用频率非常高的选择方式，使用此方式也可以一次选择多个对象。在命令行"选择对象："提示下从右向左拉出矩形选择框，此选择框即为窗交选择框，窗交选择框以虚线显示，内部以绿色填充，如图 1-27 所示。

当指定窗交选择框的对角点之后，所有与窗交选择框相交和完全位于窗交选择框内的对象都能被选择，其结果如图 1-28 所示。

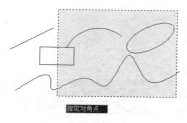

图 1-27　窗交选择框

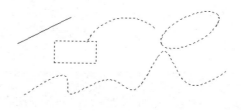

图 1-28　窗交选择结果

1.6.2　坐标点的精确输入技能

在绘图过程中，坐标点的精确输入主要包括"绝对直角坐标""绝对极坐标""相对直角坐标"和"相对极坐标"4 种。

● 绝对直角坐标

绝对直角坐标是以原点（0,0）为参照点定位所有的点。其表达式为（x,y），用户可以通过输入点的实际 X、Y 坐标值来定义点的坐标。在如图 1-29 所示的坐标系中，B 点的 X 坐标值为 3（该点在 X 轴上的垂足点到原点的距离为 3 个单位），Y 坐标值为 1（该点在 Y 轴上的垂足点到原点的距离为 1 个单位），那么 B 点的绝对直角坐标表达式为（3,1）。

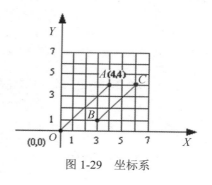

图 1-29　坐标系

● 绝对极坐标

绝对极坐标是以原点作为极点，通过相对于原点的极长和角度来定义点，其表达式为（L<α）。在如图 1-29 所示的坐标系中，假若直线 OA 的长度用 L 表示，直线 OA 与 X 轴正方向夹角用 α 表示，如果这两个参数都明确，就可以使用绝对极坐标来表示 A 点，即（L<α）。

● 相对直角坐标

相对直角坐标就是某一点相对于 X 轴、Y 轴方向上的坐标变化。其表达式为（@x,y）。在实际绘图中常把上一点看作参照点，后续绘图操作是相对于前一点进行的。

例如，在如图 1-29 所示的坐标系中，C 点的绝对直角坐标为（6,4），如果以 A 点作为参照点，使用相对直角坐标表示 C 点，那么表达式为（@6-4,4-4）=（@2,0）。

> **▦ 小技巧**
>
> AutoCAD 为用户提供了一种变换相对直角坐标的方法，只要在输入的坐标值前添加"@"符号，就表示该坐标值是相对于前一点的相对直角坐标。

Note

● **相对极坐标**

相对极坐标是通过相对于参照点的极长距离和偏移角度来表示的，其表达式为 $(@L<\alpha)$，L 表示极长，α 表示角度。

例如，在如图 1-29 所示的坐标系中，如果以 A 点作为参照点，使用相对极坐标表示 C 点，那么表达式为（$@2<0$），其中 2 表示 C 点和 A 点的极长距离为 2 个单位，偏移角度为 0°。

> **小技巧**
>
> 在默认设置下，AutoCAD 是以 X 轴正方向作为 0° 的起始方向进行逆时针方向计算的，如果在如图 1-29 所示的坐标系中，以 C 点作为参照点，使用相对极坐标表示 A 点，则表达式为（$@2<180$ ）。

> **小技巧**
>
> 在输入相对极坐标时，可配合状态栏中的"动态输入"功能，系统将会自动在坐标值前添加"@"符号，而不需要再手动输入此符号。单击状态栏中的 ⁺ 按钮，或者按 F12 功能键，都可执行状态栏中的"动态输入"功能。

1.6.3 视图的平移与实时缩放

本节主要学习两个最基本的视图调整工具，即"平移"和"实时缩放"。

● **视图的平移**

图 1-30 "平移"子菜单中的命令

使用视图的平移工具可以对视图进行平移，以方便观察视图内的图形。选择"视图"→"平移"子菜单中的各命令，如图 1-30 所示，可执行各种平移操作。

各菜单项功能如下。

◇ "实时"用于将视图随着光标的移动而平移，也可以在"标准工具栏"中单击 🖐 按钮，以执行实时平移操作。

◇ "点"平移是根据指定的基点和目标点平移视图。在定点平移时，需要指定两点，第一点作为基点，第二点作为位移的目标点，平移视图中的图形。

◇ "左""右""和"下"平移命令分别用于在 X 轴和 Y 轴方向上移动视图。

> **小技巧**
>
> 执行"实时"平移命令后光标变为 🖐 形状，此时可以按住鼠标左键向需要的方向平移视图，在任何时候都可以按 Enter 键或 Esc 键停止平移。

● **实时缩放**

选择菜单栏中的"视图"→"缩放"→"实时"命令，都可以执行"实时缩放"功能，屏幕上将出现一个放大镜形状的光标，此时便进入了实时缩放状态，按住鼠标左键向下拖动鼠标，视图会缩小显示；按住鼠标左键向上拖动鼠标，视图会放大显示。

1.6.4　几个相关的快捷键

在 AutoCAD 绘图过程中，常用到的快捷键主要有 Enter、Space、Delete、Esc。当在命令行输入某个命令表达式后，按 Enter 键或 Space 键，可以执行该命令；在执行命令过程中，按 Enter 键或 Space 键可以执行命令中的选项功能，而按 Esc 键则终止命令。

在无命令执行的前提下选择了某图形后，按 Delete 键可以将图形删除，因此 Delete 键的功能等同于"删除"命令。

1.6.5　几个最初级的制图命令

本节学习几个最初级的制图命令，主要有"直线""移动""删除""放弃"和"重做"等命令。

● **"直线"命令**

"直线"命令是一个常用的画线工具，使用此命令可以绘制一条或多条直线，每条直线都被看作是一个独立的对象。

执行"直线"命令主要有以下几种方式。

◇　单击"默认"选项卡→"绘图"面板→"直线"按钮 ╱ 。
◇　选择菜单栏中的"绘图"→"直线"命令。
◇　单击"绘图"工具栏→"直线"按钮 ╱ 。
◇　在命令行中输入 Line 后按 Enter 键。
◇　使用快捷键 L。

下面通过绘制边长为 100 的正三角形，学习使用"直线"命令和绝对直角坐标的输入功能，操作步骤如下。

Step 01 使用"实时平移"功能，将坐标系图标平移至绘图区中央。

Step 02 单击"默认"选项卡→"绘图"面板→"直线"按钮 ╱ ，执行"直线"命令。

Step 03 执行"直线"命令后，根据 AutoCAD 命令行的步骤提示，配合绝对直角坐标精确画图，命令行操作如下。

```
命令: _line
指定第一点:                    //0,0 Enter, 以原点作为起点
指定下一点或 [放弃(U)]:        //100,0 Enter, 定位第二点
指定下一点或 [放弃(U)]:        //100<120 Enter, 定位第三点
指定下一点或 [闭合(C)/放弃(U)]: //c Enter, 闭合图形
```

Note

Step 04 绘制结果如图 1-31 所示。

图 1-31　绘制结果

● "移动"命令

"移动"命令用于将目标对象从一个位置移动到另一个位置，源对象的尺寸及形状均不会发生变化，改变的仅仅是对象的位置。

执行"移动"命令主要有以下几种方式。

◇　单击"默认"选项卡→"修改"面板→"移动"按钮 ✛。

◇　选择菜单栏中的"修改"→"移动"命令。

◇　单击"修改"工具栏→"移动"按钮 ✛。

◇　在命令行中输入 Move 后按 Enter 键。

◇　使用快捷键 M。

在移动对象时，一般需要配合点的捕捉功能或坐标的输入功能，进行精确的位移对象操作。下面学习使用"移动"命令，操作步骤如下。

Step 01 单击"快速访问"工具栏→"打开"按钮 🗁，打开配套资源中的"素材文件\1-1.dwg"，如图 1-32 所示。

Step 02 单击"默认"选项卡→"修改"面板→"移动"按钮 ✛，执行"移动"命令，对矩形进行位移，命令行操作如下。

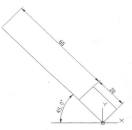

图 1-32　打开素材文件

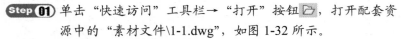
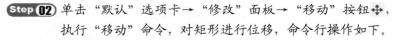

```
命令：_move
选择对象：                              //选择如图 1-33 所示的矩形
选择对象：                              //Enter，结束对象的选择
指定基点或 [位移(D)] <位移>：           //0,0 Enter，定位基点
指定第二个点或 <使用第一个点作为位移>：  //65<135 Enter，定位目标点
```

Step 03 位移结果如图 1-34 所示。

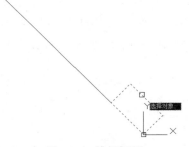

图 1-33　选择矩形

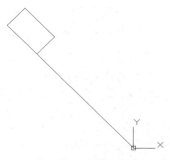

图 1-34　位移结果

● "删除"命令

"删除"命令用于将不需要的图形删除。执行该命令后，选择需要删除的图形，右击或按 Enter 键，即可将图形删除。此命令相当于手工绘图时使用的橡皮擦，用于擦除无用的图形。

执行"删除"命令主要有以下几种方式。

- ◇ 单击"默认"选项卡→"修改"面板→"删除"按钮 。
- ◇ 选择菜单栏中的"修改"→"删除"命令。
- ◇ 单击"修改"工具栏→"删除"按钮 。
- ◇ 在命令行中输入 Erase 后按 Enter 键。
- ◇ 使用快捷键 E。

● "放弃"命令和"重做"命令

当用户需要撤销或恢复已执行过的操作步骤时，可以使用"放弃"命令和"重做"命令。其中"放弃"命令用于撤销所执行的操作，"重做"命令用于恢复所撤销的操作。AutoCAD 支持用户无限次放弃或重做操作，而且"重做"命令必须紧跟"放弃"命令。

单击"标准"工具栏或"快速访问"工具栏→"放弃"按钮 ，或者选择菜单栏中的"编辑"→"放弃"命令，又或者在命令行中输入"Undo"或"U"，即可执行"放弃"命令。

同样，单击"标准"工具栏或"快速访问"工具栏→"重做"按钮 ，或者选择菜单栏中的"编辑"→"重做"命令，又或者直接在命令行中输入"Redo"，即可执行"重做"命令，恢复放弃的操作。

1.7 上机实训——绘制简单零件图

下面通过绘制如图 1-35 所示的简单零件图，体验一下文件的新建、图形的绘制及文件的存储等图形设计的整个操作流程，同时掌握 AutoCAD 一些基本工具的使用方法和一些基本的软件操作技能。

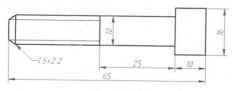

图 1-35　绘制简单零件图

操作步骤如下。

Step 01 单击"快速访问"工具栏→"新建"按钮 ，在弹出的"选择样板"对话框中选择如图 1-36 所示的样板文件作为基础样板。

Step 02 单击 打开(O) 按钮，即可创建一个公制单位的空白文件。

Step 03 选择菜单栏中的"视图"→"平移"→"实时"命令，将坐标系图标进行平移，平移结果如图 1-37 所示。

图 1-36 "选择样板"对话框

图 1-37 平移结果

Step 04 按 F12 功能键，关闭状态栏中的"动态输入"功能。

Step 05 单击"默认"选项卡→"绘图"面板→"直线"按钮 ╱，执行"直线"命令，使用坐标点的定位功能绘制中间的轮廓线，命令行操作如下。

```
命令：_line
指定第一点：                        //0,0 Enter，以原点作为起点
指定下一点或 [放弃(U)]：             //52.8,0 Enter，输入第二点坐标
指定下一点或 [放弃(U)]：             //52.8,10 Enter，输入第三点坐标
指定下一点或 [闭合(C)/放弃(U)]：      //0,10 Enter，输入第四点坐标
指定下一点或 [闭合(C)/放弃(U)]：      //c Enter，闭合图形，绘制结果如图 1-38 所示
```

图 1-38 绘制结果（1）

Step 06 由于图形显示得太小，可以将其放大显示。选择菜单栏中的"视图"→"缩放"→"实时"命令，执行实时缩放操作，此时当前鼠标指针变为一个放大镜形状，如图 1-39 所示。

图 1-39 执行实时缩放操作

Step 07 按住鼠标左键不放，慢慢向右上方拖曳，此时图形被放大显示，如图 1-40 所示。

图 1-40 实时缩放结果

小技巧

如果拖曳一次，图形还是不够清楚时，则可以连续拖曳，进行连续缩放。

Step 08 当图形被放大显示后，图形的位置可能会出现偏置现象，为了美观，可以将其移至绘图区中央。单击"标准"工具栏中的"实时平移"按钮，执行实时平移操作。

Step 09 此时鼠标指针变为手状，按住鼠标左键不放，将图形平移至绘图区中央，如图 1-41 所示。

图 1-41 实时平移结果

Step 10 右击，从弹出的快捷键菜单中选择"退出"命令，如图 1-42 所示，退出当前命令操作。

Step 11 在命令行中输入 Line 后按 Enter 键，重复执行"直线"命令，使用坐标点的定位功能绘制右端的轮廓线，命令行操作如下。

```
命令: _line                      //Enter，执行"直线"命令
指定第一点:                       //0,-3 Enter，定位起点
指定下一点或 [放弃(U)]:            //10,-3 Enter，输入第二点坐标
指定下一点或 [放弃(U)]:            //10,13 Enter，输入第三点坐标
指定下一点或 [闭合(C)/放弃(U)]:    //0,13 Enter，输入第四点坐标
指定下一点或 [闭合(C)/放弃(U)]:    //c Enter，闭合图形，绘制结果如图 1-43 所示
```

图 1-42 快捷菜单

图 1-43 绘制结果（2）

Step 12 单击"默认"选项卡→"修改"面板→"移动"按钮✛，将刚绘制的轮廓线进行位移，命令行操作如下。

```
命令：_move
选择对象：                    //拉出如图1-44所示的窗交选择框，选择结果如图1-45所示
```

图1-44 窗交选择框　　　　　　　　　　图1-45 选择结果

```
选择对象：                    //单击如图1-46所示的水平直线
选择对象：                    // Enter
指定基点或 [位移(D)] <位移>：   //0,0 Enter
指定第二个点或 <使用第一个点作为位移>： //52.8,0 Enter，位移结果如图1-47所示
```

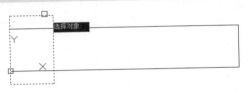

图1-46 选择水平直线

图1-47 位移结果

Step 13 执行"直线"命令，配合绝对直角坐标和绝对极坐标输入法绘制左端的轮廓线，命令行操作如下。

```
命令：_line                   //Enter，执行"直线"命令
指定第一点：                   //0,0 Enter，定位起点
指定下一点或 [放弃(U)]：        //-2.2,1.5 Enter，输入第二点坐标
指定下一点或 [放弃(U)]：        //-2.2,8.5 Enter，输入第三点坐标
指定下一点或 [闭合(C)/放弃(U)]： //10<90 Enter，输入第四点坐标
指定下一点或 [闭合(C)/放弃(U)]： //Enter，绘制结果如图1-48所示
```

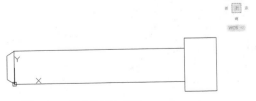

图1-48 绘制结果（3）

Step 14 重复执行"直线"命令，配合绝对直角坐标输入法绘制内部的轮廓线，命令行操作
如下。

```
命令: _line
指定第一点:                    //-2.2,1.5
指定下一点或 [放弃(U)]:         //27.8,1.5
指定下一点或 [放弃(U)]:         //Enter
命令: _line                    //Enter
指定第一点:                    //-2.2,8.5 Enter
指定下一点或 [放弃(U)]:         //27.8,8.5 Enter
指定下一点或 [放弃(U)]:         //Enter
命令: _line                    //Enter
指定第一点:                    //27.8,0 Enter
指定下一点或 [放弃(U)]:         //27.8,10 Enter
指定下一点或 [放弃(U)]:         //Enter，绘制结果如图 1-49 所示
```

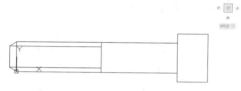

图 1-49　绘制结果（4）

Step 15 选择菜单栏中的"视图"→"显示"→"UCS 图标"→"开"命令，隐藏坐标系图
标，结果如图 1-50 所示。

Step 16 按 Ctrl+S 组合键，执行"保存"命令，在弹出的"图形另存为"对话框中，设置保
存路径及文件名，如图 1-51 所示，将图形命名存储为"上机实训——绘制简单零件
图.dwg"。

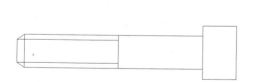

图 1-50　隐藏坐标系图标

图 1-51　"图形另存为"对话框

1.8　小结与练习

1.8.1　小结

本章主要介绍了 AutoCAD 2022 软件的启动与退出、工作界面、文件的基础操作及

坐标点的精确定位等，并通过一个完整、简单的实例，对本章知识进行了全面贯穿和综合巩固，引导读者亲自动手操作 AutoCAD 2022 软件，并掌握和体验一些基本的软件操作技能。

1.8.2　练习题

（1）绘制如图 1-52 所示的图形，将此图形命名并保存。

（2）绘制如图 1-53 所示的图形，将此图形命名并保存。

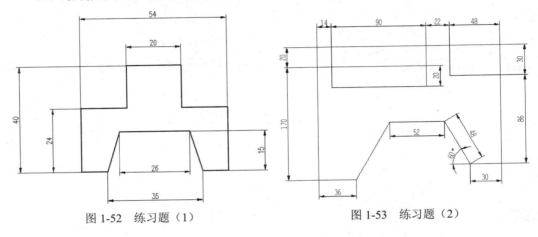

图 1-52　练习题（1）　　　　　　　图 1-53　练习题（2）

第2章

AutoCAD辅助绘图功能

　　通过对第1章内容的学习，读者轻松了解和体验了 AutoCAD 基本的绘图流程，但是如果想要更加方便灵活、高效精确地自由操控 AutoCAD 软件，还必须了解和掌握一些基础的设置技能，熟练掌握这些基础技能，不仅能为图形的绘制和编辑奠定良好的基础，而且也为精确绘图及简单方便地管理图形提供了条件。

内容要点

◆ 界面元素的实时设置
◆ AutoCAD 辅助定位功能
◆ AutoCAD 视图缩放功能

◆ 绘图环境的设置
◆ AutoCAD 相对追踪功能
◆ 上机实训——辅助绘图功能的综合练习

2.1 界面元素的实时设置

本节主要学习 AutoCAD 界面元素的设置技能，具体有设置绘图区域的背景、设置十字光标的大小、设置拾取靶框的大小及坐标系图标的设置与隐藏等。

2.1.1 设置绘图区域的背景

在默认设置下，绘图区背景色为深灰色，用户可以选择菜单栏中的"工具"→"选项"命令更改绘图区背景色。下面通过将绘图区背景色更改为白色，学习该操作技能，操作步骤如下。

Step 01 选择菜单栏中的"工具"→"选项"命令，弹出如图 2-1 所示的"选项"对话框。

小技巧

在绘图区中右击，从弹出的快捷菜单中选择"选项"命令，如图 2-2 所示，也可以弹出"选项"对话框。

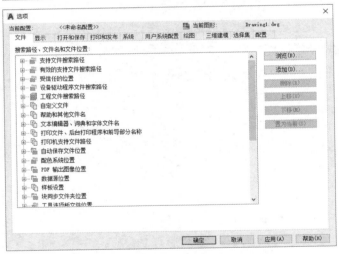

图 2-1 "选项"对话框   图 2-2 选择"选项"命令

Step 02 在"选项"对话框中选择"显示"选项卡，然后在如图 2-3 所示的"窗口元素"选项组中单击 颜色(C)... 按钮，弹出"图形窗口颜色"对话框，如图 2-4 所示。

Step 03 在"图形窗口颜色"对话框中展开"颜色"下拉列表，将窗口颜色设置为白色。

Step 04 单击 应用并关闭(A) 按钮，返回"选项"对话框。

Step 05 单击 确定 按钮，绘图区的背景色显示为白色，设置结果如图 2-5 所示。

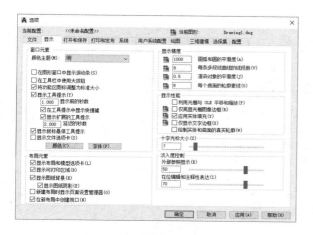

图 2-3　"显示"选项卡

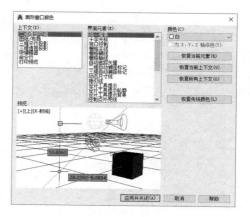

图 2-4　"图形窗口颜色"对话框

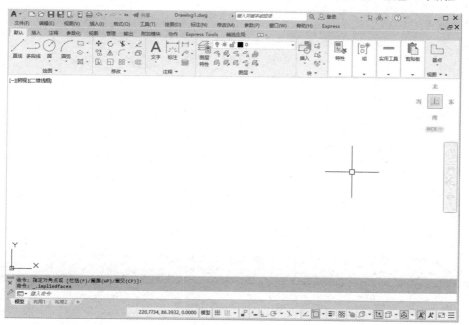

图 2-5　设置结果

2.1.2　设置十字光标的大小

　　使用"选项"命令不但可以设置绘图区的背景色，还可以设置绘图区十字光标的大小。下面通过将十字光标的值设置为 100，学习十字光标大小的设置技能，操作步骤如下。

Step 01 选择菜单栏中的"工具"→"选项"命令，弹出"选项"对话框。

Step 02 在"选项"对话框中选择"显示"选项卡。

Step 03 在"十字光标大小"选项组中设置十字光标大小的值为 100，如图 2-6 所示。

Step 04 单击　　确定　　按钮，绘图区中的十字光标大小即被更改，如图 2-7 所示。

图 2-6　设置十字光标大小

图 2-7　更改十字光标大小后的效果

⊹⊹⊹ 小技巧

用户也可以使用系统变量 CURSORSIZE 快速更改十字光标的大小。

2.1.3　设置拾取靶框的大小

十字光标　　拾取点光标　　选择光标

图 2-8　十字光标

由于十字光标是由"拾取点光标"和"选择光标"叠加而成的，而选择光标是一个矩形靶框，如图 2-8 所示。当此靶框处在对象边缘上时单击，即可选择该对象，有时为了方便对象的选择，需要设置该靶框的大小。

下面学习拾取靶框大小的设置技能，操作步骤如下。

Step 01 选择菜单栏中的"工具"→"选项"命令，弹出"选项"对话框。

Step 02 在"选项"对话框中选择"选择集"选项卡，如图 2-9 所示。

Step 03 在"拾取框大小"选项组中左右拖动滑块至所需位置，即可设置拾取靶框的大小。

图 2-9　设置拾取靶框的大小

Step 04 单击 **确定** 按钮，关闭"选项"对话框。

⚙ 小技巧

用户也可以使用系统变量 PICKBOX 快速设置拾取靶框的大小。

2.1.4　坐标系图标的设置与隐藏

在绘图过程中，有时需要设置坐标系图标的样式、大小，以及隐藏坐标系图标。下面学习坐标系图标的设置与隐藏技能，操作步骤如下。

Step 01 选择菜单栏中的"视图"→"显示"→"UCS 图标"→"特性"命令，弹出如图 2-10 所示的"UCS 图标"对话框。

⚙ 小技巧

用户也可以在命令行中输入 Ucsicon 后按 Enter 键，弹出如图 2-10 所示的"UCS 图标"对话框。

Step 02 从"UCS 图标"对话框中可以看出，在默认设置下，系统显示三维 UCS 图标样式，用户也可以根据作图需要，将 UCS 图标设置为二维样式，如图 2-11 所示。

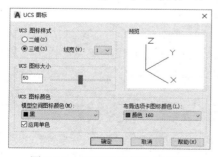

图 2-10　"UCS 图标"对话框

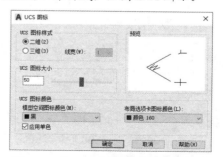

图 2-11　将 UCS 图标设置为二维样式

Step 03 在"UCS 图标大小"选项组中可以设置图标的大小，默认值为 50。

Step 04 在"UCS 图标颜色"选项组中可以设置 UCS 图标的颜色，在模型空间中 UCS 图标的默认颜色为黑色。

Step 05 选择菜单栏中的"视图"→"显示"→"UCS 图标"→"开"命令，可以隐藏 UCS 图标，隐藏 UCS 图标后的文件窗口如图 2-12 所示。

图 2-12　隐藏 UCS 图标

2.2　绘图环境的设置

本节主要学习"图形界限"和"单位"两个命令，以方便设置绘图的范围及绘图的单位等。

2.2.1　设置绘图的区域

"图形界限"就是指绘图的范围，它相当于手工绘图时事先准备的图纸。设置"图形界限"最实用的一个目的就是为了满足不同范围的图形在有限窗口中的适当显示，以方便视窗的调整及用户的观察编辑等。

● **"图形界限"命令的执行方式**

执行"图形界限"命令主要有以下几种方式。

✧　选择菜单栏中的"格式"→"图形界限"命令。

✧　在命令行中输入 Limits 后按 Enter 键。

● **设置图形界限**

在默认设置下，图形界限是一个矩形区域，长度为 490、宽度为 270，其左下角点位于坐标系原点上。下面通过将图形界限设置为 200×120，学习图形界限的设置技能，操作步骤如下。

Step 01 选择菜单栏中的"格式"→"图形界限"命令，在命令行"指定左下角点或 [开（ON）/关（OFF）] <0.0000,0.0000>:"提示下，直接按 Enter 键，以默认原点作为图形界限的左下角点。

Step 02 继续在命令行"指定右上角点<490.0000,270.0000>："提示下，输入"200,120"，并按 Enter 键。

Step 03 选择菜单栏中的"视图"→"缩放"→"全部"命令，将图形界限最大化显示。

Step 04 设置了图形界限后，可以开启状态栏中的"栅格"功能，通过栅格点，可以将图形界限直观地显示出来，如图 2-13 所示；也可以使用栅格线显示图形界限，如图 2-14 所示。

图 2-13　图形界限的栅格点显示

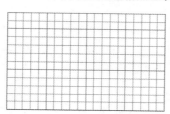

图 2-14　图形界限的栅格线显示

2.2.2　绘图区域的检测

用户设置了图形界限后，如果禁止绘制的图形超出所设置的图形界限，则可以开启绘图界限的检测功能，系统会自动将坐标点限制在设置的图形界限区域内，拒绝图形界限之外的点，就不会使绘制的图形超出边界。

开启绘图区域检测功能的操作步骤如下。

Step 01 继续上例的操作。

Step 02 在命令行中输入 Limits 后按 Enter 键，执行"图形界限"命令。

Step 03 在命令行"指定左下角点或 [开（ON）/关（OFF）] <0.0000,0.0000>："提示下，输入 ON 后按 Enter 键，即可开启图形界限的自动检测功能。

2.2.3　设置绘图的单位及精度

使用"单位"命令可以设置绘图的长度单位、角度单位、角度方向及各自的精度等参数。

● **"单位"命令的执行方式**

执行"单位"命令主要有以下几种方式。

◇　选择菜单栏中的"格式"→"单位"命令。

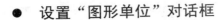

◇ 在命令行中输入 Units 后按 Enter 键。

◇ 使用快捷键 UN。

● **设置"图形单位"对话框**

执行"单位"命令后，可以弹出如图 2-15 所示的"图形单位"对话框，此对话框主要用于设置如下内容。

◇ 设置长度类型。在"长度"选项组中展开"类型"下拉列表，可以设置长度的类型，默认为"小数"。

···· 小技巧

AutoCAD 提供了"建筑""小数""工程""分数"和"科学"5 种长度类型。单击"类型" ∨ 按钮展开"类型"下拉列表，可以从中选择需要的长度类型。

◇ 设置长度精度。在"长度"选项组中展开"精度"下拉列表，可以设置单位的精度，默认为"0.0000"，可以根据需要设置单位的精度。

◇ 设置角度类型。在"角度"选项组中展开"类型"下拉列表，可以设置角度的类型，默认为"十进制度数"。

◇ 设置角度精度。在"角度"选项组中展开"精度"下拉列表，可以设置角度的精度，默认为"0"，可以根据需要设置角度的精度。

◇ "插入时的缩放单位"选项组用于确定拖放内容的单位，默认为"毫米"。

◇ 设置角度的基准方向。单击"图形单位"对话框底部的 方向(D)... 按钮，弹出如图 2-16 所示的"方向控制"对话框，该对话框用于设置角度测量的起始位置。

···· 小技巧

"顺时针"复选框用于设置角度的方向，如果勾选该复选框，则在绘图过程中就以顺时针为正角度方向，否则以逆时针为正角度方向。

图 2-15 "图形单位"对话框

图 2-16 "方向控制"对话框

2.3 AutoCAD 辅助定位功能

除坐标点的输入功能外，AutoCAD 还为用户提供了点的精确捕捉功能，如"捕捉""对象捕捉"和"临时捕捉"等，使用这些功能可以快速、准确地定位点，以便高精度地绘制图形。

2.3.1 捕捉与捕捉设置

步长捕捉指的是强制性地控制十字光标，使其按照事先定义的 X 轴、Y 轴方向的固定距离（步长）进行跳动，从而精确定位点。例如，将 X 轴方向上的步长设置为 50，Y 轴方向上的步长设置为 40，当光标每水平跳动一次时，走过 50 个单位的距离；当光标每垂直跳动一次，走过 40 个单位的距离；如果连续跳动，则走过的距离是步长的整数倍。

● **"捕捉"功能的执行方式**

执行"捕捉"功能主要有以下几种方式。

◇ 选择菜单栏中的"工具"→"草图设置"命令，在弹出的"草图设置"对话框中选择"捕捉和栅格"选项卡，勾选"启用捕捉"复选框，如图 2-17 所示。

◇ 按 F9 功能键。

图 2-17 "草图设置"对话框

● **捕捉功能的设置与启用**

下面通过将 X 轴方向上的步长设置为 30，Y 轴方向上的步长设置为 40，学习"捕捉"功能的参数设置和启用，操作步骤如下。

Step 01 在状态栏中的 ⁝⁝ 按钮上右击，在弹出的快捷菜单中选择"捕捉设置"命令，弹出如图 2-17 所示的"草图设置"对话框。

Step 02 勾选"启用捕捉"复选框，即可开启"捕捉"功能。

Step 03 设置 X 轴步长。在"捕捉 X 轴间距"文本框中输入 30，将 X 轴方向上的捕捉间距设置为 30。

Step 04 取消选择"X 轴间距和 Y 轴间距相等"复选框。

Step 05 设置 Y 轴步长。在"捕捉 Y 轴间距"文本框中输入 40，将 Y 轴方向上的捕捉间距设置为 40。

Step 06 单击　确定　按钮，完成捕捉参数的设置。

📖 **选项解析**

部分选项解析如下。

◇ "极轴间距"选项组用于设置极轴追踪的距离，此选项需要在"PolarSnap"捕捉类型中使用。

◇ "捕捉类型"选项组用于设置捕捉的类型，其中"栅格捕捉"单选按钮用于将光标沿垂直栅格点或水平栅格点进行捕捉点；"PolarSnap"单选按钮用于将光标沿当前极轴增量角方向进行追踪点，此选项需要配合"极轴追踪"功能使用。

2.3.2　启用栅格

"栅格"由一些虚拟的栅格点或栅格线组成，以直观地显示出当前文件中的图形界限区域。这些栅格点和栅格线仅起参照显示功能，它不是图形的一部分，也不会被打印输出。

● "栅格"功能的执行方式

执行"栅格"功能主要有以下几种方式。

◇ 选择菜单栏中的"工具"→"草图设置"命令，在弹出的"草图设置"对话框中选择"捕捉和栅格"选项卡，然后勾选"启用栅格"复选框，如图 2-17 所示。

◇ 按 F7 功能键。

◇ 按 Ctrl+G 组合键。

📖 选项解析

部分选项解析如下。

◇ 在如图 2-17 所示的"草图设置"对话框中，"栅格样式"选项组用于设置二维模型空间、块编辑器窗口及布局空间的栅格显示样式，如果勾选了此选项组中的 3 个复选框，则系统将会以栅格点的形式显示图形界限区域，如图 2-18 所示；反之，系统将会以栅格线的形式显示图形界限区域，如图 2-19 所示。

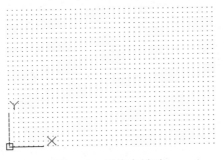

图 2-18　栅格点显示

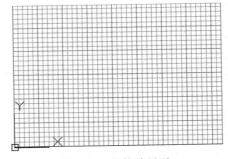

图 2-19　栅格线显示

◇ "栅格间距"选项组用于设置 X 轴方向和 Y 轴方向的栅格间距，两个栅格点之间或两条栅格线之间的默认间距为 0.5000。

◇ 在"栅格行为"选项组中，"自适应栅格"复选框用于设置栅格点或栅格线的显示密度；"显示超出界限的栅格"复选框用于显示图形界限区域外的栅格点或栅格线；"遵循动态 UCS"复选框用于更改栅格平面，以跟随动态 UCS 的 X/Y 平面。

2.3.3　设置自动捕捉

在"草图设置"对话框中选择"对象捕捉"选项卡，此选项卡一共为用户提供了 14 种对象捕捉功能，如图 2-20 所示，使用这些对象捕捉功能可以方便、精确地将光标定位到图形的特征点上，如直线、圆弧的端点或中点、圆的圆心和象限点等。勾选对象捕捉模式的复选框，即可开启该捕捉模式。

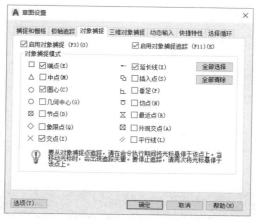

图 2-20　"对象捕捉"选项卡

在"草图设置"对话框中一旦设置了某种捕捉模式，系统将一直保持着这种捕捉模式，直到用户取消为止，因此，"草图设置"对话框中的捕捉常被称为"自动捕捉"。

> **∷ 小技巧**
>
> 在设置"对象捕捉"功能时，不要全部开启各对象的捕捉功能，这样会起到相反的作用。

执行"对象捕捉"功能主要有以下几种方式。

◇　选择菜单栏中的"工具"→"草图设置"命令，在弹出的"草图设置"对话框中选择"对象捕捉"选项卡，勾选"启用对象捕捉"复选框，如图 2-20 所示。

◇　按 F9 功能键。

2.3.4　启用临时捕捉

为了方便绘图，AutoCAD 为 14 种对象捕捉提供了"临时捕捉"功能。所谓"临时捕捉"，就是激活一次捕捉功能后，系统仅能捕捉一次；如果需要反复捕捉，则需要多次激活该功能。

对象的各种临时捕捉功能都位于如图 2-21 所示的临时捕捉菜单中，按住 Shift 键或 Ctrl 键，然后右击，即可打开临时捕捉菜单。

14 种捕捉功能的含义与功能说明如下。

图 2-21　临时捕捉菜单

◇ 端点捕捉 。此功能用于捕捉图形中的端点，如线段的端点、矩形的角点、多边形的角点等。激活此功能后，在"指定点"提示下将光标放在对象上，系统将在距离光标最近位置处显示端点标记符号，如图 2-22 所示，此时单击即可捕捉到该端点。

◇ 中点捕捉 。此功能用于捕捉线、弧等对象的中点。激活此功能后，在命令行"指定点"的提示下将光标放在对象上，系统在中点处显示出中点标记符号，如图 2-23 所示，此时单击即可捕捉到该中点。

图 2-22　端点捕捉　　　　　　　　　　　图 2-23　中点捕捉

◇ 交点捕捉 。此功能用于捕捉对象之间的交点。激活此功能后，在命令行"指定点"的提示下将光标放在对象的交点处，系统显示出交点标记符号，如图 2-24 所示，此时单击即可捕捉到该交点。

小技巧

如果需要捕捉对象延长线的交点，那么需要首先将光标放在其中的一个对象上并单击，拾取该延伸对象，如图 2-25 所示，然后再将光标放在另一个对象上，系统将自动在延伸交点处显示出交点标记符号，如图 2-26 所示，此时单击即可精确捕捉到对象延长线的交点。

图 2-24　交点捕捉　　　　图 2-25　拾取延伸对象　　　　图 2-26　捕捉延长线交点

◇ 外观交点捕捉 。此功能主要用于捕捉三维空间内对象在当前坐标系平面中投影的交点。

◇ 范围捕捉 。此功能用于捕捉对象延长线上的点。激活此功能后，在命令行"指定点"的提示下将光标放在对象的末端稍停留，然后沿着延长线方向移动光标，系统会在延长线处引出一条追踪虚线，如图 2-27 所示，此时单击或输入距离值，即可在对象延长线上精确定位点。

◇ 圆心捕捉 。此功能用于捕捉圆、弧或圆环的圆心。激活此功能后，在命令行"指定点"提示下将光标放在圆或弧等的边缘上，也可直接放在圆心位置上，系统在圆心处显示出圆心标记符号，如图 2-28 所示，此时单击即可捕捉到圆心。

◇ 象限点捕捉 。此功能用于捕捉圆或弧的象限点。激活此功能后，在命令行"指定点"的提示下将光标放在圆的象限点位置上，系统会显示出象限点捕捉标记，如

图 2-29 所示,此时单击即可捕捉到该象限点。

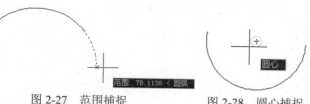

图 2-27 范围捕捉　　　图 2-28 圆心捕捉　　　图 2-29 象限点捕捉

◆ 切点捕捉 ⊙。此功能用于捕捉圆或弧的切点,绘制切线。激活此功能后,在命令行
"指定点"的提示下将光标放在圆或弧的边缘上,系统会在切点处显示出切点标记
符号,如图 2-30 所示,此时单击即可捕捉到切点,绘制出对象的切线,如图 2-31
所示。

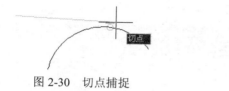

图 2-30 切点捕捉　　　　　　　　　图 2-31 绘制切线

◆ 垂足捕捉 ⊥。此功能常用于捕捉对象的垂足点,绘制对象的垂线。激活此功能后,
在命令行"指定点"的提示下将光标放在对象边缘上,系统会在垂足点处显示出垂
足标记符号,如图 2-32 所示,此时单击即可捕捉到垂足点,绘制对象的垂线,如
图 2-33 所示。

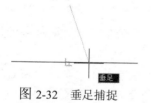

图 2-32 垂足捕捉　　　　　　　　　图 2-33 绘制垂线

◆ 平行捕捉 ∥。此功能常用于绘制线段的平行线。激活此功能后,在命令行"指定点"
提示下把光标放在已知线段上,此时会出现平行的标记符号,如图 2-34 所示,移动
光标,系统会在平行位置处出现一条向两方无限延伸的追踪虚线,如图 2-35 所示,
此时单击即可绘制出与拾取对象相互平行的线,如图 2-36 所示。

图 2-34 平行标记　　　图 2-35 引出平行追踪虚线　　　图 2-36 绘制平行线

◆ 节点捕捉 ⊡。此功能用于捕捉使用"点"命令绘制的点对象。使用时需要将拾取
框放在节点上,系统会显示出节点的标记符号,如图 2-37 所示,此时单击即可捕
捉该点。

◆ 插入捕捉 ⬚。此种捕捉方式用来捕捉块、文字、属性或属性定义等的插入点,如

Note

图 2-38 所示。

✦ 最近点捕捉 。此种捕捉方式用来捕捉光标距离对象最近的点，如图 2-39 所示。

图 2-37　节点捕捉　　　　　　图 2-38　插入捕捉　　　　　　图 2-39　最近点捕捉

✦ 几何中心捕捉 。此功能用于捕捉封闭图形上的中心点，如矩形、圆及由多段线绘制的封闭图形等。激活此功能后，在"指定点"提示下将光标放在对象上，系统将在几何中心点处显示标记符号，此时单击对象即可捕捉到该点。

2.4　AutoCAD 相对追踪功能

使用"对象捕捉"功能只能捕捉对象中的特征点，如果捕捉特征点以外的目标点，则可以使用 AutoCAD 的追踪功能。常用的追踪功能有"正交模式""极轴追踪""对象追踪"和"捕捉自"4 种。

2.4.1　设置正交模式

"正交模式"功能用于将光标强行控制在水平或垂直方向上，以追踪并绘制水平或垂直的线段。

"正交模式"功能可以追踪定位 4 个方向，向右引导光标，系统定位 0°方向（见图 2-40）；向上引导光标，系统定位 90°方向（见图 2-41）；向左引导光标，系统定位 180°方向（见图 2-42）；向下引导光标，系统定位 270°方向（见图 2-43）。

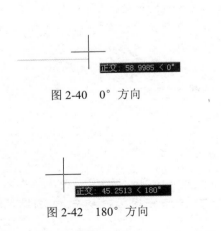

图 2-40　0°方向　　　　　　　　　　　　图 2-41　90°方向

图 2-42　180°方向　　　　　　　　　　　图 2-43　270°方向

● "正交模式"功能的执行方式

执行"正交模式"功能主要有以下几种方式。

♦　单击状态栏中的┗按钮。

♦　按 F8 功能键。

♦　在命令行中输入 Ortho 后按 Enter 键。

● 正交模式实例

下面通过绘制如图 2-44 所示的台阶截面轮廓
图，学习"正交模式"功能的使用方法和技巧，操
作步骤如下。

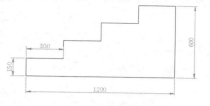

图 2-44　台阶截面轮廓图

Step 01 新建公制单位空白文件。

Step 02 按 F8 功能键，打开状态栏中的"正交模式"功能。

Step 03 选择菜单栏中的"绘图"→"直线"命令，配合"正交模式"功能精确绘图，命令
行操作如下。

```
命令：_line
指定第一点：                          //在绘图区拾取一点作为起点
指定下一点或 [放弃(U)]：              //向上引导光标，输入 150 Enter
指定下一点或 [放弃(U)]：              //向右引导光标，输入 300 Enter
指定下一点或 [闭合(C)/放弃(U)]：      //向上引导光标，输入 150 Enter
指定下一点或 [闭合(C)/放弃(U)]：      //向右引导光标，输入 300 Enter
指定下一点或 [放弃(U)]：              //向上引导光标，输入 150 Enter
指定下一点或 [放弃(U)]：              //向右引导光标，输入 300 Enter
指定下一点或 [闭合(C)/放弃(U)]：      //向上引导光标，输入 150 Enter
指定下一点或 [闭合(C)/放弃(U)]：      //向右引导光标，输入 300 Enter
指定下一点或 [闭合(C)/放弃(U)]：      //向下引导光标，输入 600 Enter
指定下一点或 [闭合(C)/放弃(U)]：      //c Enter，闭合图形
```

Step 04 绘制结果如图 2-44 所示。

2.4.2　设置极轴追踪

"极轴追踪"功能用于根据当前设置的追踪角度，引出相应
的极轴追踪虚线，并追踪定位目标点，如图 2-45 所示。

● "极轴追踪"功能的执行方式

执行"极轴追踪"功能主要有以下几种方式。

图 2-45　极轴追踪

♦　单击状态栏中的⊘按钮。

♦　按 F10 功能键。

♦　选择菜单栏中的"工具"→"草图设置"命令，在弹出的"草图设置"对话框中选
择"极轴追踪"选项卡，然后勾选"启用极轴追踪"复选框，如图 2-46 所示。

Note

● 极轴追踪实例

下面通过绘制长度为 120、角度为 45° 的倾斜线段，学习使用"极轴追踪"功能，操作步骤如下。

Step 01 新建空白文件。

Step 02 在状态栏中的 ⟳ 按钮上右击，在弹出的快捷菜单中选择"正在追踪设置"命令，弹出如图 2-46 所示的"草图设置"对话框。

Step 03 勾选"启用极轴追踪"复选框，开启"极轴追踪"功能。

Step 04 单击"增量角"下拉按钮，在下拉列表中选择"45"，如图 2-47 所示。

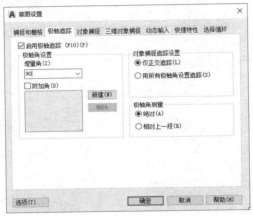

图 2-46　"极轴追踪"选项卡

图 2-47　设置增量角

Step 05 单击 ▭确定▭ 按钮关闭"草图设置"对话框。

Step 06 选择菜单栏中的"绘图"→"直线"命令，配合"极轴追踪"功能绘制倾斜线段，命令行操作如下。

```
命令: _line
指定第一点:                          //在绘图区拾取一点作为起点
//向右上方移动光标,在 45° 方向上引出如图 2-48 所示的极轴追踪虚线,然后输入 120 Enter
指定下一点或 [放弃(U)]:
指定下一点或 [放弃(U)]:              //Enter,结束命令,绘制结果如图 2-49 所示
```

图 2-48　引出极轴追踪虚线

图 2-49　绘制结果

⋮⋮⋮⋮ 小技巧

　　AutoCAD 不但可以在增量角方向上引出极轴追踪虚线，还可以在增量角的倍数方向上引出极轴追踪虚线。

　　如果要选择预设值以外的角度增量值，则需要先勾选"附加角"复选框，然后单击 新建(N) 按钮，创建一个附加角，如图 2-50 所示，系统就会以所设置的附加角进行追踪。

图 2-50　创建 3° 的附加角

⋮⋮⋮⋮ 小技巧

　　如果想要删除一个附加角度值，则在选取该角度值后单击 删除 按钮即可。另外，只能删除用户自定义的附加角，而系统预设的增量角不能被删除。

2.4.3　设置对象追踪

　　"对象追踪"功能用于以对象中的某些特征点作为追踪点，引出向两端无限延伸的对象追踪虚线，如图 2-51 所示，在此追踪虚线上拾取点或输入距离值，即可精确定位到目标点。

图 2-51　对象追踪虚线

⋮⋮⋮⋮ 小技巧

　　"对象追踪"功能只有在"对象捕捉"和"对象追踪"同时打开的情况下才可以使用，而且只能追踪对象捕捉类型中设置的自动对象捕捉点。

Note

● "对象追踪"功能的执行方式

执行"对象追踪"功能主要有以下几种方式。

✧ 单击状态栏中的 ∠ 按钮。

✧ 按 F11 功能键。

✧ 选择菜单栏中的"工具"→"草图设置"命令，在弹出的"草图设置"对话框中选择"对象捕捉"选项卡，然后勾选"启用对象捕捉追踪"复选框。

在默认设置下，系统仅在水平或垂直的方向上追踪对象中的特征点，如果用户需要按照某一角度追踪点，可以在"极轴追踪"选项卡中设置追踪的样式，如图 2-52 所示。

图 2-52　设置对象追踪样式

📖 **选项解析**

部分选项解析如下。

✧ 在"对象捕捉追踪设置"选项组中，"仅正交追踪"单选按钮与当前极轴角无关，它仅水平或垂直地追踪对象，即在水平或垂直方向上引出向两方无限延伸的对象追踪虚线。

✧ "用所有极轴角设置追踪"单选按钮是根据当前所设置的极轴角及极轴角的倍数引出对象追踪虚线，用户可以根据需要进行取舍。

✧ 在"极轴角测量"选项组中，"绝对"单选按钮用于根据当前坐标系确定极轴追踪角度；而"相对上一段"单选按钮用于根据上一个绘制的线段确定极轴追踪的角度。

2.4.4　设置捕捉自

"捕捉自"功能是借助捕捉和相对直角坐标定义窗口中相对于某一捕捉点的另外一点。用户在使用"捕捉自"功能时，需要先捕捉对象特征点作为目标点的偏移基点，然后再输入目标点的坐标值。开启"捕捉自"功能的主要有以下几种方法。

✧ 按住 Ctrl 键或 Shift 键的同时单击鼠标右键，选择临时捕捉菜单中的"自"命令。

✧ 在命令行输入 From 后按 Enter 键。

2.5 ▶ AutoCAD 视图缩放功能

AutoCAD 为用户提供了许多的视图调控功能，使用这些功能可以随意调整图形在当前视图中的显示位置，以方便用户观察、编辑视图中的图形细节或图形全貌。视图缩放菜单如图 2-53 所示，导航控制栏及按钮菜单如图 2-54 所示。

图 2-53　视图缩放菜单　　　　　　　　　图 2-54　导航控制栏及按钮菜单

2.5.1　视图的实时调控

● 窗口缩放

"窗口缩放"功能用于在需要缩放显示的区域中拉出一个矩形的窗口选择框（以下简称选择框），如图 2-55 所示，将位于选择框中的图形放大显示在视图中，其结果如图 2-56 所示。当选择框的宽高比与绘图区的宽高比不同时，AutoCAD 将使用选择框宽与高中相对当前视图放大倍数的较小者，以确保所选区域都能显示在视图中。

图 2-55　窗口选择框　　　　　　　　　图 2-56　窗口缩放结果

● 缩放比例

"缩放比例"功能用于按照输入的比例参数调整视图，视图被按照比例调整后，中心点保持不变。在输入比例参数时，有以下 3 种情况。

　◇　第一种情况是直接在命令行中输入数字，表示相对于图形界限的倍数。

　◇　第二种情况是在输入的数字后添加字母 X，表示相对于当前视图的缩放倍数。

　◇　第三种情况是在输入的数字后添加字母 XP，表示系统将根据图纸空间单位确定缩放比例。

在通常情况下，相对于视图的缩放倍数比较直观，较为常用。

● 缩放对象

"缩放对象"功能用于最大限度地显示当前视图中选择的图形，选择需要放大

45

显示的图形及其缩放结果分别如图 2-57 和图 2-58 所示。使用此功能可以缩放单个对象，也可以缩放多个对象。

图 2-57 选择需要放大显示的图形

图 2-58 缩放结果

● **全部缩放**

"全部缩放" 功能用于按照图形界限或图形范围的尺寸，在绘图区域中显示图形。图形界限与图形范围中尺寸较大者决定了图形显示的尺寸，如图 2-59 所示。

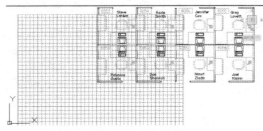

图 2-59 全部缩放

● **圆心缩放**

"圆心缩放" 功能用于根据所确定的中心点调整视图。激活此功能后，用户可以直接在屏幕上选择一个点作为新的视图中心点，确定中心点后，AutoCAD 要求用户输入放大系数或新视图的高度，具体有以下两种情况。

◇ 第一，直接在命令行输入一个数值，系统将以此数值作为新视图的高度，调整视图。
◇ 第二，如果在输入的数值后添加字母 X，则系统将其看作视图的缩放倍数。

● **范围缩放**

"范围缩放" 功能用于将所有图形全部显示在屏幕上，并最大限度地充满整个屏幕，如图 2-60 所示，这种选择方式与图形界限无关。

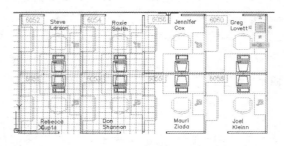

图 2-60 范围缩放

● 放大和缩小

"放大" 功能用于将视图放大一倍显示，"缩小" 功能用于将视图缩小二分之一显示。连续单击"放大"按钮或"缩小"按钮，可以成倍放大或缩小视图。

2.5.2　视图的动态缩放

"动态缩放" 功能用于动态地浏览和缩放视图，此功能常用于观察和缩放比例较大的图形。激活该功能后，屏幕将临时切换到虚拟显示屏状态，此时屏幕上显示 3 个视图框，如图 2-61 所示。

- ◇ "图形范围视图框"是一个蓝色的虚线框，该框显示图形界限和图形范围中较大的一个。
- ◇ "当前视图框"是一个绿色的虚线框，该框中的区域就是在使用这一选项之前的视图区域。
- ◇ 以实线显示的矩形框为"选择视图框"，该视图框有两种状态：一种是平移视图框，其大小不能改变，只可任意移动；另一种是缩放视图框，它不能平移，但可以调节大小。可以使用鼠标左键在平移视图框和缩放视图框之间进行切换。

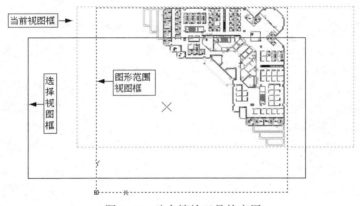

图 2-61　动态缩放工具的应用

::::: 小技巧

如果当前视图与图形界限或视图范围相同，则蓝色虚线框便与绿色虚线框重合。平移视图框中有一个×号，它表示下一个视图的中心点位置。

2.5.3　视图的实时恢复

当视图被缩放或平移后，以前视图的显示状态会被 AutoCAD 自动保存起来，使用软件中的"缩放上一个"功能可以恢复上一个视图的显示状态，如果用户连续单击"缩放上一个"按钮 ，则系统将连续地恢复视图，直至退回到前 10 个视图。

Note

2.6 上机实训——辅助绘图功能的综合练习

本实训通过绘制如图 2-62 所示的橱柜立面图，主要对点的输入、点的捕捉、点的追踪、绘图环境的设置及视图调整等多种功能进行综合练习和巩固应用。

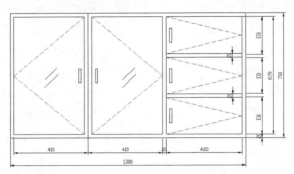

图 2-62 橱柜立面图

操作步骤如下。

Step 01 单击"快速访问"工具栏→"新建"按钮 □，执行"新建"命令，创建绘图文件。

Step 02 选择菜单栏中的"视图"→"缩放"→"中心"命令，或者单击"中心缩放"按钮，将当前视图高度调整为 1000 个单位，命令行操作如下。

```
命令：_zoom
指定窗口的角点，输入比例因子 (nX 或 nXP)，或者[全部(A)/中心(C)/动态(D)/范围(E)/
上一个(P)/比例(S)/窗口(W)/对象(O)] <实时>：_c
指定中心点：                    //在绘图区拾取一点，作为新视图中心点
输入比例或高度 <850.7624>：     //1000 Enter
```

在此也可以使用"图形界限"命令和"全部缩放"命令，设置绘图的区域。

Step 03 选择菜单栏中的"工具"→"草图设置"命令，在弹出的"草图设置"对话框中启用并设置极轴追踪模式和对象捕捉模式，分别如图 2-63 和图 2-64 所示。

图 2-63 设置极轴追踪模式

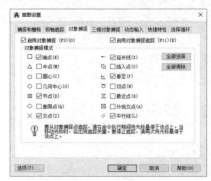

图 2-64 设置对象捕捉模式

Step 04 选择菜单栏中的"绘图"→"直线"命令，配合"极轴追踪"功能绘制橱柜的外框轮廓线，命令行操作如下。

```
命令: _line
指定第一点:                          //在左下侧拾取一点作为起点
指定下一点或 [放弃(U)]:              //水平向右引出 0° 的极轴追踪虚线，输入 1300 Enter
指定下一点或 [放弃(U)]:              //垂直向上引出 90° 的极轴追踪虚线，输入 710 Enter
//水平向左引出 180° 的极轴追踪虚线，输入 1300 Enter，如图 2-65 所示
指定下一点或 [闭合(C)/放弃(U)]:
指定下一点或 [闭合(C)/放弃(U)]:    //c Enter，闭合图形，绘制结果如图 2-66 所示
```

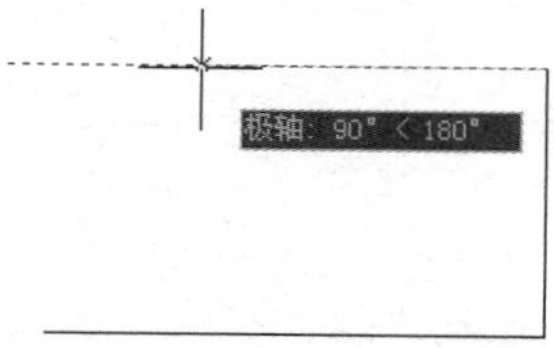

图 2-65　引出 180° 极轴追踪虚线 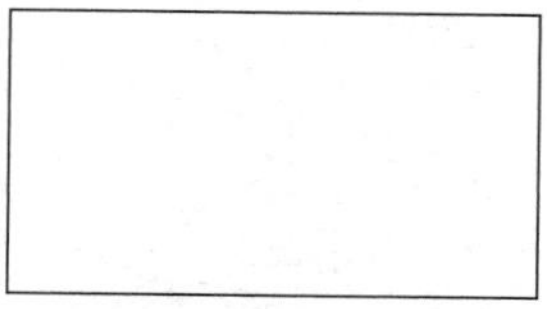　　　　图 2-66　绘制结果（1）

Step 05 按 F8 功能键，打开状态栏中的"正交模式"功能。

Step 06 重复执行"直线"命令，配合"正交模式"和"捕捉自"功能绘制内框轮廓，命令行操作如下。

```
命令: _line
//按住 Shift 键并右击，在弹出的临时捕捉菜单中选择"自"命令，如图 2-67 所示
指定第一点:
_from 基点:                         //捕捉外框的左下角点
<偏移>:                            //@20,20 Enter
指定下一点或 [放弃(U)]:              //水平向右引导光标，输入 390 Enter
指定下一点或 [放弃(U)]:              //垂直向上引导光标，输入 670 Enter
指定下一点或 [闭合(C)/放弃(U)]:      //水平向左引导光标，输入 390 Enter
指定下一点或 [闭合(C)/放弃(U)]:      //c Enter，绘制结果如图 2-68 所示
```

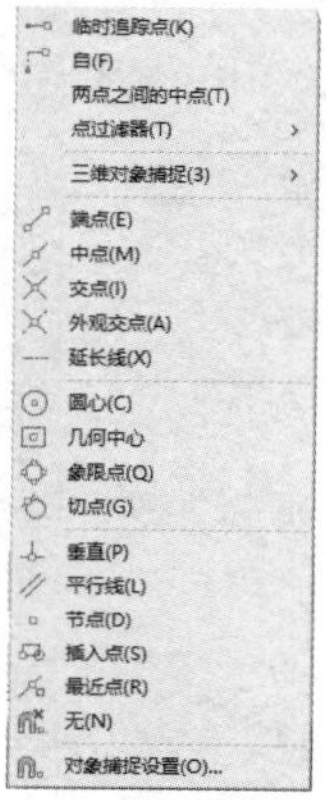

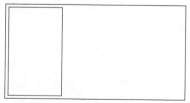

图 2-67　临时捕捉菜单　　　　图 2-68　绘制结果（2）

Step 07 关闭"正交模式"功能，然后重复执行"直线"命令，配合"对象捕捉" "对象追踪"和"相对直角坐标"等功能继续绘制内部轮廓线，命令行操作如下。

```
命令: _line
指定第一点:                        //引出如图 2-69 所示的对象追踪矢量，输入 40 Enter
指定下一点或 [放弃(U)]:           //@390,0 Enter
指定下一点或 [放弃(U)]:           //@0,670 Enter
指定下一点或 [闭合(C)/放弃(U)]: //@390<180 Enter
指定下一点或 [闭合(C)/放弃(U)]: //c Enter，绘制结果如图 2-70 所示
```

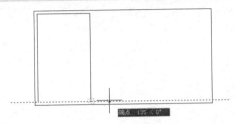

图 2-69　引出对象追踪矢量

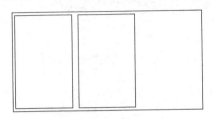

图 2-70　绘制结果（3）

Step 08 重复执行"直线"命令，配合"临时捕捉" "交点捕捉"和"相对极坐标"等功能继续绘制内部轮廓线，命令行操作如下。

```
命令: _line
//按住 Shift 键并右击，在弹出的临时捕捉菜单中选择"临时追踪点"命令
指定第一点:
_tt 指定临时对象追踪点:  //捕捉如图 2-71 所示的交点
指定第一点:              //向右引出如图 2-72 所示的临时追踪矢量，输入 20 Enter
```

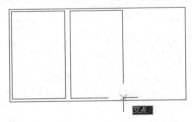

图 2-71　捕捉交点

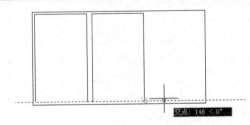

图 2-72　引出临时追踪矢量

```
指定下一点或 [放弃(U)]:           //@420<0 Enter
指定下一点或 [放弃(U)]:           //@670<90 Enter
指定下一点或 [闭合(C)/放弃(U)]: //@420<180 Enter
指定下一点或 [闭合(C)/放弃(U)]: //c Enter，绘制结果如图 2-73 所示
```

Step 09 重复执行"直线"命令，配合"范围捕捉"和"垂足捕捉"功能绘制内部的垂直轮廓线，命令行操作如下。

```
命令: _line
指定第一点:                    //引出如图 2-74 所示的延伸矢量，输入 430 Enter
指定下一点或 [放弃(U)]:       //捕捉如图 2-75 所示的垂足点
指定下一点或 [放弃(U)]:       //Enter，绘制结果如图 2-76 所示
```

图 2-73　绘制结果（4）

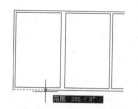

图 2-74　引出延伸矢量

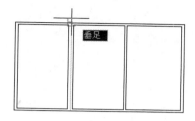

图 2-75　捕捉垂足点

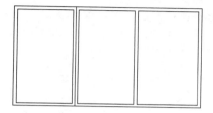

图 2-76　绘制结果（5）

Step 10　选择菜单栏中的"格式"→"点样式"命令，在弹出的"点样式"对话框中设置当前点的显示样式，如图 2-77 所示。

Step 11　选择菜单栏中的"绘图"→"点"→"定距等分"命令，将垂直线段进行定距等分，命令行操作如下。

```
命令：_measure
选择要定距等分的对象：        //选择如图 2-78 所示的等分对象
指定线段长度或 [块(B)]：      //230 Enter，设置等分距离，等分结果如图 2-79 所示
```

图 2-77　设置点样式

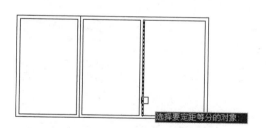

图 2-78　选择等分对象

Step 12　使用快捷键 L 执行"直线"命令，配合"节点捕捉"和"垂足捕捉"功能，绘制如图 2-80 所示的两条水平线。

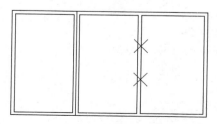

图 2-79　等分结果

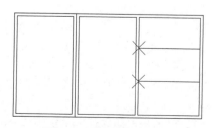

图 2-80　绘制结果（6）

Step 13 重复执行"直线"命令，配合"对象捕捉""对象捕捉追踪""极轴追踪"和"坐标输入"功能继续绘制水平线，命令行操作如下。

```
命令: _line
//配合节点捕捉功能向下引出如图 2-81 所示的对象追踪矢量，然后输入 20 Enter
指定第一点:
指定下一点或 [放弃(U)]:     //向右引出水平的极轴追踪矢量，输入 420 Enter
指定下一点或 [放弃(U)]:     //Enter
命令: _line
//配合交点捕捉功能向下引出如图 2-82 所示的对象追踪矢量，输入 20 Enter
指定第一点:
```

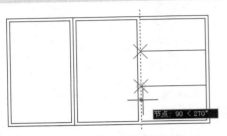

图 2-81　向下引出对象追踪矢量（1）

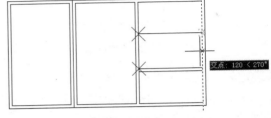

图 2-82　向下引出对象追踪矢量（2）

```
指定下一点或 [放弃(U)]:     //向左引出水平的极轴追踪矢量，输入 420 Enter
指定下一点或 [放弃(U)]:     //Enter，绘制结果如图 2-83 所示
```

Step 14 使用快捷键 E 执行"删除"命令，删除两个等位位置的节点，删除结果如图 2-84 所示。

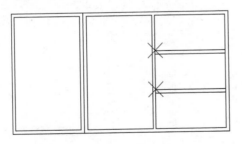

图 2-83　绘制结果（7）

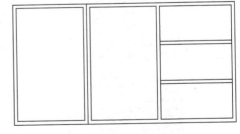

图 2-84　删除结果

Step 15 使用快捷键 L 执行"直线"命令，配合"捕捉自""对象捕捉"和"坐标输入"功能绘制把手轮廓线，命令行操作如下。

```
命令: _line
指定第一点:                        //激活"捕捉自"功能
_from 基点:                        //捕捉如图 2-85 所示的端点
<偏移>:                           //@20,65 Enter
指定下一点或 [放弃(U)]:             //@12<0 Enter
指定下一点或 [放弃(U)]:             //@80<90 Enter
指定下一点或 [闭合(C)/放弃(U)]:     //@12<180 Enter
指定下一点或 [闭合(C)/放弃(U)]:     //c Enter
```

```
命令: _line
指定第一点:                        //激活"捕捉自"功能
_from 基点:                        //捕捉如图 2-86 所示的中点
```

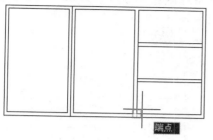

图 2-85　捕捉端点

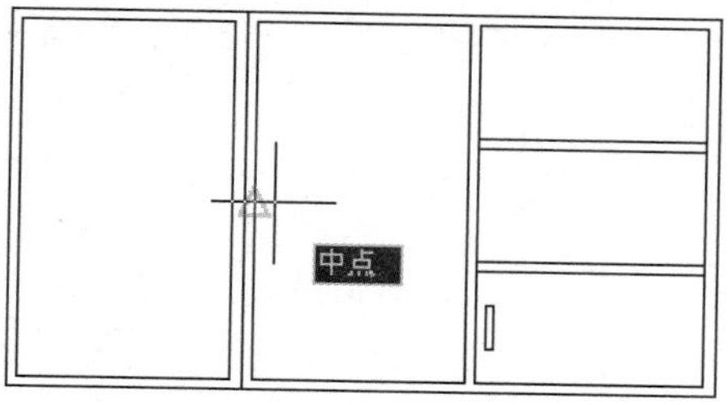

图 2-86　捕捉中点

```
<偏移>:                          //@20,0 Enter
指定下一点或 [放弃(U)]:            //@40<270 Enter
指定下一点或 [放弃(U)]:            //@12,0 Enter
指定下一点或 [闭合(C)/放弃(U)]:    //@0,80 Enter
指定下一点或 [闭合(C)/放弃(U)]:    //@-12,0 Enter
指定下一点或 [闭合(C)/放弃(U)]:    //c Enter, 绘制结果如图 2-87 所示
```

Step 16 重复执行"直线"命令, 配合"捕捉自"和"对象捕捉"功能绘制其他位置的把手, 绘制结果如图 2-88 所示。

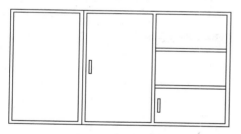

图 2-87　绘制结果 (8)

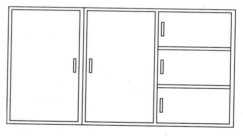

图 2-88　绘制其他位置的把手

Step 17 使用快捷键 L 执行"直线"命令, 配合"中点捕捉""端点捕捉"和"交点捕捉"功能, 绘制橱柜的开启方向线, 绘制结果如图 2-89 所示。

Step 18 使用"直线"命令, 配合"平行捕捉"功能, 在平行线方向上捕捉点, 绘制两条倾斜但相互平行的直线作为玻璃示意线, 绘制结果如图 2-90 所示。

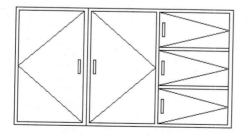

图 2-89　绘制橱柜的开启方向线

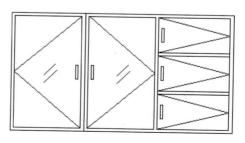

图 2-90　绘制玻璃示意线

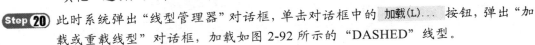

Step 19 单击"默认"选项卡→"特性"面板→"线型控制"下拉按钮，在下拉列表中选择"其他"选项，如图 2-91 所示。

Note

Step 20 此时系统弹出"线型管理器"对话框，单击对话框中的 加载(L)... 按钮，弹出"加载或重载线型"对话框，加载如图 2-92 所示的"DASHED"线型。

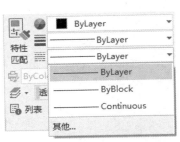

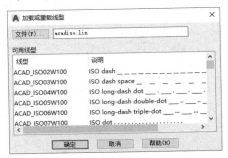

图 2-91 "线型控制"下拉列表　　　　　　图 2-92 加载线型

Step 21 单击 确定 按钮，返回"线型管理器"对话框，然后修改线型比例，如图 2-93 所示。

图 2-93 修改线型比例

Step 22 在没有执行命令的前提下选择如图 2-94 所示的方向线，单击"默认"选项卡→"特性"面板→"颜色控制"下拉按钮，打开"颜色控制"下拉列表，修改线的颜色为"红色"。

Step 23 单击"线型控制"下拉按钮，打开"线型控制"下拉列表，修改方向线的线型为"DASHED"，结果如图 2-95 所示。

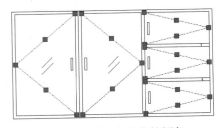

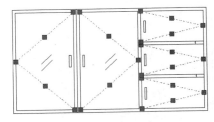

图 2-94 更改方向线的颜色　　　　　　图 2-95 修改方向线的线型

Step 24 按 Esc 键，取消图线的夹点显示，最终结果图 2-96 所示。

Step 25 单击"快速访问"工具栏→"保存"按钮，将图形命名存储为"上机实训——辅助绘图功能的综合练习.dwg"。

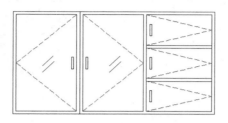

图 2-96　最终结果

2.7　小结与练习

2.7.1　小结

　　本章主要学习了 AutoCAD 软件的一些辅助绘图功能，具体包括点的绘图单位与界限的设置、点的精确捕捉、点的精确追踪及视窗的实时调整与控制等。熟练掌握本章所讲述的各种操作技能，不仅能为图形的绘制和编辑操作奠定良好的基础，同时也为精确绘图及简单方便地管理图形提供了条件，希望读者认真学习、熟练掌握，为后面章节的学习打下牢固的基础。

2.7.2　练习题

　　（1）综合运用相关知识，绘制如图 2-97 所示的图形。
　　（2）综合运用相关知识，绘制如图 2-98 所示的图形。

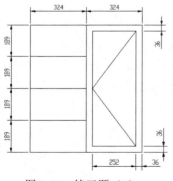

图 2-97　练习题（1）

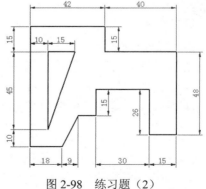

图 2-98　练习题（2）

第 3 章

AutoCAD点线绘制功能

复杂的图形是由点、线、面或一些闭合图元共同组合构成的。因此，要学好 AutoCAD 绘图软件，就必须掌握这些基本图元的绘制方法和技能，为组合复杂图形做好准备。本章主要学习点、线图元的绘制技能和编辑技能。

内容要点

♦ 绘制点与等分点
♦ 上机实训一———绘制卧室吊顶灯具图
♦ 绘制作图辅助线
♦ 上机实训二———零件图的常规编辑与完善

♦ 绘制多线与多段线
♦ 绘制各类曲线
♦ 线对象的基本编辑

3.1　绘制点与等分点

本节主要学习"单点""点样式""多点""定数等分"和"定距等分"5 个命令，以绘制点和设置点样式。

3.1.1　单点

"单点"命令用于绘制单个点对象，执行一次命令，仅可以绘制一个点。在默认设置下，所绘制的点以一个小点显示，如图 3-1 所示。

执行"单点"命令主要有以下几种方式。

·

图 3-1　绘制单个点对象

♦　选择菜单栏中的"绘图"→"点"→"单点"命令。

♦　在命令行中输入 Point 后按 Enter 键。

♦　使用快捷键 PO。

执行"单点"命令后命令行操作如下。

```
命令: _point
当前点模式:  PDMODE=0  PDSIZE=0.0000
指定点:                //在绘图区拾取点输入点坐标
```

3.1.2　点样式

由于默认模式下的点是以一个小点显示的，如果该点在某条轮廓线上，将会看不到该点。为此，AutoCAD 为用户提供了点的显示样式，用户可以根据需要设置点的显示样式，设置点样式的操作步骤如下。

Step 01 单击"默认"选项卡→"实用工具"面板→"点样式"按钮，或者在命令行中输入 Ddptype 后按 Enter 键，执行"点样式"命令，弹出如图 3-2 所示的"点样式"对话框。

Step 02 设置点的样式。在"点样式"对话框中共有 20 种点样式，在所需样式上单击，即可将此样式设置为当前点样式，在此设置"⊗"为当前点样式。

Step 03 设置点的大小。在"点大小"文本框中输入点大小的值。其中，"相对于屏幕设置大小"单选按钮表示按照屏幕尺寸的百分比显示点；"按绝对单位设置大小"单选按钮表示按照点的实际大小来显示点。

Step 04 单击　确定　按钮，绘图区中的点样式即被更新，如图 3-3 所示。

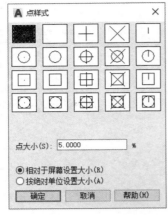

图 3-2 "点样式"对话框

图 3-3 更改点样式

3.1.3 多点

"多点"命令用于连续绘制多个点对象，直至按 Esc 键结束命令，如图 3-4 所示。

执行"多点"命令主要有以下几种方式。

◇ 单击"默认"选项卡→"绘图"面板→"多点"按钮 ∴。

◇ 选择菜单栏中的"绘图"→"点"→"多点"命令。

图 3-4 绘制多个点对象

执行"多点"命令后命令行操作如下。

```
命令: _point
当前点模式: PDMODE=0  PDSIZE=0.0000 (Current point modes: PDMODE=0
PDSIZE=0.0000)
    指定点:              //在绘图区给定点的位置
命令: _point
当前点模式: PDMODE=0  PDSIZE=0.0000 (Current point modes: PDMODE=0
PDSIZE=0.0000)
    指定点:              //在绘图区给定点的位置
......
```

3.1.4 定数等分

"定数等分"命令用于按照指定的等分数目进行对象的等分操作，对象被等分的结果仅是在等分点处放置了点的标记符号，而源对象并没有被等分为多个对象。

执行"定数等分"命令主要有以下几种方式。

◇ 单击"默认"选项卡→"绘图"面板→"定数等分"按钮 。

◇ 选择菜单栏中的"绘图"→"点"→"定数等分"命令。

◇　在命令行中输入 Divide 后按 Enter 键。

◇　使用快捷键 DIV。

　　下面通过将某线段进行 5 等分，学习"定数等分"命令的使用方法和操作技巧，操作步骤如下。

Step 01 绘制一条长度为 120 的线段，如图 3-5 所示。

图 3-5　绘制线段

Step 02 单击"默认"选项卡→"实用工具"面板→"点样式"按钮，弹出"点样式"对话框，将当前点的样式设置为"⊠"。

Step 03 选择菜单栏中的"绘图"→"点"→"定数等分"命令，根据命令行提示，将线段 5 等分，命令行操作如下。

```
命令：_divide
选择要定数等分的对象：        //选择绘制的线段
输入线段数目或 [块(B)]：      //5 Enter，设置等分数目
```

⠿ 小技巧

　　"块(B)"选项用于在对象等分点处放置内部图块，以代替点标记。在执行此选项时，必须确保当前文件中存在所使用的内部图块。

Step 04 线段被 5 等分，在等分点处放置了 4 个定等分点，如图 3-6 所示。

图 3-6　等分结果

3.1.5　定距等分

　　"定距等分"命令用于按照指定的等分距离等分对象，等分的结果仅仅是在等分点处放置了点的标记符号，而源对象并没有被等分为多个对象。

　　执行"定距等分"命令主要有以下几种方式。

◇　单击"默认"选项卡→"绘图"面板→"定距等分"按钮。

◇　选择菜单栏中的"绘图"→"点"→"定距等分"命令。

◇　在命令行中输入 Measure 后按 Enter 键。

◇　使用快捷键 ME。

　　下面通过将某线段每隔 50 个单位的距离进行等分，学习"定距等分"命令的使用方法和操作技巧，操作步骤如下。

Step 01 执行"新建"命令，新建绘图文件。

Note

Step 02 使用快捷键 L 执行"直线"命令，绘制长度为 250 的线段，如图 3-7 所示。

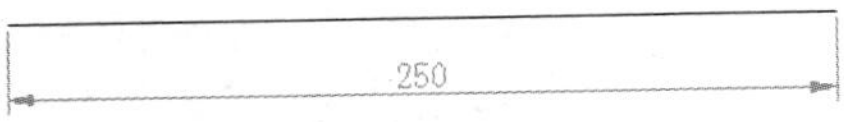

图 3-7   绘制线段

Step 03 单击"默认"选项卡→"实用工具"面板→"点样式"按钮 ，执行"点样式"命令，弹出"点样式"对话框，将当前点的样式设置为"⊠"。

Step 04 选择菜单栏中的"绘图"→"点"→"定距等分"命令，对线段定距等分，命令行操作如下。

```
命令：_measure
选择要定距等分的对象：        //选择绘制的线段
指定线段长度或 [块(B)]：      //50 Enter，设置等分距离
```

Step 05 定距等分结果如图 3-8 所示。

图 3-8   定距等分结果

3.2   绘制多线与多段线

本节主要学习"多线""多线样式""多线编辑""多段线"和"编辑多段线"5个命令。

3.2.1   多线

"多线"命令用于绘制由两条或两条以上的平行线元素构成的复合对象，并且平行线元素的线型、颜色及间距都是可以设置的，如图 3-9 所示。

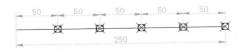

图 3-9   多线示例

● **"多线"命令的执行方式**

执行"多线"命令主要有以下几种方式。

✧   选择菜单栏中的"绘图"→"多线"命令。

✧   在命令行中输入 Mline 后按 Enter 键。

✧   使用快捷键 ML。

下面通过实例，学习"多线"命令的使用方法和操作技巧，操作步骤如下。

Step 01 新建绘图文件并设置捕捉功能为端点捕捉。

Step 02 选择菜单栏中的"绘图"→"多线"命令，将当前的多线比例设置为 15，对正类型为下对正，绘制左扇立面柜，命令行操作如下。

```
命令: _mline
当前设置: 对正 = 上, 比例 = 20.00, 样式 = STANDARD
指定起点或 [对正(J)/比例(S)/样式(ST)]:          //s Enter
输入多线比例 <20.00>:                           //15 Enter, 设置多线比例
当前设置: 对正 = 上, 比例 = 15.00, 样式 = STANDARD
指定起点或 [对正(J)/比例(S)/样式(ST)]:          //j Enter
输入对正类型 [上(T)/无(Z)/下(B)] <上>:          //b Enter, 设置对正类型
当前设置: 对正 = 下, 比例 = 12.00, 样式 = STANDARD
指定起点或 [对正(J)/比例(S)/样式(ST)]:          //在适当位置拾取一点作为起点
指定下一点:                                     //@250,0 Enter
指定下一点或 [放弃(U)]:                         //@0,450 Enter
指定下一点或 [闭合(C)/放弃(U)]:                 //@-250,0 Enter
指定下一点或 [闭合(C)/放弃(U)]:     //c Enter, 闭合图形, 绘制结果如图 3-10 所示
```

⬛ 小技巧

在设置好多线的对正类型之后，还要注意光标的引导方向，引导方向不同，绘制的图形尺寸也不同。

Step 03 重复执行"多线"命令，保持多线比例和对正类型不变，绘制右扇立面柜，命令行操作如下。

```
命令: _mline
当前设置: 对正 = 下, 比例 = 15.00, 样式 = STANDARD
指定起点或 [对正(J)/比例(S)/样式(ST)]:  //捕捉如图 3-10 所示的端点作为起点
指定下一点:                            //@250,0 Enter
指定下一点或 [放弃(U)]:                 //@0,450 Enter
指定下一点或 [闭合(C)/放弃(U)]:         //@250<180 Enter
指定下一点或 [闭合(C)/放弃(U)]:  //c Enter, 闭合图形, 绘制结果如图 3-11 所示
```

图 3-10　捕捉端点

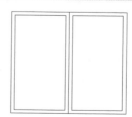

图 3-11　绘制结果

⬛ 小技巧

在默认设置下，所绘制的多线是由两个平行元素构成的。

📖 选项解析

部分选项解析如下。

◇ 使用"比例"选项可以绘制任意宽度的多线，默认比例为20。

◇ "对正"选项用于设置多线的对正类型，在命令行中输入 J，激活"对正"选项，系统出现"输入对正类型 [上（T）/无（Z）/下（B）] <上>:"提示，提示用户输入多线的对正类型，3种多线的对正类型效果如图3-12所示。

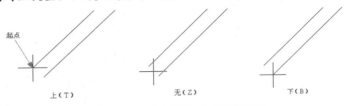

图 3-12　3种多线的对正类型效果

3.2.2　多线样式

默认多线样式只能绘制由两个平行元素构成的多线，如果需要绘制其他样式的多线，则可以使用"多线样式"命令进行设置，操作步骤如下。

Step 01 选择菜单栏中的"格式"→"多线样式"命令，或者在命令行中输入 Mlstyle 后按 Enter 键，弹出"多线样式"对话框。

Step 02 单击"多线样式"对话框中的 新建(N)... 按钮，在弹出的"创建新的多线样式"对话框中的"新样式名"文本框输入"STYLE01"，如图3-13所示。

Step 03 在"创建新的多线样式"对话框中单击 修改(M)... 按钮，弹出如图3-14所示的"新建多线样式：STYLE01"对话框。

图 3-13　"创建新的多线样式"对话框

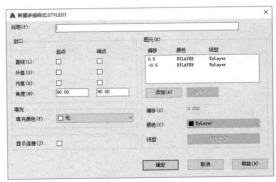

图 3-14　"新建多线样式：STYLE01"对话框

Step 04 单击 添加(A) 按钮，添加一个 0 号元素，并设置元素颜色为红色，如图3-15所示。

Step 05 单击 线型(Y)... 按钮，在弹出的"选择线型"对话框中单击 加载(L)... 按钮，弹出"加载或重载线型"对话框，如图3-16所示。

图 3-15　添加多线元素

图 3-16　"加载或重载线型"对话框

Step 06 单击 确定 按钮，线型被加载到"选择线型"对话框中，如图 3-17 所示。

Step 07 在"选择线型"对话框中选择加载的线型，单击 确定 按钮，将此线型赋给刚添加的多线元素，如图 3-18 所示。

图 3-17　"选择线型"对话框

图 3-18　设置多线元素的线型

Step 08 在"新建多线样式：STYLE01"对话框中的"封口"选项组中，设置多线两端的封口形式，如图 3-19 所示。

Step 09 单击 确定 按钮返回"多线样式"对话框，创建的多线样式出现在预览框中，如图 3-20 所示。

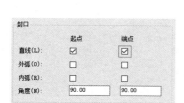

图 3-19　设置多线两端的封口形式

图 3-20　多线样式效果

小技巧

多线元素的颜色特性将在"多线样式"对话框的预览中显示，而多线元素的线型将不会显示。

Step ❿ 在"多线样式"对话框中单击 保存(A)... 按钮，在弹出的"保存多线样式"对话框中可以将新样式以"*mln"的文件类型进行保存，如图 3-21 所示，以方便在其他文件中使用。

Step ⓫ 执行"多线样式"命令，使用当前多线样式绘制一条水平直线，结果如图 3-22 所示。

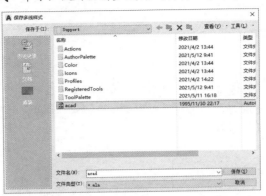

图 3-21 "保存多线样式"对话框

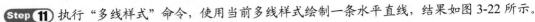

图 3-22 多线样式示例

3.2.3 多线编辑

"多线编辑工具"专用于控制和编辑多线的交叉点、断开多线和增加多线顶点等。选择菜单栏中的"修改"→"对象"→"多线"命令或在需要编辑的多线上双击即可弹出如图 3-23 所示的"多线编辑工具"对话框，从此对话框中可以看出，AutoCAD 提供了 4 类共计 12 种编辑工具。

图 3-23 "多线编辑工具"对话框

● **十字交线**

"十字交线"指的是两条多线呈十字形交叉状态，如图 3-24（a）所示。这种状态中

的编辑功能包括"十字闭合""十字打开"和"十字合并"3 种，十字交线编辑效果如图 3-24
（b）所示。

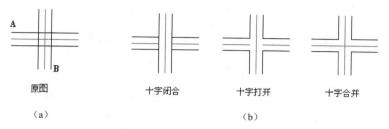

图 3-24　十字交线编辑效果

- ◇ "十字闭合" ⊨：表示相交两条多线的十字封闭状态，AB 分别表示选择多线的次序，
   水平多线为 A，垂直多线为 B。
- ◇ "十字打开" ⊣⊢：表示相交两条多线的十字开放状态，将两条多线的相交部分全部
   断开，第一条多线的轴线在相交部分也要断开。
- ◇ "十字合并" ⊨：表示相交两条多线的十字合并状态，将两条多线的相交部分全部
   断开，但两条多线的轴线在相交部分相交。

● **T 形交线**

"T 形交线"指的是两条多线呈"T 形"相交状态，如图 3-25（a）所示。这种状态
中的编辑功能包括"T 形闭合""T 形打开"和"T 形合并"3 种，T 形交线编辑效果如
图 3-25（b）所示。

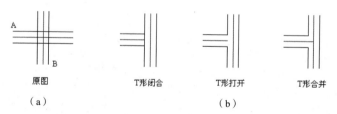

图 3-25　T 形交线编辑效果

- ◇ "T 形闭合" ⊤：表示相交两条多线的 T 形封闭状态，将选择的第一条多线与第二
   条多线相交部分的修剪去掉，而第二条多线保持原样连通。
- ◇ "T 形打开" ⊤：表示相交两条多线的 T 形开放状态，将两条多线的相交部分全部
   断开，但第一条多线的轴线在相交部分也断开。
- ◇ "T 形合并" ⊤：表示相交两条多线的 T 形合并状态，将两条多线的相交部分全部
   断开，但第一条多线与第二条多线的轴线在相交部分相交。

● **角形交线**

"角形交线"编辑功能包括"角点结合""添加顶点"和"删除顶点"3 种，角形交
线编辑效果如图 3-26 所示。

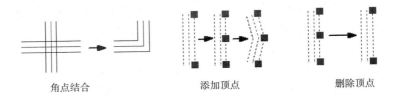

图 3-26　角形交线编辑效果

◇ "角点结合" └：表示修剪或延长两条多线直到它们接触形成相交角，将第一条多线和第二条多线的拾取部分保留，并将其相交部分全部断开剪去。

◇ "添加顶点" ⫴：表示在多线上产生一个顶点并显示出来，相当于打开显示连接开关，显示交点一样。

◇ "删除顶点" ⫴：表示删除多线转折处的交点，使其变为直线形多线。删除某顶点后，系统会将该顶点两边的另外两顶点连接成一条多线线段。

● 切断交线

"切断交线"编辑功能包括"单个剪切""全部剪切"和"全部接合"3 种，切断交线编辑效果如图 3-27 所示。

单个剪切　　　　　　全部剪切　　　　　　全部接合

图 3-27　切断交线编辑效果

◇ "单个剪切" ⫴：表示在多线中的某条线上拾取两个点从而断开此线。

◇ "全部剪切" ⫴：表示在多线上拾取两个点从而将此多线全部切断一截。

◇ "全部接合" ⫴：表示连接多线中的所有可见间断，但不能用来连接两条单独的多线。

3.2.4　多段线

多段线指的是由一系列直线段或弧线段连接而成的一种特殊几何图元，此图元无论包括多少条直线元素或弧线元素，系统都将其看作单个对象。"多段线"命令用于二维多段线图元，所绘制的多段线可以闭合或不闭合。

● "多段线"命令的执行方式

执行"多段线"命令主要有以下几种方式。

◇ 单击"默认"选项卡→"绘图"面板→"多段线"按钮 。

◇ 选择菜单栏中的"绘图"→"多段线"命令。

◇ 　单击"绘图"工具栏→"多段线"按钮 ⌐)。
◇ 　在命令行中输入 Pline 后按 Enter 键。
◇ 　使用快捷键 PL。

下面通过绘制如图 3-28 所示的平面椅轮廓图，学习"多段线"命令的使用方法和操作技巧，操作步骤如下。

Step 01 执行"新建"命令，新建绘图文件。

Step 02 选择菜单栏中的"工具"→"草图设置"命令，打开"草图设置"对话框，选择"对象捕捉"选项卡，并设置对象捕捉模式，如图 3-29 所示。

Step 03 选择菜单栏中的"视图"→"缩放"→"中心"命令，将视图高度调整为 1200 个单位。

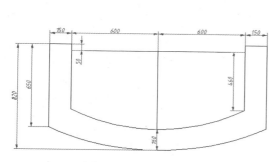

图 3-28　平面椅轮廓图

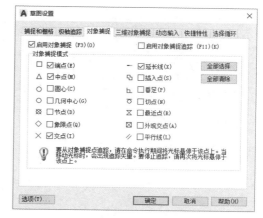

图 3-29　设置对象捕捉模式

Step 04 单击"默认"选项卡→"绘图"面板→"多段线"按钮 ⌐)，配合坐标输入功能绘制平面椅外轮廓线，命令行操作如下。

```
命令：_pline
指定起点：                        //在绘图区拾取一点作为起点
当前线宽为 0.0000
指定下一个点或 [圆弧(A)/半宽(H)/长度(L)/放弃(U)/宽度(W)]：//@650<-90 Enter
指定下一点或 [圆弧(A)/闭合(C)/半宽(H)/长度(L)/放弃(U)/宽度(W)]：//a Enter
```

⋮⋮⋮ 小技巧

使用"圆弧"选项可以将当前画线模式转化为画弧模式，以绘制弧线段。

```
指定圆弧的端点或[角度(A)/圆心(CE)/闭合(CL)/方向(D)/半宽(H)/直线(L)/半径(R)/第
二个点(S)/放弃(U)/宽度(W)]：        //s Enter，激活"第二个点"选项
指定圆弧上的第二个点：              //@750,-170 Enter
指定圆弧的端点：                    //@750,170 Enter
指定圆弧的端点或[角度(A)/圆心(CE)/闭合(CL)/方向(D)/半宽(H)/直线(L)/半径(R)/第
二个点(S)/放弃(U)/宽度(W)]：        //1 Enter，转入画线模式
```

Note

使用"直线"选项可以将当前画弧模式转化为画线模式，以绘制直线段。

指定下一点或 [圆弧(A)/闭合(C)/半宽(H)/长度(L)/放弃(U)/宽度(W)]:
                      //@650<90 Enter

指定下一点或 [圆弧(A)/闭合(C)/半宽(H)/长度(L)/放弃(U)/宽度(W)]:
                      //@-150,0 Enter

指定下一点或 [圆弧(A)/闭合(C)/半宽(H)/长度(L)/放弃(U)/宽度(W)]:
                      //@0,-510 Enter

指定下一点或 [圆弧(A)/闭合(C)/半宽(H)/长度(L)/放弃(U)/宽度(W)]:   //a Enter
指定圆弧的端点或[角度(A)/圆心(CE)/闭合(CL)/方向(D)/半宽(H)/直线(L)/半径(R)/第
二个点(S)/放弃(U)/宽度(W)]:   //s Enter
指定圆弧上的第二个点: //激活"捕捉自"功能
_from 基点: //捕捉如图 3-30 所示的圆弧中点
<偏移>:   //@0,160 Enter
指定圆弧的端点: //激活"捕捉自"功能
_from 基点: //捕捉如图 3-31 所示的端点

图 3-30 捕捉圆弧中点

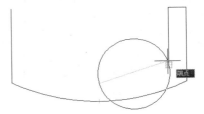

图 3-31 捕捉端点

<偏移>:   //@-1200,0 Enter
指定圆弧的端点或[角度(A)/圆心(CE)/闭合(CL)/方向(D)/半宽(H)/直线(L)/半径(R)/第
二个点(S)/放弃(U)/宽度(W)]:   //l Enter，转入画线模式
指定下一点或 [圆弧(A)/闭合(C)/半宽(H)/长度(L)/放弃(U)/宽度(W)]://@510<90 Enter
指定下一点或 [圆弧(A)/闭合(C)/半宽(H)/长度(L)/放弃(U)/宽度(W)]:
                //c Enter，闭合图形，绘制结果如图 3-32 所示

Step 05 重复执行"多段线"命令，配合范围捕捉功能绘制水平轮廓线，命令行操作如下。

命令: _pline
指定起点: //引出如图 3-33 所示的延伸矢量，输入 50
当前线宽为 0.0
指定下一点或 [圆弧(A)/半宽(H)/长度(L)/放弃(U)/宽度(W)]:   //@1200,0 Enter
指定下一点或 [圆弧(A)/闭合(C)/半宽(H)/长度(L)/放弃(U)/宽度(W)]:
                //Enter，结束命令，绘制结果如图 3-34 所示

Step 06 重复执行"多段线"命令，配合中点捕捉功能绘制垂直轮廓线，结果如图 3-35 所示。

图 3-32　绘制结果

图 3-33　引出延伸矢量

Note

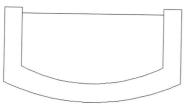

图 3-34　绘制水平轮廓线

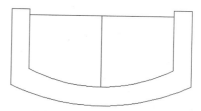

图 3-35　绘制垂直轮廓线

📖 **选项解析**

部分选项解析如下。

"圆弧"选项用于将当前画线模式切换为画弧模式，以绘制由弧线组合而成的多段线。在命令行提示下输入"A"，或者在绘图区右击，在弹出的快捷菜单中选择"圆弧"命令，都可以激活"圆弧"选项，系统自动切换到画弧状态，且命令行提示如下。

> "指定圆弧的端点或 ［角度（A）/圆心（CE）/闭合（CL）/方向（D）/半宽（H）/直线（L）/半径（R）/第二个点（S）/放弃（U）/ 宽度（W）]："

选项功能如下。

◇　"角度"选项用于指定要绘制圆弧的圆心角。
◇　"圆心"选项用于指定圆弧的圆心。
◇　"闭合"选项用于利用弧线封闭多段线。
◇　"方向"选项用于取消直线与圆弧的相切关系，改变圆弧的起始方向。
◇　"半宽"选项用于指定圆弧的半宽值。激活此选项功能后，AutoCAD 将提示用户输入多段线的起点半宽值和终点半宽值。
◇　"直线"选项用于切换直线模式。
◇　"半径"选项用于指定圆弧的半径。
◇　"第二个点"选项用于选择三点画弧方式中的第二个点。
◇　"宽度"选项用于设置弧线的宽度值。

⊞ 小技巧

当用户需要绘制一条闭合的多段线时，使用"闭合"选项可以保证绘制的多段线是完全封闭的。

小技巧

在绘制多段线时，变量 FILLMODE 控制着多段线是否被填充，当变量值为 1 时，绘制的多段线将被填充；当变量值为 0 时，绘制的多段线将不会被填充，如图 3-36 所示。

图 3-36 非填充多段线

3.2.5 编辑多段线

"编辑多段线"命令用于编辑多段线或具有多段线性质的图形，如矩形、正多边形、圆环、三维多段线、三维多边形网格等。

● **"编辑多段线"命令的执行方式**

执行"编辑多段线"命令主要有以下几种方式。

◇ 单击"默认"选项卡→"修改"面板→"编辑多段线"按钮 。
◇ 选择菜单栏中的"修改"→"对象"→"编辑多段线"命令。
◇ 单击"修改"工具栏→"编辑多段线"按钮 。
◇ 在命令行中输入 Pedit 后按 Enter 键。
◇ 使用快捷键 PE。

使用"编辑多段线"命令可以闭合、打断、拉直、拟合多段线，还可以添加、移动、删除多段线顶点等，执行"编辑多段线"命令后命令行提示如下。

```
命令：_pedit
    选择多段线或 [多条（M）]：系统提示选择需要编辑的多段线。如果用户选择了直线或圆弧，
而不是多段线，系统出现如下提示：
    选定的对象不是多段线。
    是否将其转换为多段线？<Y>：输入"Y"，将选择的对象，即直线或圆弧转换为多段线，再进行
编辑。如果选择的对象是多段线，系统出现如下提示：
    输入选项[闭合（C）/合并（J）/宽度（W）/编辑顶点（E）/拟合（F）/样条曲线（S）/非曲线化（D）/
线型生成（L）/反转（R）/放弃（U）]：
```

📖 **选项解析**

部分选项解析如下。

◇ "闭合"选项用于打开或闭合多段线。如果用户选择的多段线是非闭合的，则使用

该选项可使之闭合；如果用户选中的多段线是闭合的，则使用该选项可以打断闭合的多段线。

◇ "合并"选项用于将其他的多段线、直线或圆弧连接到正在编辑的多段线上，形成一条新的多段线。要往多段线上连接实体，与原始多段线必须有一个共同的端点，即需要连接的对象必须首尾相连。

◇ "宽度"选项用于修改多段线的线宽，并将多段线的各段线宽统一变为新输入的线宽值。执行该选项后系统提示输入所有线段的新宽度。

◇ "编辑顶点"选项用于对多段线的顶点进行移动、插入新顶点、改变顶点的线宽及切线方向等。

◇ "拟合"选项用于对多段线进行曲线拟合，将多段线变成通过每个顶点的光滑连续的圆弧曲线，曲线经过多段线的所有顶点并使用任何指定的切线方向，如图 3-37 所示。

曲线拟合前　　　　　　　　　　曲线拟合后

图 3-37　对多段线进行曲线拟合

◇ "样条曲线"选项将用 B 样条曲线拟合多段线，生成由多段线顶点控制的样条曲线。变量 SPLINESEGS 控制样条曲线的精度，精度值越大，曲线越光滑；变量 SPLFRAME 决定是否显示原始多段线，当值设置为 1 时，样条曲线与原始多段线一同显示，当值设置为 0 时，不显示原始多段线；变量 SPLINETYPE 控制样条曲线的类型，当值设置为 5 时，为二次 B 样条曲线，当值设置为 6 时，为三次 B 样条曲线，如图 3-38 所示。

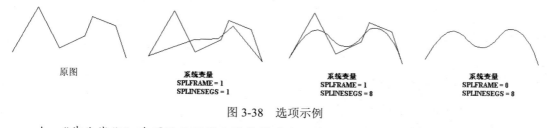

原图　　　　系统变量　　　　　　系统变量　　　　　　系统变量
　　　　SPLFRAME = 1　　　　SPLFRAME = 1　　　　SPLFRAME = 0
　　　　SPLINESEGS = 1　　　　SPLINESEGS = 8　　　　SPLINESEGS = 8

图 3-38　选项示例

◇ "非曲线化"选项用于还原已被编辑的多段线。取消拟合、样条曲线及"多段线"命令中"弧"选项所创建的圆弧，将多段线中各段拉直，同时保留多段线顶点的所有切线信息。

◇ "线型生成"选项用于控制多段线为非实线状态时的显示方式，当该选项设置为 ON 状态时，虚线或中心线等非实线线型的多段线在角点处封闭；当该选项设置为 OFF 状态时，虚线或中心线等非实线线型的多段线在角点处是否封闭，取决于线型比例的大小。

3.3 上机实训——绘制卧室吊顶灯具图

本实训通过绘制卧室吊顶灯具图，主要对点、等分点及线图元等知识进行综合练习和巩固应用。卧室吊顶灯具图的最终绘制效果如图3-39所示。

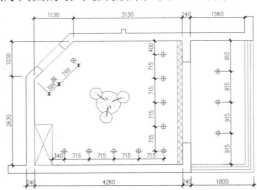

图 3-39 卧室吊顶灯具图的最终绘制效果

操作步骤如下。

Step 01 单击"快速访问"工具栏→"打开"按钮，打开配套资源中的"素材文件\3-1.dwg"，如图3-40所示。

Step 02 按F3功能键，激活状态栏中的"对象捕捉"功能，在"草图设置"对话框中设置对象捕捉模式，如图3-41所示。

图 3-40 打开素材文件

图 3-41 设置对象捕捉模式

Step 03 选择菜单栏中的"绘图"→"多线"命令，配合"端点捕捉"功能绘制宽度为 240 的主墙线，命令行操作如下。

```
命令: _mline
当前设置: 对正 = 上，比例 = 20.00，样式 = 墙线样式
指定起点或 [对正(J)/比例(S)/样式(ST)]: //j Enter
输入对正类型 [上(T)/无(Z)/下(B)] <上>: //z Enter
当前设置: 对正 = 无，比例 = 20.00，样式 = 墙线样式
```

指定起点或 [对正(J)/比例(S)/样式(ST)]:　//s Enter
输入多线比例 <20.00>:　　　　　　　//240 Enter
当前设置: 对正 = 无, 比例 = 240.00, 样式 = 墙线样式
指定起点或 [对正(J)/比例(S)/样式(ST)]:　//捕捉下侧水平轴线的左端点
指定下一点:　　　　　　　　　　　　//捕捉下侧水平轴线的右端点
指定下一点或 [放弃(U)]:　　　　　　//捕捉如图 3-42 所示的端点
指定下一点或 [闭合(C)/放弃(U)]:　　//Enter, 结束命令, 绘制结果如图 3-43 所示

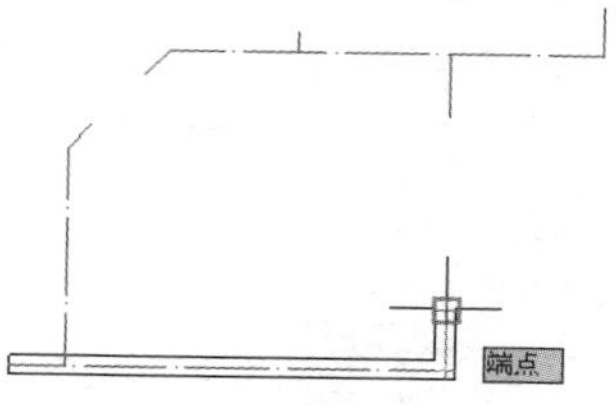

图 3-42　捕捉端点（1） 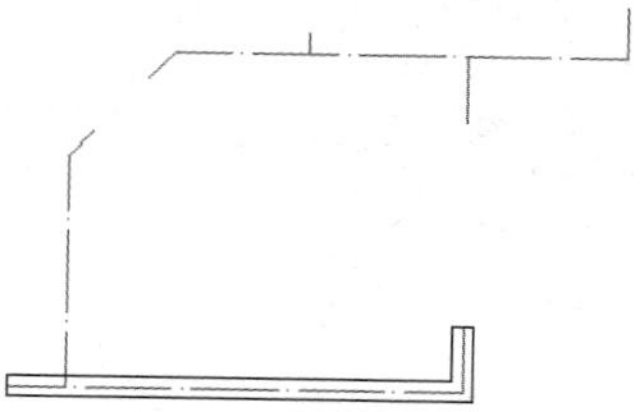　　　　　　　图 3-43　绘制结果（1）

Step 04 重复执行"多线"命令, 按照当前的参数设置, 配合"端点捕捉"功能绘制其他位置的主墙线, 绘制结果如图 3-44 所示。

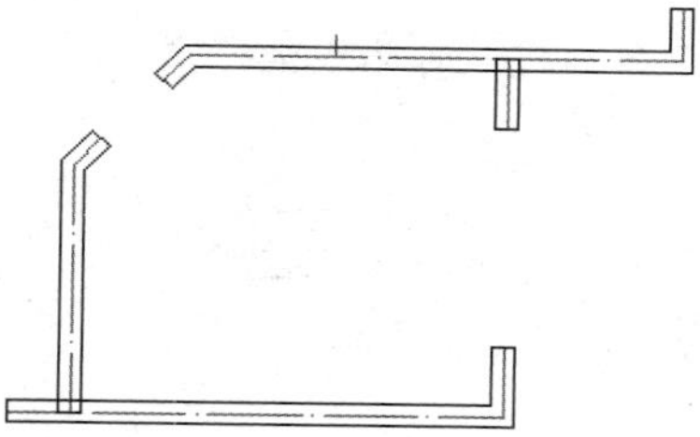

图 3-44　绘制结果（2）

Step 05 重复执行"多线"命令, 配合"端点捕捉"功能绘制宽度为 120 的次墙线, 命令行操作如下。

命令: _mline
当前设置: 对正 = 无, 比例 = 240.00, 样式 = 墙线样式
指定起点或 [对正(J)/比例(S)/样式(ST)]://s Enter
输入多线比例 <240.00>:　　　　　　//120 Enter
当前设置: 对正 = 无, 比例 = 120.00, 样式 = 墙线样式
指定起点或 [对正(J)/比例(S)/样式(ST)]://捕捉如图 3-45 所示的端点
指定下一点:　　　　　　　　　　　　//捕捉如图 3-46 所示的端点
指定下一点或 [放弃(U)]:　　　　　　//Enter, 结束命令, 绘制结果如图 3-47 所示

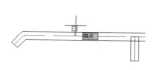

图 3-45　捕捉端点（2）

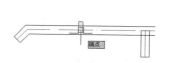

图 3-46　捕捉端点（3）

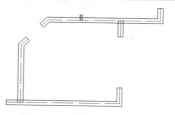

图 3-47　绘制结果（3）

Step 06 单击"默认"选项卡→"图层"面板→"图层控制"下拉按钮，在打开的"图层控制"下拉列表中关闭"轴线层"，此时图形的显示结果如图 3-48 所示。

Step 07 选择菜单栏中的"修改"→"对象"→"多线"命令，在弹出的"多线编辑工具"对话框中选择"T 形合并"，如图 3-49 所示。

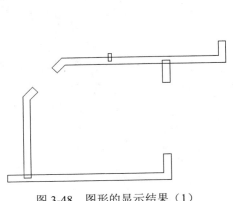

图 3-48 图形的显示结果（1）   图 3-49 "多线编辑工具"对话框

Step 08 返回绘图区，根据命令行的提示对墙线进行编辑，命令行操作如下。

```
命令: _mledit
选择第一条多线:                    //选择如图 3-50 所示的墙线
选择第二条多线:                    //选择如图 3-51 所示的墙线
选择第一条多线 或 [放弃(U)]:       //Enter，结束命令，编辑结果如图 3-52 所示
```

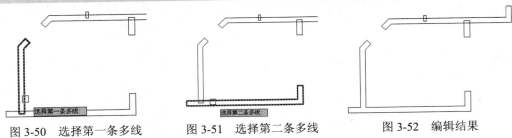

图 3-50 选择第一条多线   图 3-51 选择第二条多线   图 3-52 编辑结果

Step 09 重复执行上述操作步骤，分别对其他位置的墙线进行编辑合并，结果如图 3-53 所示。

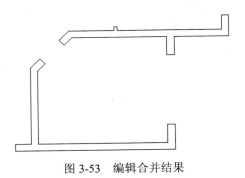

图 3-53 编辑合并结果

Step 10 选择菜单栏中的"格式"→"多线样式"命令，创建名为"窗线样式"的新样式，在"新建多线样式：窗线样式"对话框中进行参数设置如图 3-54 所示，在"多线样式"对话框中并将窗线样式设置为当前样式，如图 3-55 所示。

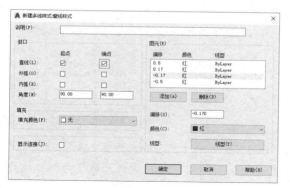

图 3-54　参数设置

图 3-55　将窗线样式设置为当前样式

Step 11 选择菜单栏中的"绘图"→"多线"命令，配合"极轴追踪"和"对象捕捉追踪"功能绘制阳台位置的窗线，命令行操作如下。

```
命令：_mline
当前设置：对正 = 无，比例 = 120.00，样式 = 窗线样式
指定起点或 [对正(J)/比例(S)/样式(ST)]：      //s Enter
输入多线比例 <120.00>：                      //240 Enter
当前设置：对正 = 无，比例 = 240.00，样式 = 窗线样式
指定起点或 [对正(J)/比例(S)/样式(ST)]：      //j Enter
输入对正类型 [上(T)/无(Z)/下(B)] <无>：      //b Enter
当前设置：对正 = 下，比例 = 240.00，样式 = 窗线样式
指定起点或 [对正(J)/比例(S)/样式(ST)]：      //捕捉如图 3-56 所示的端点
指定下一点：                                //捕捉追踪矢量的交点，如图 3-57 所示
指定下一点或 [放弃(U)]：                     //捕捉如图 3-58 所示的端点
指定下一点或 [闭合(C)/放弃(U)]：             //Enter，结束命令
```

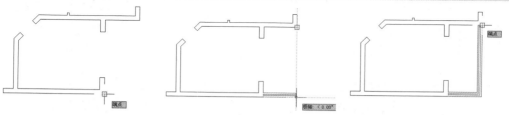

图 3-56　捕捉端点（4）　　　图 3-57　捕捉追踪矢量的交点　　　图 3-58　捕捉端点（5）

Step 12 使用快捷键 L 执行"直线"命令，配合"极轴追踪"和"对象捕捉追踪"功能绘制如图 3-59 所示的轮廓线。

Step 13 使用快捷键 LT 执行"线型"命令，加载如图 3-60 所示的线型，并设置线型全局比例因子为 15。

图 3-59　绘制结果（4）

图 3-60　加载线型

Step 14 在没有执行命令的前提下夹点显示如图 3-61 所示，然后分别打开"颜色控制"和"线型控制"下拉列表，修改其图线的颜色为"洋红"，修改图线的线型为刚加载的线型。修改后的结果如图 3-62 所示。

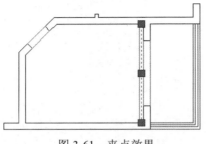

图 3-61　夹点效果

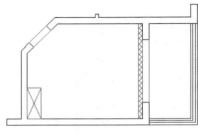

图 3-62　修改结果

Step 15 使用快捷键 PL 执行"多段线"命令，配合"极轴追踪"和"对象捕捉追踪"功能绘制柜子，绘制结果如图 3-63 所示。

Step 16 单击"默认"选项卡→"图层"面板→"图层控制"下拉按钮，打开"图层控制"下拉列表，打开"图块层"图层，图形的显示效果如图 3-64 所示。

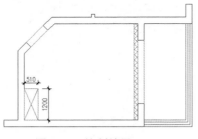

图 3-63　绘制结果（5）

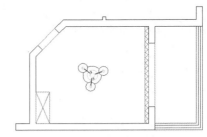

图 3-64　图形的显示结果（2）

Step 17 执行"点样式"命令，在弹出的"点样式"对话框中，设置当前点的样式和点的大小，如图 3-65 所示。

Step 18 单击"默认"选项卡→"特性"面板→"颜色控件"下拉按钮，在打开的"颜色控制"下拉列表中，设置当前颜色为"洋红"。

Step 19 选择菜单栏中的"绘图"→"直线"命令，绘制如图 3-66 所示的四条直线，作为辅助线。

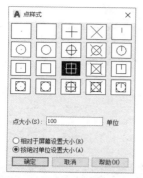

图 3-65　设置点样式及点的大小

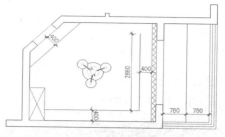

图 3-66　绘制辅助线

Step 20 选择菜单栏中的"绘图"→"点"→"定数等分"命令，将灯具定位线进行等分，在等分点处放置点标记，代表筒灯，命令行操作如下。

命令：_divide	
选择要定数等分的对象：	//选择左上侧的倾斜辅助线
输入线段数目或 [块(B)]：	//3 Enter，设置等分数目
命令：_divide	//重复执行命令
选择要定数等分的对象：	//选择右侧的垂直辅助线
输入线段数目或 [块(B)]：	//4 Enter，设置等分数目，定数等分结果如图 3-67 所示

Step 21 选择菜单栏中的"绘图"→"点"→"定距等分"命令，将垂直定位线和水平定位线进行等分，命令行操作如下。

命令：_measure	
选择要定距等分的对象：	//在如图 3-68 所示的位置单击
指定线段长度或 [块(B)]：	//715 Enter

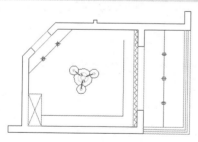

图 3-67　定数等分结果

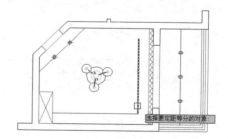

图 3-68　指定单击位置

∷∷ 小技巧

　　使用点标记作为吊顶的辅助灯具是一种常用的操作技巧，这种操作技巧通过需要配合点的等分工具及点的绘制工具等。

命令：_measure	//重复执行命令
选择要定距等分的对象：	//在如图 3-69 所示的位置单击
指定线段长度或 [块(B)]：	//715 Enter，结束命令，定距等分结果如图 3-70 所示

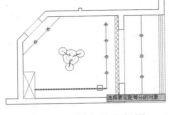

图 3-69　指定单击位置

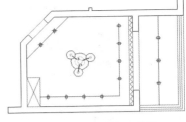

图 3-70　定距等分结果

⚙ 小技巧

在进行定距等分选取对象时，靠近哪一端单击，系统就从哪一端开始定距等分。所以单击对象的位置，决定了等分点的放置次序。

Step 22 选择菜单栏中的"绘图"→"点"→"单点"命令，在两条辅助线的交点处绘制点，结果如图 3-71 所示。

Step 23 使用快捷键 E 执行"删除"命令，删除四条定位辅助线，结果如图 3-72 所示。

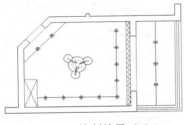

图 3-71　绘制结果（6）

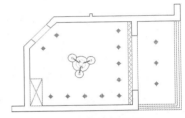

图 3-72　删除结果

Step 24 最后选择菜单栏中的"文件"→"另存为"命令，将图形命名存储为"上机实训一——绘制卧室吊顶灯具图.dwg"。

3.4　绘制各类曲线

本节主要学习"螺旋""修订云线""样条曲线"和"光顺曲线"4 个命令，以绘制螺旋线、修订云线、样条曲线和光顺曲线等几何图元。

3.4.1　螺旋线

"螺旋"命令用于绘制二维螺旋线，将螺旋用作 SWEEP 命令的扫掠路径以创建弹簧、螺纹和环形楼梯等。

● "螺旋"命令的执行方式

执行"螺旋"命令主要有以下几种方式。

◇　单击"默认"选项卡→"绘图"面板→"螺旋"按钮 ▤。

◇　选择菜单栏中的"绘图"→"螺旋"命令。

◇　在命令行中输入 Helix 后按 Enter 键。

● **绘制螺旋线**

下面通过绘制高度为 120、圈数为 7 的螺旋线，如图 3-73 所示，学习"螺旋"命令的使用方法和技巧，操作步骤如下。

Step 01 执行"新建"命令，新建绘图文件。

Step 02 选择菜单栏中的"视图"→"三维视图"→"西南等轴测"命令，将当前视图切换为西南视图。

Step 03 单击"默认"选项卡→"绘图"面板→"螺旋"按钮 🔊，根据命令行提示绘制螺旋线。

图 3-73　绘制螺旋线

```
命令: _helix
圈数 = 3.0000        扭曲=CCW
指定底面的中心点:                        //在绘图区拾取一点
指定底面半径或 [直径(D)] <27.9686>:      //50 Enter
指定顶面半径或 [直径(D)] <50.0000>:      //Enter
```

⸭ 小技巧

如果指定一个值同时作为底面半径和顶面半径，则将创建圆柱形螺旋；如果指定不同值作为顶面半径和底面半径，则将创建圆锥形螺旋；不能指定 0 来同时作为底面半径和顶面半径。

```
指定螺旋高度或 [轴端点(A)/圈数(T)/圈高(H)/扭曲(W)] <923.5423>: //t Enter
输入圈数 <3.0000>:                                        //7 Enter
指定螺旋高度或 [轴端点(A)/圈数(T)/圈高(H)/扭曲(W)] <23.5423>: //120 Enter
```

⸭ 小技巧

在默认设置下，螺旋圈数的值为 3。在绘制图形时，圈数的默认值始终是先前输入的圈数值，螺旋圈数的值不能超过 500。另外，如果将螺旋指定的高度值设置为 0，则将创建扁平的二维螺旋。

3.4.2　修订云线

"修订云线"命令用于绘制由连续圆弧构成的图线，所绘制的图线被看作是一条多段线，这种图线可以是闭合的，也可以是断开的，如图 3-74 所示。

图 3-74　修订云线示例

Note

● **"修订云线"命令的执行方式**

执行"修订云线"命令主要有以下几种方式。

◇ 选择菜单栏中的"绘图"→"修订云线"命令。

◇ 在命令行中输入 Revcloud 后按 Enter 键。

● **绘制闭合修订云线**

操作步骤如下。

Step 01 执行"新建"命令，新建绘图文件。

Step 02 选择菜单栏中的"绘图"→"修订云线"命令，执行"修订云线"命令。

Step 03 根据命令行提示设置弧长和绘制云线，命令行操作如下。

```
命令: _revcloud
最小弧长: 30    最大弧长: 30    样式: 普通
指定起点或 [弧长(A)/对象(O)/样式(S)] <对象>:    //在绘图区拾取一点作为起点
沿云线路径引导十字光标    //按住鼠标左键不放，沿着所需闭合路径引导光标
修订云线完成
```

Step 04 绘制结果如图 3-75 所示。

图 3-75   绘制结果

⠿ 小技巧

在绘制闭合的云线时，需要移动光标，将云线的端点放在起点处，系统会自动绘制闭合云线。

● **绘制非闭合云线**

下面通过绘制最大弧长为 25、最小弧长为 10 的非闭合云线，学习"弧长"选项功能的应用，操作步骤如下。

Step 01 执行"新建"命令，新建绘图文件。

Step 02 选择菜单栏中的"绘图"→"修订云线"命令，根据命令行提示精确绘图，命令行操作如下。

```
命令: _revcloud
最小弧长: 10    最大弧长: 25    样式: 普通
指定起点或 [弧长(A)/对象(O)/样式(S)] <对象>:      //a Enter，激活"弧长"选项
指定最小弧长 <10>:                              //10 Enter，设置最小弧长度
指定最大弧长 <25>:                              //25 Enter，设置最大弧长度
指定起点或 [弧长(A)/对象(O)/样式(S)] <对象>:      //在绘图区拾取一点作为起点
沿云线路径引导十字光标                          //按住鼠标左键不放,沿着所需闭合路径引导光标
```

反转方向 [是(Y)/否(N)] <否>： 修订云线完成	//n Enter，采用默认设置

Step 03 绘制结果如图 3-76 所示。

图 3-76　绘制结果

📖 **选项解析**

选项解析如下。

◇ "弧长"选项用于设置云线的最小弧和最大弧的长度，设置的最大弧长最多是最小弧长的 3 倍。

◇ "对象"选项用于对非云线图形（如直线、圆弧、矩形及圆形等）按照当前的样式和尺寸，将其转化为云线图形，如图 3-77 所示。另外，在编辑的过程中还可以修改弧线的方向，如图 3-78 所示。

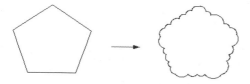

图 3-77　"对象"选项示例　　　　　图 3-78　修改弧线的方向示例

◇ "样式"选项用于设置修订云线的样式，主要有"普通"和"手绘"两种样式，默认为"普通"样式，如图 3-79 所示的云线就是在"手绘"样式下绘制的。

图 3-79　手绘示例

3.4.3　样条曲线

"样条曲线"命令用于绘制通过某些拟合点（接近控制点）的光滑曲线，绘制的曲线可以是二维曲线，也可以是三维曲线。

● **"样条曲线"命令的执行方式**

执行"样条曲线"命令主要有以下几种方式。

- 单击"默认"选项卡→"绘图"面板→"样条曲线拟合"按钮 或"样条曲线控制点"按钮 。
- 选择菜单栏中的"绘图"→"样条曲线"→"拟合点"或"控制点"命令。
- 在命令行中输入 Spline 后按 Enter 键。
- 使用快捷键 SPL。

● 为零件图绘制边界线

下面通过为零件图绘制边界线，学习"样条曲线"命令的使用方法和操作技巧，操作步骤如下。

Step 01 打开配套资源中的"素材文件\3-2.dwg"，如图 3-80 所示。

Step 02 开启"对象捕捉"功能，并设置捕捉模式为节点捕捉。

Step 03 单击"默认"选项卡→"绘图"面板→"样条曲线拟合"按钮 ，执行"样条曲线拟合"命令，配合节点捕捉功能绘制样条曲线，命令行操作如下。

```
命令: _spline
当前设置: 方式=拟合    节点=弦
指定第一个点或 [方式(M)/节点(K)/对象(O)]:        //捕捉如图 3-80 所示的最近点 1
输入下一个点或 [起点切向(T)/公差(L)]:            //捕捉最近点 2
输入下一个点或 [端点相切(T)/公差(L)/放弃(U)/闭合(C)]:    //捕捉最近点 3
输入下一个点或 [端点相切(T)/公差(L)/放弃(U)/闭合(C)]:    //捕捉最近点 4
输入下一个点或 [端点相切(T)/公差(L)/放弃(U)/闭合(C)]:    //捕捉最近点 5
输入下一个点或 [端点相切(T)/公差(L)/放弃(U)/闭合(C)]:    //捕捉最近点 6
输入下一个点或 [端点相切(T)/公差(L)/放弃(U)/闭合(C)]:    //捕捉最近点 7
输入下一个点或 [端点相切(T)/公差(L)/放弃(U)/闭合(C)]:    //捕捉最近点 8
输入下一个点或 [端点相切(T)/公差(L)/放弃(U)/闭合(C)]:    //Enter 结束命令
```

Step 04 绘制结果如图 3-81 所示。

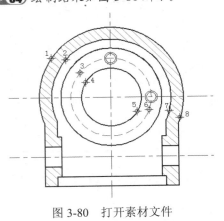
图 3-80   打开素材文件

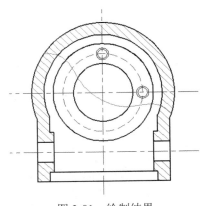
图 3-81   绘制结果

需要注意使用"控制点"命令和"拟合点"命令绘制样条曲线的区别，在这两种方式下样条曲线的夹点示例如图 3-82 和图 3-83 所示。

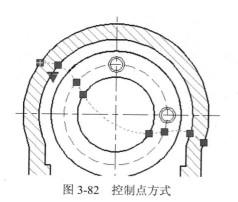
图 3-82　控制点方式

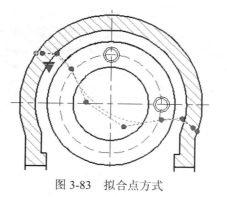
图 3-83　拟合点方式

3.4.4　光顺曲线

"光顺曲线"命令用于在两条选定的直线或曲线之间创建样条曲线，如图 3-84 所示。当使用此命令在两条图线之间创建样条曲线时，具有两个过渡类型，分别是"相切"和"平滑"。

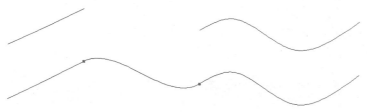
图 3-84　光顺曲线示例

● "光顺曲线"命令的执行方式

执行"光顺曲线"命令主要有以下几种方式。

◇　选择菜单栏中的"修改"→"光顺曲线"命令。

◇　在命令行中输入 Blend 后按 Enter 键。

◇　使用快捷键 BL。

● 绘制光顺曲线

下面通过简单的实例学习"光顺曲线"命令的使用方法和操作技巧，操作步骤如下。

Step 01 绘制如图 3-84 所示的直线和样条曲线。

Step 02 选择菜单栏中的"修改"→"光顺曲线"命令，在直线和样条曲线之间创建一条过渡样条曲线，命令行操作如下。

```
命令：_blend
连续性 = 相切
选择第一个对象或 [连续性(CON)]：　//在直线的右上端点单击
选择第二个点：　//在样条曲线的左端单击，创建如图 3-84 所示的光顺曲线
```

小技巧

图 3-84 所示的光顺曲线是在"相切"模式下创建的一条 3 阶样条曲线（其夹点效果如图 3-85 所示），在选定对象的端点处具有相切（G1）连续性。

图 3-85　"相切"模式下的光顺曲线

Step 03 重复执行"光顺曲线"命令，在"平滑"模式下创建一条 5 阶样条曲线，命令行操作如下。

```
命令：_blend
连续性 = 相切
选择第一个对象或 [连续性(CON)]：           //con Enter
输入连续性 [相切(T)/平滑(S)] <切线>：      //s Enter，激活"平滑"选项
选择第一个对象或 [连续性(CON)]：           //在直线的右上端点单击
选择第二个点：                            //在样条曲线的左端单击，创建如图 3-86 所示的光顺曲线
```

小技巧

图 3-86 所示的光顺曲线是在"平滑"模式下创建的一条 5 阶样条曲线（其夹点效果如图 3-87 所示），在选定对象的端点处具有曲率（G2）连续性。

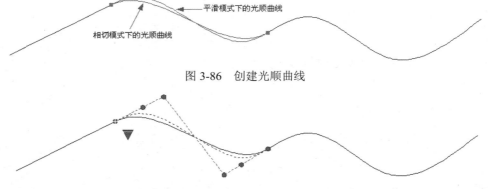

图 3-86　创建光顺曲线

图 3-87　"平滑"模式下的光顺曲线

小技巧

如果使用"平滑"选项，请勿将显示从控制点切换为拟合点，此操作将样条曲线更改为 3 阶，这会改变样条曲线的形状。

3.5 绘制作图辅助线

AutoCAD 为用户提供了专门用于绘制作图辅助线的命令，即 "射线" 命令和 "构造线" 命令，本节主要学习这两种命令的使用方法和操作技巧。

3.5.1 射线

"射线" 命令用于绘制向一端无限延伸的作图辅助线，如图 3-88 所示。此类辅助线不能作为图形轮廓线，但是可以将其编辑成图形的轮廓线。

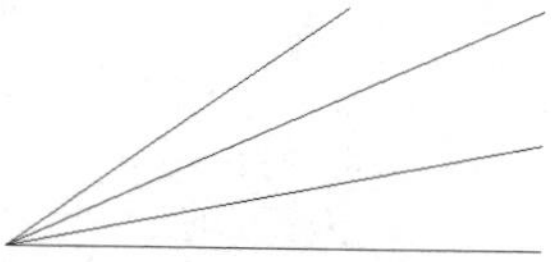

图 3-88 射线示例

● "射线" 命令的执行方式

执行 "射线" 命令主要有以下几种方式。

◇ 单击 "默认" 选项卡→ "绘图" 面板→ "射线" ✎ 按钮。
◇ 选择菜单栏中的 "绘图" → "射线" 命令。
◇ 在命令行中输入 Ray 后按 Enter 键。

● "射线" 命令行操作

执行 "射线" 命令后，可以连续绘制无数条射线，直到结束命令为止，命令行操作如下。

```
命令: _ray
指定起点:          //指定射线的起点
指定通过点:        //指定射线的通过点
指定通过点:        //指定射线的通过点
......
指定通过点:        //Enter，结束命令
```

3.5.2 构造线

"构造线" 命令用于绘制向两端无限延伸的直线，如图 3-89 所示。此种直线通常用作绘图时的辅助线或参照线，不能作为图形轮廓线的一部分，但是可以通过修改工具将其编辑为图形轮廓线。

● "构造线" 命令的执行方式

执行 "构造线" 命令主要有以下几种方式。

◇ 单击 "默认" 选项卡→ "绘图" 面板→ "构造线" 按钮 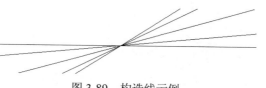。

图 3-89 构造线示例

Note

◇ 选择菜单栏中的"绘图"→"构造线"命令。

◇ 在命令行中输入 Xline 后按 Enter 键。

◇ 使用快捷键 XL。

● "构造线"命令行操作

执行一次"构造线"命令后，可以绘制多条构造线，直到结束命令为止，命令行操作如下。

```
命令：_xline
指定点或 [水平(H)/垂直(V)/角度(A)/二等分(B)/偏移(O)]：
                              //定位构造线上的一点

指定通过点：                   //定位构造线上的通过点
指定通过点：                   //定位构造线上的通过点
……
指定通过点：                   //Enter，结束命令
```

📖 选项解析

使用"构造线"命令，不仅可以绘制水平构造线和垂直构造线，还可以绘制具有一定角度的辅助线及绘制角的等分线，其选项功能如下。

◇ 使用"构造线"命令中的"水平"选项可以绘制向两端无限延伸的水平构造线。

◇ 使用"构造线"命令中的"垂直"选项可以绘制向两端无限延伸的垂直构造线。

◇ 使用"构造线"命令中的"偏移"选项可以绘制与参照线平行的构造线，如图 3-90 所示。

◇ 使用"构造线"命令中的"角度"选项可以绘制具有任意角度的作图辅助线，其命令行操作如下。

```
命令：_xline
指定点或 [水平(H)/垂直(V)/角度(A)/二等分(B)/偏移(O)]：//a Enter，激活"角度"选项
输入构造线的角度 (0) 或 [参照(R)]：        //22.5 Enter
指定通过点：                             //拾取通过点
指定通过点：                             //Enter，结果如图 3-91 所示
```

◇ 使用"构造线"命令中的"二等分"选项可以绘制任意角的等分线，如图 3-92 所示。

图 3-90 "偏移"选项示例

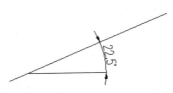
图 3-91 绘制倾斜构造线

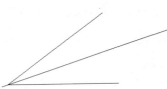
图 3-92 绘制任意角的等分线

3.6　线对象的基本编辑

本节主要学习"修剪""延伸""拉伸""拉长""打断"和"合并" 6 个命令，以方便用户对各种图线进行修改和编辑。

3.6.1　修剪对象

"修剪"命令用于修剪对象上指定的部分，不过在修剪时，需要事先指定一个边界，如图 3-93 所示。

图 3-93　修剪示例

⬛⬛⬛ 小技巧

在修剪对象时，边界的选择是关键，而边界必须要与修剪对象相交，或者与其延长线相交，才能成功修剪对象。

● "修剪"命令的执行方式

执行"修剪"命令主要有以下几种方式。

◇　单击"默认"选项卡→"修改"面板→"修剪"按钮 ✂。
◇　选择菜单栏中的"修改"→"修剪"命令。
◇　在命令行中输入 Trim 后按 Enter 键。
◇　使用快捷键 TR。

下面通过将构造线转化为零件图的中心线，学习"修剪"命令的使用方法和操作技巧，操作步骤如下。

Step 01 打开配套资源中的"素材文件\3-3.dwg"文件，如图 3-94 所示。

Step 02 单击"默认"选项卡→"修改"面板→"修剪"按钮 ✂，将两条构造线编辑成图形中心线，命令行操作如下。

```
命令: _trim
当前设置:投影=UCS，边=延伸
选择剪切边...
选择对象或 <全部选择>:          //选择如图 3-95 所示的闭合图线作为边界
选择对象:                      //Enter
选择要修剪的对象，或按住 Shift 键选择要延伸的对象，或[栏选(F)/窗交(C)/投影(P)/边
(E)/删除(R)/放弃(U)]:          //在垂直构造线 2 的上端单击
```

Note

选择要修剪的对象，或按住 Shift 键选择要延伸的对象，或[栏选(F)/窗交(C)/投影(P)/边
(E)/删除(R)/放弃(U)]：　　　　　　　　　　//在垂直构造线 2 的下端单击
　　选择要修剪的对象，或按住 Shift 键选择要延伸的对象，或[栏选(F)/窗交(C)/投影(P)/边
(E)/删除(R)/放弃(U)]：　　　　　　　　　　//在水平构造线 1 的左端单击
　　选择要修剪的对象，或按住 Shift 键选择要延伸的对象，或[栏选(F)/窗交(C)/投影(P)/边
(E)/删除(R)/放弃(U)]：　　　　　　　　　　//在水平构造线 1 的右端单击
　　选择要修剪的对象，或按住 Shift 键选择要延伸的对象，或[栏选(F)/窗交(C)/投影(P)/边
(E)/删除(R)/放弃(U)]：　　　　　　　　　　// Enter，修剪结果如图 3-96 所示

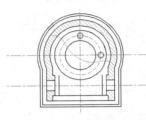
图 3-94　打开素材文件

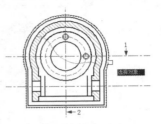
图 3-95　选择边界（1）

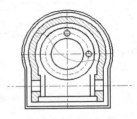
图 3-96　修剪结果（1）

Step 03 重复执行"修剪"命令，以如图 3-97 所示的 3 条图线作为边界，对下侧的水平构造
　　　　线进行修剪，修剪结果如图 3-98 所示。

Step 04 使用快捷键 E 执行"删除"命令，删除多余图线，删除结果如图 3-99 所示。

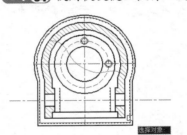
图 3-97　选择边界（2）

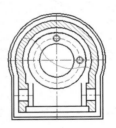
图 3-98　修剪结果（2）

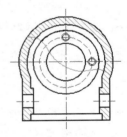
图 3-99　删除结果

Step 05 重复执行"修剪"命令，以样条曲线作为边界，对同心圆进行逐个修剪，命令行操
　　　　作如下。

命令：_trim
当前设置：投影=UCS，边=延伸
选择剪切边...
选择对象或 <全部选择>：　　　　　//选择如图 3-100 所示的样条曲线作为边界
选择对象：　　　　　　　　　　　//Enter

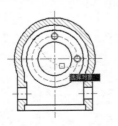
图 3-100　选择样条曲线

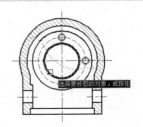
图 3-101　选择要修剪的对象（1）

选择要修剪的对象，或按住 Shift 键选择要延伸的对象，或[栏选(F)/窗交(C)/投影(P)/边 (E)/删除(R)/放弃(U)]:　　　　　　//在如图 3-101 所示的位置单击圆

选择要修剪的对象，或按住 Shift 键选择要延伸的对象，或[栏选(F)/窗交(C)/投影(P)/边 (E)/删除(R)/放弃(U)]:　　　　　　//在如图 3-102 所示的位置单击圆

选择要修剪的对象，或按住 Shift 键选择要延伸的对象，或[栏选(F)/窗交(C)/投影(P)/边 (E)/删除(R)/放弃(U)]:　　　　　　//Enter，修剪结果如图 3-103 所示

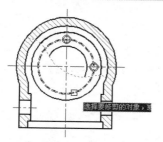

图 3-102　选择要修剪的对象（2）

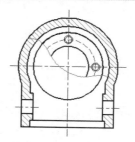

图 3-103　修剪结果（3）

⊞ 小技巧

"边"选项用于确定修剪边的隐含延伸模式；"延伸"选项表示剪切边界可以无限延长，边界与被剪实体不必相交；"不延伸"选项指剪切边界只有与被剪实体相交时才有效。

● "隐含交点"下的修剪

所谓"隐含交点"指的是边界与对象没有实际的交点，而是边界被延长后与对象存在一个隐含交点。在对"隐含交点"下的图线进行修剪时，需要使用"边"选项更改默认的修剪模式，即将默认模式更改为"修剪模式"，下面学习此种模式下的修剪操作，操作步骤如下。

Step 01 使用画线命令绘制图 3-104 所示的两条图线。

Step 02 单击"默认"选项卡→"修改"面板→"修剪"按钮，对水平图线进行修剪，命令行操作如下。

```
命令: _trim
当前设置:投影=UCS,边=无
选择剪切边...
选择对象或 <全部选择>:                //Enter，选择绘制的倾斜图线
选择对象:
选择要修剪的对象，或按住 Shift 键选择要延伸的对象，或[栏选(F)/窗交(C)/投影(P)/边
(E)/删除(R)/放弃(U)]:                //e Enter，激活"边"选项
输入隐含边延伸模式 [延伸(E)/不延伸(N)] <不延伸>:
                                      //e Enter，设置修剪模式为延伸模式
选择要修剪的对象，或按住 Shift 键选择要延伸的对象，或[栏选(F)/窗交(C)/投影(P)/边
(E)/删除(R)/放弃(U)]:                //在水平图线的右端单击
选择要修剪的对象，或按住 Shift 键选择要延伸的对象，或[栏选(F)/窗交(C)/投影(P)/边
(E)/删除(R)/放弃(U)]:                //Enter，结束修剪命令
```

小技巧

当系统提示"选择剪切边"时，直接按 Enter 键即可选择待修剪的对象，系统在修剪对象时将使用最靠近的候选对象作为剪切边。

Step 03 图线的修剪结果如图 3-105 示。

图 3-104　绘制图线　　　　　　　　　图 3-105　修剪结果

小技巧

当修剪多个对象时，可以使用"栏选"和"窗交"两种选项功能，而"栏选"选项需要绘制一条或多条栅栏线，所有与栅栏线相交的对象都会被选择，如图 3-106 所示。

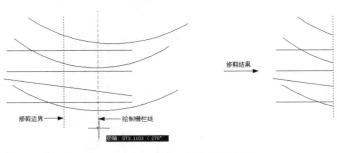

图 3-106　"栏选"示例

"投影"选项解析

"投影"选项用于设置三维空间剪切实体的不同投影方法，选择该选项后，AutoCAD 出现"输入投影选项[无（N）/UCS（U）/视图（V）]<无>："的操作提示，其中选项解释如下。

◇　"无"选项表示不考虑投影方式，按照实际三维空间的相互关系修剪。
◇　"UCS"选项表示在当前 UCS 的 *XY* 平面上修剪。
◇　"视图"选项表示在当前视图平面上修剪。

3.6.2　延伸对象

"延伸"命令用于将图线延伸至指定的边界上，如图 3-107 所示。用于延伸的对象有直线、圆弧、椭圆弧、非闭合的二维多段线和三维多段线及射线等。

图 3-107　延伸示例

● "延伸"命令的执行方式

执行"延伸"命令主要有以下几种方式。

◇　单击"默认"选项卡→"修改"面板→"延伸"按钮 ⇥｜。
◇　选择菜单栏中的"修改"→"延伸"命令。
◇　在命令行中输入 Extend 后按 Enter 键。
◇　使用快捷键 EX。

● 在默认模式下的延伸

在延伸对象时，也需要为对象指定边界。在指定边界时，有两种情况：一种是对象被延长后与边界存在一个实际的交点；另一种是与边界的延长线相交于一点。

为此，AutoCAD 为用户提供了两种模式，即"延伸模式"和"不延伸模式"，系统默认模式为"不延伸模式"，下面学习此种模式的延伸操作，操作步骤如下。

Step 01 使用画线命令绘制如图 3-107（左）所示的两条图线。

Step 02 单击"默认"选项卡→"修改"面板→"延伸"按钮 ⇥｜，对垂直图线进行延伸，使之与水平图线相交于一点，命令行操作如下。

```
命令: _extend
当前设置:投影=UCS, 边=无
选择边界的边...
选择对象或 <全部选择>:            //选择水平图线作为边界
选择对象:                      //Enter, 结束边界的选择
选择要延伸的对象, 或按住 Shift 键选择要修剪的对象, 或[栏选(F)/窗交(C)/投影(P)/边
(E)/放弃(U)]:                 //在垂直图线的下端单击左键
选择要延伸的对象, 或按住 Shift 键选择要修剪的对象, 或[栏选(F)/窗交(C)/投影(P)/边
(E)/放弃(U)]:                 //Enter, 结束命令
```

Step 03 垂直图线的下端被延伸，如图 3-107（右）所示。

⠿ 小技巧

在选择延伸对象时，要在靠近延伸边界的一端选择需要延伸的对象，否则对象将不会被延伸。

● "隐含交点"模式下的延伸

所谓"隐含交点"指的是边界与对象延长线没有实际的交点，而是边界被延长后与对象延长线存在一个隐含交点。在对"隐含交点"模式下的图线进行延伸时，需要更改

默认的延伸模式，下面学习此种模式下的延伸操作，操作步骤如下。

Step 01 绘制如图 3-108（左）所示的两条图线。

Step 02 单击"默认"选项卡→"修改"面板→"延伸"按钮 →，将垂直图线的下端延长，使之与水平图线的延长线相交，命令行操作如下。

```
命令：_extend
当前设置：投影=UCS，边=无
选择边界的边...
选择对象：                        //选择水平的图线作为延伸边界
选择对象：                        //Enter，结束边界的选择
选择要延伸的对象，或按住 Shift 键选择要修剪的对象，或[栏选(F)/窗交(C)/投影(P)/边
(E)/放弃(U)]:                     //e Enter，激活"边"选项
输入隐含边延伸模式 [延伸(E)/不延伸(N)] <不延伸>:
                                 //e Enter，设置模式为延伸模式
选择要延伸的对象，或按住 Shift 键选择要修剪的对象，或[栏选(F)/窗交(C)/投影(P)/边
(E)/放弃(U)]:                     //在垂直图线的下端单击
选择要延伸的对象，或按住 Shift 键选择要修剪的对象，或[栏选(F)/窗交(C)/投影(P)/边
(E)/放弃(U)]:                     //Enter，结束命令
```

Step 03 延伸效果如图 3-108（右）所示。

图 3-108 "隐含交点"下的延伸示例

::: 小技巧

"边"选项用来确定延伸边的方式。"延伸"选项将使用隐含的延伸边界来延伸对象，而实际上边界和延伸对象并没有真正相交，AutoCAD 会假想将延伸边延长，然后再延伸；"不延伸"选项确定边界不延伸，而只有边界与延伸对象真正相交后才能完成延伸操作。

3.6.3 拉伸对象

"拉伸"命令用于将图形对象进行不等比缩放，进而改变对象的尺寸或形状。通常用于拉伸的基本几何图形主要有直线、圆弧、椭圆弧、多段线、样条曲线等。

● **"拉伸"命令的执行方式**

执行"拉伸"命令主要有以下几种方式。

◇ 单击"默认"选项卡→"修改"面板→"拉伸"按钮。

◇ 选择菜单栏中的"修改"→"拉伸"命令。

◇　在命令行中输入 Stretch 后按 Enter 键。

◇　使用快捷键 S。

● **拉伸实例**

在拉伸图形时，需要使用窗交选择方式选择需要拉伸的图形。下面通过典型实例，学习"拉伸"命令的使用方法和操作技巧，操作步骤如下。

Step 01 打开配套资源中的"素材文件\3-4.dwg"，如图 3-109 所示。

Step 02 单击"默认"选项卡→"修改"面板→"拉伸"按钮，执行"拉伸"命令，对零件图进行水平拉伸，命令行操作如下。

```
命令：_stretch
以交叉窗口或交叉多边形选择要拉伸的对象...
选择对象：                        //拉出如图 3-110 所示的窗交选择框
选择对象：                        //Enter，选择结果如图 3-111 所示
指定基点或 [位移(D)] <位移>：      //捕捉任意一点
指定第二个点或 <使用第一个点作为位移>：
//@500,0 Enter，结束命令，拉伸结果如图 3-112 所示
```

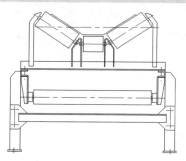

图 3-109　打开素材文件

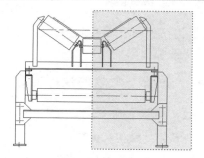

图 3-110　窗交选择框（1）

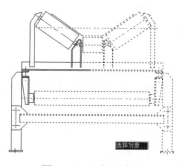

图 3-111　选择结果

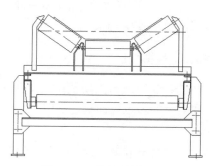

图 3-112　拉伸结果（1）

✤ 小技巧

如果图形对象完全处于窗交选择框内，则结果只能是图形对象相对于原位置上的平移。

Step **03** 重复执行"拉伸"命令，对零件图进行垂直拉伸，命令行操作如下。

```
命令：_stretch
以交叉窗口或交叉多边形选择要拉伸的对象...
选择对象：                         //拉出如图 3-113 所示的窗交选择框
选择对象：                         //Enter，结束对象的选择
指定基点或 [位移(D)] <位移>：      //捕捉任意一点
指定第二个点或 <使用第一个点作为位移>：//@0,-240 Enter，拉伸结果如图 3-114 所示
```

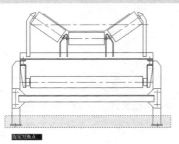

图 3-113　窗交选择框（2）

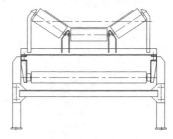

图 3-114　拉伸结果（2）

3.6.4　拉长对象

"拉长"命令用于将图线拉长或缩短，在拉长的过程中，不仅可以更改线对象的长度，还可以更改弧对象的角度。

● "拉长"命令的执行方式

执行"拉长"命令主要有以下几种方式。

❖ 单击"默认"选项卡→"修改"面板→"拉长"按钮 。

❖ 选择菜单栏中的"修改"→"拉长"命令。

❖ 在命令行中输入 Lengthen 后按 Enter 键。

❖ 使用快捷键 LEN。

● 拉长实例

常用的拉长方式为"增量拉长"，此种方式按照事先指定的长度增量或角度增量拉长或缩短对象。下面通过拉伸零件图中心线，学习"拉长"命令的使用方法和操作技巧，操作步骤如下。

Step **01** 打开配套资源中的"素材文件\3-5.dwg"，如图 3-115 所示。

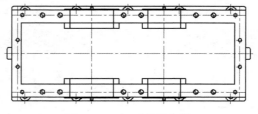

图 3-115　打开素材文件

Step 02 单击"默认"选项卡→"修改"面板→"拉长"按钮 ⁄ ，将水平中心线两端拉长 65 个单位，命令行操作如下。

```
命令：_lengthen
选择对象或 [增量(DE)/百分数(P)/全部(T)/动态(DY)]： //de Enter，激活"增量"选项
输入长度增量或 [角度(A)] <0.0000>：        //65 Enter，设置长度增量
选择要修改的对象或 [放弃(U)]：              //在上侧水平中心线的左端单击
选择要修改的对象或 [放弃(U)]：              //在上侧水平中心线的右端单击
选择要修改的对象或 [放弃(U)]：              //在下侧水平中心线的左端单击
选择要修改的对象或 [放弃(U)]：              //在下侧水平中心线的右端单击
选择要修改的对象或 [放弃(U)]：              //Enter，拉长结果如图 3-116 所示
```

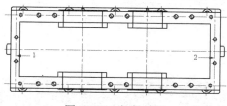

图 3-116　拉长结果

⠶ 小技巧

如果把增量值设置为正值，则系统将会拉长对象；如果将增量值设置为负值，则系统将会缩短对象。

Step 03 重复执行"拉长"命令，将两侧的垂直中心线 1 和 2 进行两端拉长 25 个单位，结果如图 3-117 所示。

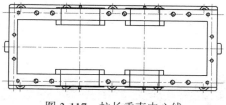

图 3-117　拉长垂直中心线

📖 选项解析

部分选项解析如下。

◇　"百分数"选项用于以总长的百分比值拉长对象或缩短对象，如图 3-118 所示，长度的百分数值必须为正数。

图 3-118　200%拉长示例

Note

❖ "全部"选项用于根据指定一个总长度或总角度拉长对象或缩短对象，而不用考虑原图线的长度，如图 3-119 所示。

图 3-119　全部拉长示例

❖ "动态"选项用于根据图线端点位置动态改变其长度。在激活"动态"选项功能之后，AutoCAD 将端点移动到所需的长度或角度，另一端保持固定，如图 3-120 所示。

图 3-120　动态拉长示例

3.6.5　打断对象

"打断"命令用于将选择的图线打断为相连的两部分，或者打断并删除图线上的一部分。

● "打断"命令的执行方式

执行"打断"命令主要有以下几种方式。

❖ 单击"默认"选项卡→"修改"面板→"打断"按钮。

❖ 选择菜单栏中的"修改"→"打断"命令。

✧　在命令行中输入 Break 后按 Enter 键。

✧　使用快捷键 BR。

● **打断实例**

在打断图线时，往往需要配合"对象捕捉"功能或"坐标输入"功能进行精确定位断点。下面通过实例学习"打断"命令的使用方法和操作技巧，操作步骤如下。

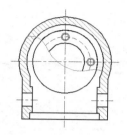

图 3-121　打开素材文件

Step 01 打开配套资源中的"素材文件\3-6.dwg"，如图 3-121所示。

Step 02 单击"默认"选项卡→"修改"面板→"打断"按钮，配合交点捕捉功能对内部的水平图线进行打断，命令行操作如下。

命令：_break	
选择对象：	//选择如图 3-122 所示的水平图线
指定第二个打断点 或 [第一点(F)]：	//f Enter，激活"第一点"选项
指定第一个打断点：	//捕捉交点 1
指定第二个打断点：	//捕捉交点 2，打断结果如图 3-123 所示

图 3-122　选择对象（1）

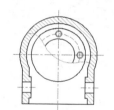

图 3-123　打断结果（1）

小技巧

"第一点"选项用于重新确定第一个打断点。由于在选择对象时不可能拾取到准确的第一点，所以需要激活该选项，以重新定位第一个打断点。

Step 03 重复执行"打断"命令，配合交点捕捉功能对外螺纹进行打断，命令行操作如下。

命令：_break	
选择对象：	//选择如图 3-124 所示的螺纹轮廓圆
指定第二个打断点 或 [第一点(F)]：	//f Enter，激活"第一点"选项
指定第一个打断点：	//捕捉交点 1
指定第二个打断点：	//捕捉交点 2
命令：_break	
选择对象：	//选择右下侧的螺纹轮廓圆
指定第二个打断点 或 [第一点(F)]：	//f Enter，激活"第一点"选项
指定第一个打断点：	//捕捉交点 3
指定第二个打断点：	//捕捉交点 4，打断结果如图 3-125 所示

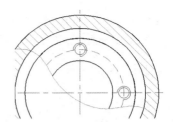

图 3-124 选择对象（2）　　　　　　　　　图 3-125 打断结果（2）

Step 04 重复执行"打断"命令，配合交点捕捉功能将内侧的轮廓圆弧进行打断，命令行操作如下。

```
命令: _break
选择对象:                          //选择如图 3-126 所示的圆弧
指定第二个打断点 或 [第一点(F)]:    //f Enter，激活"第一点"选项
指定第一个打断点:                  //捕捉交点 1
指定第二个打断点:                  //@ Enter
命令: _break
选择对象:                          //选择如图 3-126 所示的圆弧
指定第二个打断点 或 [第一点(F)]:    //f Enter，激活"第一点"选项
指定第一个打断点:                  //捕捉交点 2
指定第二个打断点:                  //@ Enter，结果圆弧被打断为相连的三部分
```

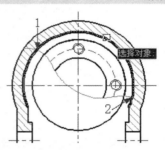

图 3-126 选择圆弧

小技巧

　　想要将一个对象拆分为两个对象而不删除其中的任何部分，可以在指定第二个打断点时输入相对极坐标符号@，也可以直接单击"修改"工具栏中的□按钮。

Step 05 单击"默认"选项卡→"特性"面板→"特性匹配"按钮，对圆弧特性进行匹配，命令行操作如下。

```
命令: _matchprop
选择源对象或要一次合并的多个对象:                //选择如图 3-127 所示的圆弧
当前活动设置: 颜色 图层 线型 线型比例 线宽 透明度 厚度 打印样式 标注 文字 图案填充
多段线 视口 表格 材质 阴影显示 多重引线
选择目标对象或 [设置(S)]:                        //选择如图 3-128 所示的圆弧
选择目标对象或 [设置(S)]:                        //匹配结果如图 3-129 所示
```

图 3-127　选择源对象

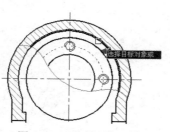

图 3-128　选择目标对象

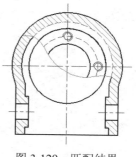

图 3-129　匹配结果

Step 06 执行"修剪"命令，以样条曲线作为边界，对剖面线图案填充进行修剪，结果如图 3-130 所示。

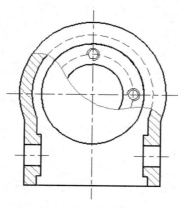

图 3-130　修剪结果

3.6.6　合并对象

"合并"命令用于将多个相似对象合并成一个完整的对象，还可以将圆弧或椭圆弧合并为一个完整的圆或椭圆。

● "合并"命令的执行方式

执行"合并"命令主要有以下几种方式。

◇　单击"默认"选项卡→"修改"面板→"合并"按钮 ━━ 。

◇　选择菜单栏中的"修改"→"合并"命令。

◇　在命令行中输入 Join 后按 Enter 键。

◇　使用快捷键 J。

● 合并实例

在合并直线时，两条直线需要位于同一个方向矢量上。下面通过实例学习"合并"命令的使用方法和操作技巧，操作步骤如下。

Step 01 打开配套资源中的"素材文件\3-7.dwg"。

Step 02 单击"默认"选项卡→"修改"面板→"合并"按钮⊷⊷，将内部的两条水平图线合并为一条线段，命令行操作如下。

命令：_join
选择源对象或要一次合并的多个对象：　　　　//选择如图 3-131 所示的水平图线 1
选择要合并的对象：　　　　　　　　　　　　//选择如图 3-131 所示的水平图线 2
选择要合并的对象：　　　　　　　　　　　　//Enter，合并结果如图 3-132 所示
两条直线已合并为一条直线

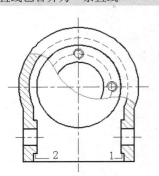

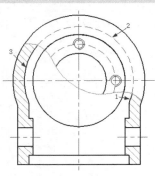

图 3-131　定位合并对象　　　　　　　　　图 3-132　合并结果（1）

Step 03 合并圆弧。重复执行"合并"命令，将如图 3-132 所示的圆弧 1、2 和 3 合并为一条圆弧，命令行操作如下。

命令：_join
选择源对象或要一次合并的多个对象：　　　　//选择如图 3-132 所示的圆弧 1
选择要合并的对象：　　　　　　　　　　　　//选择圆弧 2
选择要合并的对象：　　　　　　　　　　　　//选择圆弧 3，合并结果如图 3-133 所示
2 条圆弧已合并为 1 条圆弧

Step 04 重复执行"合并"命令，将圆弧合并为一个完整的圆，命令行操作如下。

命令：_Join
选择源对象或要一次合并的多个对象：　　　　//选择如图 3-133 所示的圆弧 1
选择要合并的对象：　　　　　　　　　　　　//Enter
选择圆弧，以合并到源或进行 [闭合(L)]://l，激活"闭合"选项，合并结果如图 3-134 所示
已将圆弧转换为圆

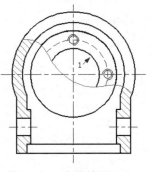

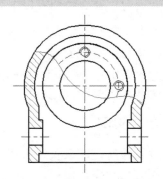

图 3-133　合并结果（2）　　　　　　　　　图 3-134　合并为一个完整的圆

3.7　上机实训二——零件图的常规编辑与完善

下面通过将如图 3-135 所示的效果编辑为如图 3-136 所示的效果，对各种常用编辑命令进行综合练习和巩固。

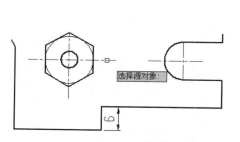

图 3-135　选择源对象

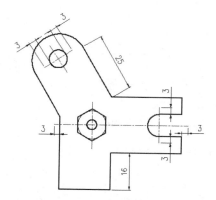

图 3-136　实例编辑效果

操作步骤如下。

Step 01 打开配套资源中的"素材文件\3-8.dwg"。

Step 02 单击"默认"选项卡→"修改"面板→"合并"按钮 ＋＋，执行"合并"命令，将两条水平中心线合并为一条中心线，命令行操作如下。

```
命令：_join
选择源对象或要一次合并的多个对象：        //在如图 3-137 所示的位置单击中心线
选择要合并的对象：                        //在如图 3-137 所示的位置单击另一条中心线
选择要合并的对象：                        //Enter，结束命令，合并结果如图 3-138 所示
两条直线已合并为一条直线
```

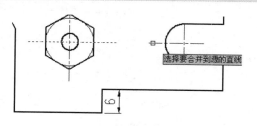

图 3-137　选择合并对象

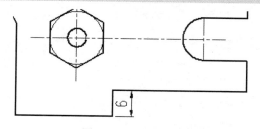

图 3-138　合并结果

Step 03 单击"默认"选项卡→"修改"面板→"延伸"按钮 ，执行"延伸"命令，对水平中心线进行延长，命令行操作如下。

```
命令：_extend
当前设置：投影=UCS，边=无
选择边界的边…
选择对象或 <全部选择>：          //选择如图 3-139 所示的垂直图线作为边界
选择对象：                       //Enter，结束选择
```

选择要延伸的对象，或按住 Shift 键选择要修剪的对象，或[栏选(F)/窗交(C)/投影(P)/边(E)/放弃(U)]：　　　　　　　　　//在如图 3-140 所示的位置单击

选择要延伸的对象，或按住 Shift 键选择要修剪的对象，或[栏选(F)/窗交(C)/投影(P)/边(E)/放弃(U)]：　　　　　　　　　//Enter，结束命令，延伸结果如图 3-141 所示

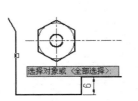
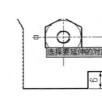
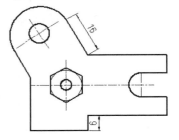

图 3-139　选择延伸边界　　　图 3-140　选择延伸对象　　　图 3-141　延伸结果

Step 04 单击"默认"选项卡→"修改"面板→"打断"按钮，执行"打断"命令，对水平中心线进行打断，命令行操作如下。

```
命令：_break
选择对象：　　　　　　　　　　　//选择水平中心线
指定第二个打断点 或 [第一点(F)]：　//f Enter
指定第一个打断点：　　　　　　　　//捕捉如图 3-142 所示的交点
指定第二个打断点：　　　　　　　　//捕捉如图 3-143 所示的端点，打断结果如图 3-144 所示
```

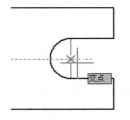
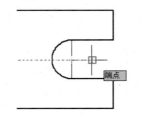
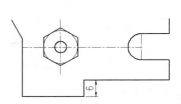

图 3-142　捕捉交点　　　图 3-143　捕捉端点（1）　　　图 3-144　打断结果

Step 05 单击"默认"选项卡→"修改"面板→"修剪"按钮，执行"修剪"命令，对图线上侧的中心线进行修剪，命令行操作如下。

```
命令：_trim
当前设置：投影=UCS，边=无
选择剪切边...
选择对象或 <全部选择>：　　　　　//选择如图 3-145 所示的圆作为边界
选择对象：　　　　　　　　　　　//Enter，结束选择
选择要修剪的对象，或按住 Shift 键选择要延伸的对象，或[栏选(F)/窗交(C)/投影(P)/边(E)/删除(R)/放弃(U)]：　　//在如图 3-146 所示的位置上单击
选择要修剪的对象，或按住 Shift 键选择要延伸的对象，或[栏选(F)/窗交(C)/投影(P)/边(E)/删除(R)/放弃(U)]：　　//在如图 3-147 所示的位置上单击
```

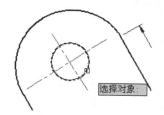

图 3-145　选择修剪边界

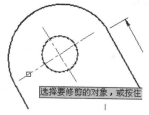
图 3-146　指定修剪位置（1）

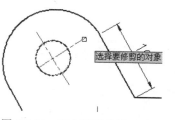
图 3-147　指定修剪位置（2）

选择要修剪的对象，或按住 Shift 键选择要延伸的对象，或 [栏选(F)/窗交(C)/投影(P)/边(E)/删除(R)/放弃(U)]：　　　　　　　　　　　　　//Enter，修剪结果如图 3-148 所示

Step 06 拉长图线。单击"默认"选项卡→"修改"面板→"拉长"按钮，将长度增量设置为 3，对中心线进行拉长，命令行操作如下。

```
命令：_lengthen
选择对象或 [增量(DE)/百分数(P)/全部(T)/动态(DY)]://de Enter
输入长度增量或 [角度(A)] <1.0000>：　//3 Enter
选择要修改的对象或 [放弃(U)]：　　　　//在如图 3-148 所示的图线 1 左端单击
选择要修改的对象或 [放弃(U)]：　　　　//在如图 3-148 所示的图线 2 上端单击
选择要修改的对象或 [放弃(U)]：　　　　//在如图 3-148 所示的图线 2 下端单击
选择要修改的对象或 [放弃(U)]：　　　　//在如图 3-148 所示的图线 3 左下端单击
选择要修改的对象或 [放弃(U)]：　　　　//在如图 3-148 所示的图线 3 右上端单击
选择要修改的对象或 [放弃(U)]：　　　　//Enter，结束命令，拉长结果如图 3-149 所示
```

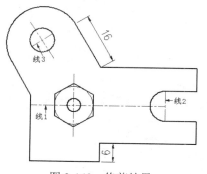
图 3-148　修剪结果

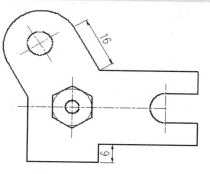
图 3-149　拉长结果（1）

Step 07 重复执行"拉长"命令，配合"极轴追踪""范围捕捉"和"捕捉自"等功能，对水平中心线继续拉长，命令行操作如下。

```
命令：_lengthen
选择对象或 [增量(DE)/百分数(P)/全部(T)/动态(DY)]：　　//dy Enter
选择要修改的对象或 [放弃(U)]：　　　　　　//在水平中心线的右端单击
指定新端点：　　　　　　　　　　　　　　//激活"捕捉自"功能
_from 基点：　　//引出如图 3-150 所示的两条相交虚线，然后捕捉两条虚线的交点作为基点
<偏移>：　　　　　　　　　　　　　　　//@3,0 Enter
选择要修改的对象或 [放弃(U)]：　　　　　　//Enter，结束命令，拉长结果如图 3-151 所示
```

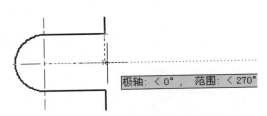

图 3-150　定位基点

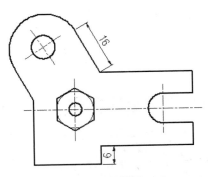

图 3-151　拉长结果（2）

Step 08 单击"默认"选项卡→"修改"面板→"拉伸"按钮，执行"拉伸"命令，对图形进行拉伸，命令行操作如下。

```
命令：_stretch
以交叉窗口或交叉多边形选择要拉伸的对象...
选择对象：              //拉出如图 3-152 所示的窗交选择框
选择对象：              //Enter，结束对象的选择
指定基点或位移：          //捕捉如图 3-153 所示的端点
```

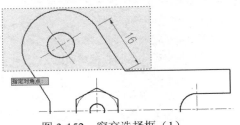

图 3-152　窗交选择框（1）

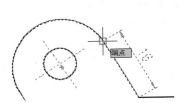

图 3-153　捕捉端点（2）

```
指定位移的第二个点或 <用第一个点作位移>：
//引出如图 3-154 所示的拉伸矢量，然后输入 9 并按 Enter 键，拉伸结果如图 3-155 所示
```

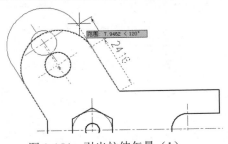

图 3-154　引出拉伸矢量（1）

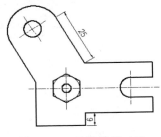

图 3-155　拉伸结果（1）

Step 09 重复执行"拉伸"命令，配合"范围捕捉"功能继续对图形进行拉伸，命令行操作如下。

```
命令：_stretch
以交叉窗口或交叉多边形选择要拉伸的对象...
选择对象：              //拉出如图 3-156 所示的窗交选择框
选择对象：              //Enter，结束对象的选择
```

指定基点或位移：　　　　　//捕捉如图 3-157 所示的端点

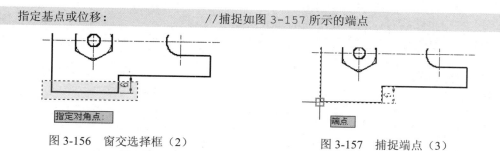

图 3-156　窗交选择框（2）　　　　　图 3-157　捕捉端点（3）

指定位移的第二个点或 <用第一个点作位移>：

　　//引出如图 3-158 所示的拉伸矢量，然后输入 9 并按 Enter 键，定位拉伸的目标点，拉伸结果如图 3-159 所示

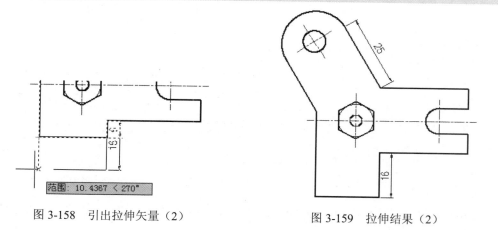

图 3-158　引出拉伸矢量（2）　　　　图 3-159　拉伸结果（2）

Step 10 最后选择菜单栏中的"文件"→"另存为"命令，将图形命名存储为"上机实训二——零件图的常规编辑与完善.dwg"。

3.8　小结与练习

3.8.1　小结

　　本章主要学习了多线、多段线、辅助线和曲线等各类几何线图元的绘制方法和绘制技巧，通过本章的学习，应熟练掌握以下内容。

　　（1）在绘制多线时，不但要掌握多线比例和对正类型的设置技能，而且要掌握多线样式的设置及多线编辑功能。

　　（2）在绘制多段线时，要掌握多段线直线序列和弧线序列的相互转换方法和绘制技巧。

　　（3）在绘制曲线时，要掌握螺旋线、修订云线、样条曲线和光顺曲线的绘制方法和绘制技能。

（4）在编辑图线时，要掌握图线的修剪、延伸、拉伸、拉长、打断和合并操作技能。

（5）另外还需要掌握点的绘制、等分及辅助线的操作技能。

Note

3.8.2 练习题

（1）综合运用相关知识，绘制如图 3-160 所示的吊顶灯具图。

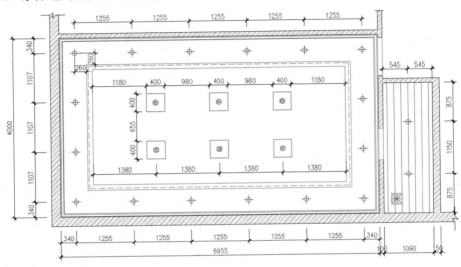

图 3-160　吊顶灯具图

（2）综合运用相关知识，根据提供的零件俯视图（见图 3-161），绘制零件主视图（见图 3-162）。

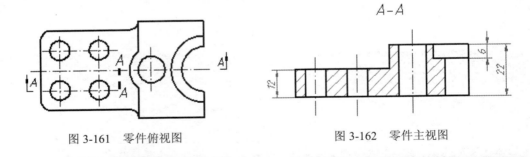

图 3-161　零件俯视图　　　　　　　图 3-162　零件主视图

⠿ 操作提示

本练习题的零件俯视图素材文件位于配套资源中的"素材文件"目录下，文件名为"3-9.dwg"。

第4章

绘制圆、弧与多边形

除点图元和线图元之外，常用的几何图元还有圆弧及一些闭合图元，而闭合图形是除点、线图元外的一种非常重要的基本构图图元，常用的闭合图形有圆、椭圆、矩形、正多边形等，本章主要学习这些几何图元的基本绘制方法和常规编辑技能，方便以后组合较为复杂的图形。

内容要点

◆ 圆与圆环
◆ 圆弧
◆ 椭圆与椭圆弧
◆ 矩形
◆ 正多边形
◆ 对象的常规编辑技能
◆ 上机实训一——绘制组合柜立面图
◆ 上机实训二——绘制洗菜池平面图

Note

4.1 圆与圆环

本节主要学习"圆"和"圆环"两个命令，以绘制圆、相切圆和圆环等几何图形。

4.1.1 定距画圆

使用"圆"命令可以根据圆的直径、半径等条件精确绘制圆和相切圆，AutoCAD 为用户提供了 6 种画圆方式，如图 4-1 所示。

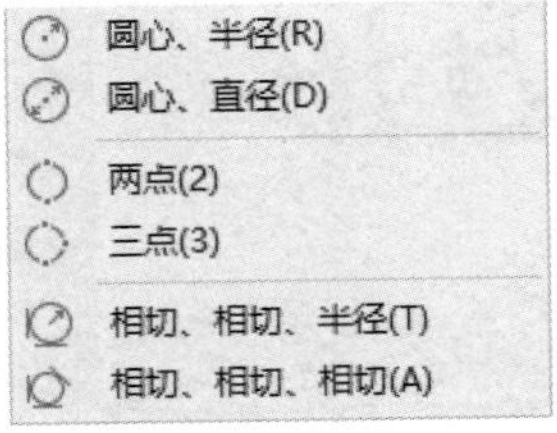

| 圆心、半径(R) |
| 圆心、直径(D) |
| 两点(2) |
| 三点(3) |
| 相切、相切、半径(T) |
| 相切、相切、相切(A) |

图 4-1　"圆"子菜单

● "圆"命令的执行方式

执行"圆"命令主要有以下几种方式。

◇ 单击"默认"选项卡→"绘图"面板→"圆"按钮 。
◇ 选择"绘图"→"圆"子菜单中的相应命令。
◇ 在命令行中输入 Circle 后按 Enter 键。
◇ 使用快捷键 C。

● 定距画圆

"定距画圆"包括"半径画圆"和"直径画圆"两种方式，默认方式为"半径画圆"。定位出圆心之后，只需输入圆的半径或直径，即可精确画圆，其命令行操作如下。

```
命令: _circle
指定圆的圆心或 [三点(3P)/两点(2P)/切点、切点、半径(T)]:
                        //在绘图区拾取一点作为圆的圆心
指定圆的半径或 [直径(D)]:      //112 Enter，输入半径
命令: _circle
指定圆的圆心或 [三点(3P)/两点(2P)/切点、切点、半径(T)]:    //激活"捕捉自"功能
_from 基点:              //捕捉刚绘制的圆心
<偏移>:                 //@268,80 Enter
指定圆的半径或 [直径(D)]:      //d Enter
指定圆的直径:            //278 Enter，输入直径，绘制结果如图 4-2 所示
```

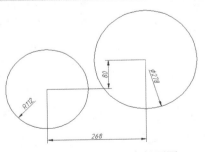

图 4-2　半径画圆和直径画圆

4.1.2 定点画圆

"定点画圆"分为"两点画圆"和"三点画圆"两种方式,"两点画圆"需要指定圆直径的两个端点,命令行操作如下。

```
命令: _circle
指定圆的圆心或 [三点(3P)/两点(2P)/切点、切点、半径(T)]: _2p
指定圆直径的第一个端点:        //指定圆直径的第一个端点 A
指定圆直径的第二个端点:        //指定圆直径的第二个端点 B,绘制结果如图 4-3 所示
```

而"三点画圆"则需要指定圆周上的任意三个点,此种画圆方式的命令行操作如下。

```
命令: _circle
指定圆的圆心或 [三点(3P)/两点(2P)/切点、切点、半径(T)]: _3p
指定圆上的第一个点:        //指定圆上的第一个点 1
指定圆上的第二个点:        //指定圆上的第二个点 2
指定圆上的第三个点:        //指定圆上的第三个点 3,绘制结果如图 4-4 所示
```

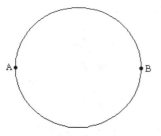

图 4-3 两点画圆

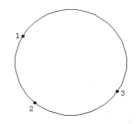

图 4-4 三点画圆

4.1.3 相切圆

相切圆有两种绘制方式,即"相切、相切、半径"和"相切、相切、相切"。前一种方式需要拾取两个相切对象,然后再输入相切圆半径;后一种方式是直接拾取 3 个相切对象。下面学习这两种画圆的方法,操作步骤如下。

Step 01 新建绘图文件并绘制如图 4-5 所示的两个圆。

Step 02 选择菜单栏中的"绘图"→"圆"→"相切、相切、半径"命令,绘制与已知两个对象都相切的圆,命令行操作如下。

```
命令: _circle
指定圆的圆心或 [三点(3P)/两点(2P)/切点、切点、半径(T)]: _ttr
指定对象与圆的第一个切点:        //在如图 4-5 所示的位置拾取第一个切点
指定对象与圆的第二个切点:        //在如图 4-6 所示的位置拾取第二个切点
指定圆的半径 <139.0>:        //475 Enter,结束命令,绘制结果如图 4-7 所示
```

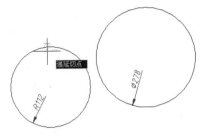

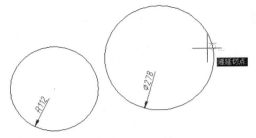

图 4-5　拾取第一个切点（1）　　　　　　图 4-6　拾取第二个切点（2）

Step 03 选择菜单栏中的"绘图"→"圆"→"相切、相切、相切"命令，绘制与已知 3 个对象都相切的圆，命令行操作如下。

```
命令: _circle
指定圆的圆心或 [三点(3P)/两点(2P)/切点、切点、半径(T)]: _3p
指定圆上的第一个点: _tan          //在如图 4-8 所示的位置拾取第一个切点
指定圆上的第二个点: _tan          //在如图 4-9 所示的位置拾取第二个切点
指定圆上的第三个点: _tan
//在如图 4-10 所示的位置拾取第三个切点，绘制结果如图 4-11 所示
```

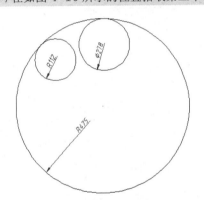

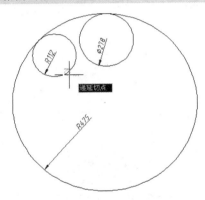

图 4-7　以"相切、相切、半径"方式画圆　　　　图 4-8　拾取第一个切点（2）

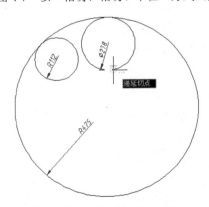

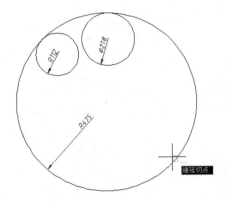

图 4-9　拾取第二个切点（2）　　　　　　图 4-10　拾取第三个切点

Step 04 使用快捷键 TR 执行"修剪"命令，对 4 个圆进行修剪，修剪结果如图 4-12 所示。

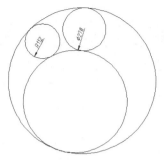

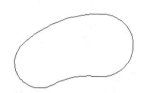

图 4-11   绘制相切圆   图 4-12   修剪结果

⣿ 小技巧

在拾取相切对象时，系统会自动在距离光标最近的对象上显示出一个相切符号，此时单击即可拾取该对象作为相切对象。另外光标拾取的位置不同，所绘制的相切圆位置也不同。

4.1.4   圆环

图 4-13 所示的圆环也是一种常见的几何图元，此种图元是由两条圆弧组成的，这两条圆弧首尾相连而成圆形。

填充圆环   非填充圆环   实心圆环

图 4-13   圆环示例

⣿ 小技巧

圆环的宽度是由圆环的内径和外径决定的，如果需要创建实心圆环，则可以将内径设置为 0。

执行"圆环"命令主要有以下几种方式。

◇   单击"默认"选项卡→"绘图"面板→"圆环"按钮◎。

◇   选择菜单栏中的"绘图"→"圆环"命令。

◇   在命令行中输入 Donut 后按 Enter 键。

执行"圆环"命令后，命令行操作如下。

```
命令: _donut
指定圆环的内径 <0.0>:            //100 Enter，输入内径
指定圆环的外径 <100.0>:          //200 Enter，输入外径
指定圆环的中心点或 <退出>:        //Enter，绘制结果如图 4-13（填充圆环）所示
```

Note

⬡⬡⬡ **小技巧**

　　在默认设置下，绘制的圆环是填充的，用户可以使用系统变量 FILLMODE 控制圆环的填充与非填充特性，当变量值为 1 时，绘制的圆环为填充圆环，如图 4-14 所示；当变量值为 0 时，绘制的圆环为非填充圆环，如图 4-15 所示。

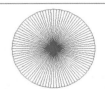

图 4-14　填充圆环　　　　　　　　　　图 4-15　非填充圆环

4.2　圆弧

图 4-16　"圆弧"子菜单

　　圆弧是一种比较常见的几何图元，AutoCAD 为用户提供了 5 类共 11 种画弧方式，这些画圆工具都位于如图 4-16 所示的子菜单中。

　　执行"圆弧"命令主要有以下几种方式。

　◇　单击"默认"选项卡→"绘图"面板→"圆弧"按钮⌒。
　◇　选择"绘图"→"圆弧"子菜单中的相应命令。
　◇　在命令行中输入 Arc 后按 Enter 键。
　◇　使用快捷键 A。

4.2.1　三点画弧

　　"三点画弧"指的是直接定位出圆弧上的 3 个点，即可绘制圆弧，其中第一点和第三点分别被作为圆弧的起点和端点，如图 4-17 所示，命令行操作如下。

```
命令：_arc
指定圆弧的起点或 [圆心(C)]：        //拾取一点作为圆弧的起点
指定圆弧的第二个点或 [圆心(C)/端点(E)]：
                                  //在适当位置拾取圆弧上的第二点
指定圆弧的端点：                    //拾取第三点作为圆弧的端点，绘制结果如图 4-17 所示
```

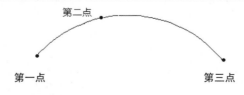

图 4-17　"三点画弧"示例

4.2.2　起点圆心画弧

此种画弧方式分为"起点、圆心、端点""起点、圆心、角度"和"起点、圆心、长度"3 种。当用户确定出圆弧的起点和圆心后，只需要定位出圆弧的端点或角度、弧长等参数，即可精确画弧。

"起点、圆心、端点"画弧的命令行操作如下。

```
命令：_arc
指定圆弧的起点或 [圆心(C)]：             //在绘图区拾取一点作为圆弧的起点
指定圆弧的第二个点或 [圆心(C)/端点(E)]： //c Enter
指定圆弧的圆心：                         //在适当位置拾取一点作为圆弧的圆心
指定圆弧的端点或 [角度(A)/弦长(L)]：//拾取一点作为圆弧端点，绘制结果如图 4-18 所示
```

⬡ 小技巧

当指定了圆弧的起点和圆心后，可以直接输入圆弧的包含角或圆弧的弦长，也可以精确绘制圆弧，如图 4-19 和图 4-20 所示。

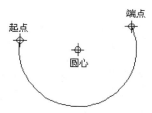

图 4-18　以"起点、圆心、端点"方式画弧

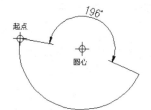

图 4-19　以"起点、圆心、角度"方式画弧

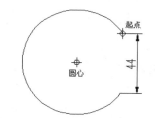

图 4-20　以"起点、圆心、长度"方式画弧

4.2.3　起点端点画弧

此种画弧方式分为"起点、端点、角度""起点、端点、方向"和"起点、端点、半径"3 种。当定位出圆弧的起点和端点后，只需再确定圆弧的角度、半径或方向，即可精确画弧。

"起点、端点、角度"画弧的命令行操作如下。

```
命令：_arc
指定圆弧的起点或 [圆心(C)]://定位圆弧的起点
指定圆弧的第二个点或 [圆心(C)/端点(E)]: _e
指定圆弧的端点：               //定位圆弧的端点
指定圆弧的圆心或 [角度(A)/方向(D)/半径(R)]: _a
指定包含角：
                    //输入 190 Enter，定位圆弧的角度，绘制结果如图 4-21 所示
```

图 4-21　绘制结果

⚙ 小技巧

如果输入的角度为正值，则系统将按逆时针方向绘制圆弧；反之，系统将按顺时针方向绘制圆弧。另外，当指定圆弧起点和端点后，输入圆弧的半径或起点切向，也可以精确画弧，如图 4-22 所示。

图 4-22　精确画弧方式

4.2.4　圆心、起点画弧

此种方式分为 "圆心、起点、端点""圆心、起点、角度" 和 "圆心、起点、长度" 3种。当确定了圆弧的圆心和起点后，只需再给出圆弧的端点或角度、弧长等参数，即可精确绘制圆弧。

"圆心、起点、端点"画弧的命令行操作如下。

```
命令：_arc
指定圆弧的起点或 [圆心(C)]：_c
指定圆弧的圆心：                     //拾取一点作为圆弧的圆心
指定圆弧的起点：                     //拾取一点作为圆弧的起点
指定圆弧的端点或 [角度(A)/弦长(L)]：//拾取一点作为圆弧的端点，绘制结果如图 4-23 所示
```

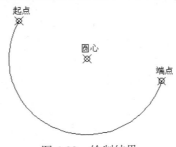

图 4-23　绘制结果

小技巧

当给定了圆弧的圆心和起点后，输入圆心角或弦长，可以精确绘制圆弧，如图 4-24 所示。在配合"长度"绘制圆弧时，如果输入的弦长为正值，则系统将绘制小于 180° 的圆弧；如果输入的弦长为负值，则系统将绘制大于 180° 的圆弧。

图 4-24 以"圆心、起点"方式画弧

4.2.5 绘制相切弧

选择菜单栏中的"绘图"→"圆弧"→"继续"命令，可以进入连续画弧状态，所绘制的圆弧与上一个圆弧自动相切。

另外，在结束画弧命令后，连续两次按 Enter 键，也可进入"相切圆弧"绘制模式，所绘制的圆弧与上一个圆弧的终点连接并与之相切，如图 4-25 所示。

图 4-25 连续画弧方式

4.3 椭圆与椭圆弧

"椭圆"是由两条不等的椭圆轴所控制的闭合曲线，包含中心点、长轴和短轴等几何特征，如图 4-26 所示。

● "椭圆"命令的执行方式

执行"椭圆"命令主要有以下几种方式。

◇ 单击"默认"选项卡→"绘图"面板→"椭圆"按钮⚬。
◇ 选择"绘图"→"椭圆"子菜单中的相应命令，如图 4-27 所示。
◇ 在命令行中输入 Ellipse 后按 Enter 键。
◇ 使用快捷键 EL。

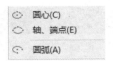

图 4-26　椭圆示例　　　　　　　　　　图 4-27　"椭圆"子菜单

4.3.1　轴端点画椭圆

　　"轴端点"方式是用于指定一条轴的两个端点和另一条轴的半长，即可精确画椭圆，下面通过绘制长轴为 200、短轴为 120 的椭圆，学习"轴端点"方式画椭圆，操作步骤如下。

Step 01 新建绘图文件。

Step 02 单击"默认"选项卡→"绘图"面板→"椭圆"按钮 ⬭，绘制水平长轴为 200、短轴为 120 的椭圆，命令行操作如下。

```
命令：_ellipse
指定椭圆轴的端点或 [圆弧(A)/中心点(C)]：      //拾取一点，定位椭圆轴的一个端点
指定轴的另一个端点：                           //@200,0 Enter
指定另一条半轴长度或 [旋转(R)]：               //60 Enter
```

⸬ 小技巧

　　使用"旋转"选项可以椭圆的短轴和长轴的比值，把一个圆绕指定的第一轴旋转成椭圆。

Step 03 绘制结果如图 4-28 所示。

⸬ 小技巧

　　如果在轴测图模式下执行了"椭圆"命令，那么在此操作步骤中将增加"等轴测圆"选项，用于绘制等轴测圆，如图 4-29 所示。

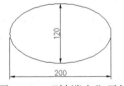

图 4-28　"轴端点"示例　　　　　　　　图 4-29　"等轴测圆"示例

4.3.2　中心点画椭圆

　　使用"中心点"方式画椭圆，首先确定椭圆的中心点，然后再确定椭圆轴的一个端点和椭圆另一半轴的长度，操作步骤如下。

Step 01 继续上例的操作。

Step 02 选择菜单栏中的"绘图"→"椭圆"→"圆心"命令，使用"中心点"方式绘制椭圆，命令行操作如下。

```
命令：_ellipse
指定椭圆的轴端点或 [圆弧(A)/中心点(C)]：_c
指定椭圆的中心点：                //捕捉刚绘制的椭圆的中心点
指定轴的端点：                    //@0,60 Enter
指定另一条半轴长度或 [旋转(R)]：  //30 Enter
```

Step 03 绘制结果如图 4-30 所示。

4.3.3　绘制椭圆弧

使用"椭圆"命令中的"圆弧"选项可以绘制椭圆弧，所绘制的椭圆弧除包含中心点、长轴和短轴等几何特征外，还具有角度特征，如图 4-31 所示。

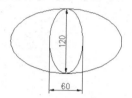

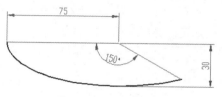

图 4-30　"中心点"方式画椭圆　　　　图 4-31　椭圆弧示例

此外，用户也可以直接单击"默认"选项卡→"绘图"面板→"椭圆弧"按钮 ，绘制椭圆弧，命令行操作如下。

```
命令：_ellipse
指定椭圆的轴端点或 [圆弧(A)/中心点(C)]：_a
指定椭圆弧的轴端点或 [中心点(C)]：        //定位椭圆弧一条轴的端点
指定轴的另一个端点：                      //定位椭圆弧轴的另一个端点
指定另一条半轴长度或 [旋转(R)]：          //输入另一条半轴的长度
指定起始角度或 [参数(P)]：                //输入椭圆弧的起始角度
指定终止角度或 [参数(P)/包含角度(I)]：    //输入椭圆弧的终止角度
```

4.4　矩形

矩形也是一种常用的几何图元，它是由 4 条首尾相连的直线组成的，在 AutoCAD 中，矩形被看作是一条闭合多段线，它是一个单独的图形对象。

执行"矩形"命令主要有以下几种方式。

◇　单击"默认"选项卡→"绘图"面板→"矩形"按钮 。

◇　选择菜单栏中的"绘图"→"矩形"命令。

◇　在命令行中输入 Rectang 后按 Enter 键。

◇　使用快捷键 REC。

Note

4.4.1 标准矩形

"标准矩形"指的是 4 个角都为直径的矩形，如图 4-32 所示。常用的绘制方式为"对角点"方式，使用此方式，只需要定位矩形的两个对角点，即可精确绘制矩形，命令行操作如下。

```
命令：_rectang
指定第一个角点或 [倒角(C)/标高(E)/圆角(F)/厚度(T)/宽度(W)]：
                                        //在绘图区拾取一点作为角点
指定另一个角点或 [面积(A)/尺寸(D)/旋转(R)]：
//@100,50 Enter，绘制结果如图 4-32 所示
```

⠿ 小技巧

使用"面积"选项可以根据已知的面积和矩形一条边精确绘制矩形；而使用"旋转"选项则可以绘制具有一定倾斜角度的矩形，如图 4-33 所示。

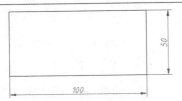

图 4-32　以"对角点"方式绘制矩形

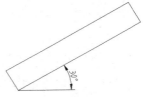

图 4-33　"旋转"选项示例

4.4.2 倒角矩形

"倒角矩形"指的是使用 4 条倾斜线段边连接矩形的 4 条边，如图 4-34 所示。下面学习倒角矩形的绘制过程，命令行提示如下。

```
命令：_rectang
指定第一个角点或 [倒角(C)/标高(E)/圆角(F)/厚度(T)/宽度(W)]：  //c Enter
指定矩形的第一个倒角距离 <0.0000>：              //3 Enter，输入第一个倒角距离
指定矩形的第二个倒角距离 <3.0000>：              //3 Enter，输入第二个倒角距离
指定第一个角点或 [倒角(C)/标高(E)/圆角(F)/厚度(T)/宽度(W)]://激活"捕捉自"功能
_from 基点：                                //捕捉矩形的左下角点
<偏移>：                                    //@-22,-17 Enter
指定另一个角点或 [面积(A)/尺寸(D)/旋转(R)]：
   //@34,48 Enter，结束命令，绘制结果如图 4-34 所示
```

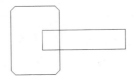

图 4-34　绘制结果

倒角长度一旦被设置，系统将一直延续参数设置，直到用户取消倒角长度设置为止。另外，用户也可以使用"尺寸法"绘制矩形，命令行操作如下。

```
命令：_rectang
当前矩形模式：  倒角=3.0000×3.0000
指定第一个角点或 [倒角(C)/标高(E)/圆角(F)/厚度(T)/宽度(W)]://激活"捕捉自"功能
_from 基点：                              //捕捉右侧矩形的右下角点
<偏移>：                                   //@-12,-17 Enter
指定另一个角点或 [面积(A)/尺寸(D)/旋转(R)]:   //D Enter
指定矩形的长度 <10.0000>:                   //34 Enter，指定矩形的长度
指定矩形的宽度 <10.0000>:                   //48 Enter，指定矩形的宽度
指定另一个角点或 [面积(A)/尺寸(D)/旋转(R)]:
    //在触点右上方单击，绘制结果如图 4-35 所示
```

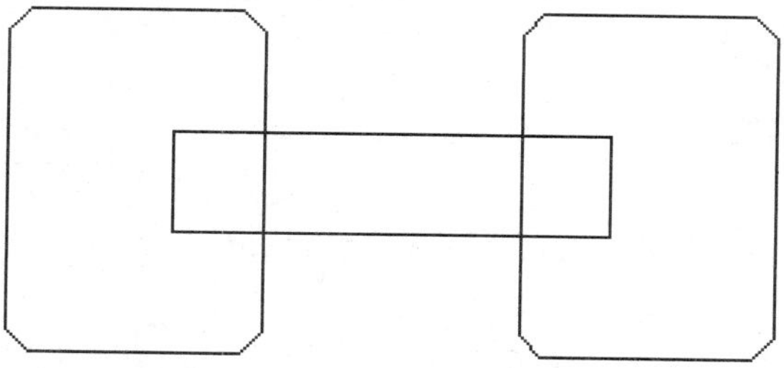

图 4-35　绘制结果

小技巧

当使用"尺寸法"绘制矩形时，用户在定位矩形一个角点后，只需输入矩形的长度和宽度，即可精确绘制所需矩形。

4.4.3　圆角矩形

"圆角矩形"指的是使用 4 条圆弧连接矩形的 4 条边，如图 4-36 所示。下面学习圆角矩形的绘制过程，命令行操作如下。

```
命令：_rectang
当前矩形模式：  倒角=3.0000×3.0000
指定第一个角点或 [倒角(C)/标高(E)/圆角(F)/厚度(T)/宽度(W)]: //f Enter
指定矩形的圆角半径 <0.0000>:                //8 Enter，输入圆角半径
指定第一个角点或 [倒角(C)/标高(E)/圆角(F)/厚度(T)/宽度(W)]:
                                          //激活"捕捉自"功能
_from 基点：                              //捕捉内侧矩形的左下角点
<偏移>：                                   //@-37,-30 Enter
指定另一个角点或 [面积(A)/尺寸(D)/旋转(R)]:
//@132,74 Enter，绘制结果如图 4-36 所示
```

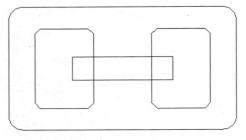

图 4-36　绘制结果

Note

⁘ 小技巧

　　由于矩形被看作是一条多段线，当用户编辑某一条边时，需要事先使用"分解"命令将其分解。

📖 选项解析

部分选项解析如下。

❖ "标高"选项用于设置矩形在三维空间中的基面高度，即距离当前坐标系的 XY 平面的高度。

❖ "厚度"选项和"宽度"选项用于设置矩形各边的厚度和宽度，以绘制具有一定厚度和宽度的矩形，如图 4-37 和图 4-38 所示。矩形的厚度指的是 Z 轴方向的高度。矩形的厚度和宽度也可以使用"特性"命令进行修改和设置。

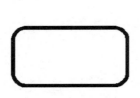

图 4-37　宽度矩形

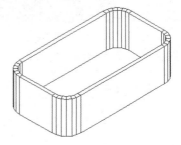

图 4-38　厚度矩形

❖ 如果用户绘制一定厚度和标高的矩形，则要把当前视图转变为等轴测视图才能显示出矩形的厚度和标高，否则在俯视图中是看不出任何变化的。

4.5 ▶ 正多边形

　　正多边形是由多条线元素组合而成的一种复合图元，如图 4-39 所示，这种复合图元被看作是一条闭合的多段线，属于一个独立的对象。

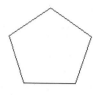 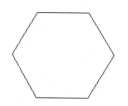 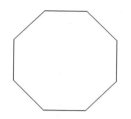

图 4-39 正多边形

执行"正多边形"命令主要有以下几种方式。

◇ 单击"默认"选项卡→"绘图"面板→"多边形"按钮⬡。

◇ 选择菜单栏中的"绘图"→"多边形"命令。

◇ 在命令行中输入 Polygon 后按 Enter 键。

◇ 使用快捷键 POL。

4.5.1 内接于圆方式

此种方式为默认方式，当指定边数和中心点后，直接输入正多边形内接于圆的半径，即可精确绘制正多边形，命令行操作如下。

```
命令：_polygon
输入边的数目 <4>:                    //5 Enter，设置边数
指定正多边形的中心点或 [边(E)]:       //在绘图区拾取一点作为中心点
输入选项 [内接于圆(I)/外切于圆(C)] <I>:  //i Enter，激活"内接于圆"选项
指定圆的半径：        //200 Enter，输入内接于圆的半径，绘制结果如图 4-40 所示
```

图 4-40 "内接于圆"方式示例

4.5.2 外切于圆方式

当确定了正多边形的边数和中心点之后，使用此种方式输入正多边形外切于圆的半径，即可精确绘制正多边形，命令行操作如下。

```
命令：_polygon
输入边的数目 <4>:                      //5 Enter
指定正多边形的中心点或 [边(E)]:         //在绘图区拾取一点
输入选项 [内接于圆(I)/外切于圆(C)] <C>:  //c Enter，激活"外切于圆"选项
指定圆的半径：        //120 Enter，输入外切于圆的半径，绘制结果如图 4-41 所示
```

图 4-41　"外切于圆"方式示例

4.5.3　边方式画多边形

此种方式是通过输入多边形一条边的边长，来精确绘制正多边形。在具体定位边长时，需要分别定位出边的两个端点，命令行操作如下。

```
命令：_polygon
输入边的数目 <4>：              //6 Enter，设置边数
指定正多边形的中心点或 [边(E)]：  //e Enter，激活"边"选项
指定边的第一个端点：            //拾取一点作为边的第一个端点
指定边的第二个端点：  //@150,0 Enter，定位第二个端点，绘制结果如图 4-42 所示
```

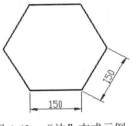

图 4-42　"边"方式示例

⋯⋯ 小技巧

　　使用按"边"方式绘制正多边形，在指定边的两个端点 A、B 时，系统按从 A 到 B 顺序以逆时针方向绘制正多边形。

4.6 ▶ 对象的常规编辑技能

本节主要学习图元的一些常规编辑功能，包括"旋转""缩放""分解""倒角"和"圆角"等命令。

4.6.1　旋转对象

"旋转"命令用于将图形围绕指定的基点进行角度旋转，如图 4-43 所示，"旋转"命令常被用作修改对象的角度。

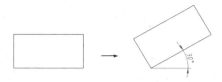

图 4-43 旋转示例

● "旋转"命令的执行方式

执行"旋转"命令主要有以下几种方式。

◇ 单击"默认"选项卡→"修改"面板→"旋转"按钮 C 。

◇ 选择菜单栏中的"修改"→"旋转"命令。

◇ 在命令行中输入 Rotate 后按 Enter 键。

◇ 使用快捷键 RO。

● 旋转实例

在旋转对象时，如果输入的角度为正值，则系统将按逆时针方向旋转；如果输入的角度为负值，则系统将按顺时针方向旋转。下面通过实例学习"旋转"命令的使用方法和操作技巧，操作步骤如下。

Step 01 执行"打开"命令，打开配套资源中的"素材文件\4-1.dwg"，如图 4-44 所示。

Step 02 单击"默认"选项卡→"修改"面板→"旋转"按钮 C ，对零件图进行旋转，命令行操作如下。

```
命令：_rotate
UCS 当前的正角方向：ANGDIR=逆时针  ANGBASE=0
选择对象：                      //选择如图 4-45 所示的对象
选择对象：                      //Enter，结束选择
指定基点：                      //捕捉如图 4-46 所示的中点
指定旋转角度，或 [复制(C)/参照(R)] <0>：
   //35 Enter，结束命令，旋转结果如图 4-47 所示
```

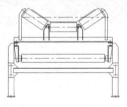

图 4-44 打开素材文件

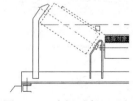

图 4-45 选择对象（1）

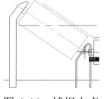

图 4-46 捕捉中点

图 4-47 旋转结果（1）

Step 03 重复执行"旋转"命令，配合捕捉功能与追踪功能对零件图进行参照旋转，命令行操作如下。

```
命令: _rotate
UCS 当前的正角方向： ANGDIR=逆时针  ANGBASE=0
选择对象：                //选择如图 4-48 所示的对象
选择对象：                //Enter
指定基点：                //捕捉如图 4-49 所示的端点
```

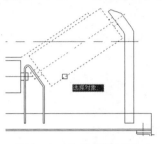
图 4-48　选择对象（2）

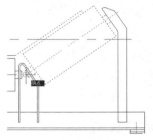
图 4-49　捕捉端点

```
指定旋转角度，或 [复制(C)/参照(R)] <>：    //r Enter
指定参照角 <0>：            //捕捉如图 4-49 所示的端点
指定第二点：                //捕捉如图 4-50 所示的交点
指定新角度或 [点(P)] <0>：  //捕捉如图 4-51 所示的交点，旋转结果如图 4-52 所示
```

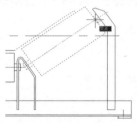
图 4-50　捕捉交点（1）

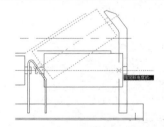
图 4-51　捕捉交点（2）

⠿ 小技巧

　　使用"复制"选项可以在旋转对象的同时将其复制，而源对象保持不变，如图 4-53 所示。

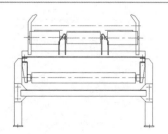
图 4-52　旋转结果（2）

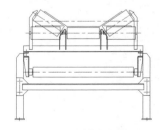
图 4-53　旋转复制结果

小技巧

使用"参照"选项可以将对象进行参照旋转，即指定一个参照角度和新角度，两个角度的差值就是对象的实际旋转角度。

4.6.2 缩放对象

"缩放"命令用于将选定的对象进行等比例放大或缩小，使用此命令可以创建形状相同、大小不同的图形。

● **"缩放"命令的执行方式**

执行"缩放"命令主要有以下几种方式。

◇ 单击"默认"选项卡→"修改"面板→"缩放"按钮 🔲 。

◇ 选择菜单栏中的"修改"→"缩放"命令。

◇ 在命令行中输入 Scale 后按 Enter 键。

◇ 使用快捷键 SC。

● **缩放实例**

下面通过实例学习"缩放"命令的使用方法和操作技巧，操作步骤如下。

Step 01 继续上例的操作。

Step 02 单击"默认"选项卡→"修改"面板→"缩放"按钮 🔲 ，将零件图等比缩小 60%，命令行操作如下。

```
命令：_scale
选择对象：                            //选择如图 4-53 所示的零件图
选择对象：                            //Enter，结束选择
指定基点：                            //捕捉会议桌一侧的中点
指定比例因子或 [复制(C)/参照(R)] <1.0000>：   //0.6 Enter，输入缩放比例
```

Step 03 缩放结果如图 4-54（右）所示。

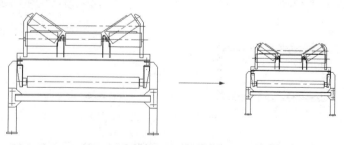

图 4-54 缩放结果

📖 选项解析

选项解析如下。

◆ "参照"选项使用参考值作为比例因子缩放操作对象，此选项需要用户分别指定一个参照长度和一个新长度，AutoCAD 将以参考长度和新长度的比值决定缩放的比例因子。

◆ "复制"选项用于在缩放对象的同时，将源对象进行复制，如图 4-55 所示。

图 4-55　缩放复制结果

4.6.3　分解对象

"分解"命令用于将复合图形分解成各自独立的对象，以方便对分解后的各对象进行编辑，如图 4-56 所示。用于分解的复合对象有矩形、正多边形、多段线、边界及图块等。

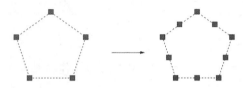

图 4-56　多边形分解前后的夹点效果

执行"分解"命令主要有以下几种方式。

◆ 单击"默认"选项卡→"修改"面板→"分解"按钮　。

◆ 选择菜单栏中的"修改"→"分解"命令。

◆ 在命令行中输入 Explode 后按 Enter 键。

◆ 使用快捷键 X。

在执行"分解"命令后，只需选择需要分解的对象按 Enter 键即可将对象分解。如果对具有一定宽度的多段线分解，则 AutoCAD 将忽略其宽度并沿多段线的中心放置分解多段线，如图 4-57 所示。

图 4-57　分解具有一定宽度的多段线

小技巧

　　如果一个块包含一个多段线或嵌套块，首先分解该块中的多段线或嵌套块，然后再分别分解该块中的其他对象。

4.6.4 倒角对象

"倒角"命令用于对图线进行倒角,倒角的结果使用一条线段连接两个非平行的图线,如图4-58所示。用于倒角的图线一般有直线、多段线、矩形、多边形等,不能倒角的图线有圆、圆弧、椭圆和椭圆弧等。

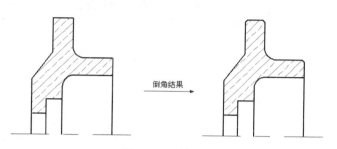

图4-58 倒角示例

● "倒角"命令的执行方式

执行"倒角"命令主要有以下几种方式。

◇ 单击"默认"选项卡→"修改"面板→"倒角"按钮。

◇ 选择菜单栏中的"修改"→"倒角"命令。

◇ 在命令行中输入Chamfer后按Enter键。

◇ 使用快捷键CHA。

● 距离倒角

"距离倒角"指的是直接输入两条图线上的倒角距离,进行倒角,下面学习此种倒角功能,操作步骤如下。

Step 01 绘制如图4-59(左)所示的两条图线。

Step 02 单击"默认"选项卡→"修改"面板→"倒角"按钮,对两条图线进行距离倒角,命令行操作如下。

```
命令: _chamfer
("修剪"模式) 当前倒角距离 1 = 0.0000, 距离 2 = 0.0000
选择第一条直线或 [放弃(U)/多段线(P)/距离(D)/角度(A)/修剪(T)/方式(E)/多个(M)]:
                        //d Enter, 激活"距离"选项
指定第一个倒角距离 <0.0000>:     //150 Enter, 设置第一个倒角距离
指定第二个倒角距离 <25.0000>:    //100 Enter, 设置第二个倒角距离
选择第一条直线或 [放弃(U)/多段线(P)/距离(D)/角度(A)/修剪(T)/方式(E)/多个(M)]:
                        //选择水平线段
选择第二条直线, 或按住 Shift 键选择直线以应用角点或 [距离(D)/角度(A)/方法(M)]:
                        //选择倾斜线段
```

Step 03 距离倒角的结果如图4-59(右)所示。

图 4-59　距离倒角的结果

Note

✥ 小技巧

用于倒角的两个倒角距离值不能为负值，如果将两个倒角距离设置为 0，则倒角的结果就是两条图线被修剪或延长，直至相交于一点。

● 角度倒角

"角度倒角"指的是通过设置图线的倒角长度和角度，为图线倒角，下面学习此种倒角功能，操作步骤如下。

Step 01 绘制如图 4-60（左）所示的两条垂直图线。

Step 02 单击"默认"选项卡→"修改"面板→"倒角"按钮，对两条图形进行角度倒角，命令行操作如下。

```
命令：_chamfer
（"修剪"模式）当前倒角距离 1 = 25.0000，距离 2=15.0000
选择第一条直线或 [放弃(U)/多段线(P)/距离(D)/角度(A)/修剪(T)/方式(E)/多个(M)]：
                                        //a Enter，激活"角度"选项
指定第一条直线的倒角长度 <0.0000>：     //100 Enter，设置倒角长度
指定第一条直线的倒角角度 <0>：         //30 Enter，设置倒角角度
选择第一条直线或 [放弃(U)/多段线(P)/距离(D)/角度(A)/修剪(T)/方式(E)/多个(M)]：
                                        //选择水平的线段
选择第二条直线，或按住 Shift 键选择直线以应用角点或 [距离(D)/角度(A)/方法(M)]：
                                        //选择倾斜线段作为第二个倒角对象
```

Step 03 角度倒角的结果如图 4-60（右）所示。

图 4-60　角度倒角的结果

📖 选项解析

部分选项解析如下。

◇　"放弃"选项是用于在不终止命令的前提下，撤销上一步操作。

◇　"多段线"选项用于为整条多段线的所有相邻元素边进行倒角，如图 4-61 所示。

图 4-61 多段线倒角

◇ "修剪"选项用于设置倒角的修剪状态。系统提供了两种倒角边的修剪模式,即"修剪"和"不修剪"。当模式设置为"修剪"时,倒角的两条直线被修剪到倒角的端点;当模式设置为"不修剪"时,用于倒角的直线将不被修剪,如图 4-62 所示。

图 4-62 "不修剪"模式下的倒角

小技巧

系统变量 CHAMMODE 控制着倒角的方式。当系统变量 CHAMMODE 的值设置为 0 时,系统支持"距离倒角"模式;当系统变量 CHAMMODE 的值设置为 1 时,系统支持"角度倒角"模式。

◇ "方式"选项用于确定倒角的方式,要求选择"距离倒角"或"角度倒角"。
◇ "多个"选项用于在执行一次命令时,可以对多个图线进行倒角操作。

小技巧

系统变量 TRIMMODE 控制倒角的修剪状态。当系统变量 TRIMMODE 的值设置为 0 时,系统支持全角的"不修剪"模式;当系统变量 TRIMMODE 的值设置为 1 时,系统支持倒角的"修剪"模式。

4.6.5 圆角对象

"圆角"命令用于为图线添加圆角,即使用一段圆弧光滑连接两条图线,如图 4-63 所示。

图 4-63 圆角示例

● "圆角"命令的执行方式

执行"圆角"命令主要有以下几种方式。

◇ 单击"默认"选项卡→"修改"面板→"圆角"按钮，。

◇ 选择菜单栏中的"修改"→"圆角"命令。

◇ 在命令行中输入 Fillet 后按 Enter 键。

◇ 使用快捷键 F。

● **圆角实例**

在一般情况下，用于圆角的图线有直线、多段线、样条曲线、构造线、射线、圆弧和椭圆弧等。下面学习"圆角"命令的使用方法和操作技巧，操作步骤如下。

Step 01 绘制如图 4-64（左）所示的两条直线。

Step 02 单击"默认"选项卡→"修改"面板→"圆角"按钮，对直线进行圆角操作，命令行操作如下。

```
命令：_fillet
当前设置：模式 = 修剪，半径 = 0.0000
选择第一个对象或 [放弃(U)/多段线(P)/半径(R)/修剪(T)/多个(M)]：
//r Enter，激活"半径"选项
指定圆角半径 <0.0000>：                                        //100 Enter
选择第一个对象或 [放弃(U)/多段线(P)/半径(R)/修剪(T)/多个(M)]：  //选择垂直线段
选择第二个对象，或按住 Shift 键选择对象以应用角点或 [半径(R)]：  //选择水平线段
```

⠿ 小技巧

如果用于圆角的图线处于同一图层中，则圆角也处于同一层上；如果两个圆角对象不在同一图层中，则圆角将处于当前图层上。同样，圆角的颜色、线型和线宽也都遵守这一规则。

Step 03 图线的圆角效果如图 4-64（右）所示。

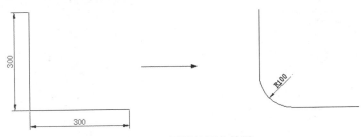

图 4-64 图线的圆角效果

⠿ 小技巧

如果用于圆角的图线是相互平行的，则在执行"圆角"命令后，AutoCAD 将不考虑当前的圆角半径，而是自动使用一条半圆弧连接两条平行图线，半圆弧的直径为两条平行线之间的距离，如图 4-65 所示。

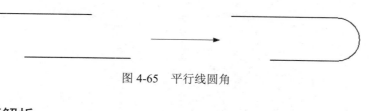

图 4-65 平行线圆角

📖 选项解析

部分选项解析如下。

◇ "多段线"选项用于对多段线的相邻元素进行圆角处理，激活此选项后，AutoCAD 将以默认的圆角半径对整条多段线相邻各边进行圆角操作，如图 4-66 所示。

图 4-66 多段线圆角

◇ "修剪"选项用于设置圆角模式，即"修剪"和"不修剪"，以上是在"修剪"模式下的圆角效果，而在"不修剪"模式下的圆角效果如图 4-67 所示。

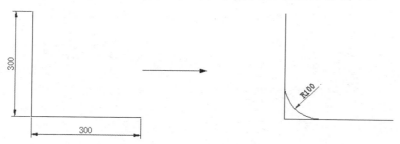

图 4-67 "不修剪"模式下的圆角

◇ "多个"选项用于对多个对象进行圆角处理，不需要重复执行"圆角"命令。

小技巧

　　用户也可通过系统变量 TRIMMODE 设置圆角的修剪模式，当系统变量 TRIMMODE 的值设置为 0 时，系统支持圆角的"不修剪"模式；当系统变量 TRIMMODE 的值设置为 1 时，系统支持圆角的"修剪"模式。

4.7 上机实训——绘制组合柜立面图

　　本实训通过绘制组合柜立面图，主要对"矩形""椭圆""圆弧""圆""圆环"和"多边形"等知识进行综合练习和巩固。组合柜立面图的最终绘制效果如图 4-68 所示。

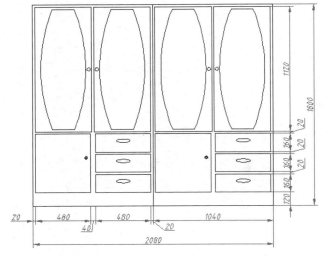

图 4-68　组合柜立面图的最终绘制效果

操作步骤如下。

Step 01 单击"快速访问"工具栏→"新建"按钮，快速创建公制单位的空白文件。

Step 02 使用快捷键 Z 执行"视图缩放"命令，将新视图的高度调整为 2400 个单位，命令行操作如下。

```
命令: _zoom                                          //执行"视图缩放"命令
指定窗口的角点，输入比例因子 (nX 或 nXP)，或者[全部(A)/中心(C)/动态(D)/范围(E)/
上一个(P)/比例(S)/窗口(W)/对象(O)] <实时>:          //c Enter
指定中心点:                                          //在绘图区拾取一点
输入比例或高度 <182.81>:                             //2400 Enter
```

Step 03 单击"默认"选项卡→"绘图"面板→"矩形"按钮，绘制组合柜外框，命令行操作如下。

```
命令: _rectang
指定第一个角点或 [倒角(C)/标高(E)/圆角(F)/厚度(T)/宽度(W)]:
  //在绘图区拾取一点作为角点
指定另一个角点或 [面积(A)/尺寸(D)/旋转(R)]:
  //@1040,1800 Enter，绘制结果如图 4-69 所示
```

Step 04 重复执行"矩形"命令，配合"捕捉自"功能绘制组合柜内部的门扇，命令行操作如下。

```
命令: _rectang
指定第一个角点或 [倒角(C)/标高(E)/圆角(F)/厚度(T)/宽度(W)]:
                            //激活"捕捉自"功能
_from 基点:                 //捕捉刚绘制的矩形左下角点
<偏移>:                     //@20,120 Enter
指定另一个角点或 [面积(A)/尺寸(D)/旋转(R)]:
                            //@480,520 Enter，绘制结果如图 4-70 所示
```

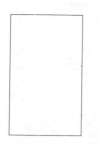

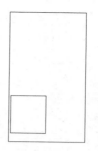

图 4-69　绘制组合柜外框　　　　　图 4-70　绘制组合柜内部的门扇

Step 05 单击"默认"选项卡→"绘图"面板→"圆环"按钮 ◎，配合"捕捉自"功能绘制组合柜门扇的拉手，命令行操作如下。

```
命令:_donut
指定圆环的内径 <0.0>:            //15 Enter
指定圆环的外径 <5.0>:            //25 Enter
指定圆环的中心点或 <退出>:        //激活"捕捉自"功能
_from 基点:                     //捕捉如图 4-71 所示的中点
<偏移>:                        //@-40,50 Enter
指定圆环的中心点或 <退出>:        //Enter，绘制结果如图 4-72 所示
```

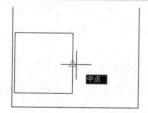

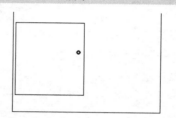

图 4-71　捕捉中点（1）　　　　　　图 4-72　绘制结果

Step 06 单击"默认"选项卡→"绘图"面板→"矩形"按钮 ▭，配合"捕捉自"功能绘制长为 480、宽为 160 的矩形作为抽屉的边框，命令行操作如下。

```
命令: _rectang
指定第一个角点或 [倒角(C)/标高(E)/圆角(F)/厚度(T)/宽度(W)]://激活"捕捉自"功能
_from 基点:                        //捕捉如图 4-73 所示的端点
<偏移>:                           //@-20,120 Enter
指定另一个角点或 [面积(A)/尺寸(D)/旋转(R)]:
//@-480,160 Enter，绘制结果如图 4-74 所示
```

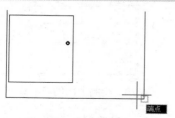

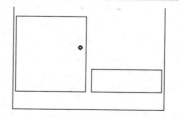

图 4-73　捕捉端点（1）　　　　　　图 4-74　绘制抽屉的边框

Note

Step 07 单击"默认"选项卡→"绘图"面板→"椭圆"按钮 ⬭，配合"对象追踪"功能绘制椭圆形抽屉拉手，命令行操作如下。

```
命令: _ellipse
指定椭圆的轴端点或 [圆弧(A)/中心点(C)]:   //c Enter
指定椭圆的中心点:              //引出如图 4-75 所示的中点追踪虚线，然后输入 60 Enter
指定轴的端点:                    //@0,-15 Enter
指定另一条半轴长度或 [旋转(R)]:       //60 Enter，绘制结果如图 4-76 所示
```

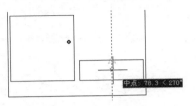

图 4-75　对象追踪

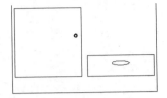

图 4-76　绘制椭圆形抽屉拉手

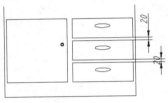

图 4-77　绘制上侧的抽屉和拉手

Step 08 参照上述操作步骤，综合使用"矩形"命令和"椭圆"命令，配合"捕捉自"功能和"对象追踪"功能，绘制上侧的抽屉和拉手，结果如图 4-77 所示。

Step 09 单击"默认"选项卡→"绘图"面板→"矩形"按钮 ▢，配合"捕捉自"功能绘制上部门扇的边框，命令行操作如下。

```
命令: _rectang
指定第一个角点或 [倒角(C)/标高(E)/圆角(F)/厚度(T)/宽度(W)]://激活"捕捉自"功能
_from 基点:              //捕捉如图 4-78 所示的端点
<偏移>:                 //@20,-20 Enter
指定另一个角点或 [面积(A)/尺寸(D)/旋转(R)]:
//@490,-1120 Enter，绘制结果如图 4-79 所示
```

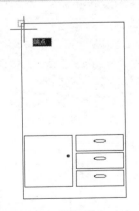

图 4-78　捕捉端点（2）

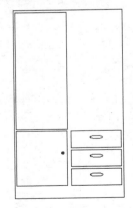

图 4-79　绘制上部门扇的边框

Step 10 使用快捷键 A 执行"圆弧"命令，配合"捕捉自"功能绘制一条圆弧，命令行操作如下。

```
命令: _arc                                    //Enter
指定圆弧的起点或 [圆心(C)]:                    //单击"捕捉自"按钮
_from 基点:                                   //捕捉刚绘制的矩形左上角点
<偏移>:                                        //@150,-20 Enter
指定圆弧的第二个点或 [圆心(C)/端点(E)]:        //单击"捕捉自"按钮
_from 基点:                                   //捕捉刚绘制的矩形左侧边中点
<偏移>:                                        //@50,0 Enter
指定圆弧的端点:                                //单击"捕捉自"按钮
_from 基点:                                   //捕捉刚绘制的矩形左下角点
<偏移>:                                        //@150,20 Enter，绘制结果如图 4-80 所示
```

Step 11 重复执行"圆弧"命令，配合"捕捉自"功能绘制另一侧的圆弧，并使用直线连接两条圆弧，绘制结果如图 4-81 所示。

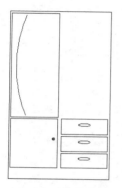

图 4-80 绘制圆弧

图 4-81 绘制另一侧的圆弧与连接圆弧的直线

Step 12 单击"默认"选项卡→"绘图"面板→"多边形"按钮，配合"捕捉自"功能绘制正八边形作为星形拉手，命令行操作如下。

```
命令: _polygon
输入侧面数 <4>:                               //8 Enter
指定正多边形的中心点或 [边(E)]:               //激活"捕捉自"功能
_from 基点:                                   //捕捉如图 4-82 所示的中点
<偏移>:                                        //@-25,0 Enter
输入选项 [内接于圆(I)/外切于圆(C)] <I>:        //Enter
指定圆的半径:                                  //15 Enter，绘制结果如图 4-83 所示
```

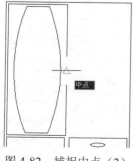

图 4-82 捕捉中点（2）

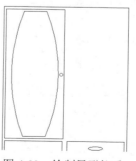

图 4-83 绘制星形拉手

Note

Step 13 重复执行"圆弧"命令、"矩形"命令和"正多边形"命令，绘制另一侧的内部结构，绘制结果如图 4-84 所示。

Step 14 参照上述操作步骤，综合使用"矩形""圆"和"椭圆"等命令，绘制另一组装饰柜立面图，最终绘制结果如图 4-85 所示。

图 4-84　绘制另一侧的内部结构　　　　　　图 4-85　绘制另一组装饰柜立面图

Step 15 单击"快速访问"工具栏→"保存"按钮🖪，将图形命名存储为"上机实训一——绘制组合柜立面图.dwg"。

4.8　上机实训二——绘制洗菜池平面图

本实训通过绘制洗菜池平面图，主要对"矩形""多边形""圆""倒角""圆角""缩放"和"旋转"等知识进行综合练习和巩固。洗菜池平面图的最终绘制效果如图 4-86 所示。

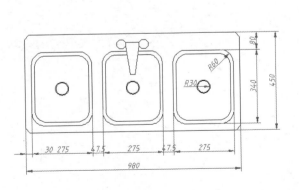

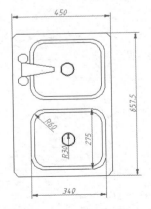

图 4-86　洗菜池平面图的最终绘制效果

操作步骤如下。

Step 01 单击"快速访问"工具栏→"新建"按钮□，快速创建公制单位的空白文件。

Step 02 使用快捷键 Z 执行"视图缩放"命令，将新视图的高度调整为 1200 个单位，命令行操作如下。

Note

```
命令：_zoom                                      //执行"视图缩放"命令
指定窗口的角点，输入比例因子 (nX 或 nXP)，或者 [全部(A)/中心(C)/动态(D)/范围(E)/
上一个(P)/比例(S)/窗口(W)/对象(O)] <实时>：  //c Enter
    指定中心点：                              //在绘图区拾取一点
    输入比例或高度 <182.81>：                //1200 Enter
```

Step 03 开启状态栏中的"对象捕捉"功能和"对象追踪"功能。

Step 04 单击"默认"选项卡→"绘图"面板→"矩形"按钮□，执行"矩形"命令，绘制洗菜池外轮廓线，命令行操作如下。

```
命令：_rectang
指定第一个角点或 [倒角(C)/标高(E)/圆角(F)/厚度(T)/宽度(W)]：
//在绘图区拾取一点作为角点
指定另一个角点或 [面积(A)/尺寸(D)/旋转(R)]：
//@980,450 Enter，结束命令，绘制结果如图 4-87 所示
```

Step 05 重复执行"矩形"命令，配合"捕捉自"功能绘制内部的矩形轮廓，命令行操作如下。

```
命令：_rectang
指定第一个角点或 [倒角(C)/标高(E)/圆角(F)/厚度(T)/宽度(W)]：
                                          //激活"捕捉自"功能
_from 基点：                              //捕捉如图 4-88 所示端点
<偏移>：                                  //@30,30 Enter
指定另一个角点或 [面积(A)/尺寸(D)/旋转(R)]：
//@275,340 Enter，绘制结果如图 4-89 所示
```

图 4-87　绘制洗菜池外轮廓线　　　图 4-88　捕捉端点　　　图 4-89　绘制内部的矩形轮廓

Step 06 单击"默认"选项卡→"修改"面板→"倒角"按钮／，执行"倒角"命令，为外侧的大矩形进行倒角，命令行操作如下。

```
命令：_chamfer
("修剪"模式) 当前倒角距离 1 = 25.0000，距离 2 = 15.0000
选择第一条直线或 [放弃(U)/多段线(P)/距离(D)/角度(A)/修剪(T)/方式(E)/
多个(M)]：                                //a Enter，激活"角度"选项
指定第一条直线的倒角长度 <0.0000>：       //20 Enter，设置倒角长度
指定第一条直线的倒角角度 <0>：            //45 Enter，设置倒角角度
```

选择第一条直线或 [放弃(U)/多段线(P)/距离(D)/角度(A)/修剪(T)/方式(E)/多个(M)]:

//p Enter，激活"多段线"选项

选择二维多段线或 [距离(D)/角度(A)/方法(M)]:

//选择外侧的大矩形，倒角结果如图 4-90 所示

4 条直线已被倒角

⠿ 小技巧

在对倒角对象进行操作时，如果用于倒角的对象为矩形、多边形或多段线，那么使用命令中的"多段线"选项，系统将对相邻的两条元素进行倒角。

Step 07 单击"默认"选项卡→"修改"面板→"圆角"按钮，执行"圆角"命令，为内侧的小矩形进行圆角，命令行操作如下。

命令：_fillet

当前设置：模式 = 修剪，半径 = 0.0000

选择第一个对象或 [放弃(U)/多段线(P)/半径(R)/修剪(T)/多个(M)]:

//r Enter，激活"半径"选项

指定圆角半径 <0.0000>:   //60 Enter，重新设置圆角半径

选择第一个对象或 [放弃(U)/多段线(P)/半径(R)/修剪(T)/多个(M)]:

//p Enter，激活"多段线"选项

选择二维多段线或 [半径(R)]:   //选择内侧的小矩形，圆角结果如图 4-91 所示

4 条直线已被圆角

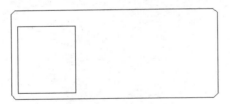

图 4-90　倒角结果

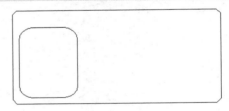

图 4-91　圆角结果

⠿ 小技巧

在对圆角对象进行操作时，如果用于倒角的对象为矩形、多边形或多段线，那么使用命令中的"多段线"选项，系统将对相邻的两条元素进行圆角。

Step 08 单击"默认"选项卡→"绘图"面板→"圆"按钮，执行"圆"命令，配合"对象追踪"功能和"对象捕捉"功能绘制漏水孔，命令行操作如下。

命令：_circle

指定圆的圆心或 [三点(3P)/两点(2P)/切点、切点、半径(T)]:

//分别通过内部圆角矩形边的中点，引出两条相互垂直的对象追踪虚线，然后捕捉虚线的交点作为圆心，如图 4-92 所示

指定圆的半径或 [直径(D)]:   //30 Enter，绘制结果如图 4-93 所示

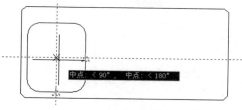

图 4-92 定位圆心

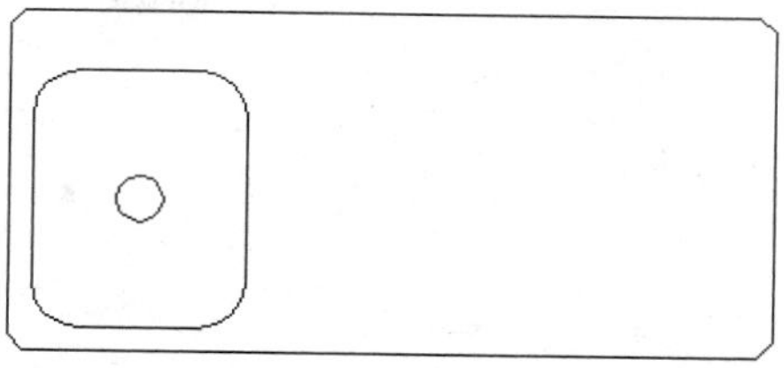

图 4-93 绘制漏水孔

Step 09 综合使用"矩形""圆"和"圆角"等命令，并配合"对象捕捉"功能、"对象追踪"功能和"捕捉自"功能绘制右侧的洗菜池轮廓图，绘制结果如图 4-94 所示。

Step 10 使用快捷键 L 执行"直线"命令，配合"捕捉自"功能绘制如图 4-95 所示的轮廓图，命令行操作如下。

```
命令：_line                    //Enter

指定第一点：                   //激活"捕捉自"功能
_from 基点：                   //捕捉大矩形上侧边的中点作为偏移的基点
<偏移>：                       //@0,-40 Enter
指定下一点或 [放弃(U)]：        //@31,0 Enter
指定下一点或 [放弃(U)]：        //@0,-17 Enter
指定下一点或 [闭合(C)/放弃(U)]： //@-21,-130 Enter
指定下一点或 [闭合(C)/放弃(U)]： //@-10,0 Enter
指定下一点或 [闭合(C)/放弃(U)]： //Enter，绘制结果如图 4-95 所示
```

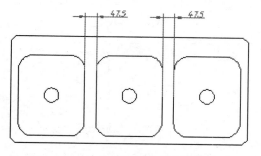

图 4-94 绘制右侧的洗菜池轮廓图

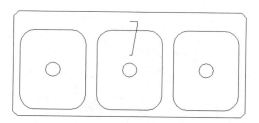

图 4-95 绘制轮廓图

Step 11 单击"默认"选项卡→"绘图"面板→"多边形"按钮，执行"正多边形"命令，绘制右侧的正八边形，命令行操作如下。

```
命令：_polygon
输入边的数目 <4>：              //8 Enter，设置正多边形的边数
指定正多边形的中心点或 [边(E)]： //e Enter，激活"边"选项
指定边的第一个端点：            //捕捉如图 4-96 所示的 A 点
指定边的第二个端点：            //捕捉如图 4-96 所示的 B 点
```

Step 12 综合使用"直线"命令和"多边形"命令，绘制左侧的正八边形，结果如图 4-97 所示。

Note

图 4-96　绘制右侧的正八边形

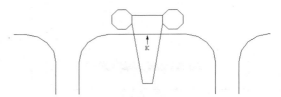

图 4-97　绘制左侧的正八边形

Step 13 使用快捷键 TR 执行"修剪"命令，对水平轮廓线 K 进行修剪，修剪结果如图 4-98 所示。

Step 14 单击"默认"选项卡→"修改"面板→"缩放"按钮 □，对洗菜池内部结构进行缩放，命令行操作如下。

```
命令：_scale
选择对象：                                //窗交选择如图 4-99 所示的对象
选择对象：                                //Enter
指定基点：                                //捕捉如图 4-100 所示的圆心
指定比例因子或 [复制(C)/参照(R)]：        //cEnter
缩放一组选定对象。
指定比例因子或 [复制(C)/参照(R)]：        //0.9 Enter，缩放结果如图 4-101 所示。
```

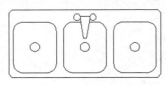

图 4-98　修剪结果

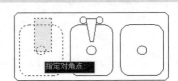

图 4-99　窗交选择

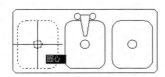

图 4-100　捕捉圆心

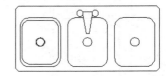

图 4-101　缩放结果

Step 15 使用"缩放"命令分别对右侧的结构进行缩放与复制，操作结果如图 4-102 所示。

Step 16 窗交选择如图 4-102 所示的平面图，然后按住鼠标右键进行拖曳，在适当位置松开鼠标右键，从弹出的快捷菜单中选择"复制到此处"命令，如图 4-103 所示。

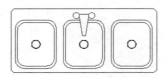

图 4-102　操作结果

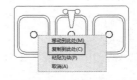

图 4-103　选择"复制到此处"命令

Step 17 单击"默认"选项卡→"修改"面板→"旋转"按钮 ○，对拖曳复制的平面图进行旋转，命令行操作如下。

```
命令：_rotate
UCS 当前的正角方向： ANGDIR=逆时针　ANGBASE=0
选择对象：                    //选择如图 4-103 所示的对象
选择对象：                    //Enter，结束选择
指定基点：                    //捕捉平面图中的任一点
指定旋转角度，或 [复制(C)/参照(R)] <0>：
                             //90 Enter，结束命令，旋转结果如图 4-104 所示
```

Step 18 使用快捷键 E 执行"删除"命令，窗口选择如图 4-105 所示的对象进行删除，删除结果如图 4-106 所示。

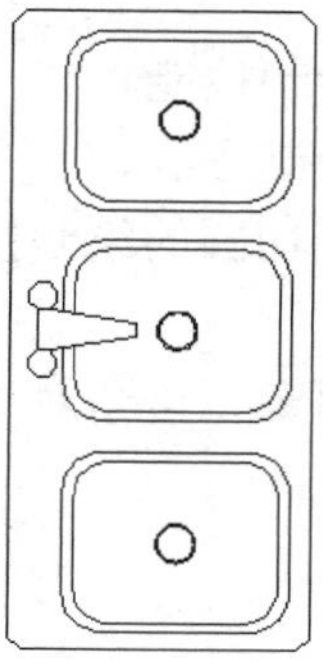

图 4-104　旋转结果 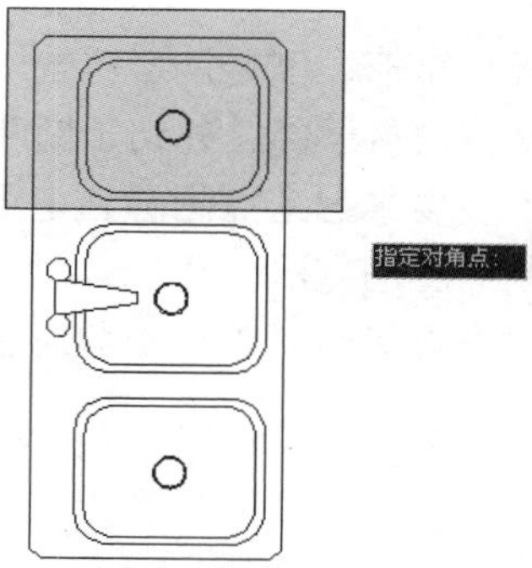　　　　图 4-105　窗口选择 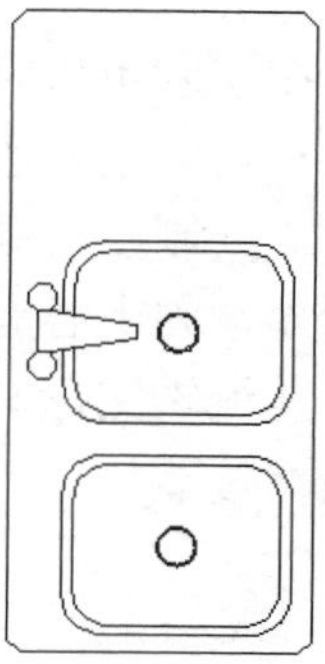　　　　图 4-106　删除结果

Step 19 单击"默认"选项卡→"修改"面板→"拉伸"按钮，执行"拉伸"命令，对图形进行拉伸，命令行操作如下。

```
命令：_stretch
以交叉窗口或交叉多边形选择要拉伸的对象...
选择对象：                    //拉出如图 4-107 所示的窗交选择框
选择对象：                    //Enter，选择结果如图 3-108 所示
指定基点或 [位移(D)] <位移>：  //捕捉任意一点
指定第二个点或 <使用第一个点作为位移>：
                             //@0,-322.50 Enter，结束命令，拉伸结果如图 3-109 所示
```

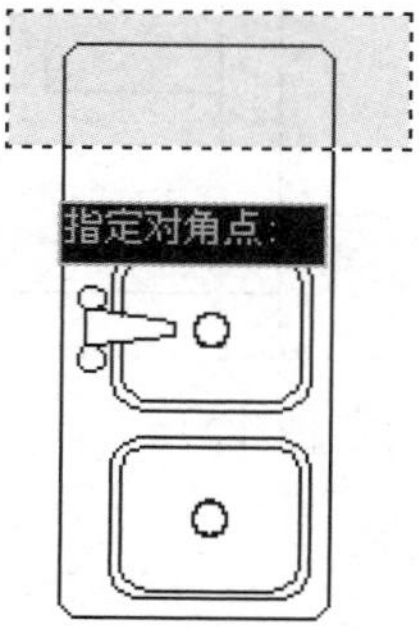

图 4-107　窗交选择框 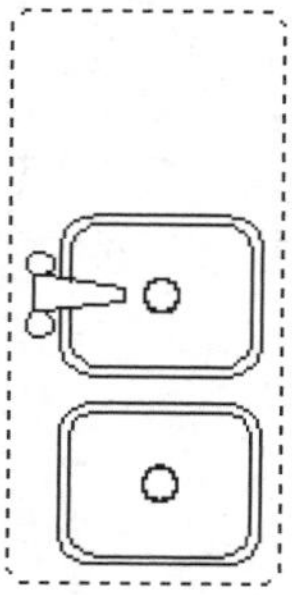　　　　图 4-108　选择结果 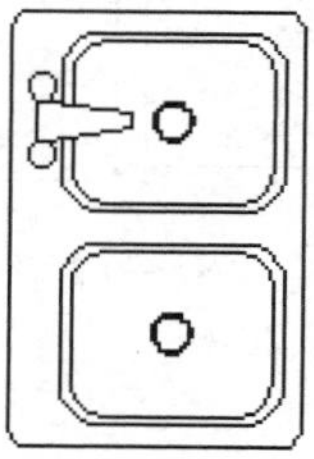　　　　图 4-109　拉伸结果

Step 20 选择菜单栏中的"文件"→"保存"命令，将图形命名存储为"上机实训二——绘制洗菜池平面图.dwg"。

4.9 小结与练习

4.9.1 小结

本章主要讲解了圆、弧及多边形等常用几何图元的绘制功能和常规编辑功能，掌握这些基本功能可以方便用户绘制和组合较为复杂的图形。通过本章的学习，重点掌握以下知识。

（1）在绘制矩形时要掌握圆角矩形、倒角矩形、宽度矩形的绘制技能。

（2）在绘制正多边形时要掌握内接于圆、外切于圆和边 3 种绘制方法。

（3）在绘制圆与椭圆时，不但要掌握定点画圆、定距画圆和相切圆的绘制技巧；还要掌握轴端点和中心点两种绘制椭圆的方法。

（4）在编辑图形对象时，要掌握旋转对象、缩放对象、分解对象、全角对象、圆角对象的操作技能。

4.9.2 练习题

（1）综合运用相关知识，绘制如图 4-110 所示的零件图。

（2）综合运用相关知识，绘制如图 4-111 所示的零件图。

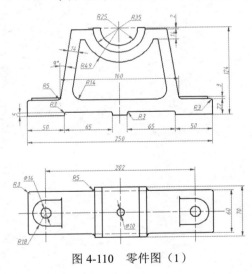

图 4-110 零件图（1）

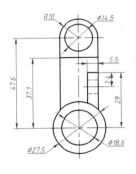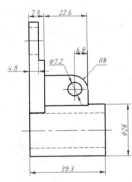

图 4-111 零件图（2）

第5章

绘制边界、面域与图案

前几章主要学习了各类常用几何图元的绘制功能和编辑功能,本章主要学习一些特殊图元的绘制方法和夹点编辑技巧,具体包括边界、面域、图案填充、夹点编辑及复合图形结构的绘制等,方便以后组合较为复杂的图形结构。

内容要点

◆ 边界与面域
◆ 绘制复合图形结构
◆ 图形的夹点编辑
◆ 上机实训二——绘制大厅地面拼花平面图
◆ 填充图案与渐变色
◆ 图形的阵列功能
◆ 上机实训一——绘制大型会议桌椅平面图

Note

5.1 边界与面域

本节主要学习使用"边界"和"面域"两个命令，以方便从对象中提取边界和面域。

5.1.1 绘制边界

所谓"边界"实际上就是一条闭合的多段线，此种多段线不能直接绘制，而需要使用"边界"命令，从多个相交对象中提取边界或将多个首尾相连的对象转化成边界。

● "边界"命令的执行方式

执行"边界"命令主要有以下几种方式。

◇ 单击"默认"选项卡→"绘图"面板→"边界"按钮 □ 。
◇ 选择菜单栏中的"绘图"→"边界"命令。
◇ 在命令行中输入 Boundary 后按 Enter 键。
◇ 使用快捷键 BO。

● 边界实例

下面通过从多个对象中提取边界，学习"边界"命令的使用方法和操作技能，操作步骤如下。

Step 01 执行"新建"命令，新建绘图文件。

Step 02 综合使用"圆""矩形"等命令，绘制如图 5-1 所示的图形。

Step 03 选择菜单栏中的"绘图"→"边界"命令，弹出如图 5-2 所示的"边界创建"对话框。

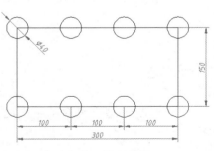

图 5-1 绘制结果

图 5-2 "边界创建"对话框

⁙ 小技巧

"对象类型"下拉列表框用于设置导出的是边界还是面域，默认为多段线边界。如果需要导出面域，即可将面域设置为当前选项。

Step 04 单击"边界创建"对话框中的"拾取点"按钮 ，返回绘图区，根据命令行"拾取内部点:"的提示，在矩形内部拾取一点，此时系统自动创建一个闭合的虚线边界，如图 5-3 所示。

Step 05 继续在命令行"拾取内部点:"的提示下，按 Enter 键，结束命令，创建一个闭合的多段线边界。

Step 06 使用快捷键 M 执行"移动"命令，使用"点选"的方式选择刚创建的闭合边界进行外移，结果如图 5-4 所示。

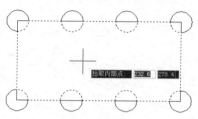

图 5-3　创建虚线边界

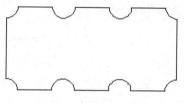

图 5-4　移出闭合边界

📖 选项解析

部分选项解析如下。

◇ "边界集"选项组用于定义从指定点定义边界时 AutoCAD 导出来的对象集合，有"当前视口"和"现有集合"两种类型，前者用于从当前视口中可见的所有对象中定义边界集，后者是从选择的现有对象中定义边界集。

◇ 单击"新建"按钮 ，在绘图区选择对象后，系统返回"边界创建"对话框，在"边界集"下拉列表框中选择"现有集合"类型，用户可以从选择的现有对象中定义边界集。

5.1.2　绘制面域

所谓"面域"其实就是实体的表面，它是一个没有厚度的二维实心区域，它具备实体模型的一切特性，不但具有边的信息，还具有边界内的信息，可以利用这些信息计算工程属性，如面积、重心和惯性等。

● "面域"命令的执行方式

执行"面域"命令主要有以下几种方式。

◇ 单击"默认"选项卡→"绘图"面板→"面域"按钮 。

◇ 选择菜单栏中的"绘图"→"面域"命令。

◇ 在命令行中输入 Region 后按 Enter 键。

◇ 使用快捷键 REN。

面域不能直接被创建，而是通过其他闭合对象进行转化。在执行"面域"命令后，只需选择封闭的对象即可将其转化为面域，如圆、矩形、正多边形等。

Note

封闭对象在没有转化为面域之前，仅是一种几何线框，没有什么属性信息；而这些封闭对象一旦被转化为面域，它就转变为一种实体对象，具备实体属性，可以进行着色渲染等，如图5-5所示。

图 5-5　几何线框转化为面域

● 提取面域

使用"面域"命令只能将单个闭合对象或由多个首尾相连的闭合区域转化成面域，如果用户需要从多个相交对象中提取面域，则可以使用"边界"命令，在"边界创建"对话框中，将"对象类型"设置为"面域"。下面通过实例学习面域的提取过程，操作步骤如下。

Step 01 打开配套资源中的"素材文件\5-1.dwg"，如图5-6所示。

Step 02 单击"默认"选项卡→"绘图"面板→"边界"按钮□，执行"边界"命令，弹出"边界创建"对话框。

Step 03 在"边界创建"对话框中，将"对象类型"设置为"面域"，如图5-7所示。

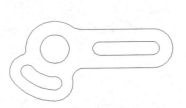

图 5-6　打开素材文件

图 5-7　"边界创建"对话框

Step 04 单击"边界创建"对话框中的"拾取点"按钮，返回绘图区，在如图5-8所示的空白区域拾取点，系统自动分析面域，如图5-9所示。

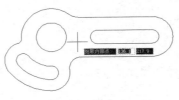

图 5-8　拾取点

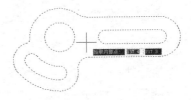

图 5-9　分析面域

Step 05 按Enter键结束命令，创建了4个面域，所创建的面域与原图线重合。

Step 06 使用快捷键M执行"移动"命令，将创建的4个面域进行外移，结果如图5-10所示。

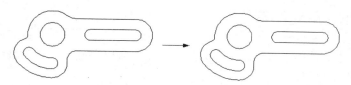

图 5-10　移出面域

Step 07 选择菜单栏中的 "视图" → "视觉样式" → "灰度" 命令，对面域进行着色，结果如图 5-11 所示。

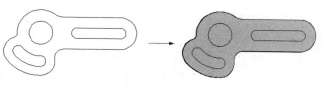

图 5-11　着色效果

Step 08 使用快捷键 SU 执行 "差集" 命令，删除内侧的 3 个面域，结果如图 5-12 所示。

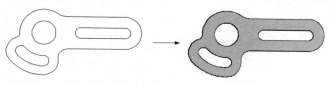

图 5-12　删除内侧的 3 个面域

5.2　填充图案与渐变色

"图案" 是由各种图线进行不同的排列组合而构成的一种图形元素，此类图形元素作为一个独立的整体，被填充到各种封闭的区域内，以表达各自的图形信息，如图 5-13 所示。

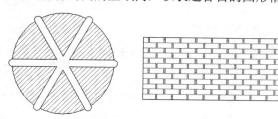

图 5-13　图案填充示例

执行 "图案填充" 命令主要有以下几种方式。

◇　单击 "默认" 选项卡 → "绘图" 面板 → "图案填充" 按钮。
◇　选择菜单栏中的 "绘图" → "图案填充" 命令。
◇　在命令行中输入 Bhatch 后按 Enter 键。
◇　使用快捷键 H 或 BH。

5.2.1　绘制预定义图案

AutoCAD 共为用户提供了"预定义图案"和"用户定义图案"两种图案，下面学习预定义图案的填充过程，操作步骤如下。

Step 01 打开配套资源中的"素材文件\5-2.dwg"，如图 5-14 所示。

Step 02 单击"默认"选项卡→"绘图"面板→"图案填充"按钮，弹出如图 5-15 所示的"图案填充创建"选项卡。

Step 03 单击"图案"面板中的图案，或单击"图案"面板右下角的下拉按钮，在弹出的下拉列表框中会有更多的填充图案选项，然后选择如图 5-16 所示的"AR-SAND"选项。

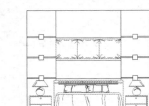

图 5-14　打开素材文件

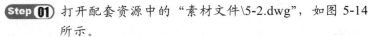

图 5-15　"图案填充创建"选项卡

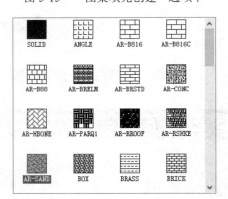

图 5-16　选择"AR-SAND"选项

Step 04 完成选择后继续设置图案填充角度和比例，如图 5-17 所示。

图 5-17　设置图案填充角度和比例

⚙ 小技巧

"角度"文本框用于设置图案的倾斜角度；"比例"文本框用于设置图案的填充比例。

Step 05 在"边界"面板中单击"选择"按钮，返回绘图区，分别在如图 5-18 所示的 A、B、C、E、F 五个区域内部单击，指定填充边界。

Step 06 按 Enter 键完成填充操作，填充结果如图 5-19 所示。

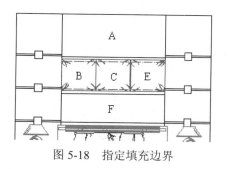

图 5-18　指定填充边界

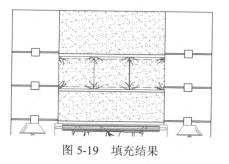

图 5-19　填充结果

📖 选项解析

部分选项解析如下。

- ◇ "拾取点"按钮 ⊞ 用于在填充区域内部拾取任意一点，AutoCAD 将自动搜索包含该点的区域边界，并以虚线显示边界。

⠿ 小技巧

　　用户可以连续地拾取多个要填充的目标区域，如果选择了不需要的区域，则此时可右击，从弹出的快捷菜单中选择"放弃上次选择/拾取"命令或"全部清除"命令。

- ◇ "选择"按钮 ▨ 用于直接选择需要填充的单个闭合图形，作为填充边界。
- ◇ "删除"按钮 ▨ 用于删除位于选定填充区内但不填充的区域。
- ◇ "关联"按钮 ▨ 用于确定填充图形与边界的关系。
- ◇ "注释性"按钮 ▲ 用于为图案添加注释特性。

5.2.2　绘制用户定义图案

　　下面通过为卧室立面墙填充装饰图案，学习用户定义图案的填充过程，操作步骤如下。

Step 01 继续上例的操作。

Step 02 单击"默认"选项卡→"绘图"面板→"图案填充"按钮 ▨，弹出"图案填充创建"选项卡，单击"选项"面板右下角的"图案填充设置"按钮 ↘，弹出"图案填充和渐变色"对话框，设置图案类型及参数，如图 5-20 所示。

Step 03 单击"添加:选择对象"按钮 ▨，返回绘图区指定填充边界，填充如图 5-21 所示的图案。

⠿ 小技巧

　　如果在"图案填充和渐变色"对话框中勾选了"双向"复选框，则系统会为边界填充双向图案，如图 5-22 所示。

Note

图 5-20　"图案填充和渐变色"对话框

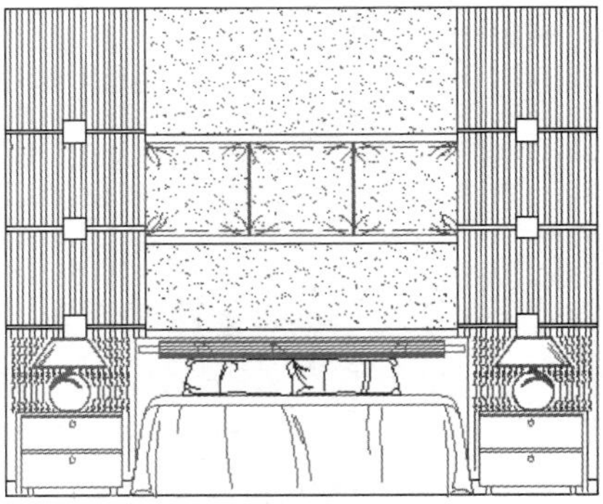

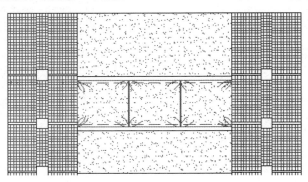

图 5-21　填充图案

图 5-22　填充双向图案示例

选项解析

"图案填充"选项卡用于设置填充图案的类型、颜色和角度等，常用选项如下。

◇　"类型"下拉列表包含了"预定义""用户定义"和"自定义"3 种图样类型，如图 5-23 所示。

图 5-23　"类型"下拉列表

小技巧

"预定义"图样只适用于封闭的填充边界；"用户定义"图样可以使用图形的当前线型创建填充图样；"自定义"图样就是使用自定义的 PAT 文件中的图样进行填充。

- ◇ "图案"下拉列表用于显示预定义类型的填充图案名称，用户可以从下拉列表中选择所需的图案。
- ◇ "相对图纸空间"复选框是相对图纸空间单位进行图案的填充。运用此复选框，用户可以根据布局的比例显示填充图案。
- ◇ "间距"文本框可以设置用户定义填充图案的直线间距，只有激活了"类型"下拉列表中的"用户定义"选项，此文本框才可用。
- ◇ "双向"复选框仅适用于用户定义图案，勾选该复选框，将增加一组与原图线垂直的线。
- ◇ "ISO 笔宽"下拉列表运用 ISO 剖面线图案的线与线之间的间隔，它只在选择 ISO 线型图案时才可用。

5.2.3 绘制渐变色

下面通过为灯罩和灯座填充渐变色，主要学习渐变色图案的填充过程，操作步骤如下。

Step 01 继续上例的操作。

Step 02 单击"默认"选项卡→"绘图"面板→"图案填充"按钮▨，弹出"图案填充创建"选项卡，单击此选项卡"选项"面板右下角的"图案填充设置"按钮 ⅶ，弹出"图案填充和渐变色"对话框。

Step 03 选择"渐变色"选项卡，然后选中"双色"单选按钮。

Step 04 将颜色 1 的颜色设置为 211 号色；将颜色 2 的颜色设置为黄色，然后设置渐变色，如图 5-24 所示。

Step 05 单击"添加:选择对象"按钮▨，返回绘图区指定填充边界，填充如图 5-25 所示的渐变色。

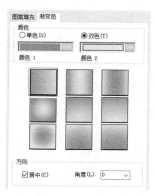

图 5-24　设置渐变色

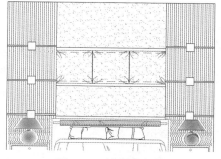

图 5-25　填充渐变色

📖 选项解析

在"图案填充和渐变色"对话框中选择"渐变色"选项卡，如图 5-26 所示，用于为指定的边界填充渐变色，部分选项解析如下。

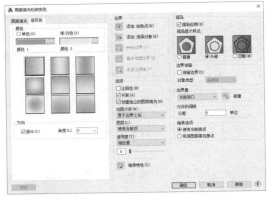

图 5-26 "渐变色"选项卡

小技巧

单击"渐变色"选项卡右下角的"更多选项"扩展按钮 ⊙，可展开右侧的"孤岛"选项组。

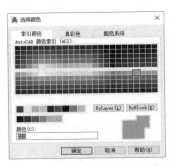

图 5-27 "选择颜色"对话框

◇ "单色"单选按钮用于以一种渐变色进行填充。

◇ ▇▇▇ 显示框用于显示当前的填充颜色，双击该颜色框或单击其右侧的 ... 按钮，可以弹出如图 5-27 所示的"选择颜色"对话框，用户可以根据需要选择所需的颜色。

◇ ◀ ▶ "暗——明"滑动条：向右拖动滑动块可以调整单种填充颜色的明暗度，如果用户激活了"双色"单选按钮，则此滑动条自动转换为颜色显示框。

◇ "双色"单选按钮用于以两种颜色的渐变色作为填充色。

◇ "角度"文本框用于设置渐变填充的倾斜角度。

5.2.4 孤岛检测

"孤岛"选项组共为用户提供了"普通""外部"和"忽略"3 种孤岛显示样式，如图 5-28 所示，其中"普通"方式是从最外层的外边界向内边界填充，第一层填充，第二层不填充，如此交替进行；"外部"方式只填充从最外边界向内第一边界之间的区域；"忽略"方式忽略最外层边界以内的其他任何边界，以最外层边界向内填充全部图形。

图 5-28 孤岛显示样式

小技巧

孤岛是指在一个边界包围的区域内又定义了另外一个边界，它可以实现对两个边界之间的区域进行填充，而内边界包围的内区域不填充。

📖 选项解析

部分选项解析如下。

◇ "边界保留"选项组用于设置是否保留填充边界，系统默认设置为不保留填充边界。
◇ "允许的间隙"选项用于设置填充边界的允许间隙值，处在间隙值范围内的非封闭区域也可以填充图案。
◇ "继承选项"选项组用于设置图案填充的原点，即使用当前原点还是使用源图案填充的原点。

5.3 绘制复合图形结构

本节将学习"复制""偏移"和"镜像"3 个命令，以便快速创建多重图形结构和对称图形结构。

5.3.1 复制

"复制"命令用于复制图形，通常使用"复制"命令创建结构相同，位置不同的复合图形，此命令经常需要配合"对象捕捉"功能或"坐标输入"功能使用。

● "复制"命令的执行方式

执行"复制"命令主要有以下几种方式。

◇ 单击"默认"选项卡→"修改"面板→"复制"按钮 。
◇ 选择菜单栏中的"修改"→"复制"命令。
◇ 在命令行中输入 Copy 后按 Enter 键。
◇ 使用快捷键 CO。

▦ 小技巧

"复制"命令只能在当前文件中使用，如果用户想要在多个文件之间复制对象，则需要使用"编辑"→"复制"命令。

● 复制实例

下面通过实例，学习"复制"命令的使用方法和操作技巧，操作步骤如下。

Step 01 打开配套资源中的"素材文件\5-3.dwg"。

Step 02 单击"默认"选项卡→"修改"面板→"复制"按钮 ，配合"坐标输入"功能快速创建孔，命令行操作如下。

```
命令: _copy
```

选择对象：   //拉出如图 5-29 所示的窗口选择框
选择对象：   //Enter，结束选择
当前设置： 复制模式 = 多个
指定基点或 [位移(D)/模式(O)] <位移>：   //捕捉圆心
指定第二个点或 [阵列(A)] <使用第一个点作为位移>：//@160,0 Enter
指定第二个点或 [阵列(A)/退出(E)/放弃(U)] <退出>：
 //Enter，结束命令，复制结果如图 5-30 所示

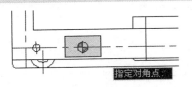
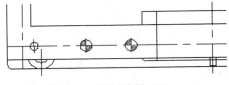

图 5-29 窗口选择框（1）   图 5-30 复制结果（1）

Step 03 重复执行"复制"命令，配合"对象捕捉"功能和"坐标输入"功能，继续对孔进
   行复制，命令行操作如下。

命令：_copy
选择对象：   //拉出如图 5-31 所示的窗口选择框

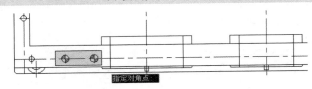

图 5-31 窗口选择框（2）

选择对象：   //Enter，结束选择
当前设置： 复制模式 = 多个
指定基点或 [位移(D)/模式(O)] <位移>：   //捕捉孔的圆心
指定第二个点或 [阵列(A)] <使用第一个点作为位移>： //@740,0 Enter
指定第二个点或 [阵列(A)/退出(E)/放弃(U)] <退出>： //@1400,0 Enter
指定第二个点或 [阵列(A)/退出(E)/放弃(U)] <退出>： //@0,716 Enter
指定第二个点或 [阵列(A)/退出(E)/放弃(U)] <退出>： //@740,716 Enter
指定第二个点或 [阵列(A)/退出(E)/放弃(U)] <退出>： //@1400,716 Enter
指定第二个点或 [阵列(A)/退出(E)/放弃(U)] <退出>：
 //Enter，结束命令，复制结果如图 5-32 所示

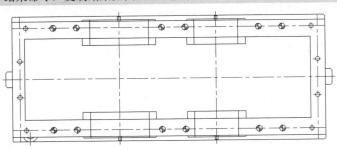

图 5-32 复制结果（2）

5.3.2　偏移

"偏移"命令用于将选择的图线按照一定的距离或指定的通过点，进行偏移，以创建相同尺寸或相同形状的复合对象。

● **"偏移"命令的执行方式**

执行"偏移"命令主要有以下几种方式。

◇　单击"默认"选项卡→"修改"面板→"偏移"按钮 ⊆。

◇　选择菜单栏中的"修改"→"偏移"命令。

◇　在命令行中输入 Offset 后按 Enter 键。

◇　使用快捷键 O。

⠿ 小技巧

不同结构的对象，其偏移结果也会不同。例如，在对圆、椭圆等对象偏移后，对象的尺寸发生了变化，而在对直线偏移后，直线的尺寸则保持不变。

● **偏移实例**

下面通过实例，学习"偏移"命令的使用方法和操作技巧，操作步骤如下。

Step 01 打开配套资源中的"素材文件\5-4.dwg"，如图 5-33 所示。

Step 02 单击"默认"选项卡→"修改"面板→"偏移"按钮 ⊆，对图形进行距离偏移，命令行操作如下。

```
命令:_offset
当前设置: 删除源=否   图层=源  OFFSETGAPTYPE=0
指定偏移距离或 [通过(T)/删除(E)/图层(L)] <10.0000>: //7.5 Enter，设置偏移距离
选择要偏移的对象，或 [退出(E)/放弃(U)] <退出>:      //选择最外侧的闭合轮廓线
指定要偏移的那一侧上的点，或 [退出(E)/多个(M)/放弃(U)] <退出>:
                                        //在闭合轮廓线的外侧拾取一点
选择要偏移的对象，或 [退出(E)/放弃(U)] <退出>:
//Enter，结束命令，偏移结果如图 5-34 所示
```

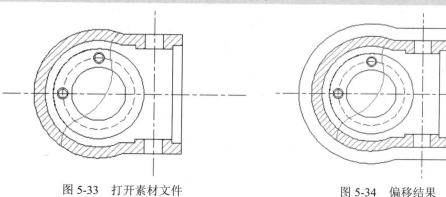

图 5-33　打开素材文件　　　　　　　图 5-34　偏移结果

小技巧

在选择偏移对象时，只能以点选的方式选择对象，且每次只能偏移一个对象。

Step 03 以偏移出的轮廓线作为边界，如图 5-35 所示，对构造线进行修剪，将其转化为图形中心线，并删除偏移出的闭合轮廓线，删除结果如图 5-36 所示。

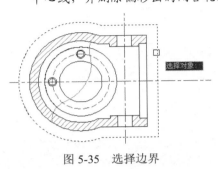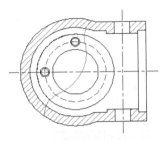

图 5-35　选择边界　　　　　　　　　图 5-36　删除结果

📖 选项解析

选项解析如下。

◇ 使用"偏移"命令中的"通过"选项，可以按照指定的通过点偏移对象，所偏移出的对象将通过事先指定的目标点。

◇ 使用"偏移"命令中的"删除"选项，可以在偏移图线的过程中将源图线删除。

◇ 使用"偏移"命令中的"图层"选项，可以设置偏移后的图线所在图层。

5.3.3　镜像

"镜像"命令用于将选择的对象沿着指定的两点进行对称复制，在镜像过程中，源对象可以保留，也可以删除。此命令通常用于创建一些结构对称的图形，如图 5-37 所示。

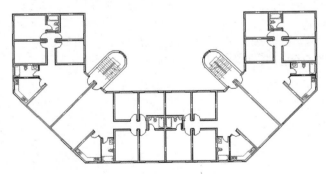

图 5-37　结构对称的图形示例

● "镜像"命令的执行方式

执行"镜像"命令主要有以下几种方式。

Note

◇ 单击"默认"选项卡→"修改"面板→"镜像"按钮 ⚊。
◇ 选择菜单栏中的"修改"→"镜像"命令。
◇ 在命令行中输入 Mirror 后按 Enter 键。
◇ 使用快捷键 MI。

● 镜像实例

下面通过实例,学习"镜像"命令的使用方法和操作技巧,操作步骤如下。

Step 01 打开配套资源中的"素材文件\5-5.dwg",如图 5-38 所示。

Step 02 单击"修改"工具栏中的 ⚊ 按钮,执行"镜像"命令,对平面图进行镜像,命令行操作如下。

```
命令: _mirror
选择对象:                        //选择如图 5-38 所示的平面图
选择对象:                        //Enter,结束选择
指定镜像线的第一点:              //捕捉如图 5-39 所示的中点
指定镜像线的第二点:              //@0,1 Enter
要删除源对象吗?[是(Y)/否(N)] <N>:  //Enter,结束命令
```

图 5-38 打开素材文件

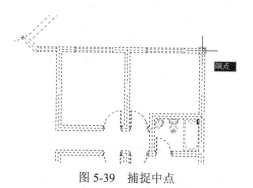

图 5-39 捕捉中点

Step 03 镜像结果如图 5-37 所示。

小技巧

在对文字进行镜像时,镜像后文字的可读性取决于系统变量 MIRRTEX 的值,当系统变量 MIRRTEX 的值为 1 时,镜像文字不具有可读性;当系统变量 MIRRTEX 的值为 0 时,镜像后的文字具有可读性。

5.4 图形的阵列功能

本节继续学习复合图形的创建工具,具体有"矩形阵列""环形阵列"和"路径阵列"3 个命令,使用这 3 个命令可以快速创建规则的多重图形结构。

5.4.1 矩形阵列

"矩形阵列"是一种用于创建规则图形结构的复合命令，使用此命令可以创建均布结构的复合图形。所谓"均布结构"，就是将图形按照指定的行数和列数，成"矩形"的排列方式进行大规模复制，如图 5-40 所示。

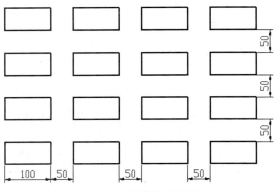

图 5-40　矩形阵列示例

● "矩形阵列"命令的执行方式

执行"矩形阵列"命令主要有以下几种方式。

◇ 单击"默认"选项卡→"修改"面板→"矩形阵列"按钮⊞⊞。
◇ 选择菜单栏中的"修改"→"阵列"→"矩形阵列"命令。
◇ 在命令行中输入 Arrayrect 后按 Enter 键。
◇ 使用快捷键 AR。

● 矩形阵列实例

下面通过实例，学习"矩形阵列"命令的使用方法和操作技巧，操作步骤如下。

Step 01 打开配套资源中的"素材文件\5-6.dwg"，如图 5-41 所示。

Step 02 单击"默认"选项卡→"修改"面板→"矩形阵列"按钮⊞⊞，对橱柜进行阵列，命令行操作如下。

```
命令: _arrayrect
选择对象:                                  //选择如图 5-42 所示对象
选择对象:                                  //Enter
类型 = 矩形  关联 = 是
选择夹点以编辑阵列或 [关联(AS)/基点(B)/计数(COU)/间距(S)/列数(COL)/行数(R)/层
数(L)/退出(X)] <退出>:                     //cou Enter
    输入列数数或 [表达式(E)] <4>:          //8 Enter
    输入行数数或 [表达式(E)] <3>:          //1 Enter
选择夹点以编辑阵列或 [关联(AS)/基点(B)/计数(COU)/间距(S)/列数(COL)/行数(R)/层
数(L)/退出(X)] <退出>:                     //s Enter
    指定列之间的距离或 [单位单元(U)] <7610>: //339 Enter
    指定行之间的距离 <4369>:               //1 Enter
```

选择夹点以编辑阵列或 [关联(AS)/基点(B)/计数(COU)/间距(S)/列数(COL)/行数(R)/层数(L)/退出(X)] <退出>: //Enter, 阵列结果如图 5-43 所示

图 5-41 打开素材文件

图 5-42 选择对象 (1)

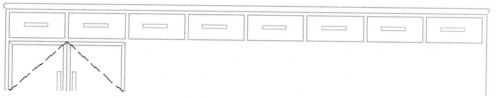

图 5-43 阵列结果 (1)

Step 03 重复执行 "矩形阵列" 命令，继续对橱柜立面图进行阵列，命令行操作如下。

```
命令: _arrayrect
选择对象:                    //选择如图 5-44 所示的对象
选择对象:                    //Enter
类型 = 矩形  关联 = 是
选择夹点以编辑阵列或 [关联(AS)/基点(B)/计数(COU)/间距(S)/列数(COL)/行数(R)/层
数(L)/退出(X)] <退出>:       //cou Enter
输入列数数或 [表达式(E)] <4>: //84 Enter
输入行数数或 [表达式(E)] <3>:  //1 Enter
选择夹点以编辑阵列或 [关联(AS)/基点(B)/计数(COU)/间距(S)/列数(COL)/行数(R)/层
数(L)/退出(X)] <退出>:       //s Enter
指定列之间的距离或 [单位单元(U)] <7610>: //679 Enter
指定行之间的距离 <4369>:      //1 Enter
选择夹点以编辑阵列或 [关联(AS)/基点(B)/计数(COU)/间距(S)/列数(COL)/行数(R)/层
数(L)/退出(X)] <退出>:       //Enter, 阵列结果如图 5-45 所示
```

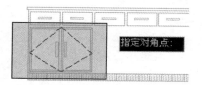

图 5-44 选择对象 (2)

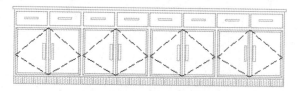

图 5-45 阵列结果 (2)

⠿ 小技巧

在默认设置下，矩形阵列出的图形具有关联性，它是一个独立的图形结构，与图块的性质类似。

Note

选项解析

部分选项解析如下。

◇ "关联"选项用于设置阵列后图形的关联性，如果为阵列图形设定了关联特性，那么阵列的图形和源图形一起被作为一个独立的图形结构，与图块的性质类似，用户可以使用"分解"命令取消这种关联特性。

◇ "基点"选项用于设置阵列的基点。

◇ "计数"选项用于设置阵列的行数、列数。

◇ "间距"选项用于设置对象的行偏移距离或阵列偏移距离。

5.4.2　环形阵列

"环形阵列"命令用于将选择的图形对象按照阵列中心点和设定的数目，成"圆形"阵列复制，以快速创建聚心结构图形，如图 5-46 所示。

图 5-46　环形阵列示例

● "环形阵列"命令的执行方式

执行"环形阵列"命令主要有以下几种方式。

◇ 单击"默认"选项卡→"修改"面板→"环形阵列"按钮。

◇ 选择菜单栏中的"修改"→"阵列"→"环形阵列"命令。

◇ 在命令行中输入 Arraypolar 后按 Enter 键。

◇ 使用快捷键 AR。

● 环形阵列实例

下面通过实例，学习"环形阵列"命令的使用方法和操作技巧，操作步骤如下。

Step 01 打开配套资源中的"素材文件\5-7.dwg"，如图 5-47 所示。

Step 02 单击"默认"选项卡→"修改"面板→"环形阵列"按钮，窗口选择如图 5-48 所示的对象进行阵列，命令行操作如下。

```
命令：_arraypolar
选择对象：                              //拉出如图 5-48 所示的窗口选择框
选择对象：                              //Enter
类型 = 极轴  关联 = 是
指定阵列的中心点或 [基点(B)/旋转轴(A)]：      //捕捉同心圆的圆心
选择夹点以编辑阵列或 [关联(AS)/基点(B)/项目(I)/项目间角度(A)/填充角度(F)/行
(ROW)/层(L)/旋转项目(ROT)/退出(X)] <退出>：    //i Enter
输入阵列中的项目数或 [表达式(E)] <6>：        //6 Enter
选择夹点以编辑阵列或 [关联(AS)/基点(B)/项目(I)/项目间角度(A)/填充角度(F)/行
(ROW)/层(L)/旋转项目(ROT)/退出(X)] <退出>：    //f Enter
指定填充角度(+=逆时针、-=顺时针)或 [表达式(EX)] <360>：//Enter
选择夹点以编辑阵列或 [关联(AS)/基点(B)/项目(I)/项目间角度(A)/填充角度(F)/行
(ROW)/层(L)/旋转项目(ROT)/退出(X)] <退出>：    //Enter，阵列结果如图 5-49 所示
```

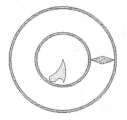

图 5-47 打开素材文件

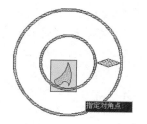

图 5-48 窗口选择框（1）

图 5-49 阵列结果

Step 03 重复执行"环形阵列"命令，对外侧的菱形进行环形阵列，命令行操作如下。

```
命令: _arraypolar
选择对象:                                    //拉出如图 5-50 所示的窗口选择框
选择对象:                                    //Enter
类型 = 极轴  关联 = 是
指定阵列的中心点或 [基点(B)/旋转轴(A)]:      //捕捉同心圆的圆心
选择夹点以编辑阵列或 [关联(AS)/基点(B)/项目(I)/项目间角度(A)/填充角度(F)/行
(ROW)/层(L)/旋转项目(ROT)/退出(X)] <退出>:  //i Enter
输入阵列中的项目数或 [表达式(E)] <6>:        //24 Enter
选择夹点以编辑阵列或 [关联(AS)/基点(B)/项目(I)/项目间角度(A)/填充角度(F)/行
(ROW)/层(L)/旋转项目(ROT)/退出(X)] <退出>:  //f Enter
指定填充角度(+=逆时针、-=顺时针)或 [表达式(EX)] <360>:   //Enter
选择夹点以编辑阵列或 [关联(AS)/基点(B)/项目(I)/项目间角度(A)/填充角度(F)/行
(ROW)/层(L)/旋转项目(ROT)/退出(X)] <退出>:  //Enter，阵列结果如图 5-46 所示
```

小技巧

在默认设置下，环形阵列出的图形具有关联性，它是一个独立的图形结构，与图块的性质类似，其夹点效果如图 5-51 所示，用户可以使用"分解"命令取消这种关联特性。

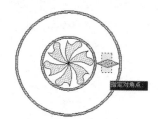

图 5-50 窗口选择框（2）

图 5-51 环形阵列的关联效果

选项解析

部分选项解析如下。

◇ "基点"选项用于设置阵列对象的基点。

◇ "旋转轴"选项用于指定阵列对象的旋转轴。

◇ "关联"选项用于设置阵列对象的关联特性，当设置了阵列的关联性后，阵列出的所有对象被作为一个整体。

Note

◆ "项目"选项用于设置环形阵列的数目。

◆ "项目间角度"选项用于设置每个相邻阵列单元之间的角度。

◆ "填充角度"选项用于输入设置环形阵列的角度，正值为逆时针阵列，负值为顺时针阵列。

◆ "旋转项目"选项用于设置阵列对象的旋转角度。

5.4.3 路径阵列

"路径阵列"命令用于将对象沿指定的路径或路径的某部分进行等距阵列。路径可以是直线、多段线、三维多段线、样条曲线、螺旋线、圆、椭圆和圆弧等。

● "路径阵列"命令的执行方式

执行"路径阵列"命令主要有以下几种方式。

◆ 单击"默认"选项卡→"修改"面板→"路径阵列"按钮 。

◆ 选择菜单栏中的"修改"→"阵列"→"路径阵列"命令。

◆ 在命令行中输入 Arraypath 后按 Enter 键。

◆ 使用快捷键 AR。

● 路径阵列实例

下面通过实例，学习"路径阵列"命令的使用方法和操作技巧，操作步骤如下。

Step 01 打开配套资源中的"素材文件\5-8.dwg"，如图 5-52 所示。

Step 02 单击"默认"选项卡→"修改"面板→"路径阵列"按钮 ，执行"路径阵列"命令，选择楼梯栏杆进行阵列，命令行操作如下。

```
命令：_arraypath
选择对象：                        //选择如图 5-53 所示的楼梯栏杆
```

图 5-52　打开素材文件

图 5-53　选择楼梯栏杆

```
选择对象：                        //Enter
类型 = 路径  关联 = 是
选择路径曲线：                    //选择如图 5-54 所示的路径曲线
选择夹点以编辑阵列或 [关联(AS)/方法(M)/基点(B)/切向(T)/项目(I)/行(R)/层(L)/对
齐项目(A)/Z 方向(Z)/退出(X)] <退出>：    //m Enter
```

```
输入路径方法 [定数等分(D)/定距等分(M)] <定距等分>://m Enter
选择夹点以编辑阵列或 [关联(AS)/方法(M)/基点(B)/切向(T)/项目(I)/行(R)/层(L)/对
齐项目(A)/Z 方向(Z)/退出(X)] <退出>:             //i Enter
指定沿路径的项目之间的距离或 [表达式(E)] <75>: //652 Enter
最大项目数 = 11
指定项目数或 [填写完整路径(F)/表达式(E)] <11>: //11 Enter
选择夹点以编辑阵列或 [关联(AS)/方法(M)/基点(B)/切向(T)/项目(I)/行(R)/层(L)/对
齐项目(A)/Z 方向(Z)/退出(X)] <退出>:             //a Enter
是否将阵列项目与路径对齐？[是(Y)/否(N)] <否>:  //n Enter
选择夹点以编辑阵列或 [关联(AS)/方法(M)/基点(B)/切向(T)/项目(I)/行(R)/层(L)/对
齐项目(A)/Z 方向(Z)/退出(X)] <退出>:             //as Enter
创建关联阵列 [是(Y)/否(N)] <是>:                //n Enter
选择夹点以编辑阵列或 [关联(AS)/方法(M)/基点(B)/切向(T)/项目(I)/行(R)/层(L)/对
齐项目(A)/Z 方向(Z)/退出(X)] <退出>:             //Enter，结束命令
```

Step 03 路径阵列的结果如图 5-55 所示。

图 5-54　选择路径曲线

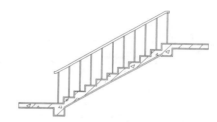
图 5-55　路径阵列的结果

5.5　图形的夹点编辑

　　夹点编辑功能是一种比较特殊而且方便实用的编辑功能，使用此功能，用户可以非常方便地编辑图形，本节主要学习夹点编辑功能的概念及使用方法。

5.5.1　关于夹点编辑

　　在学习夹点编辑功能之前，先了解两个概念，即"夹点"和"夹点编辑"。

　　在没有执行命令的前提下选择图形，那么这些图形上会显示出一些蓝色实心的小方框，如图 5-56 所示，而这些蓝色小方框即为图形的夹点，不同的图形结构，其夹点个数及位置也会不同。

图 5-56　图形的夹点

而夹点编辑功能就是将多种修改工具组合在一起，通过编辑图形上的这些夹点，来达到快速编辑图形的目的。用户只需单击图形上的任何一个夹点，即可进入夹点编辑模式，此时所单击的夹点以"红色"亮显，称为"热点"或"夹基点"，如图 5-57 所示。

5.5.2　使用夹点菜单编辑图形

当进入夹点编辑模式后，在绘图区任意位置右击，可以弹出夹点编辑快捷菜单，如图 5-58 所示。用户可以在夹点编辑快捷菜单中选择一种夹点模式或在当前模式下可用的任意命令。

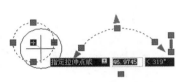

图 5-57　热点　　　　　　　　　　图 5-58　夹点编辑快捷菜单

在夹点编辑快捷菜单中共有两类夹点命令，第一类夹点命令为一级修改菜单，包括"移动""旋转""缩放"和"镜像"等命令，这些命令是平级的，用户可以通过选择菜单栏中的各修改命令进行编辑。

▦ 小技巧

夹点编辑快捷菜单中的"移动""旋转"等功能与"修改"工具栏中的"移动""旋转"等功能是一样的，在此不再细述。

第二类夹点命令为二级选项菜单，如"基点""复制""参照"和"放弃"等命令，它们在一级修改命令的前提下才能被使用。

▦ 小技巧

如果用户要将多个夹点作为夹基点，并且保持各选定夹点之间的几何图形完好如初，则需要在选择夹点时按住 Shift 键再单击各夹点使其变为夹基点；如果要从显示夹点的选择集中删除特定对象，则也要按住 Shift 键再选择要删除的特定对象。

5.5.3　通过命令行夹点编辑图形

当进入夹点编辑模式后，在命令行输入各夹点命令及各命令选项，进行夹点编辑图形。另外，用户也可以通过连续按 Enter 键，系统即可在"移动""旋转""放弃""镜像"和"拉伸"这 5 个命令及各命令选项中循环执行。

下面通过实例，学习夹点编辑工具的使用方法和操作技巧，操作步骤如下。

Step 01 新建绘图文件并绘制长度为 120 的线段。

Step 02 在没有执行命令的前提下选择刚绘制的线段，使其夹点显示。

Step 03 单击上侧的夹点，进入夹点编辑模式，然后右击，从弹出的快捷菜单中选择"旋转"命令。

Step 04 再次右击，从弹出的快捷菜单中选择"复制"命令，然后根据命令行的提示旋转和复制线段，命令行操作如下。

```
命令:
** 拉伸 **
指定拉伸点或 [基点(B)/复制(C)/放弃(U)/退出(X)]: _rotate
** 旋转 **
指定旋转角度或 [基点(B)/复制(C)/放弃(U)/参照(R)/退出(X)]: _copy
** 旋转 (多重) **
指定旋转角度或 [基点(B)/复制(C)/放弃(U)/参照(R)/退出(X)]:  //20 Enter
** 旋转 (多重) **
指定旋转角度或 [基点(B)/复制(C)/放弃(U)/参照(R)/退出(X)]:  //-20 Enter
** 旋转 (多重) **
指定旋转角度或 [基点(B)/复制(C)/放弃(U)/参照(R)/退出(X)]:
//Enter，退出夹点编辑模式，编辑结果如图 5-59 所示
```

Step 05 按 Delete 键，删除夹点显示的水平线段，然后选择夹点编辑出的两条线段，使其呈现夹点显示，如图 5-60 所示。

图 5-59　编辑结果（1）

图 5-60　夹点显示

Step 06 按住 Shift 键，依次单击下侧两个夹点，将其转变为夹基点，然后再单击其中的一个夹基点，进入夹点编辑模式，对夹点图线进行镜像复制，命令行操作如下。

```
命令:
** 拉伸 **
指定拉伸点或 [基点(B)/复制(C)/放弃(U)/退出(X)]: _mirror
** 镜像 **
指定第二点或 [基点(B)/复制(C)/放弃(U)/退出(X)]: _copy
** 镜像 (多重) **
指定第二点或 [基点(B)/复制(C)/放弃(U)/退出(X)]:  //@1,0 Enter
** 镜像 (多重) **
指定第二点或 [基点(B)/复制(C)/放弃(U)/退出(X)]:
//Enter，退出夹点编辑模式，镜像结果如图 5-61 所示
```

Step 07 夹点显示下侧的两条图线，以最下侧的夹点作为基点，对图线沿 Y 轴正方向拉伸 80 个单位，拉伸结果如图 5-62 所示。

Step 08 以最下侧的夹点作为基点，对所有图线进行夹点旋转并复制，命令行操作如下。

```
命令：
** 拉伸 **
指定拉伸点或 [基点(B)/复制(C)/放弃(U)/退出(X)]：_rotate
** 旋转 **
指定旋转角度或 [基点(B)/复制(C)/放弃(U)/参照(R)/退出(X)]：_copy
** 旋转 (多重) **
指定旋转角度或 [基点(B)/复制(C)/放弃(U)/参照(R)/退出(X)]：  //90 Enter
** 旋转 (多重) **
指定旋转角度或 [基点(B)/复制(C)/放弃(U)/参照(R)/退出(X)]：  //180 Enter
** 旋转 (多重) **
指定旋转角度或 [基点(B)/复制(C)/放弃(U)/参照(R)/退出(X)]：  //270 Enter
** 旋转 (多重) **
指定旋转角度或 [基点(B)/复制(C)/放弃(U)/参照(R)/退出(X)]：
 //Enter，取消夹点后的编辑结果如图 5-63 所示
```

图 5-61　镜像结果

图 5-62　拉伸结果

图 5-63　编辑结果（2）

5.6　上机实训一——绘制大型会议桌椅平面图

本实训通过绘制大型会议桌椅平面图，主要对本章讲述的"复制""阵列""偏移""镜像"和"图案填充"等重点知识进行综合练习和巩固应用。大型会议桌椅平面图的最终绘制效果如图 5-64 所示。

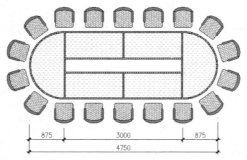

图 5-64　大型会议桌椅平面图的最终绘制效果

操作步骤如下。

Step 01 单击"快速访问"工具栏→"新建"按钮 ，快速创建绘图文件。

Step 02 选择菜单栏中的"格式"→"图形界限"命令，重新设置图形界限，命令行操作如下。

```
命令: _limits
重新设置模型空间界限:
指定左下角点或 [开(ON)/关(OFF)] <0.0,0.0>:     //Enter
指定右上角点 <420.0,297.0>:                    //7200,5500 Enter
```

Step 03 使用快捷键 Z 执行"视图缩放"命令,将刚设置的图形界限最大化显示,命令行操作如下。

```
命令: _zoom                                    //Enter
指定窗口的角点,输入比例因子 (nX 或 nXP),或者[全部(A)/中心(C)/动态(D)/范围(E)/
上一个(P)/比例(S)/窗口(W)/对象(O)] <实时>:     //a Enter,激活"全部"选项
正在重生成模型
```

Step 04 激活"对象捕捉"功能,并设置捕捉模式为端点捕捉和中点捕捉。

Step 05 选择菜单栏中的"绘图"→"多段线"命令,配合"坐标输入"功能绘制会议桌外
轮廓线,命令行操作如下。

```
命令: _pline
指定起点:                 //在绘图区拾取一点
当前线宽为 0
指定下一点或 [圆弧(A)/半宽(H)/长度(L)/放弃(U)/宽度(W)]:     //@3000,0 Enter
指定下一点或 [圆弧(A)/闭合(C)/半宽(H)/长度(L)/放弃(U)/宽度(W)]: //a Enter
指定圆弧的端点或[角度(A)/圆心(CE)/闭合(CL)/方向(D)/半宽(H)/直线(L)/半径(R)/第
二个点(S)/放弃(U)/宽度(W)]:   //@0,1750 Enter
指定圆弧的端点或[角度(A)/圆心(CE)/闭合(CL)/方向(D)/半宽(H)/直线(L)/半径(R)/第
二个点(S)/放弃(U)/宽度(W)]:    //l Enter
指定下一点或 [圆弧(A)/闭合(C)/半宽(H)/长度(L)/放弃(U)/宽度(W)]: //@-3000,0
Enter
指定下一点或 [圆弧(A)/闭合(C)/半宽(H)/长度(L)/放弃(U)/宽度(W)]: //a Enter
指定圆弧的端点或[角度(A)/圆心(CE)/闭合(CL)/方向(D)/半宽(H)/直线(L)/半径(R)/第
二个点(S)/放弃(U)/宽度(W)]:   //cl Enter,绘制结果如图 5-65 所示
```

Step 06 单击"默认"选项卡→"修改"面板→"偏移"按钮，对刚绘制的多段线进行偏
移,命令行操作如下。

```
命令: _offset
当前设置: 删除源=否  图层=源  OFFSETGAPTYPE=0
指定偏移距离或 [通过(T)/删除(E)/图层(L)] <通过>:     //100 Enter
选择要偏移的对象, 或 [退出(E)/放弃(U)] <退出>:        //选择刚绘制的多段线
指定要偏移的那一侧上的点, 或 [退出(E)/多个(M)/放弃(U)] <退出>:
                                                    //在所选多边线的外侧单击
选择要偏移的对象, 或 [退出(E)/放弃(U)] <退出>:        //Enter,结束命令
命令: _offset
当前设置: 删除源=否  图层=源  OFFSETGAPTYPE=0
指定偏移距离或 [通过(T)/删除(E)/图层(L)] <100.0000>:  //35 Enter
选择要偏移的对象, 或 [退出(E)/放弃(U)] <退出>:        //选择刚绘制的多段线
指定要偏移的那一侧上的点, 或 [退出(E)/多个(M)/放弃(U)] <退出>:
                                                    //在所选多段线的内侧单击
选择要偏移的对象, 或 [退出(E)/放弃(U)] <退出>:   //Enter,偏移结果如图 5-66 所示
```

Note

图 5-65 绘制结果（1）

图 5-66 偏移结果（1）

Step 07 使用快捷键 L 执行"直线"命令，配合"端点捕捉"功能和"中点捕捉"功能绘制如图 5-67 所示的 4 条图线。

Step 08 单击"默认"选项卡→"修改"面板→"偏移"按钮 ⊂，将水平的直线对称偏移 165 个单位和 200 个单位，将中间的垂直轮廓线对称偏移 17.5 个单位，将左侧的垂直图线向右偏移 35 个单位，将右侧的垂直图线向左偏移 35 个单位，偏移结果如图 5-68 所示。

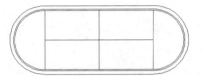

图 5-67 绘制结果（2）

图 5-68 偏移结果（2）

Step 09 使用快捷键 E 执行"删除"命令，删除中间的水平图线和垂直图线，删除结果如图 5-69 所示。

Step 10 单击"默认"选项卡→"修改"面板→"修剪"按钮 ✂，对图形进行修剪，修剪结果如图 5-70 所示。

图 5-69 删除结果（1）

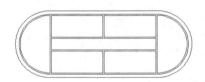

图 5-70 修剪结果

Step 11 使用快捷键 I 执行插入"块"命令，在"插入"面板中设置参数如图 5-71 所示，插入配套资源中的"图块文件\会议椅.dwg"，插入点为如图 5-72 所示的端点。

图 5-71 设置参数

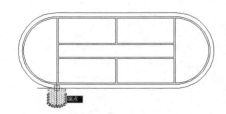

图 5-72 捕捉端点

> ▦ **小技巧**
>
> 有关插入"块"命令的相关功能，请参见第 6 章的 6.2 节。

Step 12 单击"默认"选项卡→"修改"面板→"矩形阵列"按钮品，执行"矩形阵列"命
令，对会议椅进行矩形阵列，命令行操作如下。

```
命令：_arrayrect
选择对象：                              //选择会议椅
选择对象：                              //Enter
类型 = 矩形  关联 = 是
选择夹点以编辑阵列或 [关联(AS)/基点(B)/计数(COU)/间距(S)/列数(COL)/行数(R)/层
数(L)/退出(X)] <退出>：                //cou Enter
    输入列数数或 [表达式(E)] <4>：      //5 Enter
    输入行数数或 [表达式(E)] <3>：      //1 Enter
选择夹点以编辑阵列或 [关联(AS)/基点(B)/计数(COU)/间距(S)/列数(COL)/行数(R)/层
数(L)/退出(X)] <退出>：                //s Enter
    指定列之间的距离或 [单位单元(U)] <743>：//750 Enter
    指定行之间的距离 <779>：           //Enter
选择夹点以编辑阵列或 [关联(AS)/基点(B)/计数(COU)/间距(S)/列数(COL)/行数(R)/层
数(L)/退出(X)] <退出>：                //as Enter
    创建关联阵列 [是(Y)/否(N)] <是>：  //N Enter
选择夹点以编辑阵列或 [关联(AS)/基点(B)/计数(COU)/间距(S)/列数(COL)/行数(R)/层
数(L)/退出(X)] <退出>：                //Enter，矩形阵列结果如图 5-73 所示
```

Step 13 单击"默认"选项卡→"修改"面板→"环形阵列"按钮，执行"环形阵列"命
令，继续对会议椅进行环形阵列，命令行操作如下。

```
命令：_arraypolar
选择对象：                              //选择最左侧的会议椅
选择对象：                              //Enter
类型 = 矩形  关联 = 是
指定阵列的中心点或 [基点(B)/旋转轴(A)]：     //捕捉如图 5-74 所示的中点
选择夹点以编辑阵列或 [关联(AS)/基点(B)/项目(I)/项目间角度(A)/填充角度(F)/行
(ROW)/层(L)/旋转项目(ROT)/退出(X)] <退出>：  //i Enter
    输入阵列中的项目数或 [表达式(E)] <6>：   //6 Enter
选择夹点以编辑阵列或 [关联(AS)/基点(B)/项目(I)/项目间角度(A)/填充角度(F)/行
(ROW)/层(L)/旋转项目(ROT)/退出(X)] <退出>：  //f Enter
    指定填充角度(+=逆时针、-=顺时针)或 [表达式(EX)] <360>：//-180 Enter
选择夹点以编辑阵列或 [关联(AS)/基点(B)/项目(I)/项目间角度(A)/填充角度(F)/行
(ROW)/层(L)/旋转项目(ROT)/退出(X)] <退出>：
    //Enter，结束命令，环形阵列结果如图 5-75 所示
```

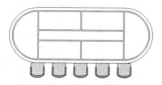

图 5-73 矩形阵列结果

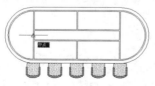

图 5-74 捕捉中点（1）

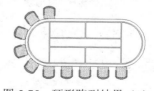

图 5-75 环形阵列结果（1）

Note

Step 14 重复执行"环形阵列"命令，配合"中点捕捉"功能对最右侧的会议椅平面图进行环形阵列，命令行操作如下。

命令：_arraypolar
选择对象：   //选择最右侧的会议椅
选择对象：   //Enter
类型 = 极轴 关联 = 否
指定阵列的中心点或 [基点(B)/旋转轴(A)]： //捕捉如图 5-76 所示的中点
选择夹点以编辑阵列或 [关联(AS)/基点(B)/项目(I)/项目间角度(A)/填充角度(F)/行(ROW)/层(L)/旋转项目(ROT)/退出(X)] <退出>： //i Enter
输入阵列中的项目数或 [表达式(E)] <6>： //Enter
选择夹点以编辑阵列或 [关联(AS)/基点(B)/项目(I)/项目间角度(A)/填充角度(F)/行(ROW)/层(L)/旋转项目(ROT)/退出(X)] <退出>： //f Enter
指定填充角度(+=逆时针、-=顺时针)或 [表达式(EX)] <360>： //180 Enter
选择夹点以编辑阵列或 [关联(AS)/基点(B)/项目(I)/项目间角度(A)/填充角度(F)/行(ROW)/层(L)/旋转项目(ROT)/退出(X)] <退出>：
//Enter，结束命令，环形阵列结果如图 5-77 所示

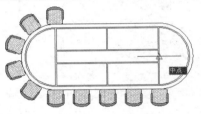

图 5-76　捕捉中点（2）   图 5-77　环形阵列结果（2）

Step 15 使用快捷键 MI 执行"镜像"命令，配合"中点捕捉"功能对会议椅进行镜像，命令行操作如下。

命令：_mirror   // Enter
选择对象：   //拉出如图 5-78 所示的窗口选择框
选择对象：   //Enter
指定镜像线的第一点：   //捕捉如图 5-79 所示的中点
指定镜像线的第二点：   //@1,0 Enter
要删除源对象吗？[是(Y)/否(N)] <N>： //Enter，镜像结果如图 5-80 所示

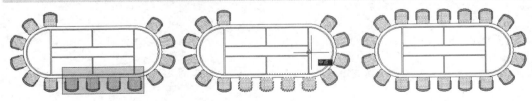

图 5-78　窗口选择框   图 5-79　捕捉中点（3）   图 5-80　镜像结果

Step 16 在没有执行命令的前提下夹点显示如图 5-81 所示的闭合多段线边界，然后执行"删除"命令删除闭合多段线边界，删除结果如图 5-82 所示。

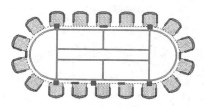

图 5-81　夹点显示效果

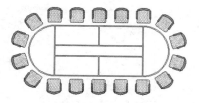

图 5-82　删除结果（2）

Step 17 单击"默认"选项卡→"绘图"面板→"图案填充"按钮▨，在弹出的"图案填充创建"选项卡"选项"面板右下角单击"图案填充设置"按钮 ↘，在弹出的"图案填充和渐变色"对话框中选择"图案填充"选项卡，单击"图案"下拉列表右端的按钮...，弹出"填充图案选项板"对话框，然后选择如图 5-83 所示的填充图案。

Step 18 单击　确定　按钮，返回"图案填充和渐变色"对话框，然后设置填充参数如图 5-84 所示。

图 5-83　选择填充图案

图 5-84　设置填充参数

Step 19 在"边界"选项组中单击"添加:选择对象"按钮▨，返回绘图区拾取如图 5-85 所示的填充区域。

Step 20 按 Enter 键返回"图案填充和渐变色"对话框，单击　确定　按钮，填充结果如图 5-86 所示。

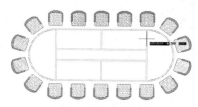

图 5-85　拾取填充区域（1）

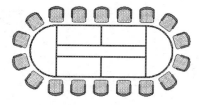

图 5-86　填充结果（1）

Step 21 重复执行"填充图案"命令，在弹出的"图案填充和渐变色"对话框中设置填充图案与参数，如图 5-87 所示，然后拾取如图 5-88 所示的区域进行填充，填充结果如图 5-89 所示。

图 5-87　设置填充图案与参数

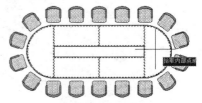

图 5-88　拾取填充区域（2）

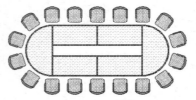

图 5-89　填充结果（2）

Step 22 执行"保存"命令，将图形命名存储为"上机实训一——绘制大型会议桌椅平面图.dwg"。

5.7　上机实训二——绘制大厅地面拼花平面图

本实训通过绘制大厅地面拼花平面图，主要对本章讲述的"边界""面域""图案填充"和"夹点编辑"等知识进行综合练习和巩固。大厅地面拼花平面图的最终绘制效果如图 5-90 所示。

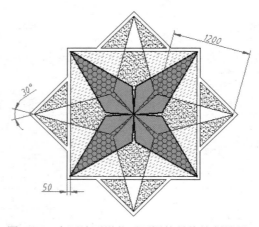

图 5-90　大厅地面拼花平面图的最终绘制效果

操作步骤如下。

Step 01 单击"快速访问"工具栏→"新建"按钮，快速创建绘图文件。

Step 02 按 F3 功能键，激活状态栏中的"对象捕捉"功能，并设置捕捉模式为端点捕捉。

Step 03 使用快捷键 Z 执行"视图缩放"命令，将新视图的高度调整为 4200 个单位，命令行操作如下。

```
命令: _zoom                                    //执行"视图缩放"命令
指定窗口的角点，输入比例因子 (nX 或 nXP)，或者[全部(A)/中心(C)/动态(D)/范围(E)/
上一个(P)/比例(S)/窗口(W)/对象(O)] <实时>:    //c Enter
指定中心点:                                     //在绘图区拾取一点
输入比例或高度 <182.81>:                        //4200 Enter
```

Step 04 使用快捷键 L 执行"直线"命令，绘制长度为 1200 的垂直线段。

Step 05 在没有执行命令的前提下选择垂直线段，使其夹点显示，如图 5-91 所示。

Step 06 单击上侧的夹点，进入夹点编辑模式，然后右击，从弹出的快捷菜单中选择"旋转"命令。

Step 07 再次右击，从弹出的快捷菜单中选择"复制"命令，然后根据命令行的提示旋转线段和复制线段，命令行操作如下。

```
命令:
** 拉伸 **
指定拉伸点或 [基点(B)/复制(C)/放弃(U)/退出(X)]:
//右击，从弹出的快捷菜单中选择"旋转"命令
** 旋转 **
指定旋转角度或 [基点(B)/复制(C)/放弃(U)/参照(R)/退出(X)]: _copy
** 旋转 (多重) **
指定旋转角度或 [基点(B)/复制(C)/放弃(U)/参照(R)/退出(X)]: //15 Enter
** 旋转 (多重) **
指定旋转角度或 [基点(B)/复制(C)/放弃(U)/参照(R)/退出(X)]: //-15 Enter
** 旋转 (多重) **
指定旋转角度或 [基点(B)/复制(C)/放弃(U)/参照(R)/退出(X)]:
//Enter，退出夹点编辑模式，编辑结果如图 5-92 所示
```

Step 08 接下来按 Delete 键，删除夹点显示的水平线段，删除结果如图 5-93 所示。

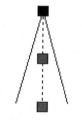

图 5-91 显示夹点   图 5-92 编辑结果（1）   图 5-93 删除结果

Step 09 在没有执行命令的前提下选择夹点编辑出的两条线段，使其呈现夹点显示，如图 5-94 所示。

Step 10 按住 Shift 键，依次单击下侧两个夹点，将其转变为夹基点，然后再单击其中的一个夹基点，进入夹点编辑模式，对夹点图线进行镜像复制，命令行操作如下。

```
命令:
** 拉伸 **
```

指定拉伸点或 [基点(B)/复制(C)/放弃(U)/退出(X)]:
//右击，从弹出的快捷菜单中选择"镜像"命令
** 镜像 **
指定第二点或 [基点(B)/复制(C)/放弃(U)/退出(X)]: _copy
** 镜像（多重）**
指定第二点或 [基点(B)/复制(C)/放弃(U)/退出(X)]:   //@1,0 Enter
** 镜像（多重）**
指定第二点或 [基点(B)/复制(C)/放弃(U)/退出(X)]:
//Enter，退出夹点编辑模式，镜像结果如图 5-95 所示

Step 11 夹点显示下侧的两条图线，以最下侧的夹点作为基点对图线进行夹点拉伸，命令行操作如下。

命令：
** 拉伸 **
指定拉伸点或 [基点(B)/复制(C)/放弃(U)/退出(X)]:
//@0,800Enter，拉伸结果如图 5-96 所示

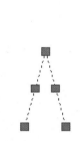

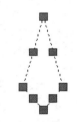

图 5-94　夹点显示线段　　　　　图 5-95　镜像结果　　　　　图 5-96　拉伸结果

Step 12 以最下侧的夹点作为基点，对所有图线进行夹点旋转与复制操作，命令行操作如下。

命令：
** 拉伸 **
指定拉伸点或 [基点(B)/复制(C)/放弃(U)/退出(X)]: _rotate
** 旋转 **
指定旋转角度或 [基点(B)/复制(C)/放弃(U)/参照(R)/退出(X)]: _copy
** 旋转（多重）**
指定旋转角度或 [基点(B)/复制(C)/放弃(U)/参照(R)/退出(X)]:   //90 Enter
** 旋转（多重）**
指定旋转角度或 [基点(B)/复制(C)/放弃(U)/参照(R)/退出(X)]:   //180 Enter
** 旋转（多重）**
指定旋转角度或 [基点(B)/复制(C)/放弃(U)/参照(R)/退出(X)]:   //270 Enter
** 旋转（多重）**
指定旋转角度或 [基点(B)/复制(C)/放弃(U)/参照(R)/退出(X)]:
//Enter，结束命令，编辑结果如图 5-97 所示

Step 13 按 Esc 键，取消对象的夹点显示，如图 5-98 所示。

Step 14 接下来在没有行命令的前提下夹点显示所有的图形，如图 5-99 所示。

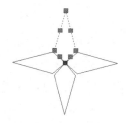

图 5-97 编辑结果（2）

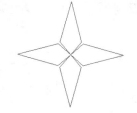

图 5-98 取消对象的夹点显示

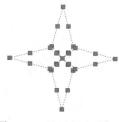

图 5-99 显示所有的图形

Step 15 单击中心位置的夹点，右击，在弹出的快捷菜单中选择"缩放"命令，对夹点图形进行缩放与复制操作，命令行操作如下。

```
命令:
** 拉伸 **
指定拉伸点或 [基点(B)/复制(C)/放弃(U)/退出(X)]: _scale
** 比例缩放 **
指定比例因子或 [基点(B)/复制(C)/放弃(U)/参照(R)/退出(X)]: _copy
** 比例缩放（多重）**
指定比例因子或 [基点(B)/复制(C)/放弃(U)/参照(R)/退出(X)]:    //0.9 Enter
** 比例缩放（多重）**
指定比例因子或 [基点(B)/复制(C)/放弃(U)/参照(R)/退出(X)]:
 //Enter，结束命令，编辑结果如图 5-100 所示，取消夹点后的效果如图 5-101 所示
```

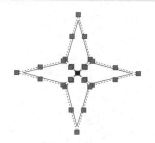

图 5-100 编辑结果（3）

图 5-101 取消夹点后的效果（1）

Step 16 使用快捷键 REG 执行"面域"命令，选择夹点编辑出的 4 个封闭区域，如图 5-102 所示，将其转化为 4 个面域，并将 4 个面域的颜色设置为 92 号色。

Step 17 选择菜单栏中的"视图"→"视觉样式"→"概念"命令，对面域进行着色，着色效果如图 5-103 所示。

图 5-102 选择结果

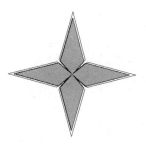

图 5-103 着色效果

Step 18 夹点显示如图 5-104 所示的 4 个面域，然后以中心位置的夹点作为基点，对其进行夹点旋转，命令行操作如下。

```
命令:
** 拉伸 **
指定拉伸点或 [基点(B)/复制(C)/放弃(U)/退出(X)]: _rotate
** 旋转 **
指定旋转角度或 [基点(B)/复制(C)/放弃(U)/参照(R)/退出(X)]:
  //45 Enter, 旋转结果如图 5-105 所示, 取消夹点后的效果如图 5-106 所示
```

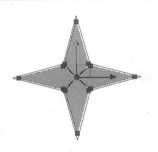
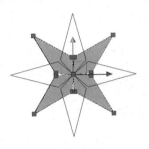
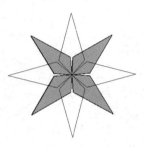

图 5-104　夹点显示 4 个面域　　　　图 5-105　旋转结果　　　　图 5-106　取消夹点后的效果（2）

Step 19 使用快捷键 PL 执行"多段线"命令，配合"端点捕捉"功能绘制如图 5-107 所示的两条闭合多段线。

Step 20 单击"默认"选项卡→"修改"面板→"偏移"按钮 ⊂，将两条多段线进行偏移，命令行操作如下。

```
命令: _offset
当前设置: 删除源=否  图层=源  OFFSETGAPTYPE=0
指定偏移距离或 [通过(T)/删除(E)/图层(L)] <0.0>://50 Enter
选择要偏移的对象, 或 [退出(E)/放弃(U)] <退出>:  //选择其中的一条多段线
指定要偏移的那一侧上的点, 或 [退出(E)/多个(M)/放弃(U)] <退出>:
                                  //在所选多段线的外侧拾取点
选择要偏移的对象, 或 [退出(E)/放弃(U)] <退出>:  //选择另一条多段线
指定要偏移的那一侧上的点, 或 [退出(E)/多个(M)/放弃(U)] <退出>:
                                  //在所选多段线的外侧拾取点
选择要偏移的对象, 或 [退出(E)/放弃(U)] <退出>:  //Enter, 偏移结果如图 5-108 所示
```

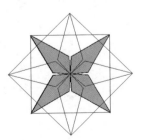
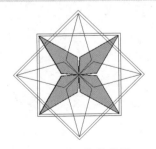

图 5-107　绘制两条闭合多段线　　　　　　　　图 5-108　偏移结果

Step 21 使用快捷键 TR 执行"修剪"命令，以如图 5-109 所示的多段线作为边界，对内部

的两条多段线进行修剪，修剪结果如图 5-110 所示。

Step 22 重复执行"修剪"命令，继续对多段线进行修剪，修剪结果如图 5-111 所示。

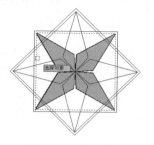

图 5-109　选择边界

图 5-110　修剪结果（1）

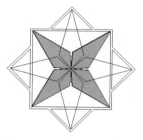

图 5-111　修剪结果（2）

Step 23 使用快捷键 H 执行"图案填充"命令，弹出"图案填充和渐变色"对话框，设置填充图案与参数，如图 5-112 所示。

Step 24 返回绘图区拾取如图 5-113 所示的区域进行填充，填充结果如图 5-114 所示。

图 5-112　设置填充图案与参数（1）

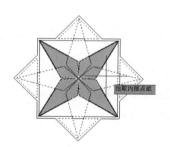

图 5-113　拾取填充区域（1）

图 5-114　填充结果（1）

Step 25 重复执行"图案填充"命令，弹出"图案填充和渐变色"对话框，设置填充图案与参数，如图 5-115 所示。拾取如图 5-116 所示的区域进行填充，填充结果如图 5-117 所示。

图 5-115　设置填充图案与参数（2）

图 5-116　拾取填充区域（2）

图 5-117　填充结果（2）

Note

Step 26 重复执行"图案填充"命令，设置如图 5-118 所示的填充图案与参数，拾取如图 5-119 所示的区域进行填充，填充结果如图 5-120 所示。

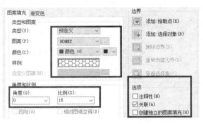

图 5-118 设置填充图案与参数（3）

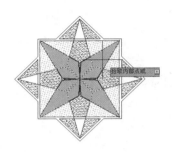

图 5-119 拾取填充区域（3）　　　　　图 5-120 填充结果（3）

Step 27 执行"保存"命令，将图形命名存储为"上机实训二——绘制大厅地面拼花平面图.dwg"。

5.8 小结与练习

5.8.1 小结

本章主要讲解了一些特殊图元的绘制功能和复合图形的快速创建与夹点编辑技能。掌握这些基本功能可以方便用户绘制和组合较为复杂的图形。通过本章的学习，需要重点掌握以下知识。

（1）在复制图形时，需要了解和掌握基点的选择技巧及目标点的多重定位技巧。

（2）在偏移图形时，需要掌握"距离偏移"和"定点偏移"两种技法，以快速创建多重的图形结构。

（3）在阵列图形时，需要了解和掌握矩形阵列、环形阵列和路径阵列 3 种阵列方式及各自的参数设置要求，以便快速创建均布结构和聚心结构的复杂图形结构。

（4）在镜像图形时，需要掌握镜像轴的定位技巧和镜像文字的可读性等知识，以便快速创建对称结构的复杂图形。

（5）另外，还需要掌握边界和面域的创建技能和图案的填充方法、填充边界的拾取方式等。

5.8.2 练习题

（1）综合运用相关知识，绘制如图 5-121 所示的立面图。

（2）综合运用相关知识，绘制如图 5-122 所示的零件图。

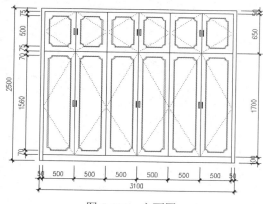

图 5-121 立面图

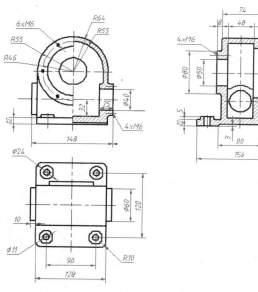

图 5-122 零件图

第二篇　进　阶　篇

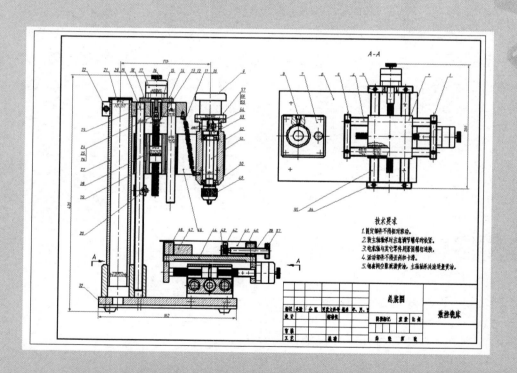

第6章

图块、属性与外部参照

图块是一个综合性的概念，也是一种重要的制图功能，它通过将多个图形或文字组合起来，形成单个对象的集合。在文件中引用了图块后，不仅可以提高绘图速度、节省存储空间，还可以使绘制的图形更加标准化和规范化。

内容要点

- ◆ 块的定义
- ◆ 上机实训一——块的定义与应用
- ◆ 动态块
- ◆ 上机实训二——块、属性与参照功能的应用

- ◆ 块的应用与编辑
- ◆ 块的属性
- ◆ 外部参照

6.1　块的定义

"图块"指的是将多个图形集合起来，形成一个单一的组合图元，以方便用户对其进行选择、应用和编辑等。图形被定义成块前后的夹点效果如图 6-1 所示。

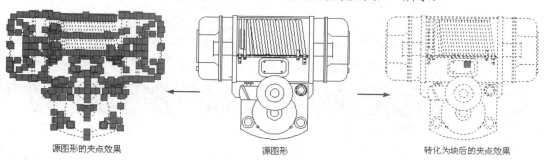

源图形的夹点效果　　　　　　　　源图形　　　　　　　　　转化为块后的夹点效果

图 6-1　图形与图块的夹点效果

6.1.1　创建内部块

"创建"块命令主要用于将单个或多个图形集合成为一个整体图形，保存在当前图形文件内，以供当前文件重复使用。使用"创建"块命令创建的图块被称为"内部块"。

● "创建"块命令的执行方式

执行"创建"块命令主要有以下几种方式。

◇ 单击"默认"选项卡→"块"面板→"创建"按钮 。
◇ 选择菜单栏中的"绘图"→"块"→"创建"命令。
◇ 在命令行中输入 Block 或 Bmake 后按 Enter 键。
◇ 使用快捷键 B。

● 创建块的实例

下面通过实例，学习"创建"块命令的使用方法和操作技巧，操作步骤如下。

Step 01 打开配套资源中的"素材文件\6-1.dwg"，如图 6-2 所示。

Step 02 单击"默认"选项卡→"块"面板→"创建"按钮 ，弹出如图 6-3 所示的"块定义"对话框。

Step 03 定义块名。在"名称"下拉列表中选择"block01"作为块的名称，在"对象"选项组中激活"保留"单选按钮，其他参数采用默认设置。

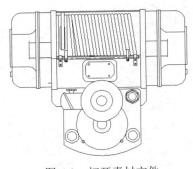

图 6-2　打开素材文件

图 6-3　"块定义"对话框

小技巧

图块名是一个不超过 255 个字符的字符串，可以包含字母、数字、"$"、"-"及"_"等符号。

Step 04 定义基点。在"基点"选项组中单击"拾取点"按钮，返回绘图区，捕捉如图 6-4 所示的圆心作为块的基点。

小技巧

在定位图块的基点时，一般是在图形中的特征点中进行捕捉。

Step 05 选择块对象。单击"选择对象"按钮，返回绘图区，框选如图 6-2 所示的所有图形对象。

Step 06 预览效果。按 Enter 键返回"块定义"对话框，此时在"块定义"对话框中出现图块的预览图标，如图 6-5 所示。

小技巧

如果在定义块时，勾选了"按统一比例缩放"复选框，那么在插入块时，仅可以对块进行等比缩放。

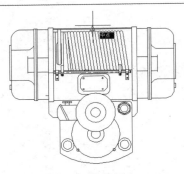

图 6-4　捕捉圆心

图 6-5　出现图块的预览图标

Step 07 单击　**确定**　按钮关闭 "块定义" 对话框，所创建的图块保存在当前文件中，此图块将会与文件一起保存。

📖 **选项解析**

部分选项解析如下。

◇ "名称" 下拉列表用于为新块赋名。

◇ "基点" 选项组主要用于确定图块的插入基点。用户可以直接在 "X" "Y" 和 "Z" 3 个文本框中输入基点坐标值，也可以在绘图区直接捕捉图形中的特征点。AutoCAD 默认基点为原点。

◇ 单击 "快速选择" 按钮，将弹出 "快速选择" 对话框，用户可以按照一定的条件定义一个选择集。

◇ "转换为块" 单选按钮用于将创建块的源图形转化为图块。

◇ "删除" 单选按钮用于将组成图块的图形对象从当前绘图区中删除。

◇ "在块编辑器中打开" 复选框用于定义完图块后自动进入 "块编辑器" 窗口，以便对图块进行编辑管理。

6.1.2　创建外部块

"内部块" 仅供当前文件所使用，为了弥补内部块的缺陷，AutoCAD 为用户提供了 "写块" 命令，使用此命令创建的图块不但可以被当前文件所使用，还可以供其他文件重复使用。下面学习外部块的具体创建过程，操作步骤如下。

Step 01 继续上例的操作。

Step 02 在命令行中输入 Wblock 或 W 后按 Enter 键，激活 "写块" 命令，弹出 "写块" 对话框。

Step 03 在 "源" 选项组中激活 "块" 单选按钮，然后打开 "块" 下拉列表，选择 "block01" 内部块，如图 6-6 所示。

Step 04 在 "文件名和路径" 下拉列表中设置外部块的存储路径、名称和单位，如图 6-7 所示。

图 6-6　选择 "block01" 内部块

图 6-7　设置 "写块" 对话框

Step 05 单击 ▨ 确定 ▨ 按钮，"block01"内部块即被转化为外部块，以独立文件形式保存。

╫ 小技巧

在默认状态下，系统将继续使用源内部块的名称作为外部块的新名称进行保存。

📖 选项解析

部分选项解析如下。

❖ "块"单选按钮用于将当前文件中的内部块转换为外部块，进行保存。当激活该单选按钮时，其右侧的下拉列表被激活，可以从中选择需要被写入块文件的内部块。

❖ "整个图形"单选按钮用于将当前文件中的所有图形对象，创建为一个整体图块进行保存。

❖ "对象"单选按钮是系统的默认选项，用于有选择性地将当前文件中的部分图形或全部图形创建为一个独立的外部块。具体操作与创建内部块相同。

6.2 块的应用与编辑

本节主要学习插入块、块的编辑、块的嵌套等管理技能，以便有效地组织、使用和管理图块。

6.2.1 插入块

插入"块"命令用于将内部块、外部块和已经保存的 DWG 文件，引用到当前图形文件中，以便组合更为复杂的图形结构。

● 插入"块"命令的执行方式

执行插入"块"命令主要有以下几种方式。

❖ 单击"默认"选项卡→"块"面板→"插入"按钮 📇。
❖ 选择菜单栏中的"插入"→"块"命令。
❖ 在命令行中输入 Insert 后按 Enter 键。
❖ 使用快捷键 I。

● 插入块的实例

下面通过实例，学习插入"块"命令的使用方法和操作技巧，操作步骤如下。

Step 01 继续上例的操作。

Step 02 单击"默认"选项卡→"块"面板→"插入"按钮 📇，弹出"插入"面板。

Step 03 选择"block01"内部块作为需要插入块的图块。

Step 04 在"插入选项"选项组设置参数，如图 6-8 所示。

图 6-8　设置插入块参数

小技巧

　　如果勾选了"分解"复选框，那么插入的图块不是一个独立的对象，而是被还原成一个个单独的图形对象。

Step 05 返回绘图区，在命令行"指定插入点或 [基点(B)/比例(S)/旋转(R)]:"提示下，拾取一点作为块的插入点，结果如图 6-9 所示。

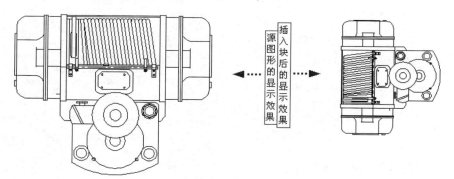

图 6-9　插入结果

选项解析

部分选项解析如下。

◇ "插入点"复选框用于确定图块插入点的坐标。

◇ "统一比例"复选框是用于确定图块的插入比例。

◇ "旋转"复选框用于确定图块插入时的旋转角度。

Note

6.2.2　块的编辑

使用"块编辑器"命令，可以对当前文件中的图块进行编辑，以更新之前图块的定义。

● "块编辑器"命令的执行方式

执行"块编辑器"命令主要有以下几种方式。

◇ 单击"默认"选项卡→"块"面板→"块编辑器"按钮🔲。

◇ 选择菜单栏中的"工具"→"块编辑器"命令。

◇ 在命令行中输入 Bedit 后按 Enter 键。

◇ 使用快捷键 BE。

● 块编辑器的实例

下面通过实例，学习"块编辑器"命令的使用方法和操作技巧，操作步骤如下。

Step 01 打开配套资源中的"素材文件\6-2.dwg"，如图 6-10 所示。

Step 02 单击"默认"选项卡→"块"面板→"块编辑器"按钮🔲，弹出如图 6-11 所示的"编辑块定义"对话框。

图 6-10　打开素材文件

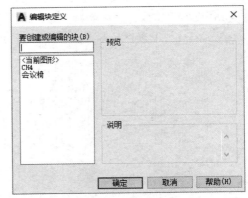

图 6-11　"编辑块定义"对话框

Step 03 在"编辑块定义"对话框中双击"会议椅"图块，打开如图 6-12 所示的"块编辑器"窗口。

Step 04 选择菜单栏中的"绘图"→"图案填充"命令，弹出"图案填充和渐变色"对话框，设置填充图案及填充参数，如图 6-13 所示，为椅子平面图填充如图 6-14 所示的图案。

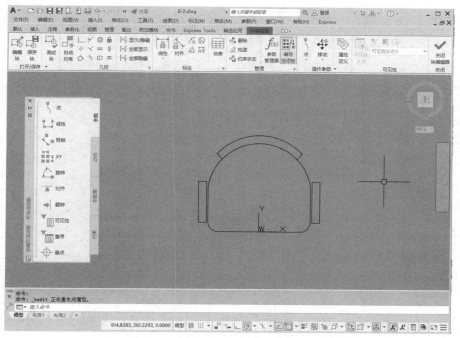

图 6-12　"块编辑器"窗口

图 6-13　"图案填充和渐变色"对话框（1）

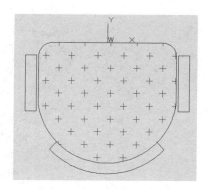

图 6-14　填充图案（1）

> **⠿ 小技巧**
>
> 　　在"块编辑器"窗口中可以对图块进行几何、标注及管理等操作，还可以对图块进行另外存储。

Step 05　重复执行"图案填充"命令，弹出"图案填充和渐变色"对话框，设置填充图案及填充参数，如图 6-15 所示，为椅子平面图填充如图 6-16 所示的图案。

Step 06　单击"块编辑器"选项卡→"打开／保存"面板→"保存块"按钮，将上述操作进行保存。

Step 07 单击"块编辑器"选项卡→"关闭"面板→"关闭块编辑器"按钮 ✔，关闭"块编辑器"窗口，返回绘图区，所有会议椅图块均被更新，操作结果如图 6-17 所示。

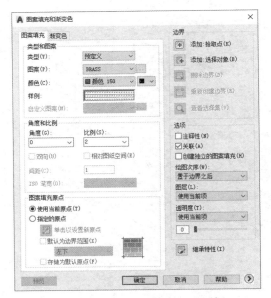

图 6-15 "图案填充和渐变色"对话框（2）

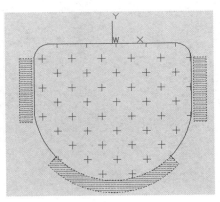

图 6-16 填充图案（2）

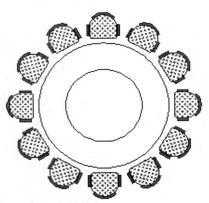

图 6-17 操作结果

6.2.3 块的嵌套

用户可以在一个图块中引用其他图块，称为"嵌套块"，如可以将厨房块作为插入每一个房间的图块，而在厨房块中，又包含水池、冰箱、炉具等其他图块。

使用嵌套块需要注意以下两点。

◇ 块的嵌套深度没有限制。

◇ 块定义不能嵌套自身，即不能使用嵌套块的名称作为将要定义的新块名称。

总之，AutoCAD 对嵌套块的复杂程度没有限制，只是不可以引用自身。

6.3　上机实训——块的定义与应用

本实训通过绘制某小户型住宅平面图单开门，对图块的定义与应用功能进行综合练习和巩固。某小户型住宅平面图单开门最终绘制效果如图 6-18 所示。

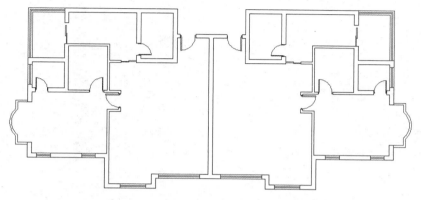

图 6-18　某小户型住宅平面图单开门最终绘制效果

操作步骤如下。

Step 01 打开配套资源中的"素材文件\6-3.dwg"，如图 6-19 所示。

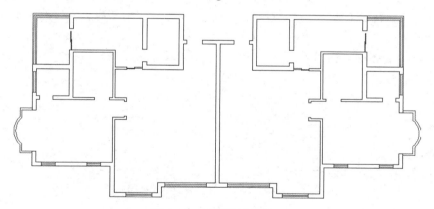

图 6-19　打开素材文件

Step 02 开启状态栏中的"对象捕捉"功能，并将捕捉模式设置为中点捕捉。

Step 03 单击"默认"选项卡→"图层"面板→"图层控制"下拉按钮，并在弹出的"图层控制"下拉列表中将"0 图层"设置为当前图层。

Step 04 使用快捷键 L 执行"直线"命令，配合"正交模式"功能绘制单开门的门垛，命令行操作如下。

```
命令: _line
指定第一点:                        //在绘图窗口的左下区域拾取一点
指定下一点或 [放弃(U)]:             //水平向右引导光标，输入 60 Enter
```

```
指定下一点或 [放弃(U)]:              //水平向上引导光标，输入 80 Enter
指定下一点或 [闭合(C)/放弃(U)]:      //水平向左引导光标，输入 40 Enter
指定下一点或 [闭合(C)/放弃(U)]:      //水平向下引导光标，输入 40 Enter
指定下一点或 [闭合(C)/放弃(U)]:      //水平向左引导光标，输入 20 Enter
指定下一点或 [闭合(C)/放弃(U)]:      //c Enter，闭合图形，绘制结果如图 6-20 所示
```

Step 05 使用快捷键 MI 执行"镜像"命令，配合"捕捉自"功能，将刚绘制的门垛镜像复制，命令行操作如下。

```
命令: _mirror
选择对象:                     //选择刚绘制的门垛
选择对象:                     //Enter
指定镜像线的第一点:            //激活"捕捉自"功能
_from 基点:                   //捕捉门垛的右下角点
<偏移>:                       //@-450,0 Enter
指定镜像线的第二点:            //@0,1 Enter
要删除源对象吗? [是(Y)/否(N)] <N>:   //Enter，镜像结果如图 6-21 所示
```

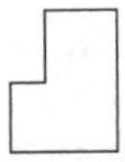

图 6-20　绘制单开门的门垛 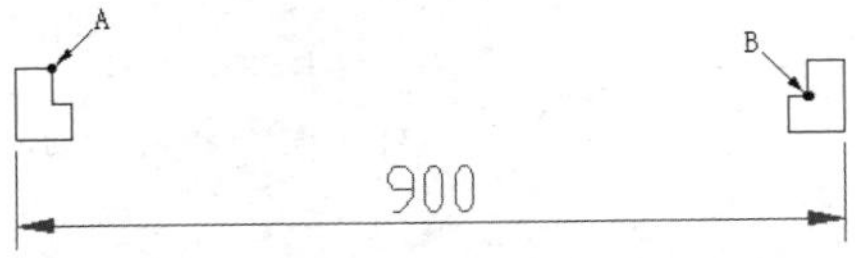　　　　　　　　　　图 6-21　镜像结果

Step 06 使用快捷键 REC 执行"矩形"命令，以如图 6-21 所示的点 A、点 B 作为对角点，绘制如图 6-22 所示的矩形作为门的轮廓线。

Step 07 使用快捷键 RO 执行"旋转"命令，对刚绘制的矩形进行旋转，命令行操作如下。

```
命令: _rotate
UCS 当前的正角方向: ANGDIR=逆时针  ANGBASE=0.00
选择对象:              //选择刚绘制的矩形
选择对象:              //Enter
指定基点:              //捕捉矩形的右上角点
指定旋转角度，或 [复制(C)/参照(R)] <0.00>:
                      //-90 Enter，结束命令，旋转结果如图 6-23 所示
```

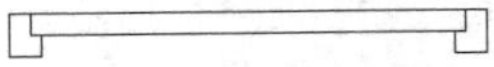

图 6-22　绘制结果（1） 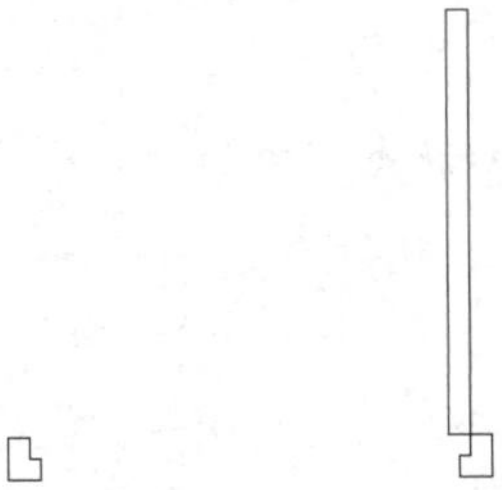　　　　　　　　　　图 6-23　旋转结果

Step 08 选择菜单栏中的"绘图"→"圆弧"→"起点、圆心、端点"命令，绘制圆弧作为门的开启方向，命令行操作如下。

命令：_arc
指定圆弧的起点或 [圆心(C)]：   //捕捉矩形右上角点
指定圆弧的第二个点或 [圆心(C)/端点(E)]：_c
指定圆弧的圆心：   //捕捉矩形右下角点
指定圆弧的端点或 [角度(A)/弦长(L)]：
//捕捉如图 6-24 所示的端点，绘制结果如图 6-25 所示

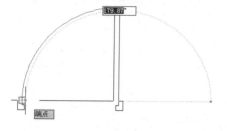

图 6-24 捕捉端点

图 6-25 绘制结果（2）

Step 09 选择菜单栏中的"绘图"→"块"→"创建"命令，弹出"块定义"对话框，在此对话框中设置块名及创建方式等参数，如图 6-26 所示。

Step 10 单击"拾取点"按钮，返回绘图区拾取单开门右侧门垛的中心点作为基点。

Step 11 按 Enter 键返回"块定义"对话框，单击"选择对象"按钮，框选刚绘制的单开门图形。

Step 12 按 Enter 键返回"块定义"对话框，单击 确定 按钮关闭"块定义"对话框。

图 6-26 "块定义"对话框

⋮⋮⋮ 小技巧

如果需要在其他文件中引用此单开门图块，可以使用"写块"命令，将单开门内部块转化为外部块。

Step 13 将"门窗层"设置为当前图层，然后单击"块"面板中的 按钮，在弹出的"插入"面板中选择"单开门"内部块，同时设置如图 6-27 所示的参数。

Step 14 返回绘图区，在命令行"指定插入点或 [基点(B)/比例(S)/旋转(R)]："提示下，捕捉如图 6-28 所示的中点作为插入点。

Step 15 重复执行插入"块"命令，在弹出的"插入"面板设置参数，如图 6-29 所示，配合"中点捕捉"功能，以如图 6-30 所示的墙线中点作为插入点，插入单开门。

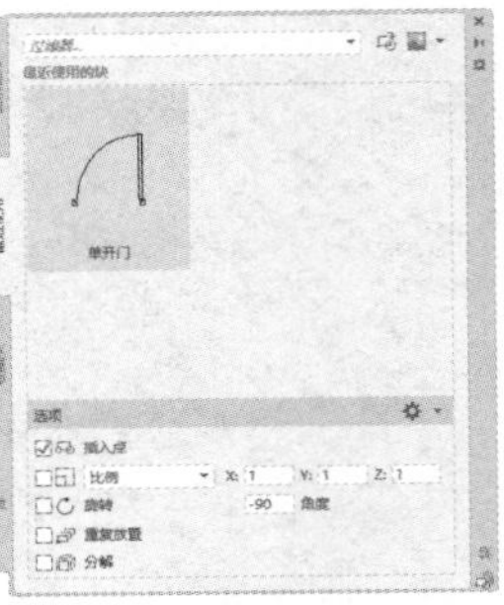

Note

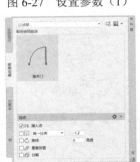

图 6-27　设置参数（1）

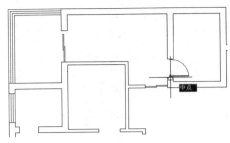

图 6-28　定位插入点（1）

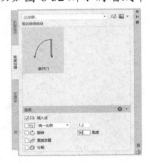

图 6-29　设置参数（2）

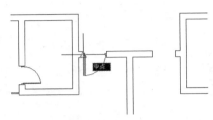

图 6-30　定位插入点（2）

Step 16 重复执行插入"块"命令，在弹出的"插入"面板中设置参数，如图 6-31 所示，以如图 6-32 所示的墙线中点作为插入点，插入单开门。

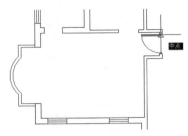

图 6-31　设置参数（3）

图 6-32　定位插入点（3）

Step 17 重复执行插入"块"命令，在弹出的"插入"面板中设置参数，如图 6-33 所示，以如图 6-34 所示的墙线中点作为插入点，插入单开门。

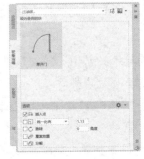

图 6-33　设置参数（4）

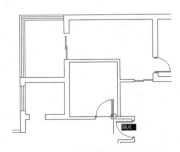

图 6-34　定位插入点（4）

Step 18 重复执行插入"块"命令，在弹出的"插入"面板中设置参数，如图 6-35 所示，以如图 6-36 所示的墙线中点作为插入点，插入单开门。

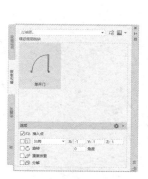

图 6-35　设置参数（5）

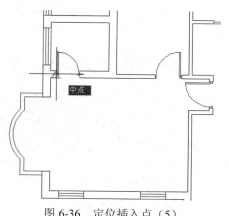

图 6-36　定位插入点（5）

Step 19 调整视图，然后执行"镜像"命令，配合"中点捕捉"功能对所有位置单开门进行镜像，命令行操作如下。

```
命令：_mirror
选择对象：                          //选择如图 6-37 所示的单开门
选择对象：                          //Enter
指定镜像线的第一点：                //捕捉如图 6-37 所示的中点
指定镜像线的第二点：                //@0,1 Enter
要删除源对象吗？[是(Y)/否(N)] <N>：  //Enter，镜像结果如图 6-18 所示
```

Step 20 单击"快速访问"工具栏→"另存为"按钮，将图形命名存储为"上机实训——块的定义与应用.dwg"。

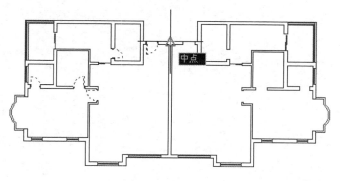

图 6-37　捕捉中点

6.4　块的属性

　　"属性"实际上就是一种"块的文字信息"，属性不能独立存在，它是附属于图块的一种非图形信息，用于对图块进行文字说明。

6.4.1 定义属性

Note

"定义属性"命令用于为几何图形定制文字属性，以表达几何图形无法表达的一些内容。

● **"定义属性"命令的执行方式**

执行"定义属性"命令主要有以下几种方式。

❖ 单击"默认"选项卡→"块"面板→"定义属性"按钮◈。

❖ 选择菜单栏中的"绘图"→"块"→"定义属性"命令。

❖ 在命令行中输入 Attdef 后按 Enter 键。

❖ 使用快捷键 ATT。

● **定义属性的实例**

下面通过实例，学习"定义属性"命令的使用方法和操作技巧，操作步骤如下。

Step 01 新建绘图文件并开启"对象捕捉"功能。

Step 02 综合使用"直线"命令、"圆"命令，绘制如图 6-38 所示的图形。

Step 03 单击"默认"选项卡→"块"面板→"定义属性"按钮◈，弹出"属性定义"对话框，然后设置属性的标记、提示、对正及文字高度等参数，如图 6-39 所示。

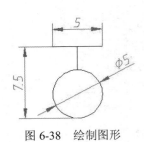

图 6-38　绘制图形

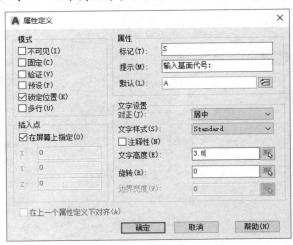

图 6-39　"属性定义"对话框

▓▓ **小技巧**

当用户需要重复定义对象的属性时，可以勾选"在上一个属性定义下对齐"复选框，系统将自动沿用上次设置的各属性的文字样式及文字高度等参数的设置。

Step 04 单击 确定 按钮返回绘图区，在命令行"指定起点:"提示下捕捉如图 6-40 所示的圆心作为属性插入点，插入结果如图 6-41 所示。

图 6-40　捕捉圆心

图 6-41　插入结果

小技巧

当用户为几何图形定义了文字属性后，所定义的文字属性暂时以属性标记名显示。

📖 **选项解析**

在"属性定义"对话框中，"模式"选项组主要用于控制属性的显示模式，各复选框具体功能如下。

◇ "不可见"复选框用于设置插入属性块后是否显示属性值。
◇ "固定"复选框用于设置属性是否为固定值。
◇ "验证"复选框用于设置在插入块时提示确认属性值是否正确。
◇ "预设"复选框用于将属性值定为默认值。
◇ "锁定位置"复选框用于将属性位置进行固定。
◇ "多行"复选框用于设置多行的属性文本。

小技巧

用户可以使用系统变量 ATTDISP 直接在命令行中设置或修改属性的显示状态。

6.4.2　编辑属性

当定义了属性后，如果用户需要改变属性的标记、提示或默认值，则可以选择菜单栏中的"修改"→"对象"→"文字"→"编辑"命令，在命令行"选择注释对象或[放弃(U)]:"提示下，选择需要编辑的属性，系统弹出如图 6-42 所示的"编辑属性定义"对话框，通过此对话框，用户可以修改属性定义的"标记""提示"或"默认"的值的参数。

单击"编辑属性定义"对话框中的 确定 按钮，属性将按照修改后的标记、提示或默认值进行显示。

图 6-42　"编辑属性定义"对话框

6.4.3　编辑属性块

Note

编辑属性命令主要对含有属性的图块进行编辑和管理，如更改属性的值、特性等。

● **编辑属性命令的执行方式**

执行编辑属性命令主要有以下几种方式。

◇　单击"默认"选项卡→"块"面板→"编辑属性"按钮。
◇　选择菜单栏中的"修改"→"对象"→"属性"→"单个"命令。
◇　在命令行中输入 Eattedit 后按 Enter 键。

● **编辑属性的实例**

下面通过实例，学习编辑属性命令的使用方法和操作技巧，操作步骤如下。

Step 01 继续上例的操作。

Step 02 执行"创建"块命令，将上例绘制圆及其属性一起创建为属性块，基点为基面代号最上侧水平线的中点，其他参数设置如图 6-43 所示。

图 6-43　"块定义"对话框

Step 03 单击 确定 按钮，弹出如图 6-44 所示的"编辑属性"对话框，在此对话框中即可定义正确的文字属性值。

Step 04 将序号属性值设置为"B"，然后单击 确定 按钮，即可创建一个属性值为"B"的属性块，如图 6-45 所示。

Step 05 选择菜单栏中的"修改"→"对象"→"属性"→"单个"命令，在命令行"选择块:"提示下，选择属性块，弹出"增强属性编辑器"对话框，然后将属性值修改为"D"，如图 6-46 所示。

Step 06 单击 确定 按钮关闭"增强属性编辑器"对话框，结果将属性值修改为"D"，如图 6-47 所示。

图 6-44　"编辑属性"对话框

图 6-45　定义属性块

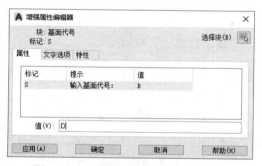

图 6-46　"增强属性编辑器"对话框

图 6-47　修改属性值结果

📖 选项解析

选项解析如下。

◇　"属性"选项卡用于显示当前文件中所有属性块的属性标记、提示和默认值，还可以修改属性块的属性值。

◇　"文字选项"选项卡用于修改属性的文字特性，如文字样式、对正、高度和宽度因子等。修改高度和宽度因子后的效果如图 6-48 所示。

◇　在"特性"选项卡中可以修改属性的图层、线型、颜色和线宽等特性。

⠿ 小技巧

　　单击"增强属性编辑器"对话框右上角的"选择块"按钮⬚，可以连续对当前图形中的其他属性块进行修改。

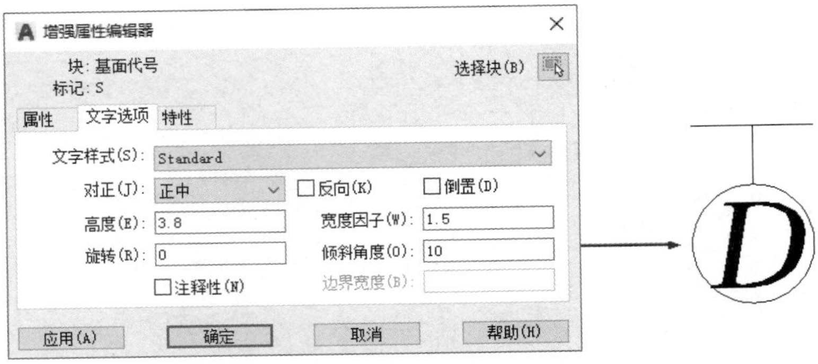

图 6-48　修改高度和宽度因子后的效果

6.5　动态块

所谓"动态块"是建立在"块"基础之上的，事先预设好数据，在使用时可以按设置的数值操作块。动态块不仅具有块的特性，还具有其独特的特性。本节在了解动态块概念的基础上，学习动态块的制作过程。

6.5.1　动态块的定义

前几节讲述的图块仅是一些普通的图块，它仅是将多个对象集合成一个单元，然后应用到其他图形中，在应用这种普通块时，常常会遇到图块的外观有些区别，但大部分结构形状相同，以前在处理这种情况时，需要事先定义图块，然后再编辑块中的几何图形，这样不仅会产生较大的工作量，而且还容易出现错误。

而动态块则可以弥补这种不足，因为动态块具有灵活性和智能性的特征，用户在操作时可以非常方便轻松地更改图形中的动态块，而不需要定义它。通过自定义夹点或自定义特性来操作动态块中的几何图形，用户可以根据需要，按照不同的比例、形状等及时编辑调整图块，而不需要搜索另一个图块或重定义现有的图块。另外，还可以大大减少图块的制作数量。

6.5.2　动态块参数和动作

动态块是在"块编辑器"窗口中创建的，"块编辑器"窗口是一个专门的编辑区域，如图 6-49 所示。添加参数和动作等元素，使块升级为动态块。用户可以从头创建块，也可以向现有的块定义中添加动态行为。

参数和动作是实现动态块动态功能的两个内部因素，如果将参数比作"原材料"，那么动作可以比作"加工工艺"，"块编辑器"窗口则可以比作"生产车间"，动态块则是"产品"。原材料在生产车间里按照某种加工工艺就可以形成产品，即"动态块"。

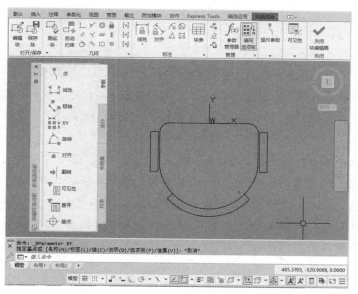

图 6-49 "块编辑器"窗口

● **参数**

参数的实质是指定其关联对象的变化方式，例如，点参数的关联对象可以向任意方向发生变化；线性参数和 XY 参数的关联对象只能延伸参数所指定的方向发生变化；极轴参数的关联对象可以按照极轴方式发生旋转、拉伸或移动；翻转、可见性、对齐参数的关联对象可以发生翻转、隐藏与显示、自动对齐等。

参数添加到动态块定义中后，系统会自动向块中添加自定义夹点和特性，使用这些自定义夹点和特性可以操作图形中的块参照。而夹点将添加到该参数的关键点，关键点是用于操作块参照的参数部分。例如，线性参数在其基点和端点具有关键点，可以从任意关键点操作参数距离。添加到动态块中的参数类型决定了添加的夹点类型，每种参数类型仅支持特定类型的动作。

● **动作**

动作定义了在图形中操作动态块时，该块参照中的几何图形将如何移动或更改。所有的动作必须与参数配对才能发挥作用，参数只是指定对象变化的方式，而动作则可以指定变化的对象。

向块中添加动作后，必须将这些动作与参数相关联，并且在通常情况下要与几何图形相关联；当向块中添加了参数和动作元素后，也就为块几何图形增添了灵活性和智能性，通过参数和动作的配合，动态块才可以轻松地实现旋转、翻转、查询等各种各样的动态功能。

⁞⁞⁞⁞ 小技巧

参数和动作仅显示在"块编辑器"窗口中，当将动态块插入图形中时，不会显示动态块定义中包含的参数和动作。

6.5.3 动态块的制作步骤

为了制作高质量的动态块，达到用户的预期效果，可以按照如下步骤进行操作。

Step 01 规划动态块的内容。在创建动态块之前应当了解块的外观及在图形中的使用方式，不但要了解块中的哪些对象需要更改或移动，而且还要确定这些对象将如何更改或移动。

Step 02 绘制几何图形。用户可以在绘图区域或"块编辑器"窗口中绘制动态块中的几何图形，也可以在现有几何图形或图块的基础上进行操作。

Step 03 了解块元素之间的关联性。向块定义中添加参数和动作前，应了解它们相互之间及它们与块中的几何图形的关联性。在向块定义添加动作时，需要将动作与参数及几何图形的选择集相关联。在向动态块参照添加多个参数和动作时，需要设置正确的关联性，以便块参照在图形中正常工作。

Step 04 添加参数。按照命令行的提示及用户要求，向动态块定义中添加适当的参数。有关使用参数集的详细信息，请参见使用参数集。

Step 05 添加动作。根据需要向动态块定义中添加适当的动作。按照命令行中的提示进行操作，确保将动作与正确的参数和几何图形相关联。

Step 06 指定动态块的操作方式。在为动态块添加动作之后，还需要指定动态块在图形中的操作方式，用户可以通过自定义夹点和自定义特性来操作动态块。

Step 07 保存动态块定义并在图形中进行测试。当完成上述操作后，需要将动态块定义进行保存，并退出"块编辑器"窗口。然后将动态块插入几何图形测试动态块。

6.6 外部参照

"DWG 参照"命令用于为当前文件中的图形附着外部参照，使附着的对象与当前图形文件存在一种参照关系。

执行"DWG 参照"命令主要有以下几种方式。

◇ 选择菜单栏中的"插入"→"DWG 参照"命令。

◇ 在命令行中输入 Xattach 后按 Enter 键。

◇ 使用快捷键 XA。

执行"DWG 参照"命令后，从弹出的"选择参照文件"对话框中选择所要附着的图形文件，如图 6-50 所示，然后单击 打开(O) 按钮，系统将弹出如图 6-51 所示的"附着外部参照"对话框。

当用户附着了一个外部参照后，该外部参照的名称将出现在"名称"下拉列表中，并且此外部参照文件所在的位置及路径都显示在下拉列表中。

如果在当前图形文件中含有多个参照时，这些参照的文件名都排列在"名称"下拉列表中。单击"名称"下拉列表右侧的 浏览(B)... 按钮，可以弹出"选择参照文件"对话框，用户可以从中为当前图形选择新的外部参照。

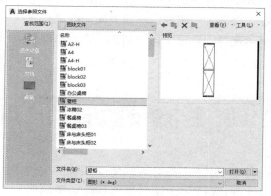

图 6-50 "选择参照文件"对话框

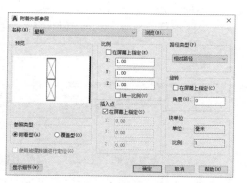

图 6-51 "附着外部参照"对话框

6.6.1 参照类型

"参照类型"选项组用于指定外部参照图形文件的引用类型。引用的类型主要影响嵌套参照图形的显示，系统提供了"附着型"和"覆盖型"两种参照类型。

如果在一个图形文件中以"附着型"的方式引用了外部参照图形，当这个图形文件又被参照在另一个图形文件中时，AutoCAD 仍显示这个图形文件中嵌套的参照图形；如果在一个图形文件中以"覆盖型"的方式引用了外部参照图形，当这个图形文件又被参照在另一个图形文件中时，AutoCAD 将不再显示这个图形文件中嵌套的参照图形。

⋮⋮⋮ 小技巧

当 A 图形以外部参照的形式被引用到 B 图形，而 B 图形又以外部参照的形式被引用到 C 图形时，相对 C 图形来说，A 图形就是一个嵌套参照图形，它在 C 图形中的显示与否，取决于它被引用到 B 图形时的参照类型。

6.6.2 参照路径

"路径类型"下拉列表用于指定外部参照的保存路径，AutoCAD 提供了"完整路径"、"相对路径"和"无路径"3 种路径类型。将路径类型设置为"相对路径"之前，必须保存当前图形。

对于嵌套的外部参照，相对路径通常是指其直接宿主的位置，而不一定是当前打开的图形的位置。如果参照的图形位于另一个本地磁盘驱动器或网络服务器上，则"相对路径"选项不可用。

Note

小技巧

一个图形可以作为外部参照同时附着到多个图形中。同样，也可以将多个图形作为外部参照附着到单个图形中。如果一个被定义属性的图形以外部参照的形式引用到另一个图形中，那么 AutoCAD 将忽略参照的属性，仅显示参照图形，不显示图形的属性。

6.7 上机实训二——块、属性与参照功能的应用

本实训通过为某居民楼建筑立面图标注标高尺寸，在综合巩固所学知识的前提下，主要对图块、属性、参照等知识命令进行综合练习和巩固。本实训最终标注效果如图 6-52 所示。

图 6-52　最终标注效果

操作步骤如下。

Step 01 执行"打开"命令，打开配套资源中的"素材文件\6-4.dwg"，如图 6-53 所示。

图 6-53　打开素材文件

Step 02 单击"默认"选项卡→"图层"面板→"图层控制"下拉按钮，打开"图层控制"下拉列表，将"0 图层"设置为当前图层。

Step 03 激活状态栏上的"极轴追踪"功能，并设置极轴角为 45°，然后使用"多段线"命令绘制如图 6-54 所示的标高符号。

Step 04 选择菜单栏中的"绘图"→"块"→"定义属性"命令，弹出"属性定义"对话框，为标高符号定义文字属性，如图 6-55 所示。

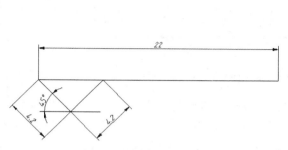

图 6-54 标高符号

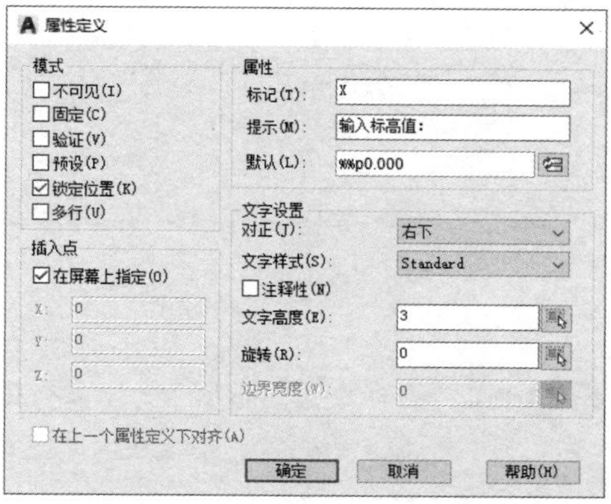

图 6-55 "属性定义"对话框

Step 05 单击 **确定** 按钮，在命令行"指定起点:"提示下捕捉如图 6-56 所示的端点，为标高符号定义属性，结果如图 6-57 所示。

图 6-56 捕捉端点

图 6-57 定义属性结果

Step 06 使用快捷键 B 激活"创建"块命令，在弹出的"块定义"对话框中设置参数，如图 6-58 所示，将标高符号和属性一起创建为内部块，基点为标高符号的下侧端点。

图 6-58 "块定义"对话框

Step 07 执行"直线"命令，绘制如图 6-59 所示的直线作为标高符号指示线，长度为 1800 个单位。

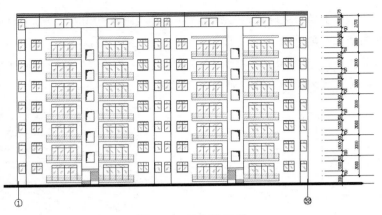

图 6-59　绘制指示线

Step **08** 单击"默认"选项卡→"块"面板→"插入"按钮，弹出"插入"面板，插入刚定义的"标高"属性块，其参数设置如图 6-60 所示。

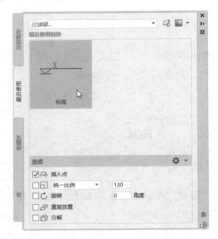

图 6-60　参数设置

Step **09** 在命令行"指定插入点或 [基点(B)/比例(S)/旋转(R)]:"提示下，捕捉如图 6-61 所示的端点作为插入点。

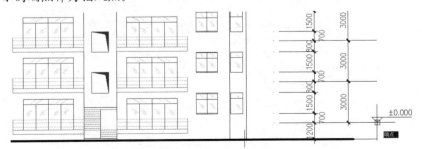

图 6-61　捕捉插入点

Step **10** 在系统自动弹出的"编辑属性"对话框中单击 确定 按钮，插入结果如图 6-62 所示。

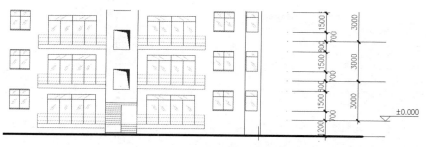

图 6-62 插入结果

Step 11 使用快捷键 CO 执行"复制"命令，将刚插入的标高分别复制到其他指示线的末端，复制结果如图 6-63 所示。

图 6-63 复制结果

Step 12 选择菜单栏中的"修改"→"对象"→"属性"→"单个"命令，在"选择块："提示下选择下侧的标高符号，修改属性值如图 6-64 所示。

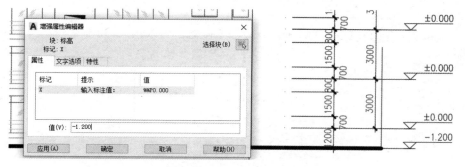

图 6-64 修改属性值（1）

Step 13 在"增强属性编辑器"对话框中单击 应用(A) 按钮，结果标高值被修改。

Step 14 单击"增强属性编辑器"对话框中的"选择块"按钮，返回绘图区，选择上侧的标高符号，修改其属性值，如图 6-65 所示。

Step 15 接下来分别单击"增强属性编辑器"对话框中的"选择块"按钮，修改其他标高值，结果如图 6-66 所示。

图 6-65　修改属性值（2）

图 6-66　修改其他标高值

Step 16 使用快捷键 XA，弹出"选择参照文件"对话框，选择配套资源中的素材文件"图块文件\绿化植物.dwg"，如图 6-67 所示。

Step 17 单击 打开(Q) 按钮，弹出"附着外部参照"对话框，在此对话框中设置参数，如图 6-68 所示。

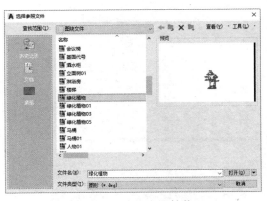

图 6-67　选择参照植物

图 6-68　"附着外部参数"对话框

Step 18 单击 确定 按钮，返回绘图区，在命令行"定插入点或 [比例(S)/X/Y/Z/旋转(R)/预览比例(PS)/PX(PX)/PY(PY)/PZ(PZ)/预览旋转(PR)]:"提示下，定位插入点，插入结果如图 6-69 所示。

图 6-69　插入附着参照物

Step 19　调整视图，使立面图完全显示，最终结果如图 6-52 所示。

Step 20　单击"快速访问"工具栏→"另存为"按钮 ，将图形名存储为"上机实训二——块、属性与参照功能的应用.dwg"。

6.8　小结与练习

6.8.1　小结

图块是 AutoCAD 的一项重要功能，本章在了解图块功能概述的前提下，主要学习了图块的定义、插入、编辑与管理等功能，除此之外，在图块的基础上还学习了块属性的定义与编辑、动态块的制作、DWG 参照的引用等重要功能。通过这种高效制图功能，用户可以非常方便地创建与组合较为复杂的图形结构。

6.8.2　练习题

（1）综合运用所学知识，为别墅立面图标注立面标高，如图 6-70 所示。

图 6-70　为别墅立面图标注立面标高

Note

操作提示

本练习题的素材文件位于配套资源中的 "素材文件" 目录下，文件名为 "6-5.dwg"。

（2）综合运用所学知识，为零件图标注粗糙度和基面代号，如图 6-71 所示。

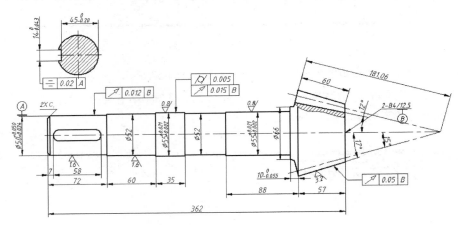

图 6-71　为零件图标注粗糙度和基面代号

操作提示

本练习题的素材文件位于配套资源中的 "素材文件" 目录下，文件名为 "6-6.dwg"。

第7章

图层、设计中心与选项板

为了提高绘图的效率和质量，本章主要介绍 AutoCAD 绘图软件的一些高效制图功能，如图层、设计中心、工具选项板、对象特性等，灵活掌握这些工具能使读者更加方便地对图形资源进行综合控制、规划管理、共享和完善等。

内容要点

- ◆ 图层的基本操作
- ◆ 管理图层
- ◆ 应用设计中心
- ◆ 快速选择

- ◆ 设置图层的特性
- ◆ 上机实训一——设置工程图中的常用图层
- ◆ 选项板与特性
- ◆ 上机实训二——绘制单元户型家具布置图

7.1 图层的基本操作

在 AutoCAD 绘图软件中，"图层"命令是一个综合性的制图工具，主要用于规划管理和分层控制较为复杂的图形资源。通过将不同性质、不同类型的对象（如几何图形、尺寸标注、文本注释等）放置在不同的图层上，可以很方便地通过图层的状态控制功能来显示和管理复制图形，以方便用户对其观察和编辑。

执行"图层"命令主要有以下几种方式。

◇ 单击"默认"选项卡→"图层"面板→"图层特性"按钮。

◇ 选择菜单栏中的"格式"→"图层"命令。

◇ 在命令行中输入 Layer 后按 Enter 键。

◇ 使用快捷键 LA。

7.1.1 创建新图层

在默认状态下，AutoCAD 仅为用户提供了"0 图层"，以前所绘制的图形都位于"0 图层"。在开始绘图之前，一般需要根据图形的表达内容等因素设置不同类型的图层，并为各图层命名，操作步骤如下。

Step 01 单击"默认"选项卡→"图层"面板→"图层特性"按钮，打开如图 7-1 所示的"图层特性管理器"面板。

Step 02 在"图层特性管理器"面板中单击"新建图层"按钮，即可新建一个名为"图层1"的图层，如图 7-2 所示。

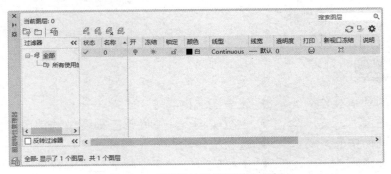

图 7-1 "图层特性管理器"面板

状态	名称	开	冻结	锁定	颜色	线型	线宽	透明度	打印	新视口冻结	说明
✓	0				■白	Continuous	— 默认	0			
	图层1				■白	Continuous	— 默认	0			

图 7-2 新建图层

Step 03 在默认情况下，新建的图层名为"图层 1、图层 2、图层 3……"，如果用户需要更改为其他的图层名，可以在如图 7-3 所示的位置上更改图层名称。

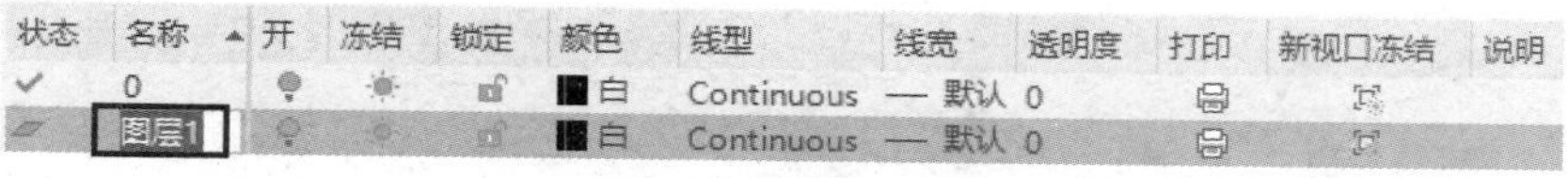

状态	名称 ▲	开	冻结	锁定	颜色	线型	线宽	透明度	打印	新视口冻结	说明
✓	0				■白	Continuous	—— 默认	0			
	图层1				■白	Continuous	—— 默认	0			

图 7-3　更改图层名称

使用相同的方式可以新建多个图层，新图层的默认特性与当前"0 图层"的特性相同。另外，也可以通过以下 3 种方式快速新建多个图层。

◇ 第一种方式：在刚创建一个图层后面，连续按 Enter 键，可以新建多个图层，如图 7-4 所示。

◇ 第二种方式：按 Alt+N 组合键，也可以创建多个图层。

◇ 第三种方式：在"图层特性管理器"面板中右击，在弹出的快捷菜单中选择"新建图层"命令，如图 7-5 所示。

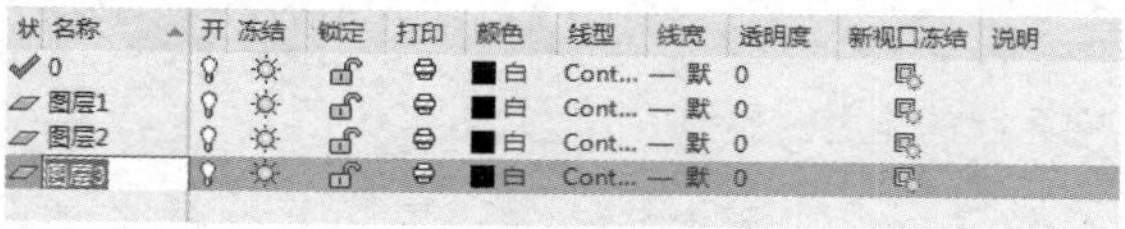

状	名称 ▲	开	冻结	锁定	打印	颜色	线型	线宽	透明度	新视口冻结	说明
✓	0					■白	Cont...	—— 默认	0		
	图层1					■白	Cont...	—— 默认	0		
	图层2					■白	Cont...	—— 默认	0		
	图层3					■白	Cont...	—— 默认	0		

图 7-4　新建多个图层

图 7-5　选择"新建图层"命令

7.1.2　为图层更名

在对图层命名或更名时，图层名最长可达 255 个字符，可以是数字、字母或其他字符；图层名中不允许含有大于（>）、小于（<）、斜杠（/）、反斜杠（\）及标点等符号。当为图层更名时，可以按照如下步骤操作。

Step 01 在"图层特性管理器"面板中选择需要更名的图层，使其反白显示，如图 7-6 所示。

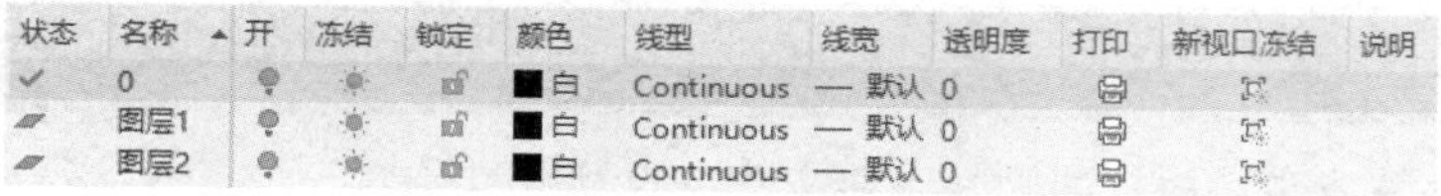

状态	名称 ▲	开	冻结	锁定	颜色	线型	线宽	透明度	打印	新视口冻结	说明
✓	0				■白	Continuous	—— 默认	0			
	图层1				■白	Continuous	—— 默认	0			
	图层2				■白	Continuous	—— 默认	0			

图 7-6　选择需要更名的图层

Step 02 在"图层特性管理器"面板中右击，在弹出的快捷菜单中选择"重命名图层"命令。

Step 03 此时图层名切换为浮动式的文本框形式，如图 7-7 所示。

状态	名称 ▲	开	冻结	锁定	颜色	线型	线宽	透明度	打印	新视口冻结	说明
✓	0	♀	☀	⚿	■白	Continuous	—— 默认	0	🖶	🗗	
⟋	图层1	♀	☀	⚿	■白	Continuous	—— 默认	0	🖶	🗗	
⟋	图层2	♀	☀	⚿	■白	Continuous	—— 默认	0	🖶	🗗	

图 7-7　重命名图层

Step 04 在"图层名"文本框中输入新的图层名，如"尺寸层"，然后按 Enter 键，即可为原图层更名，结果如图 7-8 所示。

状态	名称 ▲	开	冻结	锁定	颜色	线型	线宽	透明度	打印	新视口冻结	说明
✓	0	♀	☀	⚿	■白	Continuous	—— 默认	0	🖶	🗗	
⟋	图层1	♀	☀	⚿	■白	Continuous	—— 默认	0	🖶	🗗	
⟋	图层2	♀	☀	⚿	■白	Continuous	—— 默认	0	🖶	🗗	

图 7-8　输入新的图层名的效果

⠿ 小技巧

当为图层命名或更名时，必须确保当前文件中图层名的唯一性。

7.1.3　删除无用的图层

在实际绘图过程中，经常会遇到一些无用的图层，使用 AutoCAD 中的"删除图层"功能可以将无用的图层删除，操作步骤如下。

Step 01 打开"图层特性管理器"面板，选择需要删除的无用图层，如图 7-9 所示。

状态	名称 ▲	开	冻结	锁定	颜色	线型	线宽	透明度	打印	新视口冻结	说明
⟋	0	♀	☀	⚿	■白	Continuous	—— 默认	0	🖶	🗗	
⟋	图层1	♀	☀	⚿	■白	Continuous	—— 默认	0	🖶	🗗	
✓	尺寸层	♀	☀	⚿	■白	Continuous	—— 默认	0	🖶	🗗	

图 7-9　选择需要删除的无用图层

Step 02 单击"图层特性管理器"面板中的"删除图层"按钮 ⟋ₓ，即可将无用图层删除，结果如图 7-10 所示。

状态	名称 ▲	开	冻结	锁定	颜色	线型	线宽	透明度	打印	新视口冻结	说明
⟋	0	♀	☀	⚿	■白	Continuous	—— 默认	0	🖶	🗗	
✓	尺寸层	♀	☀	⚿	■白	Continuous	—— 默认	0	🖶	🗗	

图 7-10　删除图层后的效果

Step 03 在选择图层后右击，在弹出的快捷菜单中选择"删除图层"命令，也可以将无用图层删除。

⠿ 小技巧

使用 PU 命令也可以快速删除当前文件中的无用图层。

在删除图层时，要注意以下几点。

◇　0 图层和 Defpoints 图层不能被删除。

◇ 当前图层不能被删除。

◇ 包含对象的图层或依赖外部参照的图层都不能被删除。

7.1.4 切换当前操作层

在绘图过程中会经常切换图层，使其分别在不同的图层上绘制不同的图形对象，操作步骤如下。

Step 01 执行"图层"命令，打开"图层特性管理器"面板。

Step 02 在"图层特性管理器"面板中选择需要切换的图层，使其反白显示，如图 7-11 所示。

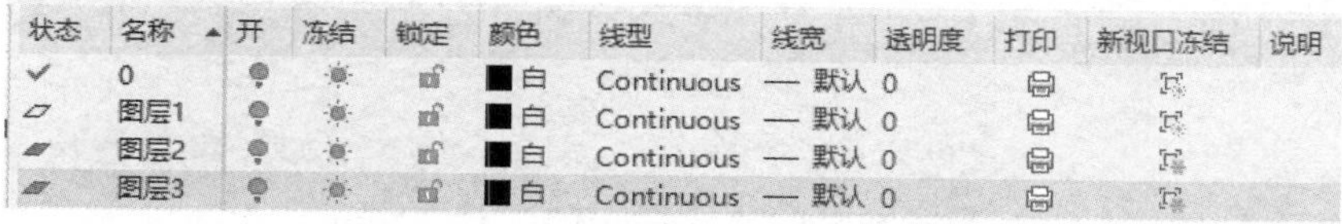

状态	名称 ▲	开	冻结	锁定	颜色	线型	线宽	透明度	打印	新视口冻结	说明
✓	0	●	☀	🔓	■白	Continuous	—— 默认	0	🖨	🖵	
⊘	图层1	●	☀	🔓	■白	Continuous	—— 默认	0	🖨	🖵	
⊘	图层2	●	☀	🔓	■白	Continuous	—— 默认	0	🖨	🖵	
⊘	图层3	●	☀	🔓	■白	Continuous	—— 默认	0	🖨	🖵	

图 7-11 选择需要切换的图层

Step 03 单击"图层特性管理器"面板中的"置为当前"按钮 🖌，即可将选择的图层切换为当前图层，此时图层前面的状态图标显示为"✓"，如图 7-12 所示。

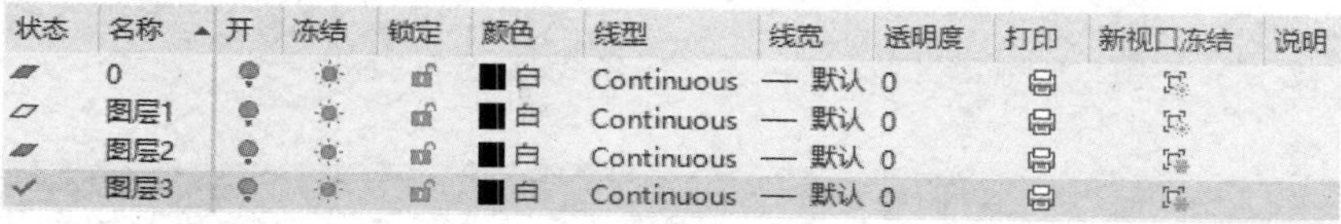

状态	名称 ▲	开	冻结	锁定	颜色	线型	线宽	透明度	打印	新视口冻结	说明
	0	●	☀	🔓	■白	Continuous	—— 默认	0	🖨	🖵	
⊘	图层1	●	☀	🔓	■白	Continuous	—— 默认	0	🖨	🖵	
⊘	图层2	●	☀	🔓	■白	Continuous	—— 默认	0	🖨	🖵	
✓	图层3	●	☀	🔓	■白	Continuous	—— 默认	0	🖨	🖵	

图 7-12 切换图层

另外，还可以通过以下 3 种方式切换图层。

◇ 选择图层并右击，在弹出的快捷菜单中选择"置为当前"命令，可以切换图层。

◇ 选择图层并按 Alt+C 组合键，可以切换图层。

◇ 单击"默认"选项卡→"图层"面板→"图层控制"下拉按钮，在打开的"图层控制"下拉列表中可以切换图层，如图 7-13 所示。

⊞ 小技巧

如图 7-14 所示，当图层状态图标显示为"✓"时，表示此图层为当前图层；当图层状态图标显示为"⊘"（灰色）时，表示该图层是空图层，即没有使用的图层；当图层状态图标显示为"⊘"（蓝色）时，表示该图层是已经使用过的图层，且该图层中包含一些图形对象。

图 7-13 "图层控制"下拉列表

图 7-14 图层状态图标

7.1.5　图层的状态控制

Note

图 7-15　状态控制图标

为了方便对图形资源进行规划和状态控制，AutoCAD 为用户提供了几种图层控制功能，主要有开关控制功能、冻结与解冻、锁定与解锁等，其状态控制按钮如图 7-15 所示。

● **开关控制功能**

💡/💡 按钮用于控制图层的开关状态。在默认状态下，图层都为打开的图层，按钮显示为 💡。当按钮显示为 💡 时，位于图层上的对象都是可见的，并且可以在该层上进行绘图和修改操作；在按钮上单击，即可关闭该图层，按钮显示为 💡（按钮变暗）。

当图层被关闭后，位于图层上的所有图形对象被隐藏，该层上的图形也不能被打印或由绘图仪输出，但当重新生成图形时，图层上的实体仍将重新生成。

● **冻结与解冻**

☀/❄ 按钮用于在所有视图窗口中冻结与解冻图层。在默认状态下，图层是被解冻的，按钮显示为 ☀；在该按钮上单击，按钮显示为 ❄，位于该层上的内容不能在屏幕上显示或由绘图仪输出，不能进行重生成、消隐、渲染和打印等操作。

> **小技巧**
>
> 关闭与冻结的图层都是不可见和不可以输出的。但被冻结图层不参加运算处理，可以加快视窗缩放、视窗平移和许多其他操作的处理速度，增强对象选择的性能并减少复杂图形的重生成时间。建议冻结长时间不用看到的图层。

● **在视图窗口中冻结**

▣ 按钮用于冻结与解冻当前视图窗口中的图形对象，不过它在模型空间内是不可用的，只能在图纸空间内使用此功能。

● **锁定与解锁**

🔓/🔒 按钮用于锁定图层与解锁图层。在默认状态下，图层是解锁的，按钮显示为 🔓，在此按钮上单击，图层被锁定，按钮显示为 🔒，此时只能观察该图层上的图形，不能对其编辑和修改，但该图层上的图形仍可以显示和输出。

> **小技巧**
>
> 当前图层不能被冻结，但可以被关闭和锁定。

7.2 设置图层的特性

在绘图过程中，为了区分不同图层上的图形对象，为每个图层设置不同的颜色、线型和线宽，可以通过设置图层的特性来区分和控制不同性质的图形对象。

7.2.1 设置颜色特性

在系统默认设置下，图层的颜色为白色，如果有需要也可为图层指定其他颜色。下面将"图层 2"的颜色特性设置为红色，操作步骤如下。

Step 01 使用快捷键 LA 执行"图层"命令，打开"图层特性管理器"面板。

Step 02 在"图层特性管理器"面板中选择需要设置颜色特性的"图层 2"，使其反白显示。

Step 03 在"图层 2"的颜色区域单击，如图 7-16 所示。

Step 04 此时在弹出的"选择颜色"对话框中设置图层的颜色为"红色"，如图 7-17 所示。

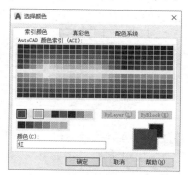

图 7-16 指定位置　　　　　　图 7-17 "选择颜色"对话框

⁙ 小技巧

用户也可以通过"选择颜色"对话框中的"真彩色"和"配色系统"两个选项卡，如图 7-18 和图 7-19 所示，根据需要选择合适的颜色。

图 7-18 "真彩色"选项卡

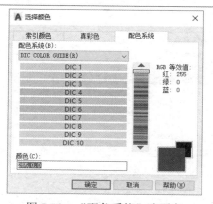

图 7-19 "配色系统"选项卡

Step 05 单击 [确定] 按钮，返回"图层特性管理器"面板，此时"图层 2"的颜色被设置为红色，如图 7-20 所示。

图 7-20 设置后的图层颜色

7.2.2 设置线型特性

在默认设置下，系统为用户提供一种"Continuous"线型，如果需要使用其他的线型，则需要进行加载。下面将"图层 3"的线型特性设置为"CENTER"，操作步骤如下。

Step 01 使用快捷键 LA 执行"图层"命令，打开"图层特性管理器"面板。

Step 02 在"图层特性管理器"面板中选择需要设置线型特性的"图层 3"，使其反白显示。

Step 03 在反白显示的"图层 3"线型区域单击，如图 7-21 所示，弹出"选择线型"对话框。

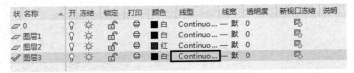

图 7-21 指定位置

Step 04 在"选择线型"对话框中单击 [加载(L)...] 按钮，如图 7-22 所示，弹出"加载或重载线型"对话框。

Step 05 在"加载或重载线型"对话框中选择如图 7-23 所示的中心线线型进行加载。

⁝⁝⁝ 小技巧

在"加载或重载线型"对话框中显示了线型文件中包含的所有线型，在"可用线型"列表框中选择需要的一种或多种线型（按 Shift+Alt 组合键），然后单击 [确定] 按钮，被选定的线型将被加载到"选择线型"对话框中。

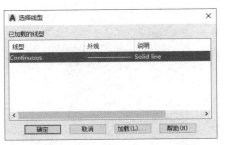

图 7-22 "选择线型"对话框（1）

图 7-23 "加载或重载线型"对话框

Step 06 选择线型后单击 [确定] 按钮，返回如图 7-24 所示的"选择线型"对话框。

Step 07 在"选择线型"对话框中选择加载的线型"CENTER"，然后单击 确定 按钮返回"图层特性管理器"面板，"图层 3"的线型被更改，如图 7-25 所示。

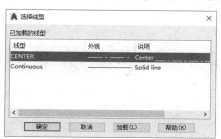

图 7-24 "选择线型"对话框（2）

图 7-25 更改线型后的图层

小技巧

单击"加载或重载线型"对话框中的 文件(F)... 按钮，可以从线型文件中读取更多的线型。AutoCAD 提供的线型都保存在扩展名为 .lin 的文件中，默认线型文件为 Acadiso.lin，用户也可以建立自己的线型，将其保存在 Acadiso.lin 或扩展名为 .lin 的文件中。

7.2.3 设置线宽特性

在默认设置下，图层的线宽为 0.25mm，如果需要使用其他的线宽，则需要进行设置，下面将"图层 1"的线宽特性设置为 1.00mm，操作步骤如下。

Step 01 使用快捷键 LA 执行"图层"命令，打开"图层特性管理器"面板。

Step 02 在"图层特性管理器"面板框中选择需要设置线宽特性的"图层 1"，使其反白显示。

Step 03 在"图层 1"的线宽区域单击，如图 7-26 所示，弹出"线宽"对话框。

Step 04 在"线宽"对话框中选择需要的线宽，如图 7-27 所示。

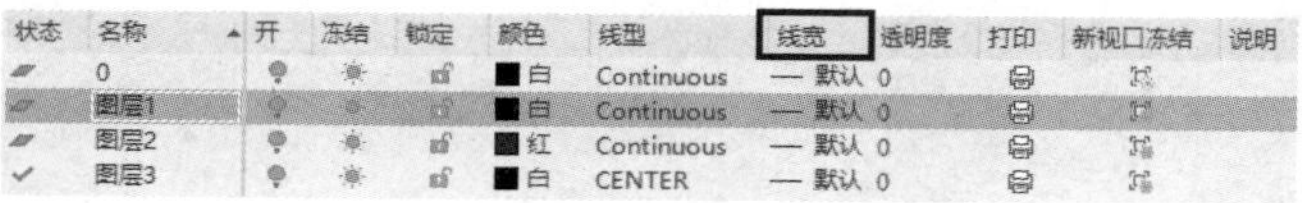

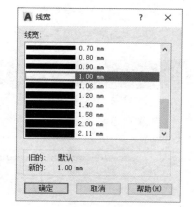

图 7-26 指定位置

图 7-27 "线宽"对话框

Step 05 单击 确定 按钮返回"图层特性管理器"面板，线宽设置后的效果如图 7-28 所示。

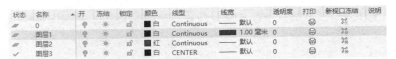

状态	名称	开	冻结	锁定	颜色	线型	线宽	透明度	打印	新视口冻结	说明
	0				白	Continuous	—— 默认	0			
	图层1				白	Continuous	1.00 毫米	0			
	图层2				红	Continuous	—— 默认	0			
✓	图层3				白	CENTER	—— 默认	0			

图 7-28　设置线宽后的效果

Note

小技巧

为图层设置了线宽特性后，还需要打开状态栏上的线宽显示功能，才能显示图层中图形对象的线宽特性。

7.2.4　设置透明度特性

在默认设置下，图层的透明度值为 0。下面将“图层 2”的透明度值设置为 90，操作步骤如下。

Step 01 使用快捷键 LA 执行“图层”命令，打开“图层特性管理器”面板。

Step 02 在“图层特性管理器”面板中选择需要设置透明度特性的“图层 2”，使其反白显示。

Step 03 在“图层 2”的透明度区域单击，如图 7-29 所示，弹出“图层透明度”对话框。

状态	名称	开	冻结	锁定	颜色	线型	线宽	透明度	打印	新视口冻结	说明
	0				白	Continuous	—— 默认	0			
	图层1				白	Continuous	1.00 毫米	0			
	图层2				红	Continuous	—— 默认	0			
✓	图层3				白	CENTER	—— 默认	0			

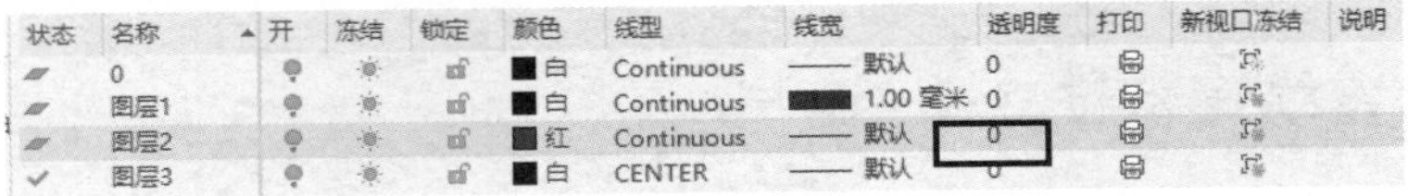

图 7-29　指定位置

Step 04 在“图层透明度”对话框中设置图层的透明度值为 90，如图 7-30 所示。

Step 05 单击 确定 按钮，返回“图层特性管理器”面板，图层 2 透明度的设置效果如图 7-31 所示。

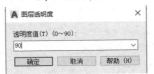

图 7-30　“图层透明度”对话框

状态	名称	开	冻结	锁定	颜色	线型	线宽	透明度	打印	新视口冻结	说明
	0				白	Continuous	—— 默认	0			
	图层1				白	Continuous	1.00 毫米	0			
	图层2				红	Continuous	—— 默认	90			
✓	图层3				白	CENTER	—— 默认	0			

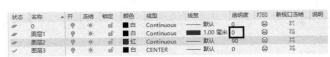

图 7-31　设置图层 2 透明度后的效果

小技巧

为图层设置透明度特性后，还需要打开状态栏上的透明度显示功能，才能显示图层中对象的透明效果。

7.3　管理图层

在 AutoCAD 中，用户利用图层可以很方便地管理各种复杂的图形对象，本节主要学习图层的匹配、图层的隔离、图层的漫游等功能，以方便用户对图层进行管理、控制和切换。

7.3.1 图层的匹配

"图层匹配"命令用于将选定对象的图层更改到目标图层上，使用此命令可以将在错误的图层上创建的对象更改到要使用的图层上。

执行"图层匹配"命令主要有以下几种方式。

◇ 单击"默认"选项卡→"图层"面板→"匹配图层"按钮 ⤶。

◇ 选择菜单栏中的"格式"→"图层工具"→"匹配图层"命令。

◇ 在命令行中输入 Laymch 后按 Enter 键。

下面通过典型的实例学习"图层匹配"命令的使用方法和相关技巧，操作步骤如下。

Step 01 执行"新建"命令，调用配套资源中的"样板文件\机械样板.dwt"文件。

Step 02 在"0图层"上绘制一个半径为 10 的圆，如图 7-32 所示。

Step 03 单击"默认"选项卡→"图层"面板→"匹配图层"按钮 ⤶，将圆所在层更改为"隐藏线"图层，命令行操作如下。

```
命令: _laymch
选择要更改的对象:              //选择圆
选择对象:                      //Enter，结束选择
选择目标图层上的对象或 [名称(N)]:
//n Enter，打开如图 7-33 所示的"更改到图层"对话框，然后双击"隐藏线"
一个对象已更改到图层"隐藏线"图层上
```

Step 04 图层更改后的显示效果如图 7-34 所示。

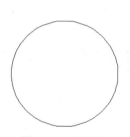

图 7-32 绘制圆

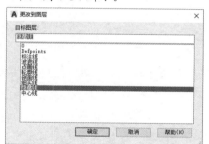

图 7-33 "更改到图层"对话框

图 7-34 图层更改后的效果

7.3.2 图层的隔离

"图层隔离"命令用于将选定对象图层之外的所有图层都锁定，以达到隔离图层的目的。

执行"图层隔离"命令主要有以下几种方式。

◇ 单击"默认"选项卡→"图层"面板→"图层隔离"按钮 ⤶。

◇ 选择菜单栏中的"格式"→"图层工具"→"图层隔离"命令。

◇ 在命令行中输入 Layiso 后按 Enter 键。

执行"图层隔离"命令后，命令行操作如下。

Note

```
命令：_layiso
当前设置：锁定图层，Fade=50
选择要隔离的图层上的对象或 [设置(S)]://选择任意位置的墙线，将墙线所在的图层进行隔离
选择要隔离的图层上的对象或 [设置(S)]:
//Enter，结果除墙线层外的所有图层均被锁定，如图 7-35（右）所示
已隔离图层墙线层
```

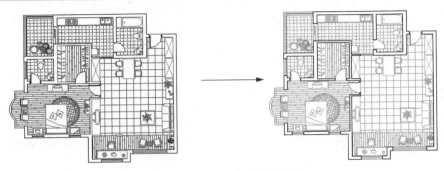

图 7-35　隔离墙线所在的图层

使用"取消图层隔离"命令可以取消图层的隔离，将被锁定的图层解锁，执行此命令主要有以下几种方式。

◇　单击"默认"选项卡→"图层"面板→"取消图层隔离"按钮 。
◇　选择菜单栏中的"格式"→"图层工具"→"取消图层隔离"命令。
◇　在命令行中输入 Layuniso 后按 Enter 键。

7.3.3　图层的漫游

"图层漫游"命令用于显示已选定图层上的所有对象，并隐藏所有其他未选定图层上的所有对象。

执行"图层漫游"命令主要有以下几种方式。

◇　单击"默认"选项卡→"图层"面板→"图层漫游"按钮 。
◇　选择菜单栏中的"格式"→"图层工具"→"图层漫游"命令。
◇　在命令行中输入 Laywalk 后按 Enter 键。

下面通过典型的实例学习"图层漫游"命令的使用方法和相关技巧，操作步骤如下。

Step 01 执行"打开"命令，打开配套资源中的"素材文件\7-1.dwg"，如图 7-36 所示。

Step 02 单击"默认"选项卡→"图层"面板→"图层漫游"按钮 ，弹出如图 7-37 所示的"图层漫游-图层数：11"对话框。

小技巧

"图层漫游-图层数：11"对话框列表中反白显示的图层，表示当前被打开的图层；反之，则表示当前被关闭的图层。

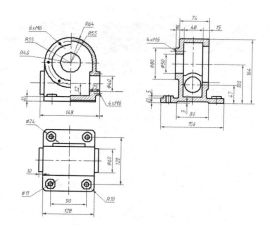

图 7-36　打开素材文件

图 7-37　"图层漫游-图层数：11"对话框

Step 03 在"图层漫游-图层数：11"对话框中单击"中心线"，除"中心线"外的所有图层都被关闭，如图 7-38 所示。

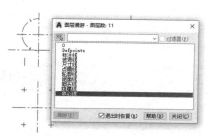

图 7-38　图层漫游的预览效果（1）

小技巧

在"图层漫游-图层数：11"对话框列表中的图层上双击，结果此图层被视为"总图层"，总图层前端自动添加一个星号。

Step 04 分别在"中心线"和"轮廓线"上双击，除这两个图层外的所有图层都被关闭，如图 7-39 所示。

Step 05 在"剖面线"上双击，除"中心线""轮廓线"和"剖面线"3 个图层外的所有图层都被关闭，如图 7-40 所示。

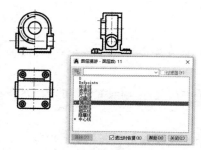

图 7-39　图层漫游的预览效果（2）

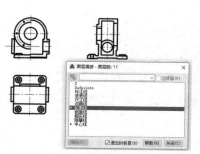

图 7-40　图层漫游的预览效果（3）

小技巧

在"图层漫游–图层数：11"对话框中的图层列表中右击，从弹出的快捷菜单中可以选择更多的操作命令。

Step 06 单击 关闭(C) 按钮，图形将恢复原来的显示状态；如果取消勾选"退出时恢复"复选框，则图形将显示漫游时的显示状态。

7.3.4 更改为当前图层

"更改为当前图层"命令用于将选定对象的图层特性更改为当前图层，使用此命令可以将在错误的图层上创建的对象更改到当前图层上，并继承当前图层的一切特性。

执行"更改为当前图层"命令主要有以下几种方式。

◇ 单击"默认"选项卡→"图层"面板→"更改为当前图层"按钮 。
◇ 选择菜单栏中的"格式"→"图层工具"→"更改为当前图层"命令。
◇ 在命令行中输入 Laycur 后按 Enter 键。

7.4 上机实训一——设置工程图中的常用图层

本实训通过设置工程图中的常用图层及图层的内部特性，对本章所学知识进行综合练习和巩固。工程图常用图层及特性的最终设置效果如图 7-41 所示。

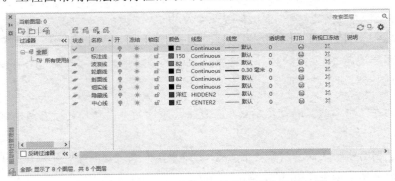

图 7-41 工程图常用图层及特性的最终设置效果

操作步骤如下。

Step 01 单击"快速访问"工具栏→"新建"按钮 ，在弹出的"选择样板"对话框中选择"acadiso.dwt"作为基础样板，创建空白文件。

Step 02 单击"默认"选项卡→"图层"面板→"图层特性"按钮 ，打开"图层特性管理器"面板。

Step 03 单击"图层特性管理器"面板中的"新建图层"按钮 ，新图层将以临时名称"图层 1"显示在列表中，如图 7-42 所示。

状态	名称 ▲	开	冻结	锁定	颜色	线型	线宽	透明度	打印	新视口冻结	说明
✓	0				■白	Continuous	— 默认	0			
	图层1				■白	Continuous	— 默认	0			

图 7-42　新建图层

Step 04 在反白显示的"图层1"区域输入新图层的名称，如图 7-43 所示，创建第一个新图层。

状态	名称 ▲	开	冻结	锁定	颜色	线型	线宽	透明度	打印	新视口冻结	说明
✓	0				■白	Continuous	— 默认	0			
	标注线				■白	Continuous	— 默认	0			

图 7-43　输入图层名

Step 05 按 Alt+N 组合键，或者再次单击 按钮，创建第二个图层，并更改图层名，结果如图 7-44 所示。

状态	名称 ▲	开	冻结	锁定	颜色	线型	线宽	透明度	打印	新视口冻结	说明
✓	0				■白	Continuous	— 默认	0			
	标注线				■白	Continuous	— 默认	0			
	波浪线				■白	Continuous	— 默认	0			

图 7-44　创建第二个图层

Step 06 重复上述操作步骤，或者连续按 Enter 键，快速创建其他图层，创建结果如图 7-45 所示。

状态	名称 ▲	开	冻结	锁定	颜色	线型	线宽	透明度	打印	新视口冻结	说明
✓	0				■白	Continuous	— 默认	0			
	标注线				■白	Continuous	— 默认	0			
	波浪线				■白	Continuous	— 默认	0			
	轮廓线				■白	Continuous	— 默认	0			
	剖面线				■白	Continuous	— 默认	0			
	细实线				■白	Continuous	— 默认	0			
	隐藏线				■白	Continuous	— 默认	0			
	中心线				■白	Continuous	— 默认	0			

图 7-45　创建其他图层

Step 07 在"图层特性管理器"面板中单击名为"标注线"的图层，使其处于激活状态，如图 7-46 所示。

状态	名称 ▲	开	冻结	锁定	颜色	线型	线宽	透明度	打印	新视口冻结	说明
✓	0				■白	Continuous	— 默认	0			
	标注线				■白	Continuous	— 默认	0			
	波浪线				■白	Continuous	— 默认	0			
	轮廓线				■白	Continuous	— 默认	0			
	剖面线				■白	Continuous	— 默认	0			
	细实线				■白	Continuous	— 默认	0			
	隐藏线				■白	Continuous	— 默认	0			
	中心线				■白	Continuous	— 默认	0			

图 7-46　选择"标注线"图层

Step 08 在如图 7-46 所示的图层颜色区域上单击，弹出"选择颜色"对话框，然后设置图层的颜色值为"150"，如图 7-47 所示。

Step 09 单击"选择颜色"对话框中的 确定 按钮，图层的颜色被设置 150 号色，结果如图 7-48 所示。

Note

图 7-47　"选择颜色"对话框

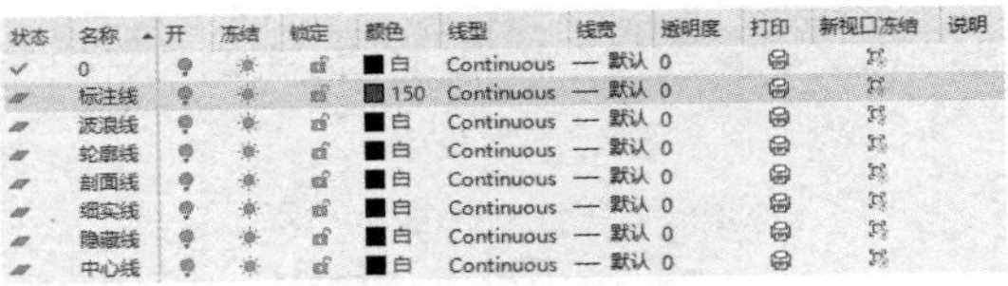

图 7-48　设置颜色后的"标注线"图层

Step 10 参照上述操作步骤，分别在其他图层的颜色上单击，设置其他图层的颜色特性，结果如图 7-49 所示。

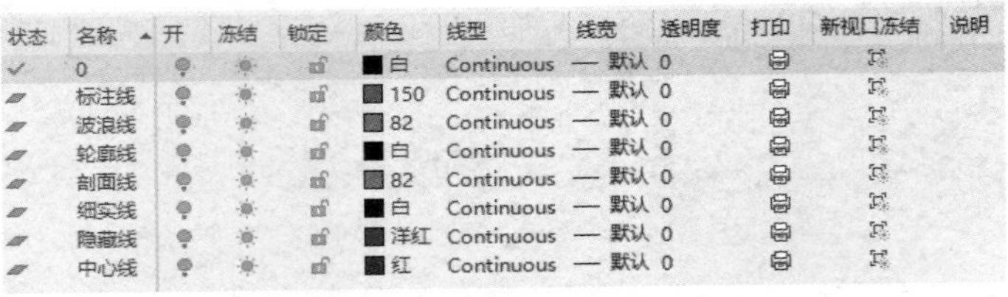

图 7-49　设置图层颜色后的图层

Step 11 设置图层线型特性。在"图层特性管理器"面板中单击名为"隐藏线"的图层，使其处于激活状态，如图 7-50 所示。

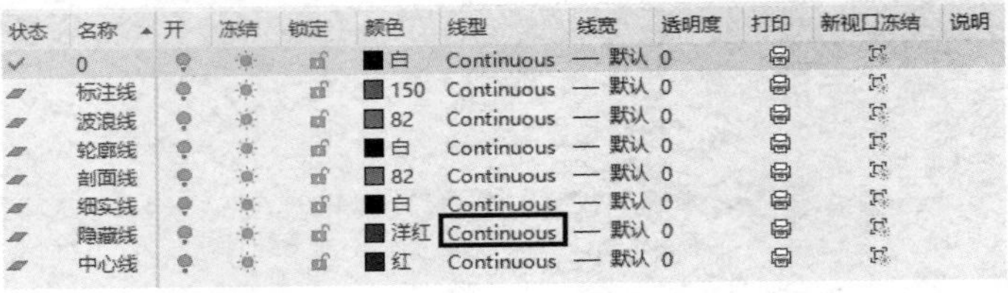

图 7-50　选择"隐藏线"图层

Step 12 在如图 7-50 所示的"隐藏线"图层线型区域上单击，弹出"选择线型"对话框。

Step 13 在"选择线型"对话框单击 加载(L)... 按钮，弹出"加载或重载线型"对话框，选择如图 7-51 所示的线型。

Step 14 单击 确定 按钮，结果选择的线型被加载到"选择线型"对话框中，如图 7-52 所示。

图 7-51　"加载或重载线型"对话框

图 7-52　"选择线型"对话框

Step 15 选择刚加载的线型并单击 **确定** 按钮，即将此线型附加给当前被选择的"隐藏线"图层，结果如图 7-53 所示。

状态	名称 ▲	开	冻结	锁定	颜色	线型	线宽	透明度	打印	新视口冻结	说明
✓	0				■白	Continuous	—— 默认	0			
	标注线				■150	Continuous	—— 默认	0			
	波浪线				■82	Continuous	—— 默认	0			
	轮廓线				■82	Continuous	—— 默认	0			
	剖面线				■82	Continuous	—— 默认	0			
	细实线				■白	Continuous	—— 默认	0			
	隐藏线				■洋红	HIDDEN2	—— 默认	0			
	中心线				■红	Continuous	—— 默认	0			

图 7-53　更改"隐藏线"图层线型后的结果

Step 16 参照上述操作步骤，为"中心线"图层设置"CENTER2"线型特性，结果如图 7-54 所示。

状态	名称 ▲	开	冻结	锁定	颜色	线型	线宽	透明度	打印	新视口冻结	说明
✓	0				■白	Continuous	—— 默认	0			
	标注线				■150	Continuous	—— 默认	0			
	波浪线				■82	Continuous	—— 默认	0			
	轮廓线				■82	Continuous	—— 默认	0			
	剖面线				■82	Continuous	—— 默认	0			
	细实线				■白	Continuous	—— 默认	0			
	隐藏线				■洋红	HIDDEN2	—— 默认	0			
	中心线				■红	CENTER2	—— 默认	0			

图 7-54　设置"中心线"图层线型后的结果

Step 17 在"图层特性管理器"面板中单击"轮廓线"的图层，使其处于激活状态，如图 7-55 所示。

Step 18 在图 7-55 所示位置单击，在弹出的"线宽"对话框中选择如图 7-56 所示的线宽。

状态	名称 ▲	开	冻结	锁定	颜色	线型	线宽	透明度	打印	新视口冻结	说明
✓	0				■白	Continuous	—— 默认	0			
	标注线				■150	Continuous	—— 默认	0			
	波浪线				■82	Continuous	—— 默认	0			
	轮廓线				■白	Continuous	—— 默认	0			
	剖面线				■82	Continuous	—— 默认	0			
	细实线				■白	Continuous	—— 默认	0			
	隐藏线				■洋红	HIDDEN2	—— 默认	0			
	中心线				■红	CENTER2	—— 默认	0			

图 7-55　选择"轮廓线"图层　　　　　　　　　　图 7-56　"线宽"对话框

Step 19 单击 **确定** 按钮返回"图层特性管理器"面板，结果"轮廓线"图层的线宽被设置为 0.30mm，如图 7-57 所示。

状态	名称 ▲	开	冻结	锁定	颜色	线型	线宽	透明度	打印	新视口冻结	说明
✓	0				■白	Continuous	—— 默认	0			
	标注线				■150	Continuous	—— 默认	0			
	波浪线				■82	Continuous	—— 默认	0			
	轮廓线				■白	Continuous	━━ 0.30 毫米	0			
	剖面线				■82	Continuous	—— 默认	0			
	细实线				■白	Continuous	—— 默认	0			
	隐藏线				■洋红	HIDDEN2	—— 默认	0			
	中心线				■红	CENTER2	—— 默认	0			

图 7-57　更改"轮廓线"图层线宽后的结果

Step 20 单击 **确定** 按钮，关闭"图层特性管理器"面板。

Step 21 执行"保存"命令，将当前文件名存储为"上机实训一——设置工程图中的常用图层.dwg"。

7.5 应用设计中心

"设计中心"命令与 Windows 的资源管理器功能相似，其面板如图 7-58 所示。此命令主要用于对 AutoCAD 的图形资源进行管理、查看与共享等，是一个直观、高效的制图工具。

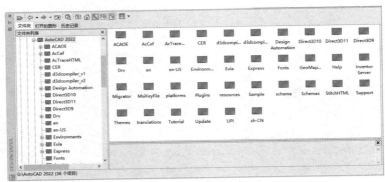

图 7-58 "设计中心"面板

执行"设计中心"命令主要有以下几种方式。

◇ 单击"视图"选项卡→"选项板"面板→"设计中心"按钮 。
◇ 选择菜单栏中的"工具"→"选项板"→"设计中心"命令。
◇ 在命令行中输入 Adcenter 后按 Enter 键。
◇ 使用快捷键 ADC 或按 Ctrl+2 组合键。

7.5.1 了解设计中心

如图 7-58 所示的"设计中心"面板，共包括"文件夹""打开的图形"和"历史记录" 3 个选项卡，分别用于显示计算机和网络驱动器上的文件与文件夹的层次结构、打开图形的列表、自定义内容等，具体说明如下。

◇ 在"文件夹"选项卡中，左侧为"树状管理"窗格，用于显示计算机或网络驱动器中文件和文件夹的层次关系；右侧为"控制面板"窗格，用于显示在左侧"树状管理"窗格中选定文件的内容。
◇ "打开的图形"选项卡用于显示 AutoCAD 任务中当前所有打开的图形，包括最小化的图形。
◇ "历史记录"选项卡用于显示最近在设计中心打开的文件的列表，它可以显示"浏览 Web"对话框最近连接过的 20 条地址的记录。

📖 **选项解析**

"设计中心"面板按钮部分选项解析如下。

✧ 单击"加载"按钮 📂，将弹出"加载"对话框，以方便浏览本地和网络驱动器或 Web 上的文件，然后选择内容加载到内容区域。

✧ 单击"上一级"按钮 🔄，将显示活动容器中的上一级容器的内容。容器可以是文件夹，也可以是一个图形文件。

✧ 单击"搜索"按钮 🔍，可以弹出"搜索"对话框，用于指定搜索条件，查找图形、块及图形中的非图形对象，如线型、图层等，还可以将搜索到的对象添加到当前文件中，为当前图形文件所使用。

✧ 单击"收藏夹"按钮 📁，将在"设计中心"面板的"控制面板"窗格中显示"Autodesk Favorites"文件夹内容。

✧ 单击"主页"按钮 🏠，系统将设计中心返回默认文件夹。当安装时，默认文件夹被设置为"...\Sample\DesignCenter"。

✧ 单击"树状图切换"按钮 📋，"设计中心"面板左侧将显示或隐藏"树状管理"窗格。如果在绘图区域中需要更多空间，可以单击该按钮隐藏树状管理视窗。

✧ "预览"按钮 🖼 用于显示和隐藏图像的预览框。当预览框被打开时，在上部的面板中选择一个项目，则在预览框内显示该项目的预览图像。如果选定项目没有保存的预览图像，则该预览框为空。

✧ "说明"按钮 📄 用于显示和隐藏选定项目的文字信息。

7.5.2 通过设计中心查看图形

用户通过"设计中心"面板，不但可以方便查看本机或网络上的 AutoCAD 资源，还可以单独将选择的 AutoCAD 文件打开，操作步骤如下。

Step 01 单击"视图"选项卡→"选项板"面板→"设计中心"按钮 📋，执行"设计中心"命令，打开"设计中心"面板。

Step 02 查看文件夹资源。在左侧"树状管理"窗格中定位并展开需要查看的文件夹，那么在右侧"控制面板"窗格中，即可查看该文件夹中的所有图形资源，如图 7-59 所示。

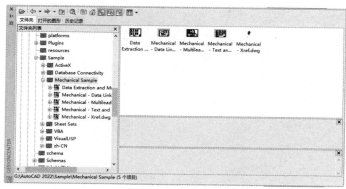

图 7-59 查看文件夹资源

Step 03 查看文件内部资源。在左侧"树状管理"窗格中定位需要查看的文件，在右侧"控制面板"窗格中即可显示出文件内部的所有资源，如图 7-60 所示。

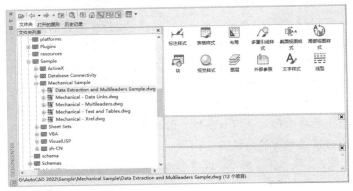

图 7-60　查看文件内部资源

Step 04 如果用户需要进一步查看某一类内部资源，如文件内部的所有图块，在右侧"控制面板"窗格中双击图块的图标，即可显示出所有的图块，如图 7-61 所示。

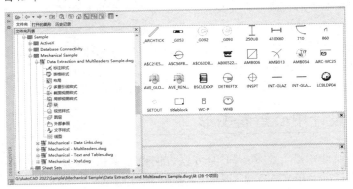

图 7-61　查看图块资源

Step 05 打开 AutoCAD 文件。如果用户需要打开某 AutoCAD 文件，在该文件图标上右击，然后在弹出的快捷菜单中选择"在应用程序窗口中打开"命令，即可打开此文件，如图 7-62 所示。

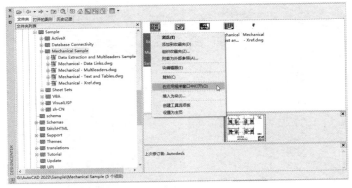

图 7-62　图标快捷菜单

小技巧

　　在窗口中按住 Ctrl 键定位文件，再将其拖曳到绘图区域，即可打开此图形文件；将图形图标从设计中心直接拖曳到应用程序窗口，或者绘图区域以外的任何位置，也可打开此图形文件。

7.5.3　通过设计中心添加内容

　　用户不但可以随意查看本机上的所有设计资源，还可以将有用的图形资源及图形的一些内部资源应用到自己的图纸中，操作步骤如下。

Step 01 继续上例的操作。

Step 02 共享文件资源。在"设计中心"面板左侧"树状管理"窗格中查找并定位所需文件的上一级文件夹，然后在右侧"控制面板"窗格中定位所需文件。

Step 03 此时在文件图标上右击，从弹出的快捷菜单中选择"插入为块"命令，如图 7-63 所示。

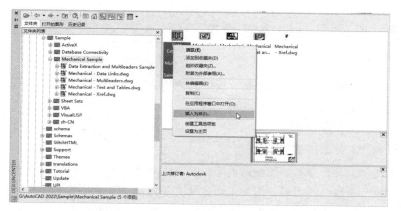

图 7-63　选择"插入为块"命令

Step 04 此时弹出如图 7-64 所示的"插入"对话框，根据实际需要设置参数，然后单击 确定 按钮，即可将选择的图形以块的形式插入当前文件中。

图 7-64　"插入"对话框

Step 05 共享文件内部资源。在"设计中心"面板左侧"树状管理"窗格中定位并打开所需文件的内部资源，如图 7-65 所示。

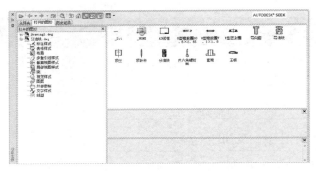

图 7-65　浏览图块资源

Step 06 在"设计中心"面板右侧"控制面板"窗格中选择某一图块并右击，从弹出的快捷菜单中选择"插入为块"命令，即可将此图块插入到当前图形文件中。

⊞⊞ 小技巧

也可以共享图形文件内部的文字样式、尺寸样式、图层及线型等资源。

7.5.4　通过设计中心创建工具选项板

用户可以根据需要自定义工具选项板中的内容及创建新的"工具选项板"面板。下面将通过实例学习此功能，操作步骤如下。

Step 01 单击"视图"选项卡→"选项板"面板→"设计中心"按钮 ，打开"设计中心"面板和"工具选项板"面板。

Step 02 自定义"工具选项板"面板的内容。在"设计中心"面板中定位需要添加到"工具选项板"面板中的图形、图块或图案填充等内容，然后按住鼠标左键不放，将选择的内容直接拖曳到"工具选项板"面板中，即可添加这些项目，如图 7-66 所示，添加结果如图 7-67 所示。

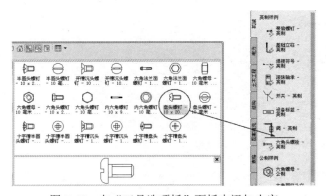

图 7-66　向"工具选项板"面板中添加内容

图 7-67　添加结果

Step 03 自定义"工具选项板"面板。在"设计中心"左侧"树状管理"窗格中选择文件夹并右击，选择如图 7-68 所示的"创建块的工具选项板"命令。

Step 04 系统将此文件夹中的所有图形文件创建为新的"工具选项板"面板，此"工具选项板"面板的名称为文件的名称，如图 7-69 所示。

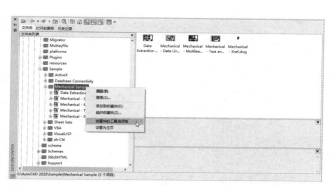

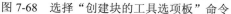

图 7-68　选择"创建块的工具选项板"命令　　　　图 7-69　自定义"工具选项板"面板

7.6 选项板与特性

本节主要学习"工具选项板""特性"和"特性匹配"3 个命令的使用方法和相关操作技能。

7.6.1 工具选项板

"工具选项板"用于组织、共享图形资源和高效执行命令等，其窗口包含一系列选项板，这些选项板以选项卡的形式分布在"工具选项板"面板中。

执行"工具选项板"命令主要有以下几种方式。

◇ 单击"视图"选项卡→"选项板"面板→"工具选项板"按钮▦。

◇ 选择菜单栏中的"工具"→"选项板"→"工具选项板"命令。

◇ 在命令行中输入 Toolpalettes 后按 Enter 键。

◇ 按 Ctrl+3 组合键。

执行"工具选项板"命令后，可以打开如图 7-70 所示的"工具选项板"面板，该面板主要由选项卡和标题栏两部分组成，在弹出的标题栏上右击，可以打开标题栏菜单以控制面板及工具选项卡的显示状态等。

在"工具选项板"面板中右击，可以弹出如图 7-71 所示的"工具选项板"面板快捷

Note

菜单，通过此快捷菜单也可以控制"工具选项板"面板的显示状态、透明度，还可以方便地创建、删除和重命名"工具选项板"面板等。

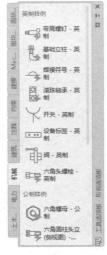

图 7-70　"工具选项板"面板　　　　　图 7-71　"工具选项板"面板快捷菜单

下面通过向图形文件中插入图块及填充图案为例，学习"工具选项板"命令的使用方法和操作技巧，操作步骤如下。

Step 01 新建空白文件。

Step 02 单击"视图"选项卡→"选项板"面板→"工具选项板"按钮 ，打开"工具选项板"面板，然后选择"机械"选项卡，选择的图例如图 7-72 所示。

Step 03 在选择的图例上单击，然后在命令行"指定插入点或 [基点(B)/比例(S)/X/Y/Z/旋转(R)]:"提示下，在绘图区拾取一点，将此图例插入到当前文件中，结果如图 7-73所示。

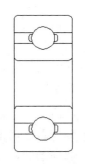

图 7-72　"机械"选项卡　　　　　　　图 7-73　插入结果

小技巧

用户也可以将光标定位到所需图例上，然后按住鼠标左键不放，将其拖入当前图形中。

7.6.2 对象特性

图 7-74 所示为"特性"面板，此面板可以显示出每一种 AutoCAD 图元的基本特性、几何特性及其他特性等。用户可以通过此面板查看和修改图形对象的内部特性。

● **"特性"命令的执行方式**

执行"特性"命令主要有以下几种方式。

✧ 选择菜单栏中的"工具"→"选项板"→"特性"命令。

✧ 选择菜单栏中的"修改"→"特性"命令。

✧ 单击"视图"选项卡→"选项板"面板→"特性"按钮。

✧ 在命令行中输入 Properties 后按 Enter 键。

✧ 使用快捷键 PR。

✧ 按 Ctrl+1 组合键。

● **"特性"面板概述**

图 7-74 "特性"面板

✧ 标题栏。标题栏位于"特性"面板的左侧，其中 按钮用于控制"特性"面板的显示与隐藏状态；单击标题栏中的 按钮，可以弹出一个按钮菜单，用于改变"特性"面板的尺寸大小、位置及面板的显示与否等。

小技巧

在标题栏上按住鼠标左键不放，可以将"特性"面板拖曳到绘图区的任意位置；双击，可以将此面板固定在绘图区的一端。

✧ 工具栏 为"特性"面板工具栏，用于显示被选择的图形名称，以及用于构建新的选择集。 下拉列表用于显示当前绘图窗口中所有被选择的图形名称；"切换系统变量"按钮 用于切换系统变量 PICKADD 的参数值；"快速选择"按钮 用于快速构造选择集；"选择对象"按钮 用于在绘图区选择一个或多个对象，按 Enter 键，选择的图形对象名称及所包含的实体特性都显示在"特性"面板中，以便对其进行编辑。

✧ "特性"面板。系统默认的"特性"面板共包括"常规""三维效果""打印样式""视图"和"其他"5 个选项组，分别用于控制和修改所选对象的各种特性。

下面通过典型的实例学习"特性"命令的使用方法和操作技巧，操作步骤如下。

Step 01 新建绘图文件并绘制边长为 200 的正五边形。

Note

Step 02 选择菜单栏中的"视图"→"三维视图"→"西南等轴测"命令，将视图切换为西南视图，如图 7-75 所示。

Step 03 在无命令执行的前提下，夹点显示正五边形，如图 7-76 所示。

图 7-75　切换为西南视图　　　　　　　　　　　图 7-76　夹点显示效果

Step 04 单击"视图"选项卡→"选项板"面板→"特性"按钮 🖼，打开"特性"面板，然后在"厚度"选项上单击，此时该选项以输入框形式显示，然后输入厚度值为"120.0000"，如图 7-77 所示。

Step 05 按 Enter 键，结果正五边形的厚度被修改变为"120.0000"，如图 7-78 所示。

图 7-77　修改厚度特性　　　　　　　　　　　图 7-78　修改后的效果

Step 06 在"全局宽度"选项上单击，输入"20.0000"，修改边的宽度参数，如图 7-79 所示。

Step 07 关闭"特性"面板，取消图形夹点，修改结果如图 7-80 所示。

Step 08 选择菜单栏中的"视图"→"消隐"命令，对图形进行消隐显示，结果如图 7-81 所示。

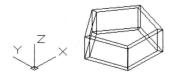

图 7-79　修改宽度特性　　　　图 7-80　取消图形夹点效果　　　　图 7-81　消隐显示效果

7.6.3 特性匹配

"特性匹配"命令用于将图形的特性复制给另外一个图形，使这些图形拥有相同的特性。

● "特性匹配"命令的执行

执行"特性匹配"命令主要有以下几种方式。

✧ 单击"默认"选项卡→"剪贴板"面板→"特性匹配"按钮。
✧ 选择菜单栏中的"修改"→"特性匹配"命令。
✧ 在命令行中输入 Matchprop 后按 Enter 键。
✧ 使用快捷键 MA。

下面通过匹配图形的内部特性，学习"特性匹配"命令的使用方法和操作技巧，操作步骤如下。

Step 01 继续上例的操作。

Step 02 使用快捷键 REC 执行"矩形"命令，绘制长度为 500、宽度为 200 矩形，如图 7-82 所示。

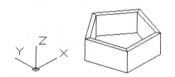

图 7-82 绘制结果

Step 03 单击"默认"选项卡→"特性"面板→"特性匹配"按钮，匹配宽度和厚度特性，命令行操作如下。

```
命令: _matchprop
选择源对象:                    //选择左侧的正五边形
当前活动设置:  颜色 图层 线型 线型比例 线宽 透明度 厚度 打印样式 标注 文字 填充图案
多段线 视口 表格材质 阴影显示 多重引线
选择目标对象或 [设置(S)]:      //选择右侧的矩形
选择目标对象或 [设置(S)]:
//Enter，结果正五边形的宽度和厚度特性复制给矩形，如图 7-83 所示
```

Step 04 选择菜单栏中的"视图"→"消隐"命令，图形的消隐显示效果如图 7-84 所示。

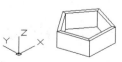

图 7-83 匹配结果　　　　　　　　　图 7-84 消隐显示效果

📖 选项解析

✧ "设置"选项用于设置需要匹配的对象特性。在命令行"选择目标对象或 [设置（S）]:"提示下，输入"S"并按 Enter 键，弹出如图 7-85 所示的"特性设置"对话框，可以根据需要选择匹配的基本特性和特殊特性。在默认设置下，AutoCAD 将匹配"特性设置"对话框中的所有特性，如果用户需要有选择性地匹配某些特性，可以在此对话框内进行设置。

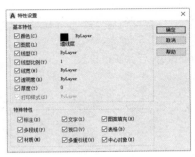

图 7-85 "特性设置"对话框

✧ "颜色"和"图层"选项适用于除 OLE（对象链接嵌入）对象外的所有对象。

✧ "线型"选项适用于除属性、图案填充、多行文字、OLE 对象、点和视口外的所有对象。

✧ "线型比例"选项适用于除属性、图案填充、多行文字、OLE 对象、点和视口外的所有对象。

7.7 快速选择

"快速选择"命令是一个快速构造选择集的高效制图工具，此工具用于根据图形的类型、图层、颜色、线型、线宽等属性设定过滤条件，AutoCAD 将自动进行筛选，最终过滤出符合设定条件的所有图形对象。

● "快速选择"命令的执行

执行"快速选择"命令主要有以下几种方式。

✧ 单击"默认"选项卡→"实用工具"面板→"快速选择"按钮 。

✧ 选择菜单栏中的"工具"→"快速选择"命令。

✧ 在命令行中输入 Qselect 后按 Enter 键。

下面通过典型的实例，学习"快速选择"命令的使用方法和操作技巧，操作步骤如下。

Step 01 打开配套资源中的"素材文件\7-2.dwg"，如图 7-86 所示。

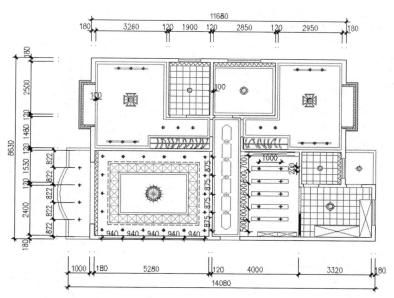

图 7-86　打开素材文件

Step 02　单击"默认"选项卡→"实用工具"面板→"快速选择"按钮 ，执行"快速选择"
命令，弹出如图 7-87 所示的"快速选择"对话框。

Step 03　"特性"文本框属于三级过滤功能，用于按照目标对象的内部特性设定过滤参数，
在此选择"图层"。

Step 04　单击"值"下拉列表，选择"尺寸层"，其他参数使用默认设置，如图 7-88 所示。

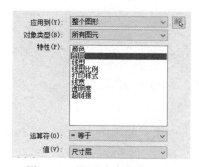

图 7-87　"快速选择"对话框　　　　　图 7-88　设置过滤参数（1）

Step 05　单击 确定 按钮，所有符合过滤条件的图形都被选择，如图 7-89 所示。

Step 06　按 Delete 键，将选择的对象删除，结果如图 7-90 所示。

Step 07　重复执行"快速选择"命令，在弹出的"快速选择"对话框中设置过滤参数，如图 7-91
所示，选择"灯具层"上的所有对象，如图 7-92 所示。

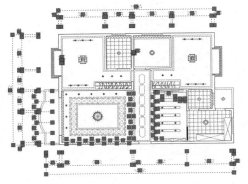

图 7-89　选择结果（1）

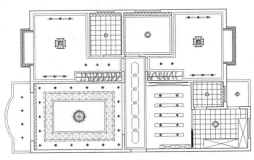

图 7-90　删除结果（1）

图 7-91　设置过滤参数（2）

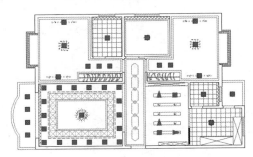

图 7-92　选择结果（2）

Step 08 使用快捷键 E 执行"删除"命令，将夹点对象删除，结果如图 7-93 所示。

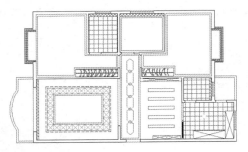

图 7-93　删除结果（2）

● 一级过滤功能

在"快速选择"对话框中，"应用到"下拉列表属于一级过滤功能，用于指定是否将过滤条件应用到整个图形或当前选择集（如果存在的话），此时使用"选择对象"按钮　完成对象选择后，按 Enter 键重新显示该对话框。AutoCAD 将"应用到"设置为"当前选择"，对当前已有的选择集进行过滤，只有当前选择集中符合过滤条件的对象才能被选择。

小技巧

如果已经勾选"快速选择"对话框下方的"附加到当前选择集"复选框，那么 AutoCAD 将该过滤条件应用到整个图形，并将符合过滤条件的对象添加到当前选择集中。

● 二级过滤功能

"对象类型"下拉列表属于快速选择的二级过滤功能，用于指定要包含在过滤条件中的对象类型。如果过滤条件正应用于整个图形，那么"对象类型"下拉列表包含全部的对象类型，包括自定义；否则，"对象类型"下拉列表只包含选定对象的对象类型。

Note

小技巧

在默认情况下，对象类型是指整个图形或当前选择集的"所有图元"，用户也可以选择某一特定的对象类型，如"直线"或"圆"等，系统将根据选择的对象类型来确定选择集。

● 三级过滤功能

"特性"文本框属于快速选择的三级过滤功能，三级过滤功能共包括"特性"、"运算符"和"值"3 个选项，说明如下。

◇ "特性"文本框用于指定过滤器的对象特性。在此文本框内包括选定对象类型的所有可搜索特性，选定的特性确定"运算符"和"值"中的可用选项。例如，在"对象类型"下拉列表中选择"所有图元"，"特性"文本框中就列出了所有图元的全部特性，从中选择一种需要的对象的共同特性。

◇ "运算符"下拉列表用于控制过滤器值的范围。根据选定的对象属性，其过滤器值的范围分别是"=等于""<>不等于"">大于""<小于"和"*通配符匹配"。对于某些特性，">大于"选项和"<小于"选项不可用。

小技巧

"*通配符匹配"只能用于可编辑的文字字段。

◇ "值"下拉列表用于指定过滤器的特性值。如果选定对象的已知值可用，那么"值"成为一个列表，可以从中选择一个值。

● "如何应用"选项组和"附加到当前选择集"复选框

◇ "如何应用"选项组用于指定是否将符合过滤条件的对象包括在新选择集内或是排除在新选择集之外。

◇ "附加到当前选择集"复选框用于指定创建的选择集是替换当前选择集还是附加到当前选择集。

7.8 上机实训二——绘制单元户型家具布置图

本实训通过绘制单元户型家具布置图，主要对"图层""设计中心"和"工具选项板"等命令进行综合练习和巩固。单元户型家具布置图的最终绘制效果如图 7-94 所示。

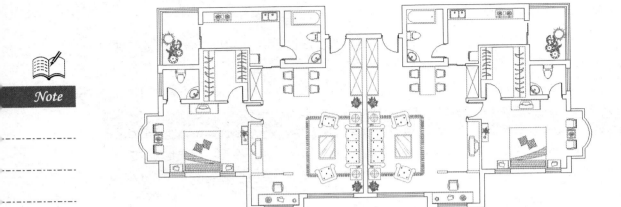

图 7-94　单元户型家具布置图的最终绘制效果

操作步骤如下。

Step 01 执行"打开"命令，打开配套资源中的"素材文件\7-3.dwg"，如图 7-95 所示。

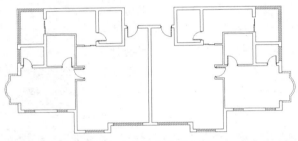

图 7-95　打开素材文件

Step 02 使用快捷键 LA 执行"图层"命令，在打开的"图层特性管理器"面板中双击"图块层"，将此图层设置为当前图层。

Step 03 单击"视图"选项卡→"选项板"面板→"设计中心"按钮，打开"设计中心"面板，定位配套资源中的"图块文件"文件夹，如图 7-96 所示。

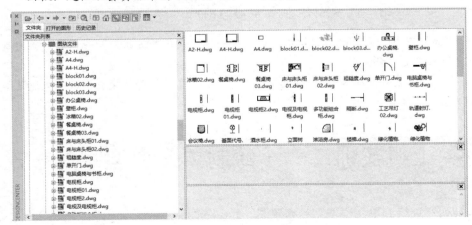

图 7-96　定位目标文件夹

Step 04 在右侧"控制面板"窗格中向下拖动滑块，然后在"双人床 01.dwg"文件图标上右击，在弹出的快捷菜单中选择"复制"命令，如图 7-97 所示。

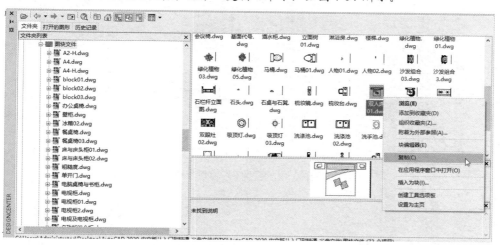

图 7-97 选择"复制"命令

Step 05 返回绘图区右击，在弹出的快捷菜单中选择"粘贴"命令，将图形共享到当前文件内，命令行操作如下。

```
命令：_pasteclip
命令：_insert 输入块名或 [?]："D:\素材盘\图块文件\双人床 01.dwg"
单位：毫米    转换：            1
指定插入点或 [基点(B)/比例(S)/X/Y/Z/旋转(R)]:    //y Enter
指定 Y 比例因子 <1>:                            //-1 Enter
指定插入点或 [基点(B)/比例(S)/X/Y/Z/旋转(R)]:    //捕捉如图 7-98 所示的中点
指定旋转角度 <0.0>:                             //Enter，粘贴结果如图 7-99 所示
```

图 7-98 捕捉中点（1）　　　　　　　图 7-99 粘贴结果

Step 06 在"设计中心"右侧"控制面板"窗格中定位"电视柜 2.dwg"文件，然后在此文件图标上右击，在弹出的快捷菜单中选择"插入为块"命令，如图 7-100 所示。

Step 07 此时系统自动弹出"插入"对话框，单击 **确定** 按钮，在命令行"指定插入点或 [基点(B)/比例(S)/旋转(R)]:"提示下，捕捉如图 7-101 所示的端点作为插入点，结果如图 7-102 所示。

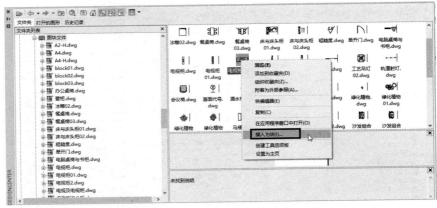

图 7-100　选择"插入为块"命令

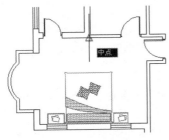

图 7-101　捕捉端点

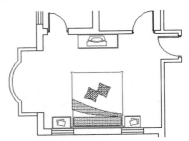

图 7-102　插入结果（1）

Step 08 在"设计中心"右侧"控制面板"窗格中定位如图 7-103 所示的"休闲桌椅 01.dwg"文件，然后按住鼠标左键不放，将其拖曳至绘图区。

Step 09 在绘图区松开鼠标左键，根据命令行的提示，采用默认参数，将"休闲桌椅 01.dwg"文件插入平面图中，结果如图 7-104 所示。

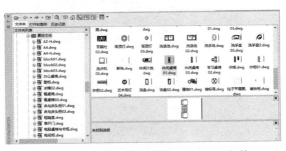

图 7-103　选择"休闲桌椅 01.dwg"文件

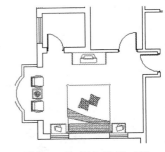

图 7-104　插入结果（2）

Step 10 在"设计中心"左侧"树状管理"窗格中定位"图块文件"文件夹，然后在此文件夹上右击，在弹出的快捷菜单中选择"创建块的工具选项板"命令，如图 7-105 所示。

Step 11 结果"图块文件"被创建为块的选项板，并自动打开"工具选项板"面板，如图 7-106 所示。

Step 12 在"工具选项板"面板中向下拖动滑块，然后定位"衣柜"文件图标，如图 7-107 所示。

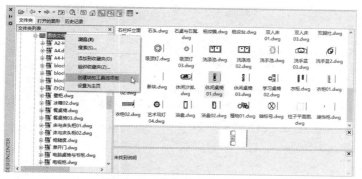

图 7-105　定位并右击文件夹

Step 13 在"衣柜"文件图标上按住鼠标左键不放，将其拖曳至绘图区，以块的形式共享此图形，结果如图 7-108 所示。

　　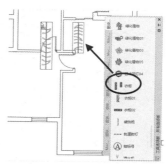

图 7-106　打开"工具选项板"面板　图 7-107　定位"衣柜"文件图标　图 7-108　拖曳"衣柜"文件图标

Step 14 执行"移动"命令，配合端点捕捉功能，将衣柜图标移至如图 7-109 所示的位置。

Step 15 在"工具选项板"面板中单击如图 7-110 所示的"马桶 01"文件图标，然后将光标移至绘图区，此时被单击的图形将会呈现虚显状态，根据命令行的提示，将"马桶 01"图标以块的形式共享到当前文件内，命令行操作如下。

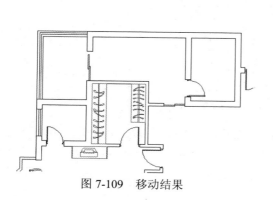　

图 7-109　移动结果　　　　　　图 7-110　定位"马桶 01"文件图标

```
命令: _executetool
忽略块 尺寸箭头 的重复定义
指定插入点或 [基点(B)/比例(S)/X/Y/Z/旋转(R)]:     //r Enter
指定旋转角度 <0.0>:                               //90 Enter
指定插入点或 [基点(B)/比例(S)/X/Y/Z/旋转(R)]:
//捕捉如图 7-111 所示的中点，共享后的结果如图 7-112 所示
```

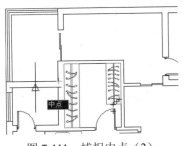
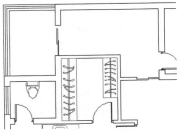

图 7-111　捕捉中点（2）　　　　　图 7-112　共享后的结果

Step 16 参照上述操作步骤，综合使用"设计中心"面板、"工具选项板"面板中的资源共享功能，分别布置其他房间内的图块，结果如图 7-113 所示。

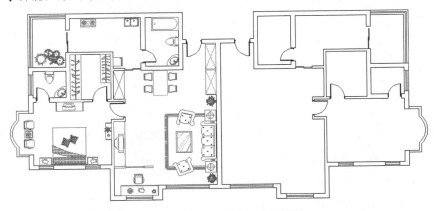

图 7-113　布置其他房间内的图块

Step 17 使用快捷键 L 执行"直线"命令，配合对象捕捉功能，绘制如图 7-114 所示的操作台轮廓线。

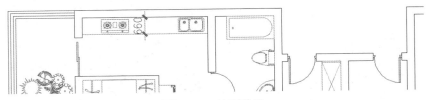

图 7-114　绘制结果

Step 18 单击"默认"选项卡→"实用工具"面板→"快速选择"按钮，执行"快速选择"命令，在弹出的"快速选择"对话框中设置参数，如图 7-115 所示，选择"图块层"上的所有对象，如图 7-116 所示。

Note

图 7-115 设置参数

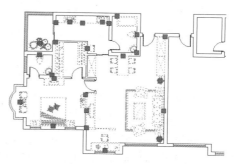

图 7-116 选择结果

Step 19 执行"镜像"命令，配合中点捕捉功能对选择的对象进行镜像，命令行操作如下。

命令: _mirror

找到 24 个

指定镜像线的第一点: //捕捉如图 7-117 所示的中点

指定镜像线的第二点: //捕捉如图 7-118 所示的中点

要删除源对象吗？[是(Y)/否(N)] <N>: //Enter，镜像后的最终结果如图 7-94 所示

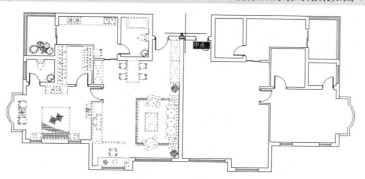

图 7-117 捕捉中点（3）

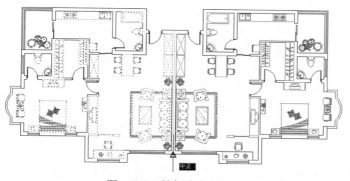

图 7-118 捕捉中点（4）

Step 20 执行"另存为"命令，将图形名存储为"上机实训二——绘制单元户型家具布置图.dwg"。

7.9 小结与练习

7.9.1 小结

为了提高绘图的效率和质量，本章集中讲述了软件的一些高效制图功能，具体有图层、设计中心、选项板、对象特性、快速选择等。通过对本章的学习，需要重点掌握以下知识。

（1）图层是规划和组织复杂图形的便捷工具，在理解图层概念及功能的前提下，重点掌握图层的具体设置、更名、删除及切换等技能。

（2）掌握图层的开关、冻结与解冻、锁定与解锁等控制功能。

（3）掌握图层内部特性的设置技能及图层的过滤功能。

（4）掌握图层的匹配、隔离、漫游等图层的综合管理技能，以更加方便灵活地规划、控制和管理图形资源。

（5）掌握设计中心图形资源的查看和共享功能，以快速方便地组合复杂图形。

（6）工具选项板也是一种便捷的高效制图工具，不但要掌握该工具的具体使用方法，还需要掌握工具选项板的定义功能。

（7）特性主要用于组织、管理和修改图形的内部特性，以达到修改完善图形的目的，需要熟练掌握该工具的具体使用方法。

7.9.2 练习题

综合运用所学知识，绘制如图 7-119 所示的住宅户型家具布置图。

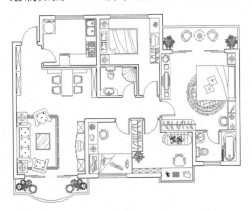

图 7-119 住宅户型家具布置图

操作提示

本练习题的素材文件位于配套资源中的"素材文件"目录下，文件名为"7-4.dwg"。

第8章

尺寸标注与公差

与文字注释一样，尺寸标注也是图纸的重要组成部分，是指导施工人员现场施工的重要依据，它能将图形之间的相互位置关系及形状等进行数字化、参数化，以便更直观地表达图形的尺寸。本章主要学习 AutoCAD 尺寸的具体标注功能和编辑功能。

内容要点

- ◆ 常用尺寸的标注
- ◆ 圆心标记与公差
- ◆ 尺寸标注的编辑
- ◆ 上机实训一——标注零件三视图尺寸

- ◆ 复合尺寸的标注
- ◆ 标注样式管理器
- ◆ 图形参数化
- ◆ 上机实训二——标注零件三视图公差

8.1 常用尺寸的标注

本节主要讲述各类常用基本尺寸的标注工具，这些工具位于"标注"菜单栏上，其工具按钮位于"标注"工具栏和"标注"面板上。

8.1.1 标注线性尺寸

"线性"命令是一个常用的标注工具，主要用于标注两点之间或图线的水平尺寸或垂直尺寸，如图 8-1 所示。

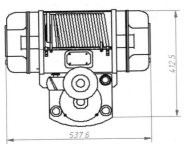

图 8-1　线性标注示例

● "线性"命令的执行方式

执行"线性"命令主要有以下几种方式。

◇ 单击"注释"选项卡→"标注"面板→"线性"按钮├─┤。

◇ 选择菜单栏中的"标注"→"线性"命令。

◇ 在命令行中输入 Dimlinear 或 Dimlin 后按 Enter 键。

下面通过标注如图 8-1 所示的水平尺寸和垂直尺寸，学习"线性"命令的使用方法和操作技巧，操作步骤如下。

Step 01 打开配套资源中的"素材文件\8-1.dwg"，如图 8-2 所示。

Step 02 单击"注释"选项卡→"标注"面板→"线性"按钮├─┤，配合端点捕捉功能标注零件图下侧的长度尺寸，命令行操作如下。

```
命令: _dimlinear
指定第一条尺寸界线原点或 <选择对象>:     //捕捉如图 8-3 所示的端点
指定第二条尺寸界线原点:                  //捕捉如图 8-4 所示的端点
指定尺寸线位置或[多行文字(M)/文字(T)/角度(A)/水平(H)/垂直(V)/旋转(R)]:
                   //向下移动光标，在适当位置拾取点，标注结果如图 8-5 所示
标注文字 =537.6
```

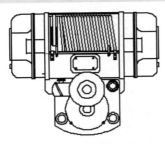

图 8-2　打开素材文件

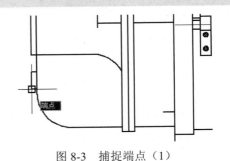

图 8-3　捕捉端点（1）

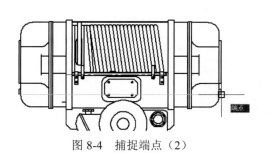

图 8-4　捕捉端点（2）

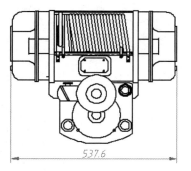

图 8-5　标注结果

Step 03 单击"注释"选项卡→"标注"面板→"线性"按钮 ⊢⊣，标注零件图的宽度尺寸，命令行操作如下。

```
命令：_dimlinear
指定第一条尺寸界线原点或 <选择对象>：　　//捕捉如图 8-6 所示的端点
指定第二条尺寸界线原点：　　　　　　　　　//捕捉如图 8-7 所示的端点
指定尺寸线位置或[多行文字(M)/文字(T)/角度(A)/水平(H)/垂直(V)/旋转(R)]：
　　　　　　　　//向右移动光标，在适当位置拾取点，标注结果如图 8-1 所示
标注文字 = 412.5
```

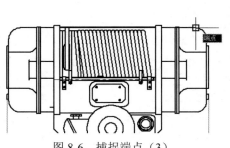

图 8-6　捕捉端点（3）

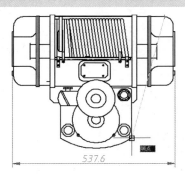

图 8-7　捕捉端点（4）

选项解析

选项解析如下。

◇ "多行文字"选项用于在如图 8-8 所示的"文字编辑器"窗口中手动输入尺寸文字内容，或者为尺寸文字添加前后缀等。

图 8-8　"文字编辑器"窗口

◇ "文字"选项用于通过命令行，手动输入尺寸文字的内容，以方便添加尺寸前缀和后缀。

◇ "角度"选项用于设置尺寸文字的旋转角度，如图 8-9 所示。

◇ "水平"选项用于标注两点之间的水平尺寸。

◇ "垂直"选项用于标注两点之间的垂直尺寸。

◇ "旋转"选项用于设置尺寸线的旋转角度。

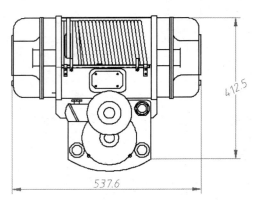

图 8-9　设置尺寸文字的旋转角度示例

8.1.2　标注对齐尺寸

"对齐"命令用于标注平行于所选对象或平行于两尺寸界线原点连线的对齐尺寸，如图 8-10 所示。此命令比较适合标注倾斜图线的尺寸。

执行"对齐"命令主要有以下几种方式。

◇ 单击"注释"选项卡→"标注"面板→"对齐"按钮 。

◇ 选择菜单栏中的"标注"→"对齐"命令。

◇ 在命令行中输入 Dimaligned 或 Dimali 后按 Enter 键。

下面通过标注如图 8-10 所示的对齐尺寸，学习"对齐"命令的使用方法和操作技巧，操作步骤如下。

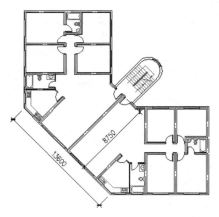

图 8-10　对齐标注示例

Step 01 打开配套资源中的"素材文件\8-2.dwg"。

Step 02 单击"注释"选项卡→"标注"面板→"对齐"按钮 ，配合端点捕捉功能标注对齐线尺寸，命令行操作如下。

```
命令: _dimaligned
指定第一条尺寸界线原点或 <选择对象>:          //捕捉如图 8-11 所示的端点
指定第二条尺寸界线原点:                      //捕捉如图 8-12 所示的端点
指定尺寸线位置或[多行文字(M)/文字(T)/角度(A)]:   //在适当位置指定尺寸线位置
标注文字 = 13600
```

Step 03 标注结果如图 8-13 所示。

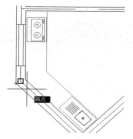
图 8-11　捕捉端点（1）

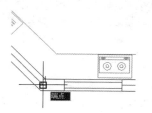
图 8-12　捕捉端点（2）

图 8-13　标注结果

Step 04 重复执行"对齐"命令，配合交点捕捉功能标注内侧的对齐尺寸，命令行操作如下。

```
命令: _dimaligned
指定第一条尺寸界线原点或 <选择对象>:        //捕捉如图 8-14 所示的交点
指定第二条尺寸界线原点:                    //捕捉如图 8-15 所示的交点
指定尺寸线位置或[多行文字(M)/文字(T)/角度(A)]:
//在适当位置指定尺寸线位置，标注结果如图 8-10 所示
标注文字 = 8750
```

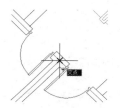
图 8-14　捕捉交点（1）

图 8-15　捕捉交点（2）

提示

　　"对齐"命令中的 3 个选项功能与"线性"命令中的选项功能相同，故在此不再讲述。

8.1.3　标注点的坐标

　　"坐标"命令用于标注点的 X 坐标值和 Y 坐标值，所标注的坐标为点的绝对直角坐标，如图 8-16 所示。

　　执行"坐标"命令主要有以下几种方式。

　　◇　单击"注释"选项卡→"标注"面板→"坐标"按钮。

　　◇　选择菜单栏中的"标注"→"坐标"命令。

　　◇　在命令行中输入 Dimordinate 或 Dimord 后按 Enter 键。

　　执行"坐标"命令后，命令行操作如下。

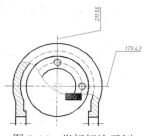
图 8-16　坐标标注示例

```
命令: _dimordinate
指定点坐标:             //捕捉如图 8-16 所示的圆心
指定引线端点或 [X 基准(X)/Y 基准(Y)/多行文字(M)/文字(T)/角度(A)]://定位引线端点
```

小技巧

　　上下移动光标，可以标注点的 *X* 坐标值；左右移动光标，可以标注点的 *Y* 坐标值。另外，使用 "X 基准" 选项，可以强制性标注点的 *X* 坐标值，不受光标引导方向的限制；使用 "Y 基准" 选项可以强制性标注点的 *Y* 坐标值。

8.1.4　标注弧长尺寸

图 8-17　弧长标注示例

　　"弧长" 命令用于标注圆弧或多段线弧的长度尺寸，在默认设置下，会在尺寸数字的一端添加弧长符号，如图 8-17 所示。

　　执行 "弧长" 命令主要有以下几种方式。

　　✧　单击 "注释" 选项卡→ "标注" 面板→ "弧长" 按钮 ⌒。

　　✧　选择菜单栏中的 "标注" → "弧长" 命令。

　　✧　在命令行中输入 Dimarc 后按 Enter 键。

　　执行 "弧长" 命令后，命令行操作如下。

```
命令: _dimarc
选择弧线段或多段线弧线段:              //选择需要标注的弧线段
指定弧长标注位置或 [多行文字(M)/文字(T)/角度(A)/部分(P)/引线(L)]:
                                    //指定弧长尺寸的位置，结果如图 8-17 所示
标注文字 = 81.8
使用 "部分" 选项可以标注圆弧或多段线弧上的部分弧长，命令行操作如下:
命令: _dimarc
选择弧线段或多段线弧线段:              //选择圆弧
指定弧长标注位置或 [多行文字(M)/文字(T)/角度(A)/部分(P)/引线(L)]://p Enter
指定圆弧长度标注的第一个点:            //捕捉圆弧的中点
指定圆弧长度标注的第二个点:            //捕捉圆弧端点
指定弧长标注位置或 [多行文字(M)/文字(T)/角度(A)/部分(P)/]:        //指定尺寸位置
```

8.1.5　标注角度尺寸

　　"角度" 命令用于标注两条图线之间的角度尺寸或是圆弧的圆心角，如图 8-18 所示。

　　执行 "角度" 命令主要有以下几种方式。

　　✧　单击 "注释" 选项卡→ "标注" 面板→ "角度" 按钮 △。

　　✧　选择菜单栏中的 "标注" → "角度" 命令。

　　✧　在命令行中输入 Dimangular 或 Dimang 后按 Enter 键。

　　执行 "角度" 命令后，命令行操作如下。

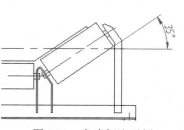

图 8-18　角度标注示例

```
命令：_dimangular
选择圆弧、圆、直线或 <指定顶点>:        //选择如图 8-19 所示的中心线
选择第二条直线:                        //选择如图 8-20 所示的轮廓线
指定标注弧线位置或 [多行文字(M)/文字(T)/角度(A)/象限点(Q)]:
                                      //在适当位置拾取一点，定位尺寸线位置
标注文字 = 35
```

图 8-19　选择中心线

图 8-20　选择轮廓线

8.1.6　标注半径尺寸

"半径"命令用于标注圆、圆弧的半径尺寸，当用户采用系统的实际测量值标注文字时，系统会在测量数值前自动添加"R"，如图 8-21 所示。

执行"半径"命令主要有以下几种方式。

◇　单击"注释"选项卡→"标注"面板→"半径"按钮。

◇　选择菜单栏中的"标注"→"半径"命令。

◇　在命令行中输入 Dimradius 或 Dimrad 后按 Enter 键。

执行"半径"命令后，命令行操作如下。

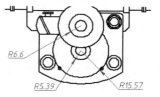

图 8-21　半径标注示例

```
命令：_dimradius
选择圆弧或圆:                            //选择需要标注的圆或弧对象
标注文字 = 6.6
指定尺寸线位置或 [多行文字(M)/文字(T)/角度(A)]:
//指定尺寸的位置，并标注另外两个圆的半径
```

8.1.7　标注直径尺寸

"直径"命令用于标注圆或圆弧的直径尺寸，当用户采用系统的实际测量值标注文字时，系统会在测量数值前自动添加"ϕ"，如图 8-22 所示。

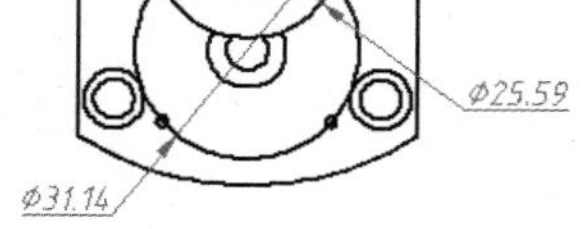

执行"直径"命令主要有以下几种方式。

◇　单击"注释"选项卡→"标注"面板→"直径"按钮。

◇　选择菜单栏中的"标注"→"直径"命令。

◇　在命令行中输入 Dimdiameter 或 Dimdia 后按 Enter 键。

执行"直径"命令后，命令行操作如下。

图 8-22　直径标注示例

Note

```
命令：_dimdiameter
选择圆弧或圆：                                    //选择需要标注的圆或圆弧
标注文字 = 25.59
指定尺寸线位置或 [多行文字(M)/文字(T)/角度(A)]：
//指定尺寸的位置，并标注另外一个圆的直径
```

8.2 复合尺寸的标注

本节学习几个比较常用的复合标注工具，具体有"基线"、"连续"和"快速标注"3个命令。

8.2.1 创建基线尺寸

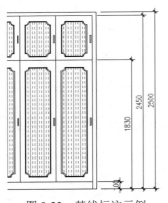
图 8-23 基线标注示例

"基线"命令需要在现有尺寸的基础上，以选择的尺寸界线作为基线尺寸的尺寸界限标注基线尺寸，如图 8-23 所示。

执行"基线"命令主要有以下几种方式。

❖ 单击"注释"选项卡→"标注"面板→"基线"按钮╠。

❖ 选择菜单栏中的"标注"→"基线"命令。

❖ 在命令行中输入 Dimbaseline 或 Dimbase 后按 Enter键。

下面通过标注如图 8-23 所示的基线尺寸，学习"基线"命令的使用方法和操作技巧，操作步骤如下。

Step 01 打开配套资源中的"素材文件\8-3.dwg"。

Step 02 执行"线性"命令，标注如图 8-24 所示的线性尺寸作为基准尺寸。

Step 03 选择菜单栏中的"标注"→"基线"命令，配合端点捕捉功能标注基线尺寸，命令行操作如下。

```
命令：_dimbaseline
指定第二条尺寸界线原点或 [放弃(U)/选择(S)] <选择>：
//系统自动进入如图 8-25 所示的基线标注状态，捕捉图线 1 的右端点
标注文字 = 1830
指定第二条尺寸界线原点或 [放弃(U)/选择(S)] <选择>：     //捕捉图线 2 的右端点
标注文字 = 2450
指定第二条尺寸界线原点或 [放弃(U)/选择(S)] <选择>：     //捕捉图线 3 的右端点
标注文字 = 2500
指定第二条尺寸界线原点或 [放弃(U)/选择(S)] <选择>：     //Enter，退出基线标注状态
选择基准标注：                                      //Enter，结束命令
```

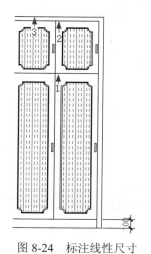
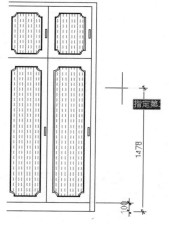

图 8-24 标注线性尺寸 　　　　　图 8-25 基线标注状态

┅ 小技巧

　　命令中的"选择"选项用于提示选择一个线性、坐标或角度标注作为基线标注的基准;"放弃"选项用于放弃所标注的最后一个基线标注。

8.2.2 创建连续尺寸

　　"连续"命令也需要在现有尺寸的基础创建连续的尺寸对象,所创建的连续尺寸位于同一个方向矢量上,如图 8-26 所示。

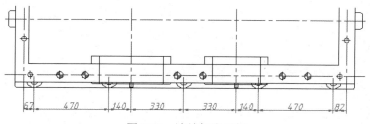

图 8-26 连续标注示例

　　执行"连续"命令主要有以下几种方式。

◇　单击"注释"选项卡 → "标注"面板 → "连续"按钮┼┼┼。

◇　选择菜单栏中的"标注" → "连续"命令。

◇　在命令行中输入 Dimcontinue 或 Dimcont 后按 Enter 键。

　　下面通过标注如图 8-26 所示的连续尺寸,学习"连续"命令的使用方法和操作技巧,操作步骤如下。

Step 01 打开配套资源中的"素材文件\8-4.dwg"。

Step 02 执行"线性"命令,配合端点捕捉功能标注如图 8-27 所示的线性尺寸作为基准尺寸。

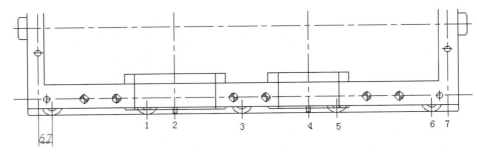

图 8-27　标注线性尺寸

小技巧

当执行"连续"命令或"基线"命令后，AutoCAD 会自动以刚创建的线性尺寸作为基准尺寸，进入基线尺寸的标注状态。

Step 03 单击"注释"选项卡→"标注"面板→"连续"按钮 ┤┤├，根据命令行的提示标注连续尺寸，命令行操作如下。

```
命令：_dimcontinue
指定第二条尺寸界线原点或［放弃(U)/选择(S)］<选择>：　//捕捉如图 8-27 所示的端点 1
标注文字 = 470
指定第二条尺寸界线原点或［放弃(U)/选择(S)］<选择>：　//捕捉如图 8-27 所示的端点 2
标注文字 = 140
指定第二条尺寸界线原点或［放弃(U)/选择(S)］<选择>：　//捕捉如图 8-27 所示的端点 3
标注文字 = 330
指定第二条尺寸界线原点或［放弃(U)/选择(S)］<选择>：　//捕捉如图 8-27 所示的端点 4
标注文字 = 330
指定第二条尺寸界线原点或［放弃(U)/选择(S)］<选择>：　//捕捉如图 8-27 所示的端点 5
标注文字 = 140
指定第二条尺寸界线原点或［放弃(U)/选择(S)］<选择>：　//捕捉如图 8-27 所示的端点 6
标注文字 = 470
指定第二条尺寸界线原点或［放弃(U)/选择(S)］<选择>：　//捕捉如图 8-27 所示的端点 7
标注文字 = 82
指定第二条尺寸界线原点或［放弃(U)/选择(S)］<选择>：　//Enter，退出连续尺寸状态
选择连续标注：　　　　　　　　　　　　　　　　　　　//Enter，结束命令
```

8.2.3　快速标注尺寸

"快速标注"命令用于一次标注多个对象之间的水平尺寸或垂直尺寸，如图 8-28 所示是快速标注尺寸示例。

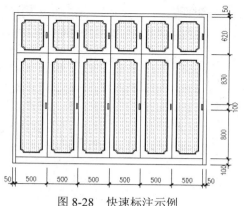

图 8-28 快速标注示例

● "快速标注"命令的执行方式

执行"快速标注"命令主要有以下几种方式。

◇ 单击"注释"选项卡→"标注"面板→"快速标注"按钮。

◇ 选择菜单栏中的"标注"→"快速标注"命令。

◇ 在命令行中输入 Qdim 后按 Enter 键。

下面通过标注如图 8-28 所示的尺寸，学习"快速标注"命令的使用方法和操作技巧，操作步骤如下。

Step 01 打开配套资源中的"素材文件\8-5.dwg"。

Step 02 单击"注释"选项卡→"标注"面板→"快速标注"按钮，根据命令行的提示快速标注下侧的水平尺寸，命令行操作如下。

```
命令: _qdim
选择要标注的几何图形:        //拉出如图 8-29 所示的窗交选择框
选择要标注的几何图形:        //Enter
指定尺寸线位置或 [连续(C)/并列(S)/基线(B)/坐标(O)/半径(R)/直径(D)/基准点(P)/
编辑(E)/设置(T)] <连续>:      //向下引导光标指定尺寸线位置，标注结果如图 8-30 所示
```

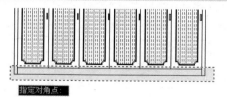

图 8-29 窗交选择框（1）

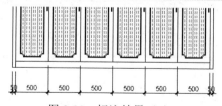

图 8-30 标注结果（1）

Step 03 重复执行"快速标注"命令，标注右侧的垂直尺寸，命令行操作如下。

```
命令: _qdim
关联标注优先级 = 端点
选择要标注的几何图形:        //拉出如图 8-31 所示的窗交选择框
选择要标注的几何图形:        //Enter
```

指定尺寸线位置或 [连续(C)/并列(S)/基线(B)/坐标(O)/半径(R)/直径(D)/基准点(P)/
编辑(E)/设置(T)] <连续>：   //向下引导光标指定尺寸线位置，标注结果如图 8-32 所示

Note

图 8-31   窗交选择框（2）   图 8-32   标注结果（2）

Step 04 使用夹点拉伸功能调整尺寸界线的原点，结果如图 8-28 所示。

📖 选项解析

部分选项解析如下。

◇ "连续"选项用于标注对象之间的连续尺寸。
◇ "并列"选项用于标注并列尺寸，如图 8-33 所示。
◇ "基线"选项用于标注基线尺寸，如图 8-34 所示。
◇ "坐标"选项用于标注对象的绝对直角坐标。
◇ "半径"选项用于标注圆或弧的半径尺寸。
◇ "直径"选项用于标注圆或弧的直径尺寸。
◇ "基准点"选项用于设置新的标注点。
◇ "编辑"选项用于添加或删除标注点。

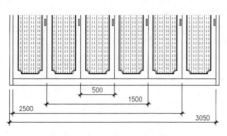

图 8-33   并列尺寸示例

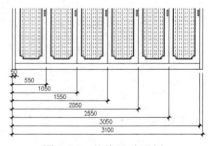

图 8-34   基线尺寸示例

8.3 圆心标记与公差

本节主要学习"圆心标记"和"公差"两个命令的使用方法和相关操作技能。

8.3.1　标注圆心标记

"圆心标记"命令主要用于标注圆或圆弧的圆心标记，也可以标注其中心线，如图 8-35 和图 8-36 所示。

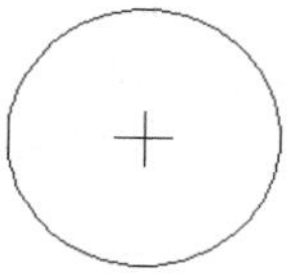

图 8-35　标注圆心标记

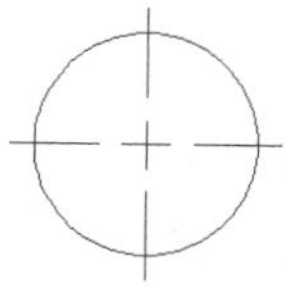

图 8-36　标注中心线

执行"圆心标记"命令主要有以下几种方式。

◇　单击"注释"选项卡→"标注"面板→"圆心标记"按钮⊕。
◇　选择菜单栏中的"标注"→"圆心标记"命令。
◇　在命令行中输入 Dimcenter 后按 Enter 键。

8.3.2　标注公差尺寸

"公差"命令用于标注零件图的形状公差和位置公差，如图 8-37 所示。

执行"公差"命令主要有以下几种方式。

◇　单击"注释"选项卡→"标注"面板→"公差"按钮⊞。

◇　选择菜单栏中的"标注"→"公差"命令。

◇　在命令行中输入 Tolerance 后按 Enter 键。

◇　使用快捷键 TOL。

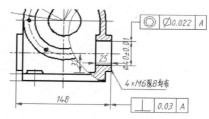

图 8-37　公差标注示例

执行"公差"命令后，弹出如图 8-38 所示的"形位公差"对话框，单击"符号"选项组中的颜色块，弹出如图 8-39 所示的"特征符号"对话框，可以选择相应的形位公差符号。

在"公差 1"选项组或"公差 2"选项组中单击右侧的颜色块，会弹出如图 8-40 所示的"附加符号"对话框，以设置公差的包容条件。

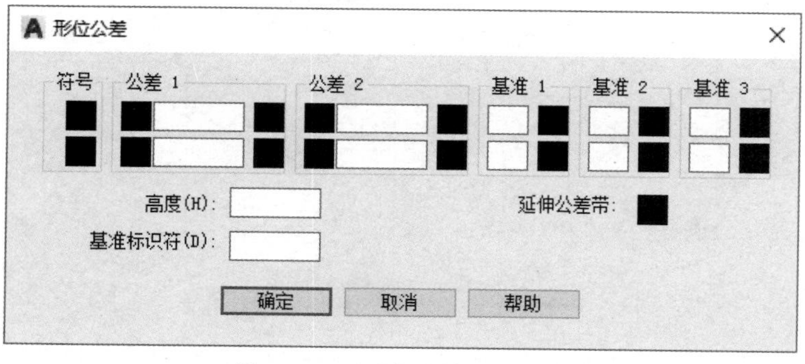

图 8-38　"形位公差"对话框

图 8-39 "特征符号"对话框

图 8-40 "附加符号"对话框

◇ 符号 Ⓜ 表示最大包容条件，规定零件在极限尺寸内的最大包容量。

◇ 符号 Ⓛ 表示最小包容条件，规定零件在极限尺寸内的最小包容量。

◇ 符号 Ⓢ 表示不考虑特征条件，不规定零件在极限尺寸内的任意几何大小。

8.4 标注样式管理器

在一般情况下，尺寸由标注文字、尺寸线、尺寸界线和箭头 4 部分元素组成，如图 8-41 所示。"标注样式"命令则用于控制尺寸元素的外观形式，它是所有尺寸变量的集合，这些变量决定了尺寸中各元素的外观，调整尺寸样式中某些尺寸变量，就能灵活修改尺寸标注的外观。

执行"标注样式"命令主要有以下几种方式。

◇ 单击"默认"选项卡→"注释"面板→"标注样式"按钮 ⤵。

◇ 选择菜单栏中的"标注"→"标注样式"命令。

◇ 在命令行中输入 Dimstyle 后按 Enter 键。

◇ 使用快捷键 D。

执行"标注样式"命令后，弹出如图 8-42 所示的"标注样式管理器"对话框，在此对话框中不仅可以设置标注样式，还可以修改、替代和比较标注样式。

◇ 置为当前(U) 按钮用于把选定的标注样式设置为当前标注样式。

◇ 新建(N)... 按钮用于设置新的尺寸样式。

◇ 修改(M)... 按钮用于修改当前选择的标注样式。修改标注样式后，当前图形中的所有标注都会自动更新为当前样式。

◇ 替代(O)... 按钮用于设置当前使用的标注样式的临时替代值。

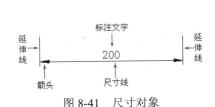

图 8-41 尺寸对象

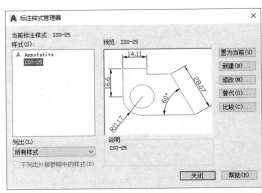

图 8-42 "标注样式管理器"对话框

⚡ 小技巧

当用户创建了替代样式后，当前标注样式将被应用到以后的所有尺寸标注中，直到删除替代样式为止，但不会改变替代样式之前的标注样式。

◇ 比较(C)... 按钮用于比较两种标注样式的特性或浏览一种标注样式的全部特性，并将比较结果输出到 Windows 剪贴板上，然后再粘贴到其他 Windows 应用程序中。

单击 新建(N)... 按钮后弹出如图 8-43 所示的"创建新标注样式"对话框，其中"新样式名"文本框用于为新样式命名；"基础样式"下拉列表用于设置新样式的基础样式；"注释性"复选框用于为新样式添加注释；"用于"下拉列表用于设置新样式的适用范围。

单击 继续 按钮后弹出如图 8-44 所示的"新建标注样式：副本 Standard"对话框，此对话框包括"线""符号和箭头""文字""调整""主单位""换算单位"和"公差"7 个选项卡。

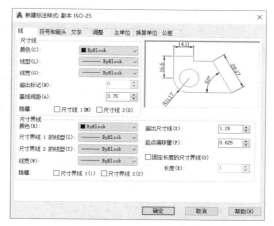

图 8-43 "创建新标注样式"对话框　　图 8-44 "新建标注样式：副本 Standard"对话框

8.4.1 "线"选项卡

如图 8-44 所示，"线"选项卡主要用于设置尺寸线、尺寸界线的格式和特性等变量。

● "尺寸线"选项组

◇ "颜色"下拉列表用于设置尺寸线的颜色。
◇ "线型"下拉列表用于设置尺寸线的线型。
◇ "线宽"下拉列表用于设置尺寸线的线宽。
◇ "超出标记"微调按钮用于设置尺寸线超出尺寸界限的长度。

⚡ 小技巧

当只有在选择建筑标记箭头时，"超出标记"微调按钮才处于可用状态。

◇ "基线间距"微调按钮用于设置在基线标注时两条尺寸线之间的距离。

● **"尺寸界线"选项组**

◇ "颜色"下拉列表用于设置尺寸界线的颜色。

◇ "线宽"下拉列表用于设置尺寸界线的线宽。

◇ "尺寸界线1的线型"下拉列表用于设置尺寸界线1的线型。

◇ "尺寸界线2的线型"下拉列表用于设置尺寸界线2的线型。

◇ "超出尺寸线"微调按钮用于设置尺寸界线超出尺寸线的长度。

◇ "起点偏移量"微调按钮用于设置尺寸界线起点与被标注对象之间的距离。

◇ 勾选"固定长度的尺寸界线"复选框后，可以在下侧的"长度"文本框中设置尺寸界线的固定长度。

8.4.2 "符号和箭头"选项卡

如图8-45所示，"符号和箭头"选项卡用于设置箭头、圆心标记、弧长符号和半径折弯标注等参数。

图 8-45 "符号和箭头"选项卡

● **"箭头"选项组**

◇ "第一个/第二个"下拉列表用于设置箭头的形状。

◇ "引线"下拉列表用于设置引线箭头的形状。

◇ "箭头大小"微调按钮用于设置箭头的大小。

● **"圆心标记"选项组**

◇ "无"单选按钮表示不添加圆心标记。

◇ "标记"单选按钮用于为圆添加十字形标记。

◇ "直线"单选按钮用于为圆添加直线形标记。

◇ "标记"微调按钮用于设置圆心标记的大小。

- **"折断标注"选项组**

  ◇ "折断大小"微调按钮用于设置打断标注的大小。

- **"弧长符号"选项组**

  ◇ "标注文字的前缀"单选按钮用于为弧长标注添加前缀。
  ◇ "标注文字的上方"单选按钮用于设置标注文字的位置。
  ◇ "无"单选按钮表示在弧长标注上不出现弧长符号。

- **"半径折弯标注"选项组**

  ◇ "折弯角度"文本框用于设置半径折弯的角度。

- **"线性折弯标注"选项组**

  ◇ "折弯高度因子"微调按钮用于设置线性折弯的高度因子。

8.4.3 "文字"选项卡

如图 8-46 所示,"文字"选项卡用于设置标注文字样式、文字颜色、文字位置及文字对齐方式等参数。

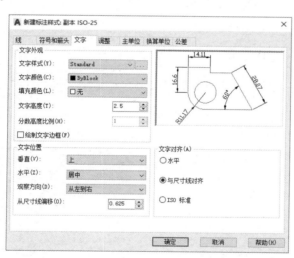

图 8-46 "文字"选项卡

- **"文字外观"选项组**

  ◇ "文字样式"下拉列表用于设置标注文字的样式。单击右端的 ... 按钮可以弹出"文字样式"对话框,用于新建或修改文字样式。
  ◇ "文字颜色"下拉列表用于设置标注文字的颜色。
  ◇ "填充颜色"下拉列表用于设置尺寸文本的背景色。
  ◇ "文字高度"微调按钮用于设置标注文字的高度。

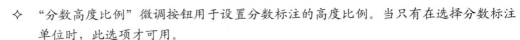
◇ "分数高度比例"微调按钮用于设置分数标注的高度比例。当只有在选择分数标注单位时，此选项才可用。

◇ "绘制文字边框"复选框用于设置是否为标注文字加上边框。

● **"文字位置"选项组**

◇ "垂直"下拉列表用于设置标注文字相对于尺寸线垂直方向的放置位置。

◇ "水平"下拉列表用于设置标注文字相对于尺寸线水平方向的放置位置。

◇ "观察方向"下拉列表用于设置标注文字的观察方向。

◇ "从尺寸线偏移"微调按钮用于设置标注文字与尺寸线之间的距离。

● **"文字对齐"选项组**

◇ "水平"单选按钮用于设置标注文字以水平方向放置。

◇ "与尺寸线对齐"单选按钮用于设置标注文字与尺寸线平行的方向放置。

◇ "ISO 标准"单选按钮用于根据 ISO 标准设置标注文字。

> ### ▦ 小技巧
>
> "ISO 标准"是"水平"与"与尺寸线对齐"两者的综合。当标注文字在尺寸界线中时，就会采用"与尺寸线对齐"对齐方式；当标注文字在尺寸界线外时，就会采用"水平"对齐方式。

8.4.4　"调整"选项卡

如图 8-47 所示，"调整"选项卡主要用于设置标注文字与尺寸线、尺寸界线等之间的位置。

图 8-47　"调整"选项卡

● **"调整选项"选项组**

◇ "文字或箭头（最佳效果）"单选按钮用于自动调整文字与箭头的位置，使两者达到最佳效果。

◇ "箭头"单选按钮用于将箭头移到尺寸界线外。

◇ "文字"单选按钮用于将文字移到尺寸界线外。

◇ "文字和箭头"单选按钮用于将文字与箭头都移到尺寸界线外。

◇ "文字始终保持在尺寸界线之间"单选按钮用于将文字始终放置在尺寸界线之间。

● "文字位置"选项组

◇ "尺寸线旁边"单选按钮用于将文字放置在尺寸线旁边。

◇ "尺寸线上方,带引线"单选按钮用于将文字放置在尺寸线上方,并添加引线。

◇ "尺寸线上方,不带引线"单选按钮用于将文字放置在尺寸线上方,但不添加引线引导。

● "标注特征比例"选项组

◇ "注释性"复选框用于设置标注为注释性标注。

◇ "使用全局比例"单选按钮用于设置标注的比例因子。

◇ "将标注缩放到布局"单选按钮用于根据当前模型空间的视口与布局空间的大小来确定比例因子。

● "优化"选项组

◇ "手动放置文字"复选框用于手动放置标注文字。

◇ "在尺寸界线之间绘制尺寸线"复选框是在标注圆弧或圆时,尺寸线始终在尺寸界线之间。

8.4.5 "主单位"选项卡

如图 8-48 所示,"主单位"选项卡用于设置线性标注和角度标注的单位格式及精确度等参数变量。

图 8-48 "主单位"选项卡

● "线性标注"选项组

◇ "单位格式"下拉列表用于设置线性标注的单位格式,默认值为小数。

◇ "精度"下拉列表用于设置尺寸的精度。

◇ "分数格式"下拉列表用于设置分数的格式。只有当"单位格式"为"分数"时，此下拉列表才可用。

◇ "小数分隔符"下拉列表用于设置小数的分隔符号。

◇ "舍入"微调按钮用于设置除角度外的标注测量值的四舍五入规则。

◇ "前缀"文本框用于设置标注文字的前缀，可以为数字、文字、符号。

◇ "后缀"文本框用于设置标注文字的后缀，可以为数字、文字、符号。

● **"测量单位比例"选项组**

◇ "比例因子"微调按钮用于设置除角度外的标注比例因子。

◇ "仅应用到布局标注"复选框仅对在布局中创建的标注应用线性比例值。

● **"消零"选项组**

◇ "前导"复选框用于消除小数点前面的零。当标注文字小于 1 时，例如为"0.5"，勾选此复选框后，"0.5"将变为".5"，前面的零已消除。

◇ "后续"复选框用于消除小数点后面的零。

◇ "0 英尺"复选框用于消除零英尺前的零。只有当"单位格式"设置为"工程"或"建筑"时，此复选框才可用。

◇ "0 英寸"复选框用于消除英寸后的零。

● **"角度标注"选项组**

◇ "单位格式"下拉列表用于设置角度标注的单位格式。

◇ "精度"下拉列表用于设置角度的小数位数。

◇ "前导"复选框消除角度标注前面的零。

◇ "后续"复选框消除角度标注后面的零。

8.4.6 "换算单位"选项卡

图 8-49 "换算单位"选项卡

如图 8-49 所示，"换算单位"选项卡用于显示和设置标注文字的换算单位、精度等变量。

● **"换算单位"选项组**

◇ "单位格式"下拉列表用于设置换算单位格式。

◇ "精度"下拉列表用于设置换算单位的小数位数。

◇ "换算单位倍数"微调按钮用于设置主单位与换算单位之间的换算因子的倍数。

◇ "舍入精度"微调按钮用于设置换算单位

的四舍五入规则。

❖ "前缀"文本框输入的值将显示在换算单位的前面。

❖ "后缀"文本框输入的值将显示在换算单位的后面。

● "消零"选项组

❖ "消零"选项组用于消除换算单位的前导和后继零，以及英尺、英寸前后的零。

● "位置"选项组

❖ "主值后"单选按钮将换算单位放在主单位之后。

❖ "主值下"单选按钮将换算单位放在主单位之下。

8.4.7　"公差"选项卡

如图 8-50 所示，"公差"选项卡主要用于设置尺寸的公差格式和换算单位。

● "公差格式"选项组

❖ "方式"下拉列表用于设置公差的形式。在此下拉列表中有"无"、"对称"、"极限偏差"、"极限尺寸"和"基本尺寸"5 个选项，如图 8-51 所示。

❖ "精度"下拉列表用于设置公差值的小数位数。

❖ "上偏差" / "下偏差"微调按钮用于设置上下偏差值。

❖ "高度比例"微调按钮用于设置公差文字与基本标注文字的高度比例。

❖ "垂直位置"下拉列表用于设置基本标注文字与公差文字的相对位置。

图 8-50　"公差"选项卡

图 8-51　"方式"下拉列表

8.5　尺寸标注的编辑

本节主要学习"打断标注""标注更新"和"倾斜标注"等命令，以对标注进行编辑和更新。

8.5.1 打断标注

"打断"命令用于在尺寸线、尺寸界线与几何对象或其他标注相交的位置将其打断。执行"打断"命令主要有以下几种方式。

◇ 单击"注释"选项卡→"标注"面板→"打断"按钮。

◇ 选择菜单栏中的"标注"→"打断"命令。

◇ 在命令行中输入 Dimbreak 后按 Enter 键。

执行"打断"命令后，命令行操作如下。

```
命令: _dimbreak
选择要添加/删除打断的标注或 [多个(M)]://选择尺寸为100的标注
选择要打断标注的对象或 [自动(A)/手动(M)/删除(R)] <自动>:
//选择与尺寸线相交的垂直轮廓线
选择要打断标注的对象:              //Enter，结束命令，打断标注结果如图 8-52 所示
1 个对象已修改
```

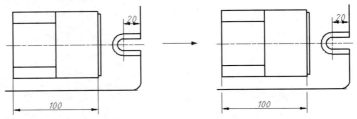

图 8-52　打断标注结果

小技巧

"手动"选项用于手动定位打断位置；"删除"选项用于恢复被打断的尺寸对象。

8.5.2 标注更新

"更新"命令用于将尺寸对象的样式更新为当前尺寸标注样式，还可以将当前的标注样式进行保存，以供随时调用。

● "更新"命令的执行方式

执行"更新"命令主要有以下几种方式。

◇ 单击"注释"选项卡→"标注"面板→"更新"按钮。

◇ 选择菜单栏中的"标注"→"更新"命令。

◇ 在命令行中输入 Dimstyle 后按 Enter 键。

执行"更新"命令后，选择需要更新的尺寸即可，命令行操作如下。

```
命令: _dimstyle
当前标注样式:NEWSTYLE 注释性: 否
```

> 输入标注样式选项 [注释性 (AN) /保存 (S) /恢复 (R) /状态 (ST) /变量 (V) /应用 (A) /?] <恢复>:
> 选择对象: //选择需要更新的尺寸
> 选择对象: //Enter，结束命令

📖 选项解析

部分选项解析如下。

❖ "状态"选项用于以文本窗口的形式显示当前标注样式的数据。
❖ "应用"选项将选择的标注对象自动更换为当前标注样式。
❖ "保存"选项用于将当前标注样式存储为用户定义的样式。
❖ "恢复"选项用于恢复已定义过的标注样式。

8.5.3 倾斜标注

"倾斜"命令用于修改标注文字的内容、旋转角度及尺寸界线的倾斜角度等。

● "倾斜"命令的执行方式

执行"倾斜"命令主要有以下几种方式。

❖ 单击"注释"选项卡→"标注"面板→"倾斜"按钮 ⊬。
❖ 选择菜单栏中的"标注"→"倾斜"命令。
❖ 在命令行中输入 Dimedit 后按 Enter 键。

执行"倾斜"命令后，命令行操作如下。

> 命令: _dimedit
> 输入标注编辑类型 [默认 (H) /新建 (N) /旋转 (R) /倾斜 (O)] <默认>: o
> 选择对象: //选择如图 8-53（左）所示的尺寸
> 选择对象: //Enter
> 输入倾斜角度（按 Enter 表示无）:   //-45 Enter，倾斜标注结果如图 8-53（右）所示

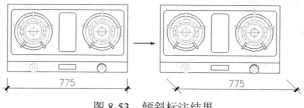

图 8-53 倾斜标注结果

📖 选项解析

选项解析如下。

❖ 使用"默认"选项可以将倾斜的尺寸界限恢复到原有状态。
❖ 使用"新建"选项可以修改标注文字的内容。

◇ 使用"旋转"选项可以旋转尺寸线。

◇ 使用"倾斜"选项可以修改尺寸界线的角度。

8.5.4 标注间距

"标注间距"命令用于自动调整平行的线性标注和角度标注之间的间距，或者根据指定的间距值进行调整，执行"标注间距"命令主要有以下几种方式。

◇ 单击"注释"选项卡→"标注"面板→"标注间距"按钮 Ⅱ。

◇ 选择菜单栏中的"标注"→"标注间距"命令。

◇ 在命令行中输入 Dimspace 后按 Enter 键。

执行"标注间距"命令，命令行操作如下。

```
命令: _dimspace
选择基准标注:                  //选择尺寸文字为16.0的标注
选择要产生间距的标注:          //选择其他3个标注,
选择要产生间距的标注:          //Enter
输入值或 [自动(A)] <自动>:     //10 Enter，调整结果如图8-54所示
```

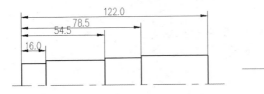
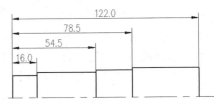

图 8-54　调整结果

∴∴∴ 小技巧

"自动"选项用于根据现有尺寸位置，自动调整各尺寸对象的位置，使其间隔相等。

8.5.5 编辑标注文字

编辑标注文字命令用于重新调整标注文字的放置位置及标注文字的旋转角度。

● **编辑标注文字命令的执行方式**

执行编辑标注文字命令主要有以下几种方式。

◇ 单击"注释"选项卡→"标注"面板→"文字角度"按钮 ✎。

◇ 选择"标注"→"对齐文字"子菜单中的相应命令。

◇ 在命令行中输入 Dimtedit 后按 Enter 键。

下面通过简单实例，学习编辑标注文字命令的使用方法和操作技巧，操作步骤如下。

Step 01 执行"线性"命令，标注如图8-55所示的尺寸。

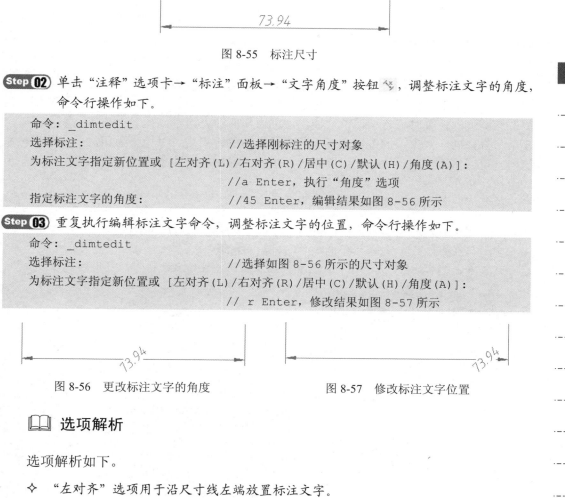

图 8-55　标注尺寸

Step 02 单击"注释"选项卡→"标注"面板→"文字角度"按钮，调整标注文字的角度，命令行操作如下。

命令：_dimtedit
选择标注：　　　　　　　　//选择刚标注的尺寸对象
为标注文字指定新位置或 [左对齐(L)/右对齐(R)/居中(C)/默认(H)/角度(A)]：
　　　　　　　　　　　　//a Enter，执行"角度"选项
指定标注文字的角度：　　　//45 Enter，编辑结果如图 8-56 所示

Step 03 重复执行编辑标注文字命令，调整标注文字的位置，命令行操作如下。

命令：_dimtedit
选择标注：　　　　　　　　//选择如图 8-56 所示的尺寸对象
为标注文字指定新位置或 [左对齐(L)/右对齐(R)/居中(C)/默认(H)/角度(A)]：
　　　　　　　　　　　　// r Enter，修改结果如图 8-57 所示

图 8-56　更改标注文字的角度　　　　图 8-57　修改标注文字位置

选项解析

选项解析如下。

◇　"左对齐"选项用于沿尺寸线左端放置标注文字。
◇　"右对齐"选项用于沿尺寸线右端放置标注文字。
◇　"居中"选项用于把标注文字放在尺寸线的中心。
◇　"默认"选项用于将标注文字移回默认位置。
◇　"角度"选项用于旋转标注文字。

8.6　图形参数化

参数化绘图功能位于"参数"菜单栏中，使用这种参数化绘图功能，可以让用户通过基于设计意图的几何图形添加约束，从而高效率地对设计进行修改，提高生产力。

约束是一种规则，它可以决定图形对象彼此之间的放置位置及其标注。对一个对象所做的更改可能会影响其他对象，通常在工程的设计阶段使用约束。

为几何图形添加约束，具体有几何约束和标注约束两种，下面将学习这两种约束功能。

8.6.1　几何约束功能

几何约束可以确定对象之间或对象上的点之间的几何关系，在创建几何约束后，它们可以限制可能会违反约束的所有更改。例如，如果一条直线被约束为与圆弧相切，当更改该圆弧的位置时将自动保留切线，这称为几何约束。

另外，同一对象上的关键点或不同对象上的关键点均可以约束为相对于当前坐标系统的垂直或水平方向。例如，可以指定两个圆一直同心、两条直线一直水平，或者矩形的一边一直水平等。

执行"几何约束"命令主要有以下几种方式。

◇　选择"参数"→"几何约束"子菜单中的相应命令，如图 8-58 所示。
◇　在命令行中输入 GeomConstraint 后按 Enter 键。
◇　单击"参数化"选项卡→"几何"面板上的各种约束按钮，如图 8-59 所示。

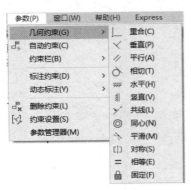

图 8-58　"几何约束"子菜单

图 8-59　"几何"面板

8.6.2　添加几何约束

下面通过为图形添加固定约束和相切约束，学习使用"几何约束"功能，操作步骤如下。

Step 01 绘制一个圆及一条直线，如图 8-60 所示。

Step 02 选择菜单栏中的"参数"→"几何约束"→"固定"命令，为圆添加固定约束，命令行操作如下。

```
命令: _geomconstraint
输入约束类型 [水平(H)/竖直(V)/垂直(P)/平行(PA)/相切(T)/平滑(SM)/重合(C)/同心
(CON)/共线(COL)/对称(S)/相等(E)/固定(F)] <相切>:_fix
选择点或 [对象(O)] <对象>:
//在如图 8-60 所示的圆轮廓线上单击，为其添加固定约束，约束后的效果如图 8-61 所示
```

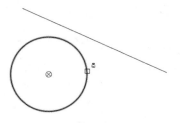

图 8-60　选择圆

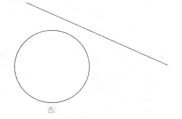

图 8-61　添加固定约束

Step 03 选择菜单栏中的"参数"→"几何约束"→"相切"命令,为圆和直线添加相切约束,使直线与圆图形相切,命令行操作如下。

命令:_geomconstraint
输入约束类型[水平(H)/竖直(V)/垂直(P)/平行(PA)/相切(T)/平滑(SM)/重合(C)/同心(CON)/共线(COL)/对称(S)/相等(E)/固定(F)] <固定>:_tangent
选择第一个对象:　　//选择如图 8-62 所示的圆
选择第二个对象:
//选择如图 8-63 所示的直线,添加约束后,两个对象被约束为相切,结果如图 8-64 所示

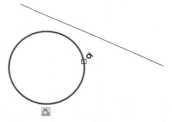

图 8-62　拾取相切对象(1)

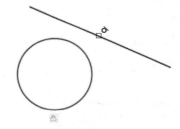

图 8-63　拾取相切对象(2)

Step 04 选择菜单栏中的"参数"→"约束栏"→"全部隐藏"命令,可以将约束标记进行隐藏,结果如图 8-65 所示。

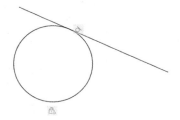

图 8-64　相切约束结果

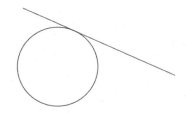

图 8-65　隐藏标记后的效果

Step 05 选择菜单栏中的"参数"→"约束栏"→"全部显示"命令,可以将隐藏的约束标记全部显示。

8.6.3　标注约束功能

标注约束可以确定对象、对象上的点之间的距离或角度,也可以确定对象的大小。

共有对齐、水平、竖直、角度、半径和直径 6 种类型的标注约束。标注约束包括名称和值，具有以下特点。

◇ 当缩小或放大视图时，标注约束大小不变。

◇ 可以轻松控制标注约束的显示或隐藏状态。

◇ 以固定的标注样式显示。

◇ 提供有限的夹点功能。

◇ 在打印时不显示标注约束。

执行"标注约束"命令主要有以下几种方式。

◇ 选择"参数"→"标注约束"子菜单中的相应命令，如图 8-66 所示。

◇ 在命令行中输入 GeomConstraint 后按 Enter 键。

◇ 单击"参数化"选项卡→"标注"面板中的按钮，如图 8-67 所示。

图 8-66 "标注约束"子菜单

图 8-67 "标注"面板

8.7 上机实训——标注零件三视图尺寸

本实训通过标注零件三视图中的各类尺寸，对本章所学知识进行综合练习和巩固。零件三视图尺寸的最终标注效果如图 8-68 所示。

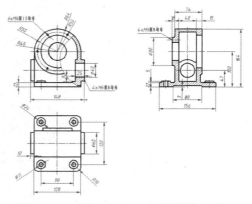

图 8-68 零件三视图尺寸的最终标注效果

操作步骤如下。

Step 01 执行"打开"命令，打开配套资源中的"素材文件\8-6.dwg"。

Step 02 单击"默认"选项卡→"图层"面板→"图层控制"下拉按钮，打开"图层控制"下拉列表，将"标注线"设置为当前图层。

Step 03 单击"样式"工具栏或面板中的"标注样式"按钮，执行"打开"命令，弹出"标注样式管理器"对话框。

Step 04 在"标注样式管理器"对话框中单击 新建(N)... 按钮，弹出"创建新标注样式"对话框，在"新样式名"文本框中输入"机械样式"，如图 8-69 所示。

Step 05 单击 继续 按钮，弹出"新建标注样式：机械样式"对话框，在"线"选项卡内设置基线间距、起点偏移量等参数，如图 8-70 所示。

图 8-69 "创建新标注样式"对话框

Step 06 选择"符号和箭头"选项卡，设置箭头大小及圆心标记等参数，如图 8-71 所示。

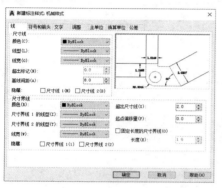

图 8-70 "线"选项卡

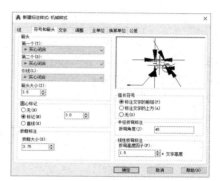

图 8-71 "符号和箭头"选项卡

Step 07 选择"文字"选项卡，设置文字样式、文字颜色、文字高度等参数，如图 8-72 所示。

Step 08 选择"调整"选项卡，设置文字位置及标注特征比例等，如图 8-73 所示。

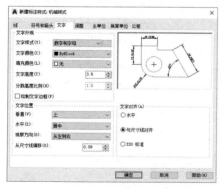

图 8-72 "文字"选项卡

图 8-73 "调整"选项卡

Step 09 选择"主单位"选项卡，设置单位格式及比例因子参数，如图 8-74 所示。

Step 10 单击 确定 按钮返回"标注样式管理器"对话框，新设置的尺寸样式出现在预览框中，如图 8-75 所示。

图 8-74　"主单位"选项卡

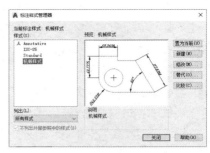

图 8-75　"标注样式管理器"对话框

Step 11 参照上述操作步骤，以刚创建的"机械样式"作为基础样式，创建名为"新建标注样式：角度标注"的新样式，参数设置如图 8-76 所示。

Step 12 返回"标注样式管理器"对话框，选择"机械样式"，单击 置为当前(U) 按钮，将"机械样式"设置为当前样式，同时关闭该对话框。

Step 13 单击"注释"选项卡→"标注"面板→"线性"按钮 ⊢⊢，配合交点捕捉功能标注零件图右侧的总宽尺寸，命令行操作如下。

```
命令：_dimlinear
指定第一条尺寸界线原点或 <选择对象>：      //捕捉如图 8-77 所示的交点
指定第二条尺寸界线原点：                  //捕捉如图 8-78 所示的交点
指定尺寸线位置或[多行文字(M)/文字(T)/角度(A)/水平(H)/垂直(V)/旋转(R)]：
                    //向下移动光标，在适当位置拾取点，标注结果如图 8-79 所示
标注文字 = 164
```

图 8-76　设置角度标注样式参数

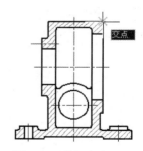

图 8-77　捕捉交点（1）

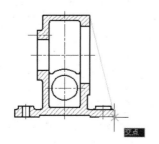

图 8-78　捕捉交点（2）

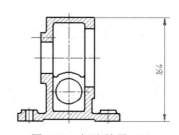

图 8-79　标注结果（1）

Step 14 单击"注释"选项卡→"标注"面板→"对齐"按钮 ，配合交点捕捉功能标注零
件图下侧的总长尺寸，命令行操作如下。

命令：_dimaligned
指定第一条尺寸界线原点或 <选择对象>：//捕捉如图 8-80 所示的交点
指定第二条尺寸界线原点：　　　　　//捕捉如图 8-81 所示的交点
指定尺寸线位置或[多行文字(M)/文字(T)/角度(A)]：
　　　　　　　　　　　　　//在适当位置指定尺寸线位置,标注结果如图 8-82 所示
标注文字 = 156

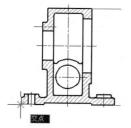

图 8-80　捕捉交点（3）

图 8-81　捕捉交点（4）

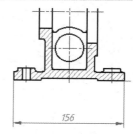

图 8-82　标注结果（2）

Step 15 重复执行"线性"命令或"对齐"命令，配合交点捕捉或端点捕捉功能，分别标注
零件图其他位置的尺寸，标注结果如图 8-83 所示。

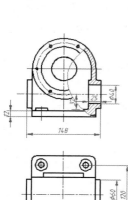

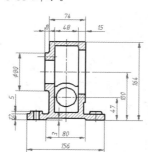

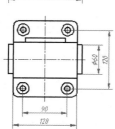

图 8-83　标注其他尺寸

Step 16 单击"注释"选项卡→"标注"面板→"半径"按钮 ，标注主视图中的半径尺寸，
命令行操作如下。

命令：_dimradius
选择圆弧或圆：　　　　　　　　　　　　　　//选择如图 8-84 所示的圆弧
标注文字 = 64
指定尺寸线位置或 [多行文字(M)/文字(T)/角度(A)]：
//指定尺寸的位置,标注结果如图 8-85 所示

Step 17 重复执行"半径"命令，分别标注零件图其他位置的半径尺寸，标注结果如图 8-86 所示。

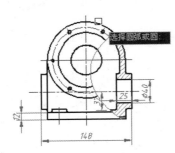

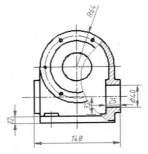

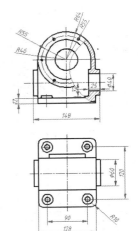

图 8-84　选择圆弧　　　　图 8-85　标注结果（3）　　　　图 8-86　标注其他半径尺寸

Step 18 单击"注释"选项卡→"标注"面板→"直径"按钮◎，标注零件俯视图中的直径尺寸，命令行操作如下。

```
命令：_dimdiameter
选择圆弧或圆：                      //选择如图 8-87 所示的圆
标注文字 = 24
指定尺寸线位置或 [多行文字(M)/文字(T)/角度(A)]：
//指定尺寸的位置，标注结果如图 8-88 所示
```

Step 19 重复执行"直径"命令，标注零件俯视图其他位置的直径尺寸，结果如图 8-89 所示。

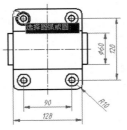

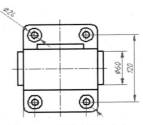

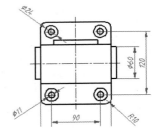

图 8-87　选择圆（1）　　　　图 8-88　标注结果（4）　　　　图 8-89　标注其他直径尺寸

Step 20 接下来重复执行"直径"命令，标注主视图中的引线注释，命令行操作如下。

```
命令：_dimdiameter
选择圆弧或圆：                  //选择如图 8-90 所示的圆
标注文字 = 4.2
指定尺寸线位置或 [多行文字(M)/文字(T)/角度(A)]：  //t Enter
输入标注文字 <4.2>：     //6×M6 深 10 均布 Enter
指定尺寸线位置或 [多行文字(M)/文字(T)/角度(A)]：
                  //指定尺寸线位置，标注结果如图 8-91 所示
```

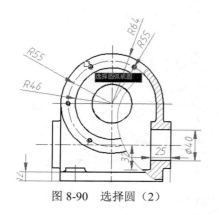

图 8-90 选择圆（2）

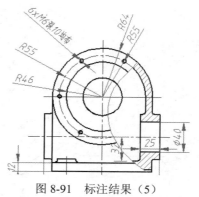

图 8-91 标注结果（5）

Step 21 夹点显示刚标注的尺寸，然后执行"特性"命令，在打开的"特性"面板中将"文字界外对齐"模式关闭，如图 8-92 所示，特性编辑后的效果如图 8-93 所示。

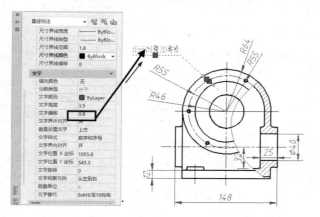

图 8-92 修改尺寸内部特性

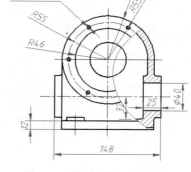

图 8-93 特性编辑后的效果

Step 22 使用快捷键 LE 执行"快速引线"命令，使用命令中的"设置"选项打开"引线设置"对话框，设置引线参数如图 8-94 和图 8-95 所示，为主视图标注如图 8-96 所示的引线注释。

Step 23 执行"另存为"命令，将图形名存储为"上机实训一——标注零件三视图尺寸.dwg"。

图 8-94 "引线和箭头"选项卡

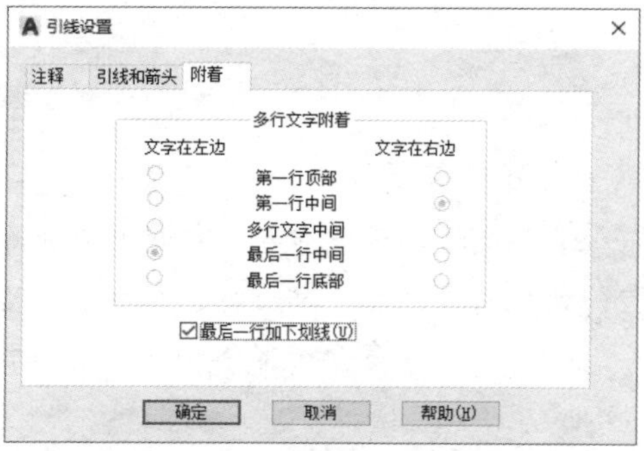

图 8-95 "附着"选项卡

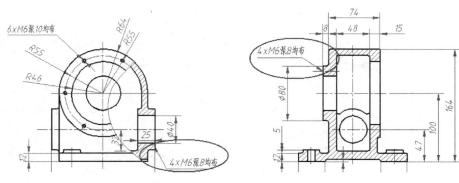

图 8-96　标注引线注释

8.8　上机实训二——标注零件三视图公差

本实训通过为零件标注三视图公差，继续对本章重点知识进行综合练习和巩固，零件三视图公差的最终标注效果如图 8-97 所示。

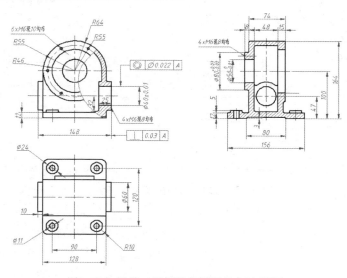

图 8-97　零件三视图公差的最终标注效果

操作步骤如下。

Step 01 执行"打开"命令，打开配套资源中的"素材文件\8-7.dwg"。

Step 02 选择菜单栏中的"标注"→"线性"命令，配合端点捕捉功能标注左视图上侧的尺寸公差，命令行操作如下。

```
命令：_dimlinear
指定第一条尺寸界线原点或 <选择对象>：        //捕捉如图 8-98 所示的端点
指定第二条尺寸界线原点：                      //捕捉如图 8-99 所示的端点
```

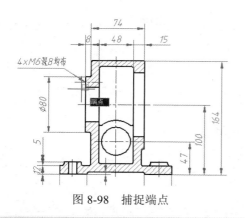

图 8-98　捕捉端点

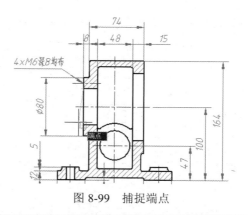

图 8-99　捕捉端点

指定尺寸线位置或[多行文字(M)/文字(T)/角度(A)/水平(H)/垂直(V)/旋转(R)]:
//m Enter，打开如图 8-100 所示的"文字编辑器"窗口

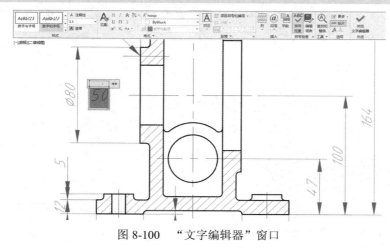

图 8-100　"文字编辑器"窗口

Step 03 将光标移至标注文字前，然后为标注文字添加直径前缀和公差后缀，如图 8-101 所示。

Step 04 在多行文字输入框内选择公差后缀，然后单击 按钮进行堆叠，如图 8-102 所示。

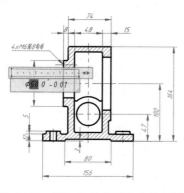

图 8-101　添加直径前缀和公差后缀

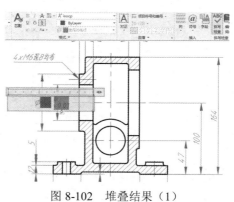

图 8-102　堆叠结果（1）

Step 05 返回绘图区根据命令行的提示指定尺寸线位置，标注结果如图 8-103 所示。

Step 06 单击"标注"工具栏→"编辑标注"按钮，或者在标注文字为 80 的尺寸上双击，打开"文字编辑器"窗口，然后输入如图 8-104 所示的公差后缀。

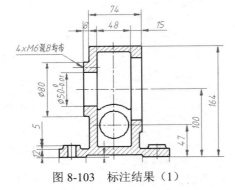

图 8-103　标注结果（1）

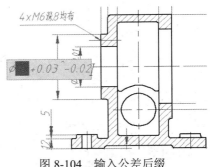

图 8-104　输入公差后缀

Step 07 选择如图 8-105 所示的公差后缀，然后单击 按钮进行堆叠，堆叠后的结果如图 8-106 所示。

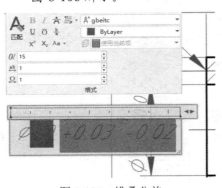

图 8-105　堆叠公差

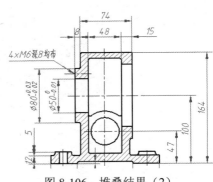

图 8-106　堆叠结果（2）

Step 08 接下来参照操作步骤 6～7，标注主视图中的尺寸公差，结果如图 8-107 所示。

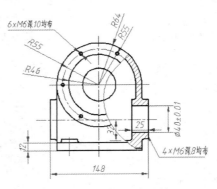

图 8-107　标注尺寸公差

Step 09 使用快捷键 LE 执行"快速引线"命令，使用命令中的"设置"选项弹出"引线设置"对话框，设置引线注释类型为"公差"，如图 8-108 所示，设置其他参数如图 8-109 所示。

图 8-108 设置注释类型

图 8-109 设置引线和箭头

Step 10 单击 确定 按钮，返回绘图区，根据命令行的提示，配合端点捕捉功能，在如图 8-110 所示的位置指定第一个引线点。

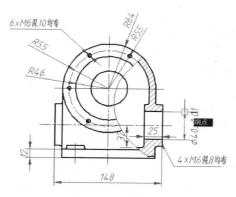

图 8-110 指定第一个引线点

Step 11 继续根据命令行的提示，分别在适当位置指定另外两个引线点，弹出"形位公差"对话框。

Step 12 在"形位公差"对话框中的"符号"颜色块上单击，弹出"特征符号"对话框，然后选择如图 8-111 所示的公差符号。

Step 13 返回"形位公差"对话框，在"公差 1"选项组的颜色块上单击，添加直径符号、输入公差值等，如图 8-112 所示。

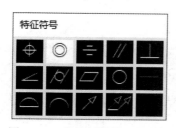

图 8-111 "特征符号"对话框

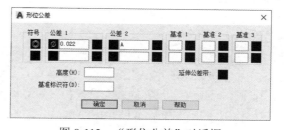

图 8-112 "形位公差"对话框

Step 14 单击 确定 按钮，关闭"形位公差"对话框，结果如图 8-113 所示。

Step 15 参照操作步骤 9～14，使用"快速引线"命令标注主视图下侧的形位公差，结果如图 8-114 所示。

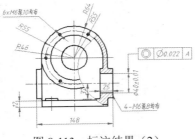

图 8-113　标注结果（2）

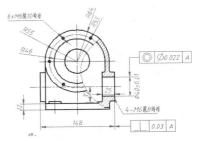

图 8-114　标注主视图下侧的形位公差

Step 16 在无命令执行的前提下夹点显示如图 8-115 所示的半径尺寸和直径尺寸，然后单击"标注样式控制"下拉列表，修改其标注样式为"角度标注"，修改后的效果如图 8-116 所示。

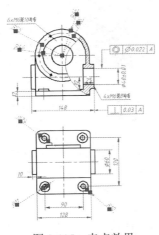

图 8-115　夹点效果

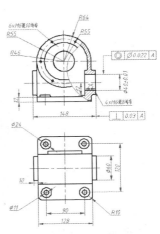

图 8-116　修改结果

Step 17 执行"另存为"命令，将图形名存储为"上机实训二——标注零件三视图公差.dwg"。

8.9 小结与练习

8.9.1 小结

尺寸是图纸的重要组成部分，本章重点介绍了 AutoCAD 的尺寸标注工具和尺寸标注技巧，同时还介绍了尺寸样式的设置和尺寸的编辑修改等内容，需要重点掌握的知识如下。

（1）了解各种基本尺寸标注工具，掌握"线性""对齐""半径""直径""角度"和"坐标"各类基本尺寸的标注技能。

（2）了解各种复合尺寸的标注命令，具体有"基线""连续"和"快速标注"3个命令。

（3）在编辑尺寸时，需要重点掌握"标注间距""倾斜标注"和"标注打断"等命令。

（4）了解和掌握圆心标记、形状公差及位置公差的具体标注方法和相关标注技巧。

（5）了解尺寸的组成及各尺寸元素之间的相互协调技能，掌握"标注样式"的设置、修改、替代等技能。

8.9.2 练习题

（1）综合运用所学知识，标注户型布置图尺寸，如图 8-117 所示。

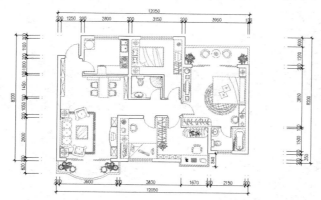

图 8-117 标注户型布置图尺寸

⚙ 操作提示

本练习题的素材文件位于配套资源中的"素材文件\"目录下，文件名为"8-8.dwg"。

（2）综合运用所学知识，标注零件图尺寸和公差，如图 8-118 所示。

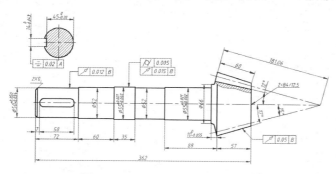

图 8-118 标注零件图尺寸和公差

⚙ 操作提示

本练习题的素材文件位于配套资源中的"素材文件\"目录下，文件名为"8-9.dwg"。

第9章

文字、表格与信息查询

文字是另外一种表达施工图纸信息的方式，用于表达图形无法传递的一些文字信息，是图纸中不可缺少的一项内容。本章主要讲述 AutoCAD 的文字与表格的创建功能，以及信息查询功能。

内容要点

- ◆ 创建单行文字
- ◆ 创建引线文字
- ◆ 查询图形信息
- ◆ 上机实训一——文字工具的典型应用
- ◆ 创建多行文字
- ◆ 编辑文字内容
- ◆ 表格与表格样式
- ◆ 上机实训二——引线文字的应用

9.1 创建单行文字

本节主要学习文字样式的设置功能及文字、符号的创建功能，具体有"文字样式"和"单行文字"两个命令。

9.1.1 设置文字样式

"文字样式"命令用于控制文字的外观效果，如字体、字号、倾斜角度、旋转角度及其他的特殊效果等，相同内容的文字，如果使用不同的文字样式，其外观效果也不相同，如图 9-1 所示。

AutoCAD　　AutoCAD　　AutoCAD
培训中心　　**培训中心**　　*培训中心*

图 9-1　文字样式示例

执行"文字样式"命令主要有以下几种方式。

◇　单击"默认"选项卡→"注释"面板→"文字样式"按钮 A，。

◇　选择菜单栏中的"格式"→"文字样式"命令。

◇　在命令行中输入 Style 后按 Enter 键。

◇　使用快捷键 ST。

下面学习"文字样式"命令的使用方法和相关文字元素的具体设置技能，操作步骤如下。

Step 01 设置新样式。单击"默认"选项卡→"注释"面板→"文字样式"按钮 A，，弹出"文字样式"对话框，如图 9-2 所示。

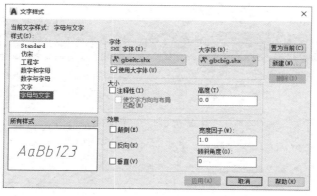

图 9-2　"文字样式"对话框

Step 02 单击 新建(N)... 按钮，在弹出的"新建文字样式"对话框中为新样式赋名，如图 9-3 所示，单击"确定"按钮。

Step 03 设置字体。返回"文字样式"对话框，在"样式"列表框中选择"仿宋"选项。在"字体"选项组中单击"字体名"下拉按钮，在打开的"字体名"下拉列表中选择所需的字体，如图 9-4 所示。

图 9-3　"新建文字样式"对话框　　　　图 9-4　"字体名"下拉列表

小技巧

如果取消勾选"使用大字体"复选框，则所有".SHX"和 TrueType 字体都显示在列表中以供选择；如果选择 TrueType 字体，则在右侧"字体样式"下拉列表中可以设置当前字体样式，如图 9-5 所示；如果选择了编译型（.SHX）字体，且勾选了"使用大字体"复选框，则右端的下拉列表将变为如图 9-6 所示的状态，此时用于选择所需的大字体。

图 9-5　选择 TrueType 字体　　　　图 9-6　选择编译型（.SHX）字体

Step 04 设置字体高度。在"文字样式"对话框的"样式"列表框中选择"字母与文字"选项。在"高度"文本框中设置文字的高度。

小技巧

如果设置了字体的高度，则在创建文字时，命令行就不会再提示输入文字的高度。建议在此不设置字体的高度；"注释性"复选框用于为文字添加注释特性。

Step 05 设置文字效果。在"颠倒"复选框中设置文字为倒置状态；在"反向"复选框中设置文字为反向状态；在"垂直"复选框中控制文字呈垂直排列状态；在"倾斜角度"文本框中控制文字的倾斜角度状态，如图 9-7 所示。

倒置状态　　　　反向状态　　　　垂直排列状态　　　　倾斜角度状态

图 9-7　设置字体效果

Step 06 设置宽度因子。在"宽度因子"文本框中设置字体的宽高比。

小技巧

国标规定工程图样中的汉字应采用长仿宋体，宽高比为 0.7，当此比值大于 1.0 时，文字宽度放大，否则将缩小。

Step 07 单击 删除(D) 按钮，可以将多余的文字样式进行删除。

小技巧

默认的 Standard 样式、当前文字样式及在当前文件中已使过的文字样式，都不能被删除。

Step 08 单击 应用(A) 按钮，设置的文字样式被看作当前样式。

Step 09 单击"关闭"按钮，关闭"文字样式"对话框。

9.1.2 创建单行文字

"单行文字"命令主要通过命令行创建单行或多行的文字对象，所创建的每一行文字都被看作是一个独立的对象，如图 9-8 所示。

执行"单行文字"命令主要有以下几种方式。

AutoCAD 2020 从入门到精通

图 9-8 单行文字示例

- ◇ 单击"默认"选项卡→"注释"面板→"单行文字"按钮 A。
- ◇ 选择菜单栏中的"绘图"→"文字"→"单行文字"命令。
- ◇ 在命令行中输入 Dtext 后按 Enter 键。
- ◇ 使用快捷键 DT。

下面通过简单的实例学习"单行文字"命令的使用方法和操作技巧，操作步骤如下。

Step 01 新建空白文件。

Step 02 单击"默认"选项卡→"注释"面板→"单行文字"按钮 A，在命令行"指定文字的起点或 [对正(J)/样式(S)]:"提示下，在绘图区拾取一点作为文字的插入点。

小技巧

使用"样式"选项可以选择当前使用的文字样式。

Step 03 在"指定高度 <2.5>:"提示下输入 20 后按 Enter 键，设置文字高度。

Step 04 在"指定文字的旋转角度 <0>:"提示下按 Enter 键，采用当前设置。

Note

> ▚▚▚ **小技巧**
>
> 　　如果在"文字样式"对话框中定义了字体高度，则在此就不会出现"指定高度<2.5>："
> 的提示，AutoCAD 会按照定义的字体高度来创建文字。

Step 05 此时绘图区出现如图 9-9 所示的单行文字输入框，在命令行输入"AutoCAD 2022"，
如图 9-10 所示。

Step 06 按 Enter 键换行，然后输入第二行文字，如图 9-11 所示。

Step 07 连续两次按 Enter 键，结束"单行文字"命令。

图 9-9　单行文字输入框

AutoCAD 2020

图 9-10　输入文字

AutoCAD 2020
从入门到精通

图 9-11　输入第二行文字

9.1.3　文字对正方式

　　"文字的对正"指的是文字的哪一位置与插入点对齐，它基于如图 9-12 所示的 4 条
参考线，这 4 条参考线分别为顶线、中线、基线、底线，其中"中线"是大写字符高度
的水平中心线（即顶线至基线的中间），不是小写字符高度的水平中心线。

　　执行"单行文字"命令后，在命令行"指定文字的起点或 [对正(J)/样式(S)]:"提
示下激活"对正"选项，可打开如图 9-13 所示的对正选项菜单，同时命令行将显示
如下提示。

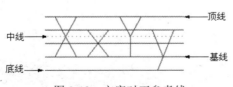

图 9-12　文字对正参考线

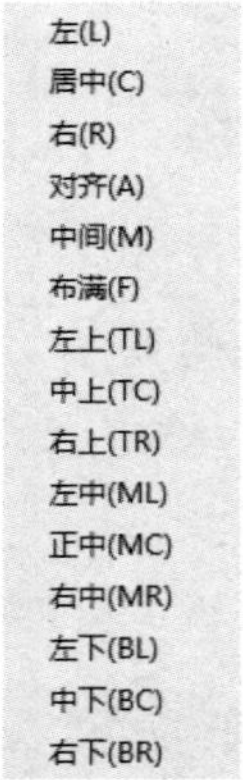

图 9-13　对正选项菜单

> "输入选项 [左(L)/居中(C)/右(R)/对齐(A)/中间(M)/布满(F)/左上(TL)/中上(TC)/右
> 上(TR)/左中(ML)/正中(MC)/右中(MR)/左下(BL)/中下(BC)/右下(BR)]:"

　　选项说明如下。

Note

- ◇ "左"选项用于提示用户拾取一点作为文字串基线的左端点，以基线的左端点对齐文字，此方式为默认方式。
- ◇ "居中"选项用于提示用户拾取文字的中心点，此中心点就是文字串基线的中点，即以基线的中点对齐文字。
- ◇ "右"选项用于提示用户拾取一点作为文字串基线的右端点，以基线的右端点对齐文字。
- ◇ "对齐"选项用于提示拾取文字基线的起点和终点，系统会根据起点和终点的距离自动调整字体高度。
- ◇ "中间"选项用于提示用户拾取文字的中间点，此中间点就是文字串基线的垂直中线和文字串高度的水平中线的交点。
- ◇ "布满"选项用于提示用户拾取文字基线的起点和终点，系统会以拾取的两点之间的距离自动调整宽度系数，但不改变字体高度。
- ◇ "左上"选项用于提示用户拾取文字串的左上点，此左上点就是文字串顶线的左端点，即以顶线的左端点对齐文字。
- ◇ "中上"选项用于提示用户拾取文字串的中上点，此中上点就是文字串顶线的中点，即以顶线的中点对齐文字。
- ◇ "右上"选项用于提示用户拾取文字串的右上点，此右上点就是文字串顶线的右端点，即以顶线的右端点对齐文字。
- ◇ "左中"选项用于提示用户拾取文字串的左中点，此左中点就是文字串中线的左端点，即以中线的左端点对齐文字。
- ◇ "正中"选项用于提示用户拾取文字串的中间点，此中间点就是文字串中线的中点，即以中线的中点对齐文字。
- ◇ "右中"选项用于提示用户拾取文字串的右中点，此右中点就是文字串中线的右端点，即以中线的右端点对齐文字。
- ◇ "左下"选项用于提示用户拾取文字串的左下点，此左下点就是文字串底线的左端点，即以底线的左端点对齐文字。
- ◇ "中下"选项用于提示用户拾取文字串的中下点，此中下点就是文字串底线的中点，即以底线的中点对齐文字。
- ◇ "右下"选项用于提示用户拾取文字串的右下点，此右下点就是文字串底线的右端点，即以底线的右端点对齐文字。

⠿ 小技巧

　　虽然"正中"和"中间"两种对正方式拾取的都是中间点，但这两个中间点的位置并不一定完全重合，只有输入的字符为大写或汉字时，此两点才重合。

9.2 创建多行文字

　　所谓"多行文字"，就是由"多行文字"命令创建的文字。无论创建的文字包含多少行、多少段，AutoCAD 都将其作为一个独立的对象，选择该对象后，对象的四角会显示出 4 个夹点，如图 9-14 所示。

Note

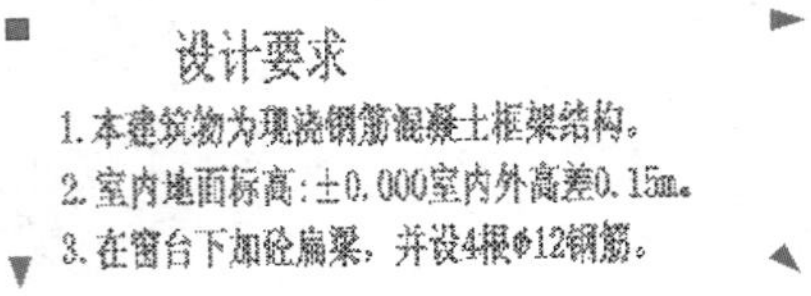

设计要求
1. 本建筑物为现浇钢筋混凝土框架结构。
2. 室内地面标高：±0.000室内外高差0.15m。
3. 在窗台下加砼扁梁，并设4根φ12钢筋。

图 9-14　多行文字示例

9.2.1　输入多行文字

"多行文字"命令也是一种较为常用的文字创建工具，较适合创建为复杂的文字，如多行文字及段落性文字等。

执行"多行文字"命令主要有以下几种方式。

◇　单击"默认"选项卡→"注释"面板→"多行文字"按钮 A。
◇　选择菜单栏中的"绘图"→"文字"→"多行文字"命令。
◇　在命令行中输入 Mtext 后按 Enter 键。
◇　使用快捷键 T。

下面通过创建如图 9-14 所示的段落文字，学习"多行文字"命令的使用方法和操作技巧，操作步骤如下。

Step 01 单击"默认"选项卡→"注释"面板→"多行文字"按钮 A，在命令行"指定第一角点:"提示下在绘图区拾取一点。

Step 02 在"指定对角点或 [高度(H)/对正(J)/行距(L)/旋转(R)/样式(S)/宽度(W)/栏(C)]]:"提示下拾取对角点，打开如图 9-15 所示的"文字编辑器"窗口。

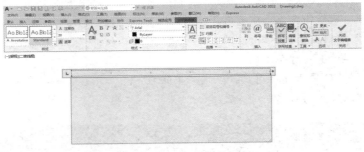

图 9-15　"文字编辑器"窗口

小技巧

在"注释"面板中可以设置当前文字样式及字体高度；在"格式"面板中可以设置字体及字体效果；在"段落"面板中可以设置文字对正方式及段落特性等。

Step 03 在"文字编辑器"选项卡→"样式"面板→"文字高度"文本框中设置字体高度为 12.0000。

Step 04 在“文字编辑器”选项卡→“格式”面板→“字体”下拉列表中设置字体为宋体。

Step 05 在下侧文字输入框中单击，指定文字的输入位置，然后输入如图 9-16 所示的标题文字。

Step 06 向下拖曳输入框下侧的下三角按钮，调整列高。

Step 07 按 Enter 键换行，更改文字的高度为 9.0000，然后输入第一行文字，结果如图 9-17 所示。

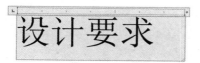

设计要求

图 9-16　输入标题文字

设计要求
1、本建筑物为现浇钢筋混凝土框架结构。

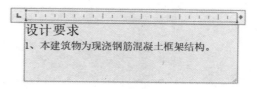

图 9-17　输入第一行文字

Step 08 在多行文字输入框中按 Enter 键，分别输入其他两行文字对象，如图 9-18 所示。

Step 09 在多行文字输入框中将光标移至标题前，添加空格，结果如图 9-19 所示。

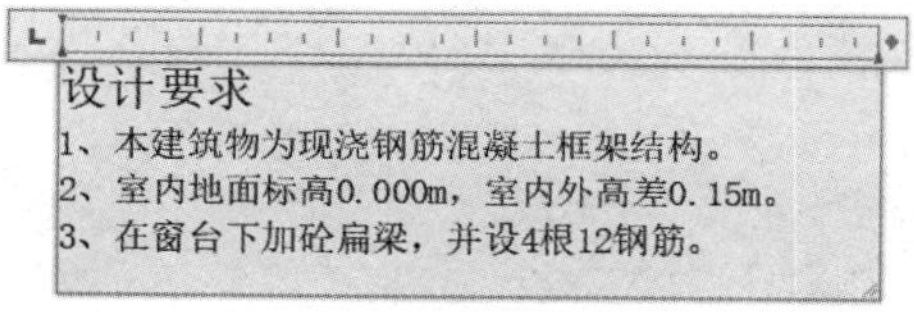
设计要求
1、本建筑物为现浇钢筋混凝土框架结构。
2、室内地面标高0.000m，室内外高差0.15m。
3、在窗台下加砼扁梁，并设4根12钢筋。

图 9-18　输入其他行文字

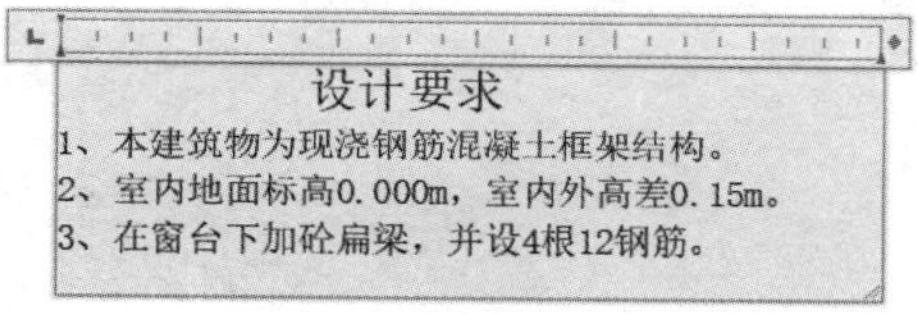
设计要求
1、本建筑物为现浇钢筋混凝土框架结构。
2、室内地面标高0.000m，室内外高差0.15m。
3、在窗台下加砼扁梁，并设4根12钢筋。

图 9-19　添加空格

Step 10 关闭“文字编辑器”窗口，文字的创建结果如图 9-20 所示。

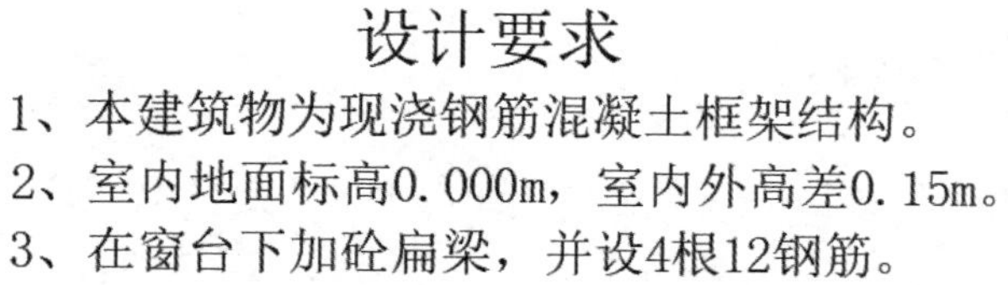
设计要求
1、本建筑物为现浇钢筋混凝土框架结构。
2、室内地面标高0.000m，室内外高差0.15m。
3、在窗台下加砼扁梁，并设4根12钢筋。

图 9-20　创建的多行文字

9.2.2　添加特殊字符

使用“多行文字”命令中的字符功能可以方便地创建一些特殊符号，如度数、直径符号、正负符号、平方、立方等。下面通过学习特殊字符的创建技巧，操作步骤如下。

Step 01 继续上例的操作。

Step 02 在段落文字上双击，打开“文字编辑器”窗口。

Step 03 将光标定位到“0.000m”前，然后单击“文字编辑器”选项卡→“插入”面板→“符号”按钮 @▾，在弹出的下拉列表中选择“正／负”选项，结果所选择的正负符号的代码选项会自动转化为正负符号，如图 9-21 所示。

Step 04 将光标定位到“12”前，然后单击 @▾ 按钮，在弹出的下拉列表中选择“直径”选项，添加直径符号，如图 9-22 所示。

Note

度数(D) %%d
正/负(P) %%p
直径(I) %%c
几乎相等 \U+2248
角度 \U+2220
边界线 \U+E100
中心线 \U+2104
差值 \U+0394
电相角 \U+0278
流线 \U+E101
恒等于 \U+2261
初始长度 \U+E200
界碑线 \U+E102
不相等 \U+2260
欧姆 \U+2126
欧米加 \U+03A9
地界线 \U+214A
下标 2 \U+2082
平方 \U+00B2
立方 \U+00B3
不间断空格(S) Ctrl+Shift+Space
其他(O)...

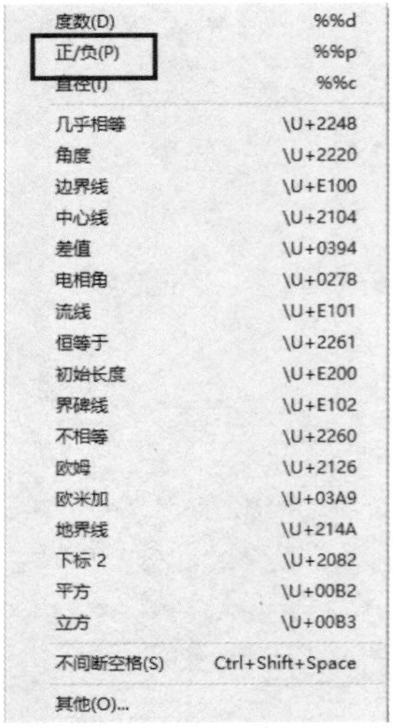

图 9-21　添加正负符号

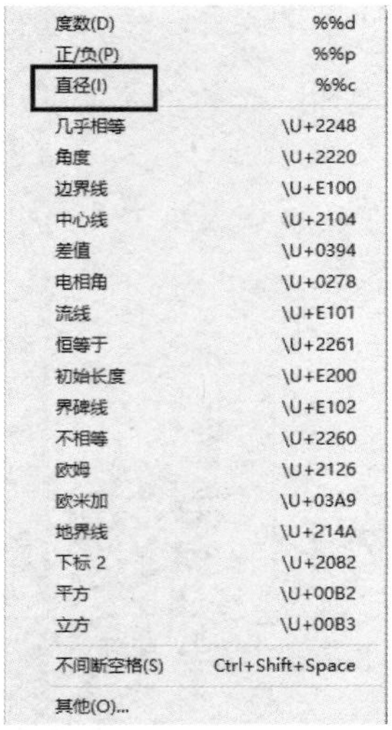

度数(D) %%d
正/负(P) %%p
直径(I) %%c
几乎相等 \U+2248
角度 \U+2220
边界线 \U+E100
中心线 \U+2104
差值 \U+0394
电相角 \U+0278
流线 \U+E101
恒等于 \U+2261
初始长度 \U+E200
界碑线 \U+E102
不相等 \U+2260
欧姆 \U+2126
欧米加 \U+03A9
地界线 \U+214A
下标 2 \U+2082
平方 \U+00B2
立方 \U+00B3
不间断空格(S) Ctrl+Shift+Space
其他(O)...

图 9-22　添加直径符号

Step 05 关闭“文字编辑器”窗口，完成特殊符号的添加，结果如图 9-23 所示。

设计要求

1、本建筑物为现浇钢筋混凝土框架结构。

2、室内地面标高±0.000m，室内外高差0.15m。

3、在窗台下加砼扁梁，并设4根Ø12钢筋。

图 9-23　添加符号后的多行文字

9.2.3　文字格式编辑器

单击“文字编辑器”选项卡→“选项”面板中的“更多”→“编辑器设置”→“显示工具栏”按钮，会打开如图 9-24 所示的“文字格式”编辑器。

文字格式
Standard
Arial
20
ByLayer
确定
0.0000
1.0000
1.0000

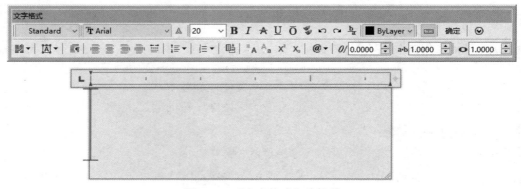

图 9-24　“文字格式”编辑器

“文字格式”编辑器包括工具栏和顶部带标尺的文本输入框两部分，各组成部分重要功能如下。

- ● **工具栏**

工具栏主要用于控制多行文字对象的文字样式和选定文字的各种字符格式、对正方式、项目编号等，说明如下。

- ◇ Standard 下拉列表用于设置当前的文字样式。
- ◇ 宋体 下拉列表用于设置或修改文字的字体。
- ◇ 20 下拉列表用于设置新字符高度或更改选定文字的高度。
- ◇ ByLayer 下拉列表用于为文字指定颜色或修改选定文字的颜色。
- ◇ "粗体"按钮 **B** 用于为输入的文字对象或所选定文字对象设置粗体格式。"斜体"按钮 *I* 用于为新输入文字对象或所选定文字对象设置斜体格式。此两个选项仅适用于使用 TrueType 字体的字符。
- ◇ "下画线"按钮 U 用于文字或所选定的文字对象设置下画线格式。
- ◇ "上画线"按钮 Ō 用于为文字或所选定的文字对象设置上画线格式。
- ◇ "堆叠"按钮 用于为输入的文字或选定的文字设置堆叠格式。要使文字堆叠，文字中须包含插入符（^）、正向斜杠（/）或磅符号（#），堆叠字符左侧的文字将堆叠在字符右侧的文字之上。
- ◇ "标尺"按钮 用于控制文字输入框顶端标心的开关状态。
- ◇ "栏数"按钮 用于为段落文字进行分栏排版。
- ◇ "多行文字对正"按钮 用于设置文字的对正方式。
- ◇ "段落"按钮 用于设置段落文字的制表位、缩进量、对齐、间距等。
- ◇ "左对齐"按钮 用于设置段落文字为左对齐方式。
- ◇ "居中"按钮 用于设置段落文字为居中对齐方式。
- ◇ "右对齐"按钮 用于设置段落文字为右对齐方式。
- ◇ "对正"按钮 用于设置段落文字为对正方式。
- ◇ "分布"按钮 用于设置段落文字为分布排列方式。
- ◇ "行距"按钮 用于设置段落文字的行间距。
- ◇ "编号"按钮 用于为段落文字进行编号。
- ◇ "插入字段"按钮 用于为段落文字插入一些特殊字段。
- ◇ "全部大写"按钮 A 用于修改英文字符为大写。
- ◇ "全部小写"按钮 a 用于修改英文字符为小写。
- ◇ "符号"按钮 @ 用于添加一些特殊符号。
- ◇ "倾斜角度"微调按钮 0/0.0000 用于修改文字的倾斜角度。
- ◇ "追踪"微调按钮 a·b 1.0000 用于修改文字之间的距离。
- ◇ "宽度因子"微调按钮 o 1.0000 用于修改文字的宽度比例。

- ● **文本输入框**

如图 9-25 所示的文本输入框，位于工具栏下侧，主要用于输入和编辑文字对象，由标尺和文本框两部分组成。在文本输入框内右击，可以弹出如图 9-26 所示的文本输入框快捷菜单，部分命令功能如下。

Note

◇ "全部选择"命令用于选择多行文本输入框中的所有文字。

◇ "改变大小写"命令用于改变选定文字对象的大小写。

图 9-25 文本输入框　　　　　　　　　图 9-26 文本输入框快捷菜单

◇ "查找和替换"命令用于搜索指定的文字串并使用新的文字将其替换。

◇ "自动更正大写锁定"命令用于将新输入的文字或当前选择的文字转换成大写。

◇ "删除格式"命令用于删除选定文字的粗体、斜体或下画线等格式。

◇ "合并段落"命令用于将选定的段落合并为一段并用空格替换每段的回车。

◇ "符号"命令用于在光标所在的位置插入一些特殊符号或不间断空格。

◇ "输入文字"命令用于向多行文本编辑器中插入 TXT 格式的文本、样板等文件或插入 RTF 格式的文件。

9.3 创建引线文字

本节主要学习"快速引线"和"多重引线"两个命令，以创建带有引线的文字注释。

9.3.1 快速引线

"快速引线"命令用于创建一端带有箭头、另一端带有文字注释的引线尺寸，其中，引线可以为直线段，也可以为平滑的样条曲线。在命令行输入 Qleader 或 LE 后按 Enter 键，执行"快速引线"命令，根据命令行的提示标注引线注释，命令行操作如下。

```
命令: _qleader
指定第一个引线点或 [设置(S)] <设置>:     //在适当位置定位第一个引线点
指定下一点:                            //在适当位置定位第二个引线点
指定文字宽度 <0>:                      //Enter
```

输入注释文字的第一行 <多行文字(M)>:　　　//蓝色小波瓦 Enter
输入注释文字的下一行:　　　　　　　　//Enter，标注结果如图 9-27 所示

图 9-27　标注结果

9.3.2　设置选项

激活"快速引线"命令中的"设置"选项，可以弹出如图 9-28 所示的"引线设置"对话框，在此对话框内用于设置引线元素的各种参数，具体内容如下。

图 9-28　"引线设置"对话框

● "注释"选项卡

选择"注释"选项卡，如图 9-28 所示，此选项卡用于设置引线文字的注释类型及其相关的一些选项功能。

"注释类型"选项组的选项功能说明如下。

✧ "多行文字"单选按钮用于在引线末端创建多行文字注释。

✧ "复制对象"单选按钮用于复制已有引线注释作为需要创建的引线注释。

✧ "公差"单选按钮用于在引线末端创建公差注释。

✧ "块参照"单选按钮用于以内部块作为注释对象。

✧ "无"单选按钮表示创建无注释的引线。

"多行文字选项"选项组的选项功能说明如下。

✧ "提示输入宽度"复选框用于提示用户，指定多行文字注释的宽度。

✧ "始终左对齐"复选框用于自动设置多行文字使用左对齐方式。

✧ "文字边框"复选框主要用于为引线注释添加边框。

"重复使用注释"选项组的选项功能说明如下。

✧ "无"单选按钮表示不对当前所设置的引线注释进行重复使用。

✧ "重复使用下一个"单选按钮用于重复使用下一个引线注释。

✧ "重复使用当前"单选按钮用于重复使用当前的引线注释。

Note

● "引线和箭头"选项卡

如图 9-29 所示，"引线和箭头"选项卡用于设置引线的类型、点数、箭头及角度约束等参数。

  ◇ "直线"单选按钮用于在指定的引线点之间创建直线段。

  ◇ "样条曲线"单选按钮用于在引线点之间创建样条曲线，即引线为样条曲线。

  ◇ "箭头"选项组用于设置引线箭头的形式。单击 `▶ 实心闭合 ▼` 下拉列表，可以选择一种箭头形式。

  ◇ "无限制"复选框表示系统不限制引线点的数量，用户可以通过按 Enter 键，手动结束引线点的设置过程。

  ◇ "最大值"微调按钮用于设置引线点数的最多数量。

  ◇ "角度约束"选项组用于设置第一条引线与第二条引线的角度约束。

● "附着"选项卡

如图 9-30 所示，"附着"选项卡用于设置引线和多行文字注释之间的附着位置，只有在"注释"选项卡中选择"多行文字"单选按钮时，此选项卡才可用。

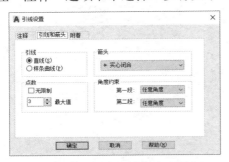

图 9-29 "引线和箭头"选项卡

图 9-30 "附着"选项卡

  ◇ "第一行顶部"单选按钮用于将引线放置在多行文字第一行的顶部。

  ◇ "第一行中间"单选按钮用于将引线放置在多行文字第一行的中间。

  ◇ "多行文字中间"单选按钮用于将引线放置在多行文字的中部。

  ◇ "最后一行中间"单选按钮用于将引线放置在多行文字最后一行的中间。

  ◇ "最后一行底部"单选按钮用于将引线放置在多行文字最后一行的底部。

  ◇ "最后一行加下画线[①]"复选框用于为最后一行文字添加下画线。

9.3.3 多重引线

另外，使用"多重引线"命令也可以创建具有多个选项的引线对象，只是这些选项功能都是通过命令行设置的。

执行"多重引线"命令主要有以下几种方式。

  ◇ 单击"默认"选项卡→"注释"面板→"多重引线"按钮 /。

---

① 对话框中的"下划线"应该为"下画线"。

❖ 选择菜单栏中的"标注"→"多重引线"命令。

❖ 在命令行中输入 Mleader 后按 Enter 键。

执行"多重引线"命令后，命令行操作如下。

```
命令: _mleader
指定引线基线的位置或 [引线箭头优先(H)/内容优先(C)/选项(O)] <选项>: //Enter
输入选项 [引线类型(L)/引线基线(A)/内容类型(C)/最大节点数(M)/第一个角度(F)/第二
个角度(S)/退出选项(X)] <退出选项>:                          //输入一个选项
指定引线基线的位置或 [引线箭头优先(H)/内容优先(C)/选项(O)] <选项>://指定基线位置
指定引线箭头的位置:
//指定箭头位置，此时系统打开"文字格式"编辑器，用于输入注释内容
```

9.4 编辑文字内容

"编辑"文字命令用于修改编辑现有的文字对象内容，或者为文字对象添加前缀或后缀等内容。

● "编辑"文字命令的执行方式

执行"编辑"文字命令主要有以下几种方式。

❖ 选择菜单栏中的"修改"→"对象"→"文字"→"编辑"命令。

❖ 在命令行中输入 Ddedit 后按 Enter 键。

❖ 使用快捷键 ED。

● 编辑单行文字

如果需要编辑的文字是使用"单行文字"命令创建的，那么在执行"编辑"文字命令后，命令行会出现"选择注释对象或 [放弃（U）]"的操作提示，此时用户只需要单击需要编辑的单行文字，系统即可弹出如图 9-31 所示的单行文字编辑框，在此编辑框中输入正确的文字内容即可。

AutoCAD 2020 从入门到精通

图 9-31 单行文字编辑框

● 编辑多行文字

如果编辑的文字是使用"多行文字"命令创建的，那么在执行"编辑"文字命令后，命令行出现"选择注释对象或 [放弃（U）]"的操作提示，此时用户单击需要编辑的文字对象，将会打开如图 9-32 所示的"文字格式"编辑器，在此编辑器内不但可以修改文字的内容，还可以修改文字的样式、字体、字高及对正方式等特性。

图 9-32　"文字格式"编辑器

9.5　查询图形信息

　　本节主要学习图形信息的查询工具，主要有"点坐标""距离""面积"和"列表"4个命令。

9.5.1　查询点坐标

　　"点坐标"命令用于查询点的 X 坐标值和 Y 坐标值，所查询出的坐标值为点的绝对直角坐标值。

　　执行"点坐标"命令主要有以下几种方式。

　　◇　单击"默认"选项卡→"实用工具"面板→"点坐标"按钮 。

　　◇　选择菜单栏中的"工具"→"查询"→"点坐标"命令。

　　◇　在命令行中输入 Id 后按 Enter 键。

　　"点坐标"命令的命令行操作如下。

```
命令：_id
指定点：                    //捕捉需要查询的坐标点
AutoCAD 报告如下信息：
X = <X 坐标值>      Y =<Y 坐标值>      Z = <Z 坐标值>
```

9.5.2　测量两点距离

　　"距离"用于查询任意两点之间的距离，还可以查询两点的连线与 X 轴或 XY 平面的夹角等参数信息。

●　"距离"命令的执行方式

　　执行"距离"命令主要有以下几种方式。

　　◇　单击"默认"选项卡→"实用工具"面板→"距离"按钮 。

◇　选择菜单栏中的"工具"→"查询"→"距离"命令。

◇　在命令行中输入 Dist 或 Measuregeom 后按 Enter 键。

◇　使用快捷键 DI。

绘制长度为 200、角度为 30°的线段，然后执行"距离"命令，即可查询出线段的相关几何信息，命令行操作如下。

```
命令: _measuregeom
输入选项 [距离(D)/半径(R)/角度(A)/面积(AR)/体积(V)] <距离>: _distance
指定第一个点:                //捕捉线段的下端点
指定第二个点或 [多个点(M)]:   //捕捉线段的上端点
查询结果:
距离 = 200.0000, XY 平面中的倾角 = 30,    与 XY 平面的夹角 = 0
X 增量 = 173.2051,   Y 增量 = 100.0000,    Z 增量 = 0.0000
输入选项 [距离(D)/半径(R)/角度(A)/面积(AR)/体积(V)/退出(X)] <距离>:
//x Enter，退出命令
```

其中：

◇　"距离"表示所拾取的两点之间的实际长度。

◇　"XY 平面中的倾角"表示所拾取的两点连线 X 轴正方向的夹角。

◇　"与 XY 平面的夹角"表示所拾取的两点连线与当前坐标系 XY 平面的夹角。

◇　"X 增量"表示所拾取的两点在 X 轴方向上的坐标差。

◇　"Y 增量"表示所拾取的两点在 Y 轴方向上的坐标差。

📖　**选项解析**

选项解析如下。

◇　"半径"选项用于查询圆弧或圆的半径、直径等。

◇　"角度"选项用于查询圆弧、圆或直线等对象的角度。

◇　"面积"选项用于查询单个封闭对象或由若干点围成区域的面积及周长。

◇　"体积"选项用于查询对象的体积。

9.5.3　查询对象面积与周长

"面积"命令主要用于查询单个对象或由多个对象所围成的闭合区域的面积及周长。

● **"面积"命令的执行方式**

执行"面积"命令主要有以下几种方式。

◇　单击"默认"选项卡→"实用工具"面板→"面积"按钮。

◇　选择菜单栏中的"工具"→"查询"→"面积"命令。

◇　在命令行中输入 Measuregeom 或 Area 按 Enter 键。

下面通过查询正六边形的面积和周长，学习"面积"命令的使用方法和操作技巧，操作步骤如下。

Step 01 新建文件，并绘制边长为 150 的正六边形。

Step 02 选择菜单栏中的"工具"→"查询"→"面积"命令，执行"面积"命令，查询正六边形的面积和周长，命令行操作如下。

```
命令：_measuregeom
输入选项 [距离(D)/半径(R)/角度(A)/面积(AR)/体积(V)] <距离>：_area
指定第一个角点或 [对象(O)/增加面积(A)/减少面积(S)/退出(X)] <对象(O)>：
//捕捉正六边形左上角点
指定下一个点或 [圆弧(A)/长度(L)/放弃(U)]：      //捕捉正六边形左角点
指定下一个点或 [圆弧(A)/长度(L)/放弃(U)]：      //捕捉正六边形左下角点
指定下一个点或 [圆弧(A)/长度(L)/放弃(U)/总计(T)] <总计>：//捕捉正六边形右下角点
指定下一个点或 [圆弧(A)/长度(L)/放弃(U)/总计(T)] <总计>：//捕捉正六边形右角点
指定下一个点或 [圆弧(A)/长度(L)/放弃(U)/总计(T)] <总计>：//捕捉正六边形右上角点
指定下一个点或 [圆弧(A)/长度(L)/放弃(U)/总计(T)] <总计>：
//Enter，结束面积的查询过程
查询结果：
面积 = 58456.7148，周长 = 900.0000
```

Step 03 在命令行"输入选项 [距离(D)/半径(R)/角度(A)/面积(AR)/体积(V)/退出(X)] <面积>："提示下，输入 x 并按 Enter 键，结束命令。

📖 **选项解析**

部分选项解析如下。

◇ "对象"选项用于查询单个闭合图形的面积和周长，如圆、椭圆、矩形、多边形、面域等。另外，使用此选项也可以查询由多段线或样条曲线所围成的区域的面积和周长。

◇ "增加面积"选项主要用于将新选图形实体的面积加入总面积中，此功能属于"面积的加法运算"。另外，如果用户需要执行面积的加法运算，必须先将当前的操作模式转换为加法运算模式。

◇ "减少面积"选项用于将所选实体的面积从总面积中减去，此功能属于"面积的减法运算"。另外，如果用户需要执行面积的减法运算，必须先将当前的操作模式转换为减法运算模式。

▦ **小技巧**

对于具有宽度的多段线或样条曲线，AutoCAD 将按其中心线计算面积和周长；对于非封闭的多段线或样条曲线，AutoCAD 将假想已有一条直线连接多段线或样条曲线的首尾，然后计算该封闭框架的面积，但周长并不包括那条假想的连线，即周长是多段线的实际长度。

Note

9.5.4　图形信息的列表查询

"列表"命令用于查询图形所包含的众多的内部信息，如图层、面积、点坐标及其他的空间等特性参数。

执行"列表"命令主要有以下几种方式。

◇　选择菜单栏中的"工具"→"查询"→"列表"命令。

◇　在命令行中输入 List 后按 Enter 键。

◇　使用快捷键 LI 或 LS。

执行"列表"命令后，选择需要查询信息的图形对象，AutoCAD 会自动切换到文本窗口，并滚动显示所有选择对象的有关特性参数，操作步骤如下。

Step 01　新建文件并绘制半径为 200 的圆。

Step 02　选择菜单栏中的"工具"→"查询"→"列表"命令，执行"列表"命令。

Step 03　在命令行"选择对象:"提示下，选择刚绘制的圆。

Step 04　继续在命令行"选择对象:"提示下，按 Enter 键，系统将以文本窗口的形式直观显示查询出的信息，如图 9-33 所示。

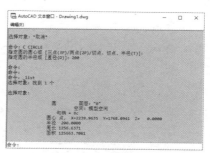

图 9-33　列表查询结果

9.6　表格与表格样式

本节主要学习"表格样式"与"表格"两个命令的使用方法和相关操作，以快速设置表格样式并创建和填充表格等。

9.6.1　表格样式

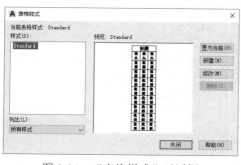

图 9-34　"表格样式"对话框

"表格样式"命令用于新建表格样式、修改当前表格样式和删除当前文件中无用的表格样式。执行该命令后可以弹出如图 9-34 所示的"表格样式"对话框。

执行"表格样式"命令主要有以下几种方式。

◇　单击"默认"选项卡→"注释"面板→"表格样式"按钮。

◇　选择菜单栏中的"格式"→"表格样式"命令。

◇ 在命令行中输入 Tablestyle 后按 Enter 键。

◇ 使用快捷键 TS。

Note

下面通过设置名为"明细表"的表格样式，学习"表格样式"命令的使用方法和操作技巧，操作步骤如下。

Step 01 新建空白文件。

Step 02 单击"默认"选项卡→"注释"面板→"表格样式"按钮，执行"表格样式"命令，弹出"表格样式"对话框。

Step 03 单击 新建(N)... 按钮，弹出"创建新的表格样式"对话框，在"新样式名"文本框中输入"明细表"作为新表格样式的名称，如图 9-35 所示。

Step 04 单击 继续 按钮，弹出"新建表格样式：明细表"对话框，设置数据参数如图 9-36 所示。

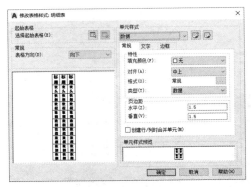

图 9-35 "创建新的表格样式"对话框

图 9-36 设置数据参数

Step 05 在"新建表格样式：明细表"对话框中选择"文字"选项卡，设置文字高度参数，如图 9-37 所示。

Step 06 在"新建表格样式：明细表"对话框中单击"单元样式"下拉列表，选择"表头"选项，如图 9-38 所示。

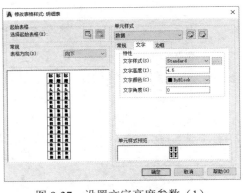

图 9-37 设置文字高度参数（1）

图 9-38 选择"表头"选项

Step 07 在"新建表格样式：明细表"对话框中选择"文字"选项卡，设置文字高度参数，如图 9-39 所示。

Step 08 在"新建表格样式：明细表"对话框中单击"单元样式"下拉列表，选择"标题"选项，如图 9-40 所示。

Step 09 在"新建表格样式：明细表"对话框中选择"文字"选项卡，设置文字高度参数，如图 9-41 所示。

Step 10 单击 确定 按钮返回"表格样式"对话框，将新设置的表格样式置为当前表格样式，如图 9-42 所示。

Step 11 单击 关闭 按钮，关闭"表格样式"对话框。

图 9-39 设置文字高度参数（2）

图 9-40 选择"标题"选项

图 9-41 设置文字高度参数（3）

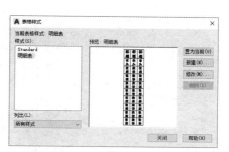

图 9-42 "表格样式"对话框

9.6.2 创建表格

AutoCAD 为用户提供了表格的创建与填充功能，使用"表格"命令不但可以创建表格、填充表格，还可以将表格链接至 Excel 电子表格中的数据。

● **"表格"命令的执行方式**

执行"表格"命令主要有以下几种方式。

◇ 单击"默认"选项卡→"注释"面板→"表格"按钮 ▦。

◇ 选择菜单栏中的"绘图"→"表格"命令。

◇ 在命令行中输入 Table 后按 Enter 键。

下面创建一个简易表格，学习"表格"命令的使用方法和操作技巧，操作步骤如下。

Step 01 继续上例的操作。

Step 02 单击"默认"选项卡→"注释"面板→"表格"按钮 ⊞，执行"表格"命令，在弹出的"插入表格"对话框中设置参数，如图 9-43 所示。

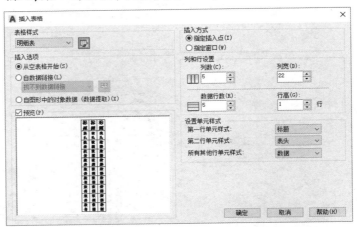

图 9-43 "插入表格"对话框

Step 03 单击 **确定** 按钮，在命令行"指定插入点:"提示下，在绘图区拾取一点，插入表格，系统同时打开"文字编辑器"窗口，用于输入表格内容，如图 9-44 所示。

图 9-44 插入表格并输入表格内容

Step 04 接下来在反白显示的表格内输入"序号"，如图 9-45 所示。

Step 05 按 Tab 键，在右侧的表格内输入"代号"，如图 9-46 所示。

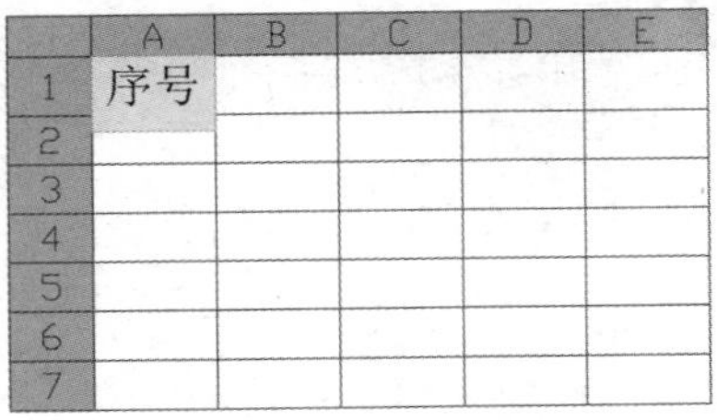

图 9-45 输入表格文字"序号" 　　　　图 9-46 输入表格文字"代号"

Step 06 通过按 Tab 键，分别在其他表格内输入文字内容，结果如图 9-47 所示。

Step 07 关闭"文字编辑器"窗口，所创建的明细表及表格列标题内容如图 9-48 所示。

序号	代号	名称	数量	材料

图 9-47　在其他表格内输入文字内容

序号	代号	名称	数量	材料

图 9-48　创建明细表

小技巧

在默认设置下创建的表格，不仅有标题行，还有表头行、数据行，用户可以根据实际情况进行取舍。

📖 选项解析

选项解析如下。

◇ "表格样式"选项组用于设置、新建或修改当前表格样式，还可以对样式进行预览。

◇ "插入选项"选项组用于设置表格的填充方式，主要有"从空表格开始"、"自数据链接"和"自图形中的对象数据（数据提取）"3 种方式。

◇ "插入方式"选项组用于设置表格的插入方式，主要有"指定插入点"和"指定窗口"两种方式，默认方式为"指定插入点"方式。

小技巧

如果使用"指定窗口"方式，则系统将表格的行数设置为自动，即按照指定的窗口区域自动生成表格的数据行，而表格的其他参数仍使用当前的设置。

◇ "列和行设置"选项组用于设置表格的列数、数据行数及列宽和行高。系统默认的列数为 5、数据行数为 1。

◇ "设置单元样式"选项组用于设置第一行单元格样式、第二行单元格样式或其他行的单元样式。

◇ 单击"表格样式"选项组中的 🔳 按钮，弹出"表格样式"对话框，此对话框用于设置、修改表格样式，或者设置当前表格样式。

9.7　上机实训——文字工具的典型应用

本实训通过为机械零件装配图标注技术要求、剖视符号及填充标题栏等，对"文字样式""单行文字"和"多行文字"等命令进行综合练习和巩固。本实训最终标注效果如图 9-49 所示。

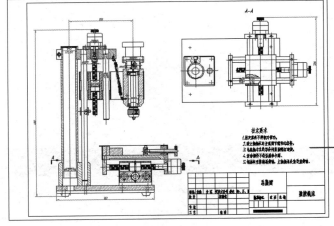

图 9-49　最终标注效果

操作步骤如下。

Step 01　执行"打开"命令，打开配套资源中的"素材文件\9-1.dwg"，如图 9-50 所示。

Step 02　单击"默认"选项卡→"图层"面板→"图层控制"下拉按钮，打开"图层控制"下拉列表，将"细实线"设置为当前图层。

Step 03　单击"默认"选项卡→"注释"面板→"文字样式"按钮，执行"文字样式"命令，在"文字样式"对话框中设置文字样式，如图 9-51 所示。

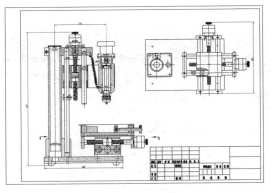

图 9-50　打开素材文件　　　　　　　图 9-51　设置文字样式

Step 04　标注剖视符号。单击"默认"选项卡→"注释"面板→"单行文字"按钮 A，标注剖视符号，命令行操作如下。

```
命令：_text
当前文字样式："字母与文字"　文字高度：3.5　注释性：否
指定文字的起点或 [对正(J)/样式(S)]：　　//在所需位置指定起点
指定高度 <3.5>：　　　　　　　　　　　　//7 Enter
指定文字的旋转角度 <0>：　　　　　　　　//0 Enter
```

Step 05　此时绘图区出现如图 9-52 所示的单行文字输入框，然后输入如图 9-53 所示的单行文字。

Note

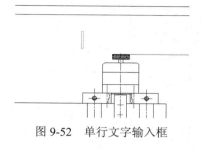

图 9-52 单行文字输入框

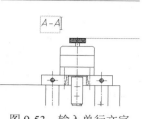

图 9-53 输入单行文字

Step 06 接下来分别将光标移至其他位置，继续标注零件图剖视符号，标注结果如图 9-54 所示。

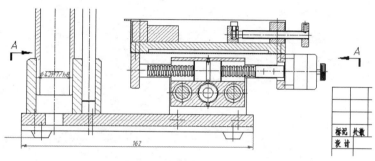

图 9-54 标注结果（1）

Step 07 连续两次按 Enter 键，结束"单行文字"命令。

Step 08 单击"默认"选项卡→"注释"面板→"多行文字"按钮 **A**，在空白区域指定两点 A 和 B，如图 9-55 所示，打开"文字编辑器"窗口。

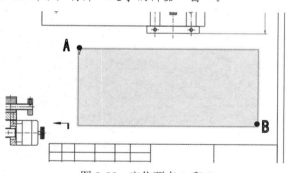

图 9-55 定位两点 A 和 B

Step 09 单击"文字编辑器"选项卡→"样式"面板→"文字高度"下拉列表，将文字高度设置为 9，然后输入标题内容，如图 9-56 所示。

Step 10 按 Enter 键，将文字高度设置为 7，然后输入第一行技术要求内容，如图 9-57 所示。

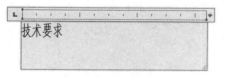

图 9-56 输入标题内容

图 9-57 输入第一行技术要求内容

311

Step 11 接下来多次按 Enter 键，分别输入其他行文字内容，如图 9-58 所示。

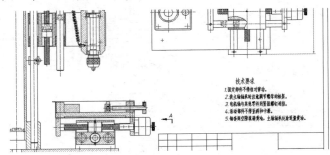

图 9-58　输入其他行文字内容

Step 12 单击"文字编辑器"选项卡→"关闭文字编辑器"按钮 ✔，结束"多行文字"命令，标注结果如图 9-59 所示。

图 9-59　标注结果（2）

Step 13 填写标题栏。重复执行"多行文字"命令，分别捕捉如图 9-60 所示的点 A 和点 B，打开"文字格式"编辑器。

图 9-60　定位点

Step 14 在"文字编辑器"窗口内设置文字样式为"仿宋"、字体高度为"7"、对正方式为"正中"等参数，然后在下侧的多行文字输入框中输入如图 9-61 所示的文字内容。

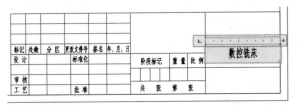

图 9-61　输入文字内容

Step 15 单击"文字编辑器"选项卡→"关闭文字编辑器"按钮 ✔，结束"多行文字"命令，标注结果如图 9-62 所示。

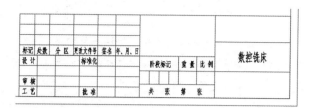

图 9-62　标注结果（3）

Step 16 重复执行"多行文字"命令，输入文字，按照当前的参数设置标注，如图 9-63 所示。

图 9-63　输入文字

Step 17 调整视图，使零件图完全显示，最终结果如图 9-49 所示。

Step 18 执行"另存为"命令，将图形名存储为"上机实训———文字工具的典型应用.dwg"。

9.8 上机实训二——引线文字的应用

本实训通过为机械零件装配图标注部件序号，在综合巩固所学知识的前提下，主要对"快速引线"和"多重引线"等命令功能进行练习和巩固，本实训最终标注效果如图 9-64 所示。

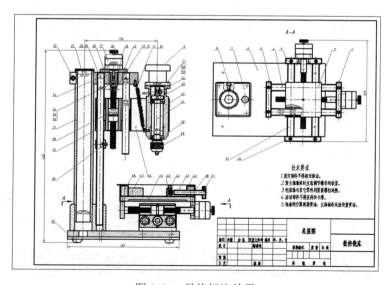

图 9-64　最终标注效果

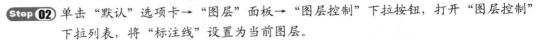

操作步骤如下。

Step 01 执行"打开"命令，打开配套资源中的"素材文件\9-2.dwg"。

Step 02 单击"默认"选项卡→"图层"面板→"图层控制"下拉按钮，打开"图层控制"下拉列表，将"标注线"设置为当前图层。

Step 03 使用快捷键 LE 执行"快速引线"命令，在命令行"指定第一个引线点或 [设置(S)] <设置>:"提示下执行"设置"选项，弹出"引线设置"对话框。

Step 04 在"引线设置"对话框中选择"引线和箭头"选项卡，设置参数，如图 9-65 所示。

Step 05 在"引线设置"对话框中选择"附着"选项卡，设置文字的附着位置，如图 9-66 所示。

图 9-65　"引线和箭头"选项卡

图 9-66　"附着"选项卡

Step 06 单击 确定 按钮返回绘图区，根据命令行的提示绘制引线并标注序号，命令行操作如下。

```
指定第一个引线点或 [设置(S)]<设置>:<对象捕捉 关>
//在如图 9-67 所示位置拾取第一个引线点
指定下一点:                              //在如图 9-68 所示位置拾取第二个引线点
指定下一点:                              //向右引导光标拾取第三个引线点
指定文字宽度 <0>:                        //Enter
输入注释文字的第一行 <多行文字(M)>:        //1 Enter
输入注释文字的下一行:
//Enter，结束命令，标注结果如图 9-69 所示
```

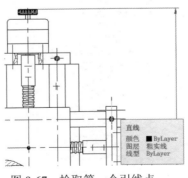
图 9-67　拾取第一个引线点

图 9-68　拾取第二个引线点

小技巧

在拾取第一个引线点时，可以先暂时关闭状态栏上的对象捕捉功能。

Step 07 重复执行"快速引线"命令,按照当前的参数设置标注其他序号,结果如图 9-70 所示。

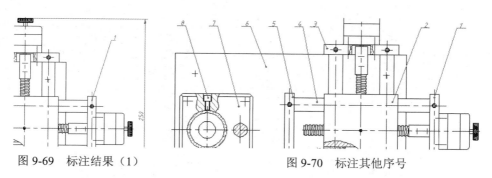

图 9-69 标注结果（1）　　　　　　图 9-70 标注其他序号

Step 08 设置多重引线样式。单击"默认"选项卡→"注释"面板→"多重引线样式"按钮 ，在弹出的"多重引线样式管理器"对话框中单击 修改(M)... 按钮,弹出"修改多重引线样式: Standard"对话框,在"引线格式"选项卡中修改箭头及大小参数,如图 9-71 所示。

Step 09 选择"引线结构"选项卡,取消勾选"自动包含基线"复选框,并设置最大引线点数,如图 9-72 所示。

Step 10 选择"内容"选项卡,设置多重引线类型及引线连接,如图 9-73 所示。

Step 11 单击 确定 按钮,返回"多重引线样式管理器"对话框,样式修改后的预览效果如图 9-74 所示。

图 9-71 "引线格式"选项卡

图 9-72 "引线结构"选项卡

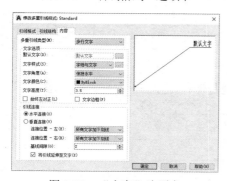

图 9-73 "内容"选项卡　　　　　图 9-74 "多重引线样式管理器"对话框

Step 12 单击 关闭 按钮，关闭"多重引线样式管理器"对话框。

Step 13 单击"默认"选项卡→"注释"面板→"多重引线"按钮 ⚲，继续为零件图标注序号，命令行操作如下。

```
命令：_mleader
指定引线箭头的位置或 [引线基线优先(L)/内容优先(C)/选项(O)] <选项>：
                    //在如图 9-75 所示的位置拾取点
指定引线基线的位置：      //在如图 9-76 所示的位置拾取点
```

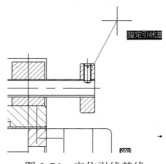

图 9-75　定位引线箭头　　　　　　　图 9-76　定位引线基线

Step 14 此时系统打开"文字编辑器"窗口，接下来在多行文字输入框中输入如图 9-77 所示的零件序号。

Step 15 关闭"文字编辑器"窗口，标注结果如图 9-78 所示。

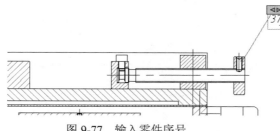

图 9-77　输入零件序号　　　　　　　图 9-78　标注结果（2）

Step 16 重复执行"多重引线"命令，按照当前的参数设置标注其他零件序号，结果如图 9-79 所示。

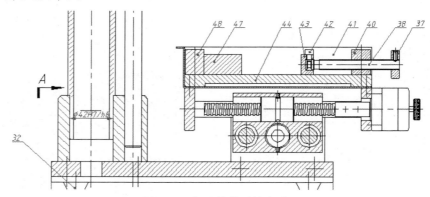

图 9-79　标注其他零件序号

Step 17 综合使用"快速引线"命令和"多重引线"命令，继续为机械零件装配图标注其他位置的序号，标注结果如图 9-80 所示。

Step 18 调整视图，使图形全部显示，并打开线宽的显示功能，最终结果如图 9-64 所示。

Step 19 执行"另存为"命令，将图形名存储为"上机实训二——引线文字的应用.dwg"。

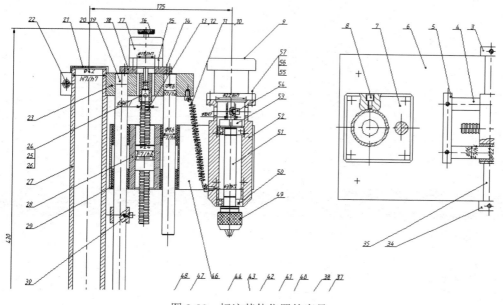

图 9-80　标注其他位置的序号

9.9　小结与练习

9.9.1　小结

　　本章主要讲述了文字、表格、字符等的创建功能和图形信息的查询功能，通过本章的学习，需要掌握如下知识点。

　　（1）在创建文字样式时需要掌握文字样式的命名、字体、字体高度及字体效果的设置技能。

　　（2）在创建单行文字时需要理解和掌握单行文字的概念和创建方法；了解和掌握各种文字的对正方式。

　　（3）在创建多行文字时掌握多行文字的功能及与单行文字的区别，并重点掌握多行文字的技能、掌握特殊字符的快速输入技巧和段落格式的编排技巧。

　　（4）在编辑文字时，要了解和掌握文字的编辑方式和具体的编辑技巧。

　　（5）在查询图形信息时要掌握坐标、距离、面积和列表 4 种查询功能。

　　（6）在创建表格时要掌握表格样式的设置、表格的创建和编辑技巧。

9.9.2 练习题

（1）综合运用所学知识，标注户型布置图的房间名称与面积，如图 9-81 所示。

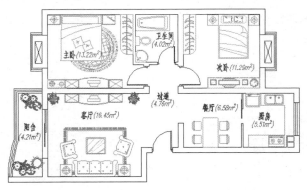

图 9-81 标注户型布置的房间名称与面积

⚙ 操作提示

本练习题的素材文件位于配套资源中的"素材文件"目录下，文件名为"9-3.dwg"。

（2）综合运用所学知识，标注台阶详图文字注释，如图 9-82 所示。

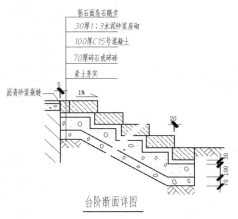

图 9-82 标注台阶详图文字注释

⚙ 操作提示

本练习题的素材文件位于配套资源中的"素材文件"目录下，文件名为"9-4.dwg"。

第三篇　三维设计篇

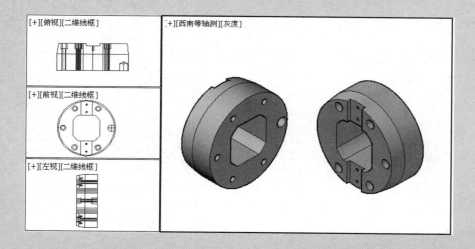

第**10**章

AutoCAD三维设计环境

AutoCAD 2022 为用户提供了比较完善的三维制图功能,使用三维制图功能可以创建出物体的三维模型,此种模型包含的信息更多、更完整,也更利于与计算机辅助工程、制造等系统相结合。本章讲述 AutoCAD 的三维辅助功能,为后面章节的学习打下基础。

内容要点

◆ 了解三维模型

◆ 视口与三维观察

◆ 材质与渲染

◆ 上机实训——三维辅助功能的综合练习

◆ 视点与视图

◆ 视觉样式与管理

◆ 用户坐标系

10.1　了解三维模型

AutoCAD 共为用户提供了 3 种模型用以表达物体的三维形态，分别是实体模型、曲面模型和网格模型。通过这 3 种模型，不仅能让非专业人员对物体的外形有一个基础的认识，还能帮助专业人员降低绘制复杂图形的难度，使一些在二维平面图中无法表达的东西清晰而形象地显示在屏幕上。

● **实体模型**

如图 10-1 所示的模型为实体模型，它是实实在在的物体，不仅包含面边信息，而且还具备实物的一切特性，用户不仅可以对其进行着色和渲染，还可以对其进行打孔、切槽、倒角等布尔运算，并可以检测和分析实体内部的质心、体积和惯性矩等。

● **曲面模型**

曲面的概念比较抽象，在此我们可以将其理解为实体的面。此种面模型不仅能着色渲染等，还可以进行修剪、延伸、倒圆角、偏移等编辑操作，如图 10-2 所示的模型为曲面模型。

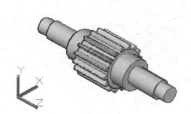

图 10-1　实体模型

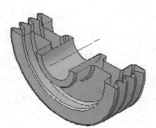

图 10-2　曲面模型

● **网格模型**

网格模型由一系列规则的格子线围绕成网状表面，再由网状表面的集合来定义三维物体。此种模型仅含有面边信息，能着色和渲染，但是不能表达出实物的属性，如图 10-3 所示的模型为网格模型。

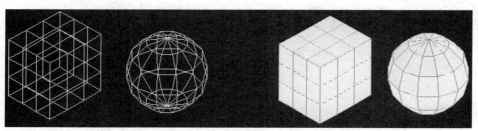

图 10-3　网格模型

10.2 视点与视图

本节主要学习"视点""三维视图"及"3D 导航立方体"等工具，以方便观察三维模型。

10.2.1 设置视点

在 AutoCAD 绘图空间中，可以从不同的位置观察图形，这些位置称为视点。视点的设置主要有以下两种方式。

（1）使用"视点"命令设置视点。

"视点"命令用于输入观察点的坐标或角度来确定视点，执行"视点"命令主要有以下两种方式。

 ◇　选择菜单栏中的"视图"→"三维视图"→"视点"命令。
 ◇　在命令行中输入 Vpoint 后按 Enter 键。

命令行操作如下。

```
命令：_vpoint
当前视图方向：VIEWDIR=0.0000,0.0000,1.0000
指定视点或［旋转(R)］<显示指南针和三轴架>：
　//直接输入观察点的坐标来确定视点
```

如果用户没有输入视点坐标，而是直接按 Enter 键，那么绘图区会显示如图 10-4 所示的指南针和三轴架，其中三轴架代表 X 轴、Y 轴、Z 轴的方向，当用户相对于指南针移动十字线时，三轴架会自动进行调整，以显示 X 轴、Y 轴、Z 轴对应的方向。

"旋转"选项主要用于通过指定与 X 轴的夹角及与 XY 平面的夹角来确定视点。

（2）通过"视点预设"对话框设置视点。

用户可以通过"视点预设"对话框设置视点，如图 10-5 所示。

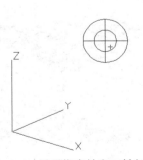

图 10-4　显示指南针和三轴架

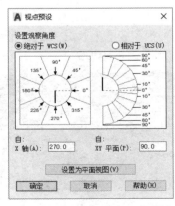

图 10-5　"视点预设"对话框

执行"视点预设"命令主要有以下几种方式。

◇　选择菜单栏中的"视图"→"三维视图"→"视点预设"命令。

◇　在命令行中输入 DDVpoint 后按 Enter 键。

◇　使用快捷键 VP。

在"视点预置"对话框中可以进行如下设置。

◇　设置视点、原点的连线与 XY 平面的夹角。具体操作是在右侧半圆图形上选择相应的点，或者直接在"XY 平面"文本框中输入角度值。

◇　设置视点、原点的连线在 XY 平面上的投影与 X 轴的夹角。具体操作是在左侧图形上选择相应点，或者在"X 轴"文本框中输入角度值。

◇　设置观察角度。系统将设置的角度默认为绝对于当前 WCS，如果选择了"相对于 UCS"单选按钮，设置的角度值就是相对于 UCS 的。

◇　设置为平面视图。单击 设置为平面视图(V) 按钮，系统将重新设置为平面视图。

⣿⣿ 小技巧

平面视图的观察方向是与 X 轴的夹角为 270°，与 XY 平面的夹角为 90°。

10.2.2　切换视图

为了便于观察和编辑三维模型，AutoCAD 为用户提供了一些标准视图，主要有 6 个正交视图和 4 个等轴测视图，如图 10-6 所示为标准"视图"菜单。

视图的切换主要有以下几种方式。

◇　选择"视图"→"三维视图"子菜单中的相应命令，如图 10-6 所示。

◇　单击"可视化"选项卡→"视图"面板上的按钮，如图 10-7 所示。

图 10-6　标准"视图"菜单

图 10-7　"可视化"选项卡

◇　单击绘图区左上角的视口控件，在打开的菜单中切换视图。

上述 6 个正交视图和 4 个等轴测视图用于显示三维模型的主要特征视图，其中每种视图的视点与 X 轴夹角，以及与 XY 平面夹角等内容如表 10-1 所示。

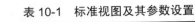

表 10-1　标准视图及其参数设置

视　图	菜单选项	方　向 矢 量	与 X 轴夹角	与 XY 平面夹角
俯视	Tom	(0, 0, 1)	270°	90°
仰视	Bottom	(0, 0, -1)	270°	90°
左视	Left	(-1, 0, 0)	180°	0°
右视	Right	(1, 0, 0)	0°	0°
前视	Front	(0, -1, 0)	270°	0°
后视	Back	(0, 1, 0)	90°	0°
西南等轴测	SW Isometric	(-1, -1, 1)	225°	45°
东南等轴测	SE Isometric	(1, -1, 1)	315°	45°
东北等轴测	NE Isometric	(1, 1, 1)	45°	45°
西北等轴测	NW Isometric	(-1, 1, 1)	135°	45°

除上述 10 个标准视图外，AutoCAD 还为用户提供了一个"平面视图"工具，选择菜单栏中的"视图"→"三维视图"→"平面视图"命令，或者在命令行中输入 Plan 后按 Enter 键，都可以执行"平面视图"命令。使用此命令，可以将当前 UCS、命名保存的 UCS 或 WCS，切换为各坐标系的平面视图，以方便用户观察和操作，如图 10-8 所示。

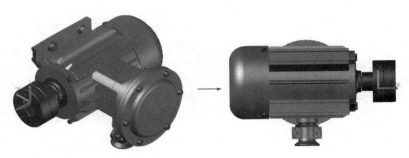

图 10-8　平面视图切换

10.2.3　使用 3D 导航立方体

如图 10-9 所示的 3D 导航立方体（ViewCube），不但可以快速帮助用户调整模型的视点，还可以更改模型的视图投影、定义和恢复模型的主视图，以及恢复随模型一起保存的已命名 UCS。

3D 导航立方体主要由房子标记、导航立方体、底部罗盘和 UCS 菜单 4 部分组成，当沿着立方体移动鼠标指针时，分布在导航立方体棱、边、面等位置上的热点会亮显。单击一个热点，就可以切换到相关的视图。

图 10-9　3D 导航立方体

◇　视图投影。当查看模型时，可以在平行模式、透视模式和带平行视图面的透视模式之间进行切换。

- ✧ 主视图指的是定义和恢复模型的主视图。主视图是用户在模型中定义的视图，用于返回熟悉的模型视图。
- ✧ 单击 3D 导航立方体下方的 UCS 按钮菜单，可以恢复已命名的 UCS。
- ✧ 将当前视觉样式设为 3D 显示样式后，3D 导航立方体显示图才可以显示出来。在命令行中输入 Cube 后按 Enter 键，可以控制 3D 导航立方体图的显示和关闭状态。

10.3　视口与三维观察

10.3.1　分割视口

视口是用于绘制图形、显示图形的区域，在默认设置下，AutoCAD 将整个绘图区作为一个视口。在实际建模过程中，有时需要从各个不同视点上观察模型的不同部分，为此 AutoCAD 为用户提供了视口的分割功能，可以将默认的一个视口分割成多个视口，如图 10-10 所示。这样，用户就可以从不同的方向观察三维模型的不同部分。

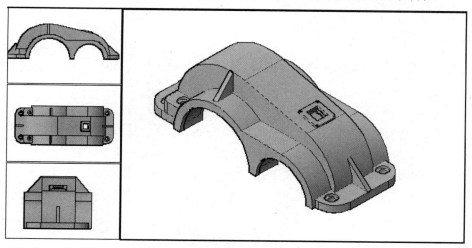

图 10-10　分割视口

视口的分割主要有以下几种方式。

- ✧ 选择"视图"→"视口"子菜单中的相关命令，即可将当前视口分割为 2 个、3 个或多个视口，如图 10-11 所示。
- ✧ 通过"视口"对话框分割视口。

选择菜单栏中的"视图"→"视口"→"新建视口"命令，或者在命令行中输入 Vports 后按 Enter 键，弹出如图 10-12 所示的"视口"对话框。在此对话框中，可以对分割视口进行提前预览，使用户能够方便直接地分割视口。

图 10-11　"视口"子菜单

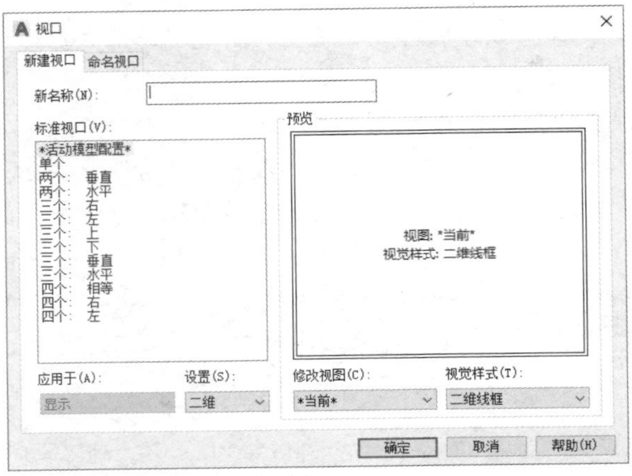

Note

图 10-12　"视口"对话框

10.3.2　三维动态观察器

AutoCAD 为用户提供了 3 种动态观察功能，使用此功能可以从不同角度观察三维物体的任意部分。

● 受约束的动态观察

当执行"受约束的动态观察"命令后，绘图区会出现如图 10-13 所示的光标显示状态，此时按住鼠标左键不放，可以手动调整观察点来观察模型的不同侧面。

执行"受约束的动态观察"命令主要有以下几种方式。

◇　单击"视图"选项卡→"导航"面板→"动态观察"按钮⊕。

◇　选择菜单栏中的"视图"→"动态观察"→"受约束的动态观察"命令。

◇　在命令行中输入 3dorbit 后按 Enter 键。

执行"受约束的动态观察"命令后，如果按鼠标滚轮进行拖曳，可以将视图进行平移。

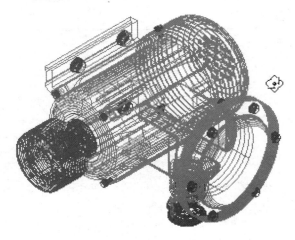

图 10-13　受约束的动态观察

● **自由动态观察**

"自由动态观察"命令用于在三维空间中不受滚动约束的旋转视图，激活此功能后，绘图区会出现如图 10-14 所示的圆形辅助框架，用户可以从多个方向自由观察三维物体。

执行"自由动态观察"命令主要有以下几种方式。

❖　单击"视图"选项卡→"导航"面板→"自由动态观察"按钮❖。

❖　选择菜单栏中的"视图"→"动态观察"→"自由动态观察"命令。

❖　在命令行中输入 3dforbit 后按 Enter 键。

● **连续动态观察**

"连续动态观察"命令用于以连续运动的方式在三维空间中旋转视图，以持续观察三维物体的不同侧面，而不需要手动设置视点。激活此命令后，光标变为如图 10-15 所示的状态，此时按住鼠标左键进行拖曳，即可连续旋转视图。

图 10-14　自由动态观察

图 10-15　连续动态观察

执行"连续动态观察"命令主要有以下几种方式。

❖　单击"视图"选项卡→"导航"面板→"连续动态观察"按钮❖。

❖　选择菜单栏中的"视图"→"动态观察"→"连续动态观察"命令。

❖　在命令行中输入 3dcorbit 后按 Enter 键。

10.3.3　SteeringWheels 导航控制盘

如图 10-16 所示的 SteeringWheels 导航控制盘分为若干个按钮，每个按钮包含一个导航工具，用户可以单击按钮或拖动悬停在按钮上的光标启动各种导航工具。

选择菜单栏中的"视图"→"SteeringWheels"命令，或者单击"视图"选项卡→"导航"面板→"SteeringWheels"按钮◎，都可以打开 SteeringWheels 导航控制盘。在 SteeringWheels 导航控制盘上右击，可以弹出如图 10-17 所示的 SteeringWheels 导航控制盘快捷菜单。

图 10-16　SteeringWheels 导航控制盘 　　　　图 10-17　SteeringWheels 导航控制盘快捷菜单

在 SteeringWheels 导航控制盘中，有几个不同的控制盘可供使用，每个控制盘均有其独有的导航方式，说明如下。

◇　查看对象控制盘。将模型置于中心位置，并定义轴心点以使用"动态观察"工具缩放和动态观察模型。

◇　巡视建筑控制盘。通过将模型视图移近或移远、环视及更改模型视图的标高来导航模型。

◇　全导航控制盘。将模型置于中心位置并定义轴心点，以使用"动态观察"工具，漫游和环视、更改视图标高、动态观察、平移和缩放模型。

小技巧

当使用 SteeringWheels 导航控制盘上的工具导航模型时，先前的视图将保存到模型的导航历史中，要从导航历史中恢复视图，可以使用回放工具。单击 SteeringWheels 导航控制盘上的"回放"按钮或单击"回放"按钮并在上面拖动，即可显示回放历史。

10.4　视觉样式与管理

AutoCAD 为三维模型提供了几种控制模型外观显示效果的工具，巧妙运用这些着色工具，能快速显示出三维物体的逼真形态，对三维模型的效果显示有很大帮助。这些着色工具位于如图 10-18 所示的菜单栏、图 10-19 所示的"视觉样式"面板中。单击"视觉样式"面板中的 ◢ 按钮，弹出如图 10-20 所示的"视觉样式管理器"面板。

图 10-18 着色工具菜单栏　　图 10-19 "视觉样式"面板　　图 10-20 "视觉样式管理器"面板

10.4.1 常用视觉样式

● 二维线框

"二维线框"命令是用直线和曲线显示对象的边缘，此对象的线型和线宽都是可见的，如图 10-21 所示。

执行"二维线框"命令主要有以下几种方式。

- ◇ 单击"视图"选项卡→"视觉样式"面板→"二维线框"按钮。
- ◇ 选择菜单栏中的"视图"→"视觉样式"→"二维线框"命令。
- ◇ 使用快捷键 VS。

图 10-21 二维线框着色

● 三维线框

"三维线框"命令也是用直线和曲线显示对象的边缘轮廓的，如图 10-22 所示。与二维线框显示方式不同的是，表示坐标系的按钮会显示成三维着色形式，并且对象的线型及线宽都是不可见的。

执行"三维线框"命令主要有以下几种方式。

- ◇ 单击"视图"选项卡→"视觉样式"面板→"三维线框"按钮。
- ◇ 选择菜单栏中的"视图"→"视觉样式"→"三维线框"命令。
- ◇ 使用快捷键 VS。

图 10-22 三维线框着色

● 三维隐藏

"三维隐藏"命令用于将三维对象中观察不到的线隐藏起来，而只显示那些位于前面无遮挡的对象，如图 10-23 所示。

Note

图 10-23　三维隐藏

多边形的面着色，不对面边界进行光滑处理，如图 10-24 所示。

执行"真实"命令主要有以下几种方式。

◇ 单击"视图"选项卡→"视觉样式"面板→"真实"按钮。

◇ 选择菜单栏中的"视图"→"视觉样式"→"真实"命令。

◇ 使用快捷键 VS。

执行"三维隐藏"命令主要有以下几种方式。

◇ 单击"视图"选项卡→"视觉样式"面板→"三维隐藏"按钮。

◇ 选择菜单栏中的"视图"→"视觉样式"→"三维隐藏"命令。

◇ 使用快捷键 VS。

● **真实**

"真实"命令可使对象实现平面着色，它只对各

图 10-24　真实着色

● **概念**

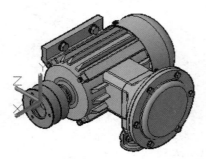

图 10-25　概念着色

"概念"命令也可使对象实现平面着色，它不仅可以对各多边形的面着色，还可以对面边界进行光滑处理，如图 10-25 所示。

执行"概念"命令主要有以下几种方式。

◇ 单击"视图"选项卡→"视觉样式"面板→"概念"按钮。

◇ 选择菜单栏中的"视图"→"视觉样式"→"概念"命令。

◇ 使用快捷键 VS。

● **着色**

"着色"命令用于将对象进行平滑着色，如图 10-26 所示。

执行"着色"命令主要有以下几种方式。

◇ 单击"视图"选项卡→"视觉样式"面板→"着色"按钮。

◇ 选择菜单栏中的"视图"→"视觉样式"→"着色"命令。

◇ 使用快捷键 VS。

图 10-26　平滑着色

图 10-27　带边缘着色

- 带边缘着色

"带边缘着色"命令用于将对象进行带有可见边的平滑着色，如图 10-27 所示。

执行"带边缘着色"命令主要有以下几种方式。

- ◇ 单击"视图"选项卡→"视觉样式"面板→"带边缘着色"按钮。
- ◇ 选择菜单栏中的"视图"→"视觉样式"→"带边缘着色"命令。
- ◇ 使用快捷键 VS。

10.4.2　其他视觉样式

- 灰度

"灰度"命令用于将对象以单色面颜色模式着色，以产生灰色效果，如图 10-28 所示。选择菜单栏中的"视图"→"视觉样式"→"灰度"命令，或者使用快捷键 VS，都可以激活"灰度"命令。

- 勾画

"勾画"命令用于将对象使用外伸和抖动方式产生手绘效果，如图 10-29 所示。选择菜单栏中的"视图"→"视觉样式"→"勾画"命令，或者使用快捷键 VS，都可以激活"勾画"命令。

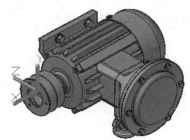

图 10-28　灰度着色

- X 射线

"X 射线"命令用于更改面的不透明度，以使整个场景变成部分透明，如图 10-30 所示。选择菜单栏中的"视图"→"视觉样式"→"X 射线"命令，或者使用快捷键 VS，都可以激活"X 射线"命令。

图 10-29　勾画着色

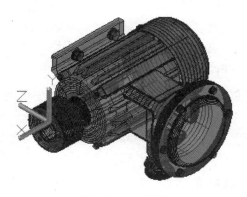

图 10-30　X 射线

10.4.3 管理视觉样式

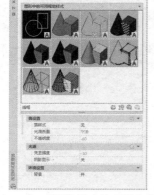

图 10-31 "视觉样式管理器"面板

"视觉样式管理器"命令用于控制模型的外观显示效果、创建或更改视觉样式等，其面板如图 10-31 所示。其中"面"设置用于控制面上颜色和着色的外观，"环境"设置用于打开和关闭阴影及背景，"边"设置指定显示哪些边及是否应用边修改器。

执行"视觉样式管理器"命令主要有以下几种方式。

❖ 选择菜单栏中的"视图"→"视觉样式"→"视觉样式管理器"命令。

❖ 单击"视图"选项卡→"视觉样式"面板→"视觉样式管理器"按钮 。

❖ 在命令行中输入 Visualstyles 后按 Enter 键。

10.5 材质与渲染

本节主要学习"材质浏览器"和"渲染"两个命令的使用方法和相关操作技能。

10.5.1 附着材质

AutoCAD 为用户提供了"材质浏览器"命令，使用此命令可以使用户直观方便地为模型附着材质，以更加真实地展现实物造型。

执行"材质浏览器"命令主要有以下几种方式。

❖ 单击"渲染"选项卡→"材质"面板→"材质浏览器"按钮 。

❖ 选择菜单栏中的"视图"→"渲染"→"材质浏览器"命令。

❖ 在命令行中输入 Matbrowseropen 后按 Enter 键。

下面通过为长方体快速附着砖墙材质，学习"材质浏览器"命令的使用方法和操作技巧，操作步骤如下。

Step 01 新建公制单位的绘图文件。

Step 02 选择菜单栏中的"绘图"→"建模"→"圆环体"命令，创建半径为 180 的球体，如图 10-32 所示。

Step 03 选择菜单栏中的"视图"→"渲染"→"材质浏览器"命令，打开如图 10-33 所示的"材质浏览器"面板。

Step 04 在"材质浏览器"面板中选择所需材质后，按住鼠标左键不放，将选择的材质拖曳至球体上，为球体附着材质，如图 10-34 所示。

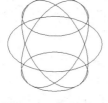

图 10-32　创建球体

图 10-33　"材质浏览器"面板

Step 05 选择菜单栏中的"视图"→"视觉样式"→"真实"命令，对附着材质后的球体进行真实着色，着色结果如图 10-35 所示。

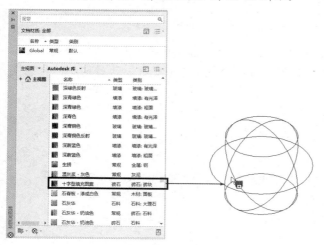

图 10-34　为球体附着材质

图 10-35　着色结果

10.5.2　三维渲染

AutoCAD 为用户提供了简单的渲染功能，选择菜单栏中的"视图"→"渲染"→"高级渲染设置"命令，弹出"渲染预设管理器"对话框，单击"渲染"按钮　即可激活"渲染"命令，AutoCAD 将按默认设置对当前视口内的模型，以独立的窗口进行渲染，如图 10-36 所示。

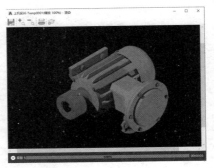

图 10-36　渲染窗口

10.6　用户坐标系

本节主要学习用户坐标系的定义与管理技能，以方便用户在三维操作空间内快速建模和编辑。

在默认设置下，AutoCAD 是以世界坐标系的 XY 平面作为绘图平面进行图形绘制的。由于世界坐标系是固定的，其应用范围有一定的局限性，为此，AutoCAD 为用户提供了用户坐标系，简称 UCS，此种坐标系是一种非常重要且常用的坐标系。

10.6.1　设置用户坐标系

为了更好地辅助绘图，AutoCAD 为用户提供了一种非常灵活的坐标系——用户坐标系（UCS），此坐标系弥补了世界坐标系（WCS）的不足，用户可以随意定制符合绘图需要的 UCS，应用范围比较广。

● "UCS" 命令的执行方式

执行 "UCS" 命令主要有以下几种方式。

✧　选择 "工具" → "新建 UCS" 子菜单中的相应命令，如图 10-37 所示。
✧　在命令行中输入 UCS 后按 Enter 键。
✧　单击 "视图" 选项卡→ "坐标" 面板中的各按钮，如图 10-38 所示。

图 10-37　"新建 UCS" 子菜单

图 10-38　"坐标" 面板

下面通过典型的实例，学习用户坐标系的定制和存储功能，操作步骤如下。

Step 01 打开配套资源中的"素材文件\10-1.dwg"，如图 10-39 所示。

Step 02 使用快捷键 VS 执行"视觉样式"命令，对模型进行概念着色。

Step 03 执行"UCS"命令，配合端点捕捉功能通过三点定义坐标系，命令行操作如下。

图 10-39　打开素材文件

```
命令：_ucs
当前 UCS 名称：*俯视*
指定 UCS 的原点或 [面(F)/命名(NA)/对象(OB)/上一个(P)/视图(V)/世界(W)/X/Y/Z/Z
轴(ZA)] <世界>：　　　　　　　//捕捉如图 10-40 所示的端点
指定 X 轴上的点或 <接受>：　　//捕捉如图 10-41 所示的端点
指定 XY 平面上的点或 <接受>：　//捕捉如图 10-42 所示的端点，定义结果如图 10-43 所示
```

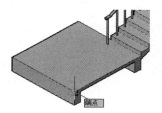

图 10-40　捕捉端点（1）

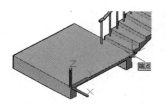

图 10-41　捕捉端点（2）

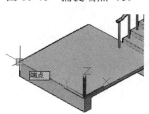

图 10-42　捕捉端点（3）

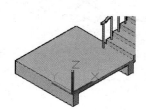

图 10-43　定义结果（1）

Step 04 重复执行"UCS"命令，将当前定义的坐标系命名并存储，命令行操作如下。

```
命令：_ucs
当前 UCS 名称：*没有名称*
指定 UCS 的原点或 [面(F)/命名(NA)/对象(OB)/上一个(P)/视图(V)/世界(W)/X/Y/Z/Z
轴(ZA)] <世界>：　　　　　　　//s Enter
输入保存当前 UCS 的名称或 [?]：　//ucs1 Enter
```

Step 05 重复执行"UCS"命令，使用"面"选项功能重新定义坐标系，命令行操作如下。

```
命令：_ucs
当前 UCS 名称：ucs1
指定 UCS 的原点或 [面(F)/命名(NA)/对象(OB)/上一个(P)/视图(V)/世界(W)/X/Y/Z/Z
轴(ZA)] <世界>：　　　　　　　//f Enter，执行"面"选项
选择实体对象的面：　　　　　　//选择如图 10-44 所示的面
```

输入选项 [下一个(N)/X 轴反向(X)/Y 轴反向(Y)] <接受>：
//Enter，定义结果如图 10-45 所示

图 10-44　选择实体对象的面

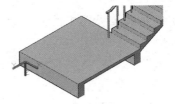

图 10-45　定义结果（2）

Step 06 重复执行 "UCS" 命令，将刚定义的坐标系进行存储，命令行操作如下。

命令：_ucs
当前 UCS 名称：*没有名称*
指定 UCS 的原点或 [面(F)/命名(NA)/对象(OB)/上一个(P)/视图(V)/世界(W)/X/Y/Z/Z
轴(ZA)] <世界>：　　　　　　　　　　　　//s Enter
输入保存当前 UCS 的名称或 [?]：　　//ucs2 Enter

📖 选项解析

选项解析如下。

◇ "指定 UCS 的原点" 选项用于指定三点，以分别定位出新坐标系的原点、X 轴正方向和 Y 轴正方向。

⣿ 小技巧

坐标系原点为离选择点最近的实体平面顶点，X 轴正向由此顶点指向离选择点最近的实体平面边界线的另一端点。用户选择的面必须为实体面域。

◇ "面" 选项用于选择一个实体的平面作为新坐标系的 XY 平面。用户必须使用点选法选择实体。

◇ "命名" 选项主要用于恢复其他坐标系为当前坐标系，为当前坐标系命名保存及删除不需要的坐标系。

◇ "对象" 选项表示通过选择的对象创建用户坐标系。用户只能使用点选法来选择对象，否则无法执行此命令。

◇ "上一个" 选项用于将当前坐标系恢复到前一次所设置的坐标系位置，直到将坐标系恢复为世界坐标系。

◇ "视图" 选项表示将新建的用户坐标系的 X 轴、Y 轴所在的面设置成与屏幕平行，其原点保持不变，Z 轴与 XY 平面正交。

◇ "世界" 选项用于选择世界坐标系作为当前坐标系，用户可以从任何一种用户坐标系下返回世界坐标系。

◇ "X" / "Y" / "Z" 选项表示原坐标系坐标平面分别绕 X 轴、Y 轴、Z 轴旋转而形成新的用户坐标系。

如果在已定义的用户坐标系中进行旋转，则新的 UCS 以前面的 UCS 系统旋转而成。

◇　"Z 轴"选项用于指定 Z 轴方向以确定新的用户坐标系。

10.6.2　用户坐标系的管理

"命名 UCS"命令用于对命名 UCS 及正交 UCS 进行管理和操作，例如，用户可以使用该命令删除、重命名或恢复已命名的用户坐标系，也可以选择 AutoCAD 预设的标准 UCS 控制 UCS 图标的显示等。

● "命名 UCS"命令的执行方式

执行"命名 UCS"命令主要有以下几种方式。

◇　单击"可视化"选项卡→"坐标"面板→"命名 UCS"按钮 ▣。
◇　选择菜单栏中的"工具"→"命名 UCS"命令。
◇　在命令行中输入 Ucsman 后按 Enter 键。

执行"命名 UCS"命令后弹出如图 10-46 所示的"UCS"对话框，通过此对话框，用户可以方便地对自己定义的坐标系进行存储、删除、应用等操作。

● "命名 UCS"选项卡

如图 10-46 所示的"命名 UCS"选项卡用于显示当前文件中的所有坐标系，还可以设置当前坐标系。

◇　"当前 UCS：世界"列表框显示当前的 UCS 名称。如果 UCS 设置没有被保存和命名，那么当前 UCS 读取"未命名"。在"当前 UCS"列表框中有 UCS 名称的列表，列出当前视图中已定义的坐标系。
◇　置为当前(C) 按钮用于设置当前坐标系。
◇　单击 详细信息(T) 按钮，可以弹出如图 10-47 所示的"UCS 详细信息"对话框。

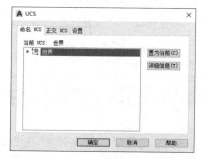

图 10-46　"UCS"对话框

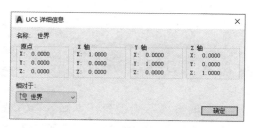

图 10-47　"UCS 详细信息"对话框

● **"正交 UCS"选项卡**

在"UCS"对话框中选择如图 10-48 所示的"正交 UCS"选项卡，此选项卡用于显示和设置 AutoCAD 的预设标准坐标系作为当前坐标系。

◇ "当前 UCS：世界"列表框中列出了当前视图中的 6 个正交坐标系。正交坐标系是相对"相对于"下拉列表中指定的 UCS 进行定义的。

◇ 置为当前(C) 按钮用于设置当前的正交坐标系。用户可以在列表框中双击某个选项，将其设为当前；也可以选择需要设置为当前的选项后右击，从弹出的快捷菜单中选择设为当前的选项。

● **"设置"选项卡**

在"UCS"对话框中选择如图 10-49 所示的"设置"选项卡，此选项卡用于设置 UCS 图标的显示及其他的一些操作设置。

◇ "开"复选框用于显示当前视口中的 UCS 图标。

◇ "显示于 UCS 原点"复选框用于在当前视口中当前坐标系的原点显示 UCS 图标。

◇ "应用到所有活动视口"复选框用于将 UCS 图标设置应用到当前图形中的所有活动视口。

◇ "允许选择 UCS 图标"复选框用于选中用户坐标系并对其进行操作。如果清除此选项，则此时用户坐标系不能被选中。

◇ "UCS 与视口一起保存"复选框用于将坐标系设置与视口一起保存。如果清除此选项，则视口将反映当前视口的 UCS。

◇ "修改 UCS 时更新平面视图"复选框用于修改视口中的坐标系时恢复平面视图。当关闭对话框时，平面视图和选定的 UCS 设置被恢复。

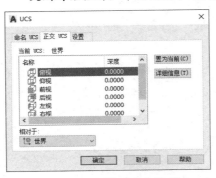

图 10-48　"正交 UCS"选项卡

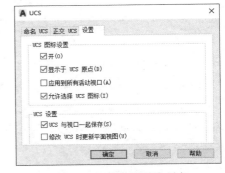

图 10-49　"设置"选项卡

10.7　上机实训——三维辅助功能的综合练习

本实训将以不同视口、不同着色方式显示电机的三维模型，对本章所讲述的三维观察、三维显示和 UCS 坐标系等功能进行综合应用和巩固，本实训最终绘制效果如图 10-50 所示。

图 10-50　最终绘制效果

操作步骤如下。

Step 01 执行"打开"命令打开配套资源中的"素材文件\10-2.dwg"，如图 10-51 所示。

Step 02 选择菜单栏中的"视图"→"视口"→"新建视口"命令，弹出"视口"对话框，然后选择如图 10-52 所示的视口模式。

图 10-51　打开素材文件

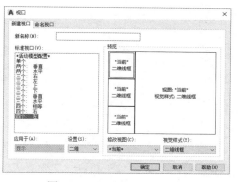

图 10-52　"视口"对话框

Step 03 单击 确定 按钮，系统将当前单个视口分割为 4 个视口，如图 10-53 所示。

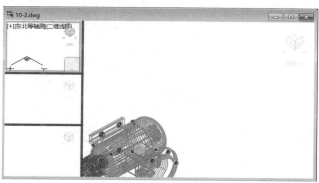

图 10-53　分割视口

Step 04 将光标放在右侧的视口内单击，将此视口激活为当前视口，此时该视口边框变粗，然后使用实时缩放工具调整视图，结果如图 10-54 所示。

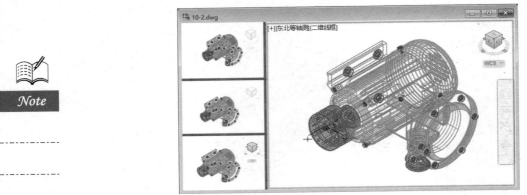

图 10-54 调整视图

Step 05 将着色方式恢复为二维线框着色，然后选择菜单栏中的"视图"→"消隐"命令，结果如图 10-55 所示。

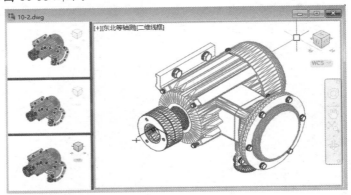

图 10-55 消隐效果

Step 06 使用快捷键 VS 执行"视觉样式"命令，对模型进行灰度着色显示，结果如图 10-56 所示。

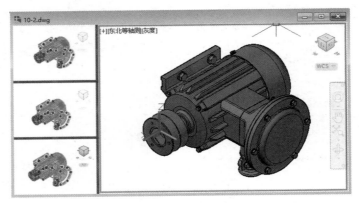

图 10-56 灰度着色

Step 07 在左上侧的矩形视口内单击，将此矩形视口激活。

Step 08 选择菜单栏中的"视图"→"三维视图"→"后视"命令，将当前视图切换为后视图，并调整视图，结果如图 10-57 所示。

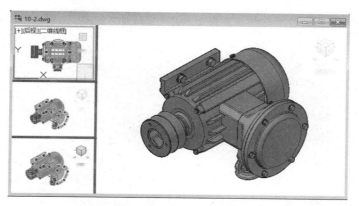

图 10-57　切换为后视图

Step 09 将光标放在左侧中间的视口内单击，将此视口激活为当前视口。

Step 10 选择菜单栏中的"视图"→"三维视图"→"仰视"命令，将当前视口切换为仰视图，并调整视图，结果如图 10-58 所示。

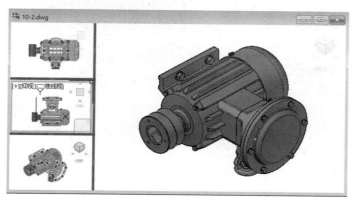

图 10-58　切换为仰视图

Step 11 将光标放在左下侧的视口内单击，将此视口激活为当前视口。

Step 12 选择菜单栏中的"视图"→"三维视图"→"左视"命令，将当前视口切换为左视图，并调整视图，结果如图 10-59 所示。

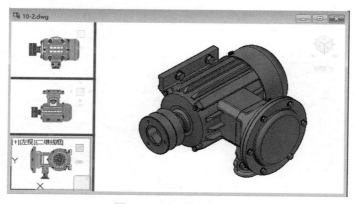

图 10-59　切换为左视图

Step 13 激活左侧中间的视口，然后在命令行中输入 UCS 后按 Enter 键，将当前坐标系绕 Y 轴旋转 30°，命令行操作如下。

```
命令:_ucs
当前 UCS 名称：*世界*
指定 UCS 的原点或 [面(F)/命名(NA)/对象(OB)/上一个(P)/视图(V)/世界(W)/X/Y/Z/Z
轴(ZA)] <世界>:                    //y Enter
    指定绕 Y 轴的旋转角度 <90>:        //30 Enter
```

Step 14 选择菜单栏中的"视图"→"三维视图"→"平面视图"→"当前 UCS"命令，将视图切换为当前坐标系的平面视图，并调整视图，结果如图 10-60 所示。

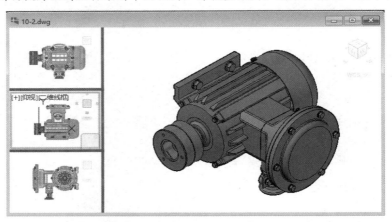

图 10-60　切换为平面视图

Step 15 使用快捷键 OP 执行"选项"命令，弹出"选项"对话框，设置参数，如图 10-61 所示。关闭各视口内坐标系图标，最终结果如图 10-50 所示。

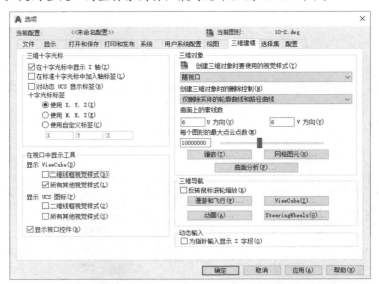

图 10-61　"选项"对话框

Step 16 执行"另存为"命令，存储图形，名称为"上机实训——三维辅助功能的综合练习.dwg"。

10.8　小结与练习

10.8.1　小结

本章主要讲述了 AutoCAD 的三维辅助功能，具体包括视点的设置、视图的切换、视口的分割、坐标系的设置管理及三维对象的视觉显示等辅助功能。通过本章的学习，应理解和掌握以下知识。

（1）掌握三维观察功能，主要有视点、动态观察器、3D 导航立方体、SteeringWheels 导航控制盘等，以便于观察三维空间内的图形对象。

（2）了解和掌握 6 种正交视图、4 种等轴测视图及平面视图，掌握各种视图之间的切换操作。

（3）了解视口和视图的区别，掌握多个视口的分割功能和合并功能，学会使用多视口观察物体的不同视图。

（4）了解和掌握三维对象的 10 种着色显示功能和材质的附着、模型的渲染技能。

（5）理解世界坐标系和用户坐标系的概念及功能，掌握用户坐标系的各种设置方式及坐标系的管理、切换和应用等重要操作知识。

10.8.2　练习题

综合运用所学知识，将如图 10-62 所示的零件模型编辑为如图 10-63 所示的状态。

图 10-62　零件模型

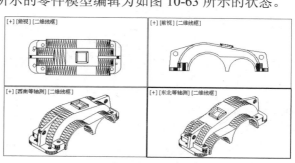

图 10-63　练习题

操作提示

本练习题的素材位于配套资源中的"素材文件"目录下，文件名为"10-3.dwg"。

第11章

AutoCAD三维建模功能

随着版本的升级，AutoCAD 的三维建模功能也日趋完善，这些功能主要体现在实体建模、曲面建模和网格建模 3 个方面，本章主要学习这 3 种模型的建模方法和相关技巧，以快速构建物体的三维模型。

内容要点

◆ 创建基本几何体
◆ 创建特殊几何体及曲面
◆ 上机实训——绘制办公桌立体造型

◆ 创建组合几何体
◆ 创建网格几何体

11.1　创建基本几何体

AutoCAD 为用户提供了各种基本几何实体的创建功能，这些实体建模工具按钮位于"常用"选项卡→"建模"面板上，其菜单位于"绘图"→"建模"子菜单上。

11.1.1　多段体

"多段体"命令用于创建具有一定宽度和高度的三维多段体，如图 11-1 所示。

● **"多段体"命令的执行方式**

执行"多段体"命令主要有以下几种方式。

◇ 单击"常用"选项卡→"建模"面板→"多段体"按钮 ◻。

◇ 选择菜单栏中的"绘图"→"建模"→"多段体"命令。

◇ 在命令行中输入 Polysolid 后按 Enter 键。

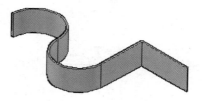

图 11-1　多段体示例

下面通过典型的实例，学习"多段体"命令的使用方法和操作技巧，操作步骤如下。

Step 01 新建文件并将视图切换为西南视图。

Step 02 单击"常用"选项卡→"建模"面板→"多段体"按钮 ◻，根据命令行提示创建多段体，命令行操作如下。

```
命令: _polysolid 高度 = 80.0000, 宽度 = 5.0000, 对正 = 居中
指定起点或 [对象(O)/高度(H)/宽度(W)/对正(J)] <对象>:
指定下一个点或 [圆弧(A)/放弃(U)]:              //@100,0 Enter
指定下一个点或 [圆弧(A)/放弃(U)]:              //@0,-60 Enter
指定下一个点或 [圆弧(A)/闭合(C)/放弃(U)]:      //@100,0 Enter
指定下一个点或 [圆弧(A)/闭合(C)/放弃(U)]:      //a Enter
指定圆弧的端点或 [闭合(C)/方向(D)/直线(L)/第二个点(S)/放弃(U)]: //@0,-150 Enter
指定下一个点或 [圆弧(A)/闭合(C)/放弃(U)]:      //在绘图区拾取一点
指定圆弧的端点或 [闭合(C)/方向(D)/直线(L)/第二个点(S)/放弃(U)]:
//Enter, 结束命令, 绘制结果如图 11-2 所示
```

📖 **选项解析**

选项解析如下。

◇ "对象"选项可以将现有的直线、圆弧、圆、矩形及样条曲线等二维对象，转化为具有一定宽度和高度的三维实心体，如图 11-3 所示。

◇ "高度"选项用于设置多段体的高度。

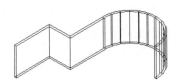

图 11-2　绘制结果

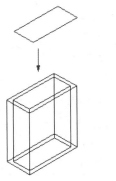

图 11-3　二维对象的转化示例

◇ "宽度"选项用于设置多段体的宽度。

◇ "对正"选项用于设置多段体的对正方式，具体有"左对正""居中"和"右对正"
3 种方式。

11.1.2　长方体

"长方体"命令用于创建长方体模型或立方体模型，如图 11-4 所示。

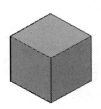

图 11-4　长方体示例

● "长方体"命令的执行方式

执行"长方体"命令主要有以下几种方式。

◇ 单击"常用"选项卡→"建模"面板→"长方体"按钮▢。

◇ 选择菜单栏中的"绘图"→"建模"→"长方体"命令。

◇ 在命令行中输入 Box 后按 Enter 键。

下面通过典型的实例，学习"长方体"命令的使用方法和操作技巧，操作步骤如下。

Step 01 新建文件并将视图切换为西南视图。

Step 02 单击"常用"选项卡→"建模"面板→"长方体"按钮▢，根据命令行提示创建长
方体，命令行操作如下。

```
命令：_box
指定第一个角点或 [中心(C)]:                //在绘图区拾取一点
指定其他角点或 [立方体(C)/长度(L)]:       //@150,100 Enter
指定高度或 [两点(2P)]:                     //120 Enter，绘制结果如图 11-5 所示
```

Step 03 使用快捷键 HI 执行"消隐"命令，消隐效果如图 11-6 所示。

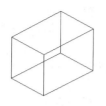

图 11-5　绘制结果

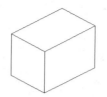

图 11-6　消隐效果

Note

📖 **选项解析**

部分选项解析如下。

◇ "中心"选项用于根据长方体的中心点位置创建长方体，即先定位长方体的中心点位置。

◇ "立方体"选项用于创建长、宽、高都相等的长方体，即立方体。

◇ "长度"选项用于直接输入长方体的长、宽和高。

11.1.3　楔体

"楔体"命令主要用于创建三维楔体模型，如图 11-7 所示。

● **"楔体"命令的执行方式**

执行"楔体"命令主要有以下几种方式。

◇ 单击"常用"选项卡→"建模"面板→"楔体"按钮 。

◇ 选择菜单栏中的"绘图"→"建模"→"楔体"命令。

◇ 在命令行中输入 Wedge 后按 Enter 键。

图 11-7　创建楔体

下面通过典型的实例，学习"楔体"命令的使用方法和操作技巧，操作步骤如下。

Step 01 新建文件并将当前视图切换为东南视图。

Step 02 单击"常用"选项卡→"建模"面板→"楔体"按钮 ，根据命令行提示创建楔体，命令行操作如下。

```
命令：_wedge
指定第一个角点或 [中心(C)]:              //在绘图区拾取一点
指定其他角点或 [立方体(C)/长度(L)]:       //@120,20 Enter
指定高度或 [两点(2P)] <10.52>:           //150 Enter，创建楔体如图 11-7 所示
```

Step 03 使用快捷键 HI 执行"消隐"命令，消隐效果如图 11-8 所示。

图 11-8　消隐效果

📖 **选项解析**

部分选项解析如下。

◇ "中心"选项用于定位楔体的中心点，其中心点为斜面正中心点。

◇ "立方体"选项用于创建长、宽、高都相等的楔体。

11.1.4　球体

"球体"命令用于创建三维球体模型，如图 11-9 所示。

执行"球体"命令主要有以下几种方式。

◇　单击"常用"选项卡→"建模"面板→"球体"按钮◯。

◇　选择菜单栏中的"绘图"→"实体"→"球体"命令。

◇　在命令行中输入 Sphere 后按 Enter 键。

下面通过典型的实例，学习"球体"命令的使用方法和操作技巧，操作步骤如下。

Step 01 新建文件并将当前视图切换为西南视图。

Step 02 单击"常用"选项卡→"建模"面板→"球体"按钮◯，创建半径为 120 的球体模型，命令行操作如下。

```
命令：_sphere
指定中心点或 [三点(3P)/两点(2P)/切点、切点、半径(T)]：
  //拾取一点作为球体的中心点
指定半径或 [直径(D)] <10.36>：      //120 Enter，创建结果如图 11-9 所示
```

Step 03 执行"视觉样式"命令，对球体进行概念着色，效果如图 11-10 所示。

图 11-9　创建球体　　　　　　　　　　　图 11-10　概念着色

11.1.5　圆柱体

"圆柱体"命令用于创建圆柱实心体或椭圆柱实心体模型，如图 11-11 所示。

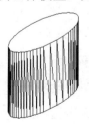

图 11-11　圆柱体和椭圆柱体示例

● **"圆柱体"命令的执行方式**

执行"圆柱体"命令主要有以下几种方式。

◇　单击"常用"选项卡→"建模"面板→"圆柱体"按钮，。

◇　选择菜单栏中的"绘图"→"建模"→"圆柱体"命令。

◇　在命令行中输入 Cylinder 后按 Enter 键。

下面通过典型的实例，学习"圆柱体"命令的使用方法和操作技巧，操作步骤如下。

Step 01 新建文件并将当前视图切换为西南视图。

Step 02 单击"常用"选项卡→"建模"面板→"圆柱体"按钮，，根据命令行提示创建圆柱体，命令行操作如下。

```
命令: _cylinder
指定底面的中心点或 [三点(3P)/两点(2P)/切点、切点、半径(T)/椭圆(E)]
//在绘图区拾取一点
指定底面半径或 [直径(D)]>:                //120 Enter，输入底面半径
指定高度或 [两点(2P)/轴端点(A)] <100.0000>: //260 Enter，结果如图 11-12 所示
```

Step 03 使用快捷键 HI 执行"消隐"命令，消隐效果如图 11-13 所示。

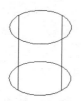

图 11-12　创建结果

图 11-13　消隐效果

⠿ 小技巧

变量 FACETRES 用于设置实体消隐或渲染后的表面光滑度，其值越大表面越光滑，如图 11-14 所示。变量 ISOLINES 用于设置实体线框的表面密度，其值越大网格线越密集，如图 11-15 所示。

图 11-14　FACETRES＝5

图 11-15　ISOLINES＝12

📖 选项解析

选项解析如下。

◇　"三点"选项用于指定圆上的 3 个点定位圆柱体的底面。

◇　"两点"选项用于指定圆直径的两个端点定位圆柱体的底面。

◇　"切点、切点、半径"选项用于绘制与已知两个对象相切的圆柱体。

◇　"椭圆"选项用于绘制底面为椭圆的椭圆柱体。

11.1.6　圆环体

"圆环体"命令用于创建圆环实心体模型，如图 11-16 所示。

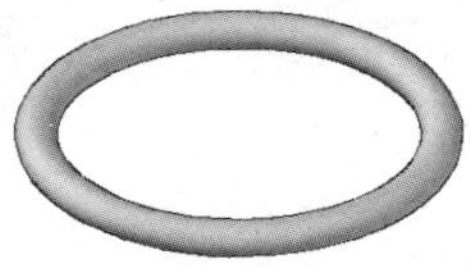

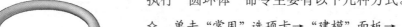

执行"圆环体"命令主要有以下几种方式。

◇　单击"常用"选项卡→"建模"面板→"圆环体"按钮◎。

◇　选择菜单栏中的"绘图"→"建模"→"圆环体"命令。

◇　在命令行中输入 Torus 后按 Enter 键。

图 11-16　圆环体示例

下面通过创建圆环半径为 200、圆管半径为 20 的圆环体，学习"圆环体"命令的使用方法和操作技巧，操作步骤如下。

Step 01 新建文件并将当前视图切换为西南视图。

Step 02 单击"常用"选项卡→"建模"面板→"圆环体"按钮◎，根据命令行提示创建圆环体，命令行操作如下。

```
命令：_torus
指定中心点或 [三点(3P)/两点(2P)/切点、切点、半径(T)]：    //定位环体的中心点
指定半径或 [直径(D)] <120.0000>：                      //200 Enter
指定圆管半径或 [两点(2P)/直径(D)]://20 Enter，输入圆管半径，结果如图 11-17 所示
```

Step 03 使用快捷键 HI 执行"消隐"命令，消隐效果如图 11-18 所示。

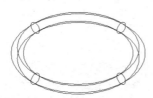

图 11-17　创建圆环体　　　　　　　　图 11-18　消隐效果

11.1.7　圆锥体

"圆锥体"命令用于创建圆锥体或椭圆锥体模型，如图 11-19 所示。

执行"圆锥体"命令主要有以下几种方式。

◇　单击"常用"选项卡→"建模"面板→"圆锥体"按钮△。

◇　选择菜单栏中的"绘图"→"建模"→"圆锥体"命令。

◇　在命令行中输入 Cone 后按 Enter 键。

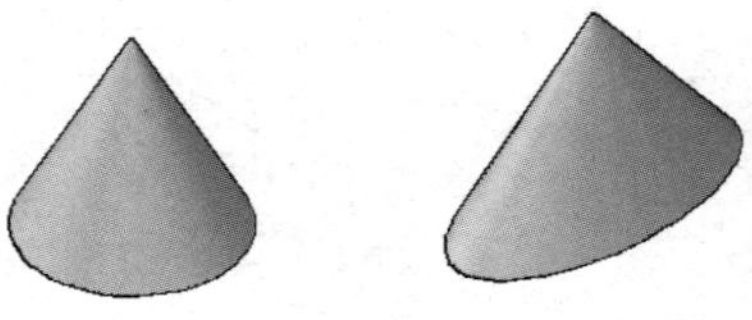

图 11-19　圆锥体与椭圆锥体

下面通过创建底面半径为 100、高度为 150 的圆锥体，学习"圆锥体"命令的使用方法和操作技巧，操作步骤如下。

Step 01 新建空白文件。

Step 02 选择菜单栏中的"视图"→"三维视图"→"西南等轴测"命令，将当前视图切换为西南视图。

Step 03 单击"常用"选项卡→"建模"面板→"圆锥体"按钮△，执行"圆锥体"命令，根据命令行提示创建锥体，命令行操作如下。

```
命令：_cone
指定底面的中心点或 [三点(3P)/两点(2P)/切点、切点、半径(T)/椭圆(E)]：
                                            //拾取一点作为底面中心点
指定底面半径或 [直径(D)] <261.0244>：        //100 Enter，输入底面半径
指定高度或 [两点(2P)/轴端点(A)/顶面半径(T)] <120.0000>：
//150 Enter，输入锥体的高度，结果如图 11-20 所示
```

图 11-20 创建圆锥体

小技巧

"椭圆"选项用于创建底面为椭圆的椭圆锥体，如图 11-19（右）所示。

11.1.8 棱锥体

"棱锥体"命令用于创建三维实体棱锥，如底面为四边形、五边形、六边形等多面棱锥体，如图 11-21 所示。

图 11-21 棱锥体示例

执行"棱锥体"命令主要有以下几种方式。

◇ 单击"常用"选项卡→"建模"面板→"棱锥体"按钮△。

◇ 选择菜单栏中的"绘图"→"建模"→"棱锥体"命令。

◇ 在命令行中输入 Pyramid 后按 Enter 键。

下面通过创建底面半径为 120，高度为 500 的六面棱锥体，学习"棱锥体"命令的使用方法和操作技巧，操作步骤如下。

Step 01 新建文件并将视图切换为西南视图。

Step 02 单击"常用"选项卡→"建模"面板→"棱锥体"按钮△，根据命令行提示创建六面棱锥体，命令行操作如下。

```
命令: _pyramid
4 个侧面  外切
指定底面的中心点或 [边(E)/侧面(S)]:         //s Enter, 激活"侧面"选项
输入侧面数 <4>:                             //6 Enter, 设置侧面数
指定底面的中心点或 [边(E)/侧面(S)]:         //在绘图区拾取一点
指定底面半径或 [内接(I)] <72.0000>:        //120 Enter
指定高度或 [两点(2P)/轴端点(A)/顶面半径(T)]<10.0000>:
//500 Enter, 绘制结果如图 11-22 所示
```

Step 03 使用快捷键 VS 执行"视觉样式"命令，对模型进行灰度着色，效果如图 11-23 所示。

图 11-22 绘制结果

图 11-23 灰度着色

11.2 创建组合几何体

本节通过"并集""差集"和"交集"3 个命令，学习快速创建并集、差集和交集等组合体。

11.2.1 并集

"并集"命令用于将多个实体、面域或曲面组合成一个实体、面域或曲面。

执行"并集"命令主要有以下几种方式。

◇ 单击"常用"选项卡→"实体编辑"面板→"并集"按钮 。

◇ 选择菜单栏中的"修改"→"实体编辑"→"并集"命令。

◇ 在命令行中输入 Union 后按 Enter 键。

◇ 使用快捷键 UNI。

创建如图 11-24（左）所示的圆锥体和圆柱体，然后执行"并集"命令，对圆锥体和圆柱体进行并集操作，命令行操作如下。

```
命令: _union
选择对象:          //选择圆锥体
选择对象:          //选择圆柱体
选择对象:          //Enter, 并集结果如图 11-24（右）所示
```

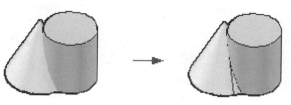

图 11-24　并集示例

11.2.2　差集

"差集"命令用于从一个实体（或面域）中移去与其相交的实体（或面域），从而生成新的实体（或面域）。

执行"差集"命令主要有以下几种方式。

- ◇ 单击"常用"选项卡→"实体编辑"面板→"差集"按钮。
- ◇ 选择菜单栏中的"修改"→"实体编辑"→"差集"命令。
- ◇ 在命令行中输入 Subtract 后按 Enter 键。
- ◇ 使用快捷键 SU。

创建如图 11-25（左）所示的圆锥体和圆柱体，然后执行"差集"命令，对圆锥体和圆柱体进行差集操作，命令行操作如下。

```
命令：_subtract
选择要从中减去的实体、曲面和面域...
选择对象：              //选择圆锥体
选择对象：              //Enter，结束选择
选择要减去的实体、曲面和面域...
选择对象：              //选择圆柱体
选择对象：              //Enter，差集结果如图 11-25（右）所示
```

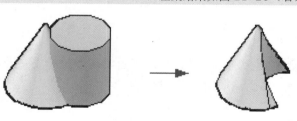

图 11-25　差集示例

小技巧

当选择完被减对象后一定要按 Enter 键，然后再选择需要减去的对象。

11.2.3　交集

"交集"命令用于将多个实体（或面域、曲面）的公共部分，提取出来形成一个新的实体（或面域、曲面），同时删除公共部分以外的部分。

执行"交集"命令主要有以下几种方式。

- ✧ 单击"常用"选项卡←"实体编辑"面板→"交集"按钮 ⬚。
- ✧ 选择菜单栏中的"修改"→"实体编辑"→"交集"命令。
- ✧ 在命令行中输入 Intersect 后按 Enter 键。
- ✧ 使用快捷键 IN。

创建如图 11-26（左）所示的圆锥体和圆柱体，然后执行"交集"命令，对圆锥体和圆柱体进行交集操作，命令行操作如下。

```
命令: _intersect
选择对象:                //选择圆锥体
选择对象:                //选择圆柱体
选择对象:                //Enter，交集结果如图 11-26（右）所示
```

图 11-26   交集示例

11.3   创建特殊几何体及曲面

本节学习"拉伸""旋转""剖切""扫掠""抽壳"和"干涉检查"6 个命令，以创建较为复杂的几何体及曲面。

11.3.1   拉伸

"拉伸"命令用于将闭合的二维图形按照指定的高度拉伸成三维实心体或曲面，将非闭合的二维图线拉伸为曲面，如图 11-27 所示。

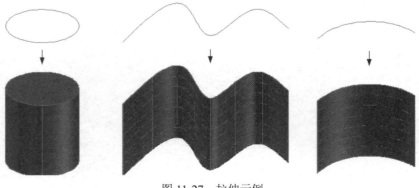

图 11-27   拉伸示例

- ● "拉伸"命令的执行方式

执行"拉伸"命令主要有以下几种方式。

◇　单击"常用"选项卡→"建模"面板→"拉伸"按钮▤。
◇　选择菜单栏中的"绘图"→"建模"→"拉伸"命令。
◇　在命令行中输入 Extrude 后按 Enter 键。
◇　使用快捷键 EXT。

下面通过典型的实例,学习"拉伸"命令的使用方法和操作技巧,操作步骤如下。

Step 01 打开配套资源中的"素材文件\11-1.dwg",如图 11-28 所示。

Step 02 使用快捷键 PE 执行"编辑多段线"命令,将图形编辑为 4 条闭合的边界。

⠿ 小技巧

也可以使用"边界"命令或"面域"命令,将图形编辑为 4 条闭合的边界。

Step 03 执行"东南等轴测"命令,将当前视图切换为东南视图,如图 11-29 所示。

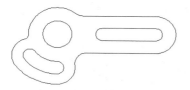

图 11-28　打开素材文件

图 11-29　切换为东南视图

Step 04 单击"常用"选项卡→"建模"面板→"拉伸"按钮▤,将 4 条边界拉伸为三维实体,命令行操作如下。

```
命令: _extrude
当前线框密度: ISOLINES=4,闭合轮廓创建模式 = 实体
选择要拉伸的对象或 [模式(MO)]: mo
闭合轮廓创建模式 [实体(SO)/曲面(SU)] <实体>: so
选择要拉伸的对象或 [模式(MO)]:           //选择 4 条边界
选择要拉伸的对象或 [模式(MO)]:           //Enter
指定拉伸的高度或 [方向(D)/路径(P)/倾斜角(T)/表达式(E)] <0.0>:0
//沿 Z 轴正方向引导光标,输入 20 Enter,拉伸结果如图 11-30 所示
```

Step 05 使用快捷键 VS 执行"视觉样式"命令,对拉伸实体进行着色,效果如图 11-31 所示。

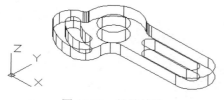

图 11-30　拉伸结果

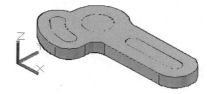

图 11-31　着色效果

Step 06 使用快捷键 SU 执行"差集"命令,对拉伸实体进行差集运算,命令行操作如下。

```
命令:_subtract                         //Enter
选择要从中减去的实体、曲面和面域...
选择对象:                               //选择如图 11-32 所示的被减实体
选择对象:                               //Enter
选择要减去的实体、曲面和面域...
选择对象:                               //选择其他 3 个拉伸实体
选择对象:                               //Enter，结束命令，差集结果如图 11-33 所示
```

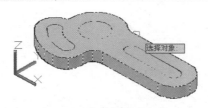

图 11-32　选择被减实体

图 11-33　差集结果

📖 选项解析

部分选项解析如下。

◇　"模式"选项用于设置拉伸对象是生成实体还是曲面。如图 11-34 所示是在曲面模式下拉伸而成的。

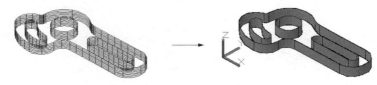

图 11-34　将对象拉伸为曲面

◇　"倾斜角"选项用于将闭合对象或非闭合对象按照一定的角度进行拉伸，如图 11-35 所示。

图 11-35　倾斜角拉伸示例

◇　"方向"选项用于将闭合对象或非闭合对象按照光标指引的方向进行拉伸，如图 11-36 所示。

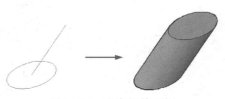

图 11-36　方向拉伸示例

◆ "路径"选项用于将闭合对象或非闭合对象按照指定的直线或曲线路径进行拉伸，如图 11-37 所示。

图 11-37　路径拉伸示例

◆ "表达式"选项用于输入公式或方程式以指定拉伸高度。

11.3.2　旋转

"旋转"命令用于将闭合二维图形绕坐标轴旋转为三维实心体或曲面，将非闭合图形绕轴旋转为曲面。此命令常用于创建一些回转体结构的模型，如图 11-38 所示。

图 11-38　回转体示例

● **"旋转"命令的执行方式**

执行"旋转"命令主要有以下几种方式。

◆ 单击"常用"选项卡→"建模"面板→"旋转"按钮　。
◆ 选择菜单栏中的"绘图"→"建模"→"旋转"命令。
◆ 在命令行中输入 Revolve 后按 Enter 键。

下面通过典型的实例，学习"旋转"命令的使用方法和操作技巧，操作步骤如下。

Step 01 打开配套资源中的"素材文件\11-2.dwg"。

Step 02 综合使用"修剪"命令和"删除"命令，将图形编辑成如图 11-39 所示的结构。

图 11-39　编辑结果

Step 03 执行"边界"命令，在闭合图线内部拾取点，创建一条闭合边界，如图 11-40 所示。

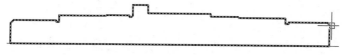

图 11-40　创建一条闭合边界

357

Note

Step 04 执行"东南等轴测"命令，将当前视图切换为东南视图，结果如图 11-41 所示。

Step 05 单击"常用"选项卡→"建模"面板→"旋转"按钮，将闭合边界旋转为三维实心体，命令行操作如下。

```
命令：_revolve
当前线框密度：ISOLINES=4，闭合轮廓创建模式 = 实体
选择要旋转的对象或 [模式(MO)]：mo
闭合轮廓创建模式 [实体(SO)/曲面(SU)] <实体>：so
选择要旋转的对象或 [模式(MO)]：              //选择闭合边界
选择要旋转的对象或 [模式(MO)]：              //Enter
指定轴起点或根据以下选项之一定义轴 [对象(O)/X/Y/Z] <对象>：
                                           //捕捉中心线的端点
指定轴端点：                                //捕捉中心线另一端端点
指定旋转角度或 [起点角度(ST)/反转(R)/表达式(EX)] <360>：
//Enter，结束命令，旋转结果如图 11-42 所示
```

图 11-41　切换为东南视图

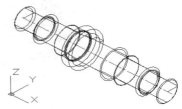

图 11-42　旋转结果

Step 06 将变量 FACETRES 的值设置为 5，然后再对模型消隐，效果如图 11-43 所示。

Step 07 执行"视觉样式"命令，对模型进行灰度着色，效果如图 11-44 所示。

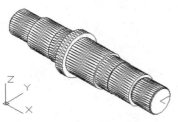

图 11-43　消隐效果

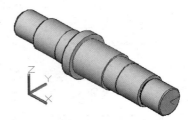

图 11-44　灰度着色效果

📖 选项解析

部分选项解析如下。

◇ "模式"选项用于设置旋转对象是生成实体还是曲面，生成曲面后的效果如图 11-45 所示。

◇ "对象"选项用于选择现有的直线或多段线等作为旋转轴，轴的正方向是从这条直线上的最近端点指向最远端点。

◇ "X"选项主要使用当前坐标系的 X 轴正方向作为旋转轴的正方向。

◇ "Y"选项主要使用当前坐标系的 Y 轴正方向作为旋转轴的正方向。

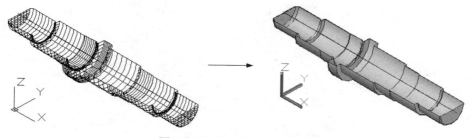

图 11-45　生成曲面后的效果

11.3.3　剖切

"剖切"命令用于切开现有实体或曲面，然后移去不需要的部分，保留指定的部分。使用此命令也可以将剖切后的两部分都保留。

● "剖切"命令的执行方式

执行"剖切"命令主要有以下几种方式。

✧　单击"常用"选项卡→"实体编辑"面板→"剖切"按钮圖。

✧　选择菜单栏中的"修改"→"三维操作"→"剖切"命令。

✧　在命令行中输入 Slice 后按 Enter 键。

✧　使用快捷键 SL。

下面通过典型的实例，学习"剖切"命令的使用方法和操作技巧，操作步骤如下。

Step 01 继续上例的操作。

Step 02 单击"常用"选项卡→"实体编辑"面板→"剖切"按钮圖，对回转实心体进行剖切，命令行操作如下。

```
命令: _slice
选择要剖切的对象:                //选择如图 11-46 所示的回转体
选择要剖切的对象:                //Enter，结束选择
指定切面的起点或 [平面对象(O)/曲面(S)/Z 轴(Z)/视图(V)/XY(XY)/YZ(YZ)/ZX(ZX)/
三点(3)] <三点>:               //XY 激活"XY 平面"选项
指定 XY 平面上的点 <0,0,0>:      //捕捉如图 11-47 所示的端点
在所需的侧面上指定点或 [保留两个侧面(B)] <保留两个侧面>: //b Enter
```

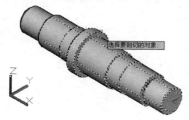

图 11-46　选择回转体

图 11-47　捕捉端点

Step 03 剖切后的结果如图 11-48 所示。

Step 04 执行"移动"命令，将剖切后的实体进行位移，结果如图 11-49 所示。

图 11-48 剖切结果

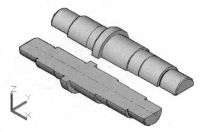

图 11-49 位移结果

📖 选项解析

部分选项解析如下。

◇ "三点"选项是系统默认的一种剖切方式，用于通过指定 3 个点，确定剖切平面。

◇ "平面对象"选项用于选择一个目标对象，如以圆、椭圆、圆弧、样条曲线或多段线等作为实体的剖切面，进行剖切，如图 11-50 所示。

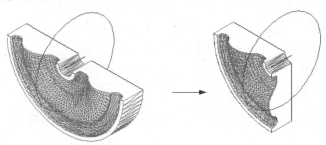

图 11-50 "平面对象"选项示例

◇ "曲面"选项用于选择现在的曲面进行剖切。

◇ "Z 轴"选项用于通过指定剖切平面的法线方向来确定剖切平面，即在 XY 平面的 Z 轴（法线）上指定点定义剖切面。

◇ "视图"选项也是一种剖切方式，该选项所确定的剖切面与当前视口的视图平面平行，用户只需指定一点，即可确定剖切平面的位置。

◇ "XY" / "YZ" / "ZX" 3 个选项分别表示 3 种剖切方式，用于将剖切平面与当前用户坐标系的 XY 平面、YZ 平面、ZX 平面对齐，用户只需指定点即可定义剖切面的位置。XY 平面、YZ 平面、ZX 平面位置是根据屏幕当前的用户坐标系情况而定的。

11.3.4 扫掠

"扫掠"命令用于沿路径扫掠闭合（或非闭合）的二维（或三维）曲线，以创建新的实体（或曲面）。

执行"扫掠"命令主要有以下几种方式。

◇ 单击"常用"选项卡→"建模"面板→"扫掠"按钮🗂。

✧　选择菜单栏中的"绘图"→"建模"→"扫掠"命令。

✧　在命令行中输入 Sweep 后按 Enter 键。

✧　使用快捷键 SW。

下面通过典型的实例，学习"扫掠"命令的使用方法和操作技巧，操作步骤如下。

Step 01　新建文件并将当前视图切换为西南视图。

Step 02　使用快捷键 C 执行"圆"命令，绘制半径为 45 的圆。

Step 03　选择菜单栏中的"绘图"→"螺旋"命令，绘制圈数为 5 的螺旋线，命令行操作如下。

```
命令: _helix
圈数 = 3.0000        扭曲=CCW
指定底面的中心点:                                       //在绘图区拾取点
指定底面半径或 [直径(D)] <53.0000>:                      //45 Enter
指定顶面半径或 [直径(D)] <45.0000>:                      //45 Enter
指定螺旋高度或 [轴端点(A)/圈数(T)/圈高(H)/扭曲(W)] <130.33>: //t Enter
输入圈数 <3.0000>:                                     //5 Enter
指定螺旋高度或 [轴端点(A)/圈数(T)/圈高(H)/扭曲(W)] <130.33>:
//120 Enter，绘制结果如图 11-51 所示
```

图 11-51　绘制螺旋线

Step 04　单击"常用"选项卡→"建模"面板→"扫掠"按钮，创建扫掠实体，命令行操作如下。

```
命令: _sweep
当前线框密度: ISOLINES=12
选择要扫掠的对象:                    //选择刚绘制的圆图形
选择要扫掠的对象:                    //Enter
选择扫掠路径或 [对齐(A)/基点(B)/比例(S)/扭曲(T)]:
                                  //选择螺旋线作为路径，扫掠结果如图 11-52 所示
```

Step 05　执行"视觉样式"命令，对模型进行着色显示，效果如图 11-53 所示。

图 11-52　扫掠结果

图 11-53　着色效果

11.3.5 抽壳

Note

"抽壳"命令用于将三维实心体按照指定的厚度，创建为一个空心的薄壳体，或者将实体的某些面删除，以形成薄壳体的开口，如图 11-54 所示。

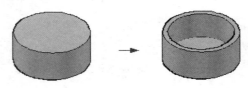

图 11-54 抽壳示例

执行"抽壳"命令主要有以下几种方式。

◇ 单击"常用"选项卡→"实体编辑"面板→"抽壳"按钮。
◇ 选择菜单栏中的"修改"→"实体编辑"→"抽壳"命令。
◇ 在命令行中输入 Solidedit 后按 Enter 键。

下面通过典型的实例，学习"抽壳"命令的使用方法和操作技巧，操作步骤如下。

Step 01 新建文件并在西南视图内创建一个底面半径为 200、高度为 180 的圆柱体。

Step 02 对两个圆柱体进行灰度着色，效果如图 11-54（左）所示。

Step 03 单击"常用"选项卡→"实体编辑"面板→"抽壳"按钮，对圆柱体进行抽壳，命令行操作如下。

```
命令：_solidedit
实体编辑自动检查：SOLIDCHECK=1
输入实体编辑选项 [面(F)/边(E)/体(B)/放弃(U)/退出(X)] <退出>：_body
输入实体编辑选项[压印(I)/分割实体(P)/抽壳(S)/清除(L)/检查(C)/放弃(U)/退出(X)]
<退出>：_shell
选择三维实体：                          //选择圆柱体
删除面或 [放弃(U)/添加(A)/全部(ALL)]：   //单击圆柱体的上表面
删除面或 [放弃(U)/添加(A)/全部(ALL)]：   //Enter，结束面的选择
输入抽壳偏移距离：        //25 Enter，设置抽壳距离，抽壳结果如图 11-55 所示
已开始实体校验
已完成实体校验
输入实体编辑选项[压印(I)/分割实体(P)/抽壳(S)/清除(L)/检查(C)/放弃(U)/退出(X)]
<退出>：
                                        //s Enter，退出实体编辑模式
选择三维实体：                          //选择另一个圆柱体
删除面或 [放弃(U)/添加(A)/全部(ALL)]：   //Enter，结束面的选择
输入抽壳偏移距离：                       //25 Enter，设置抽壳距离
实体编辑自动检查：SOLIDCHECK=1
输入实体编辑选项 [面(F)/边(E)/体(B)/放弃(U)/退出(X)] <退出>：
  //Enter，结束命令，抽壳后的着色和线框效果如图 11-56 所示
```

图 11-55　抽壳结果

图 11-56　抽壳后的着色和线框效果

Step 04 使用快捷键 SL 执行"剖切"命令，对抽壳后的圆柱体进行剖切，命令行操作如下。

```
命令：_slice
选择要剖切的对象：                      //选择抽壳体
选择要剖切的对象：            //Enter
指定切面的起点或 [平面对象(O)/曲面(S)/Z 轴(Z)/视图(V)/XY(XY)/YZ(YZ)/ZX(ZX)/
三点(3)] <三点>：             //xy Enter
指定 XY 平面上的点 <0,0,0>：
_m2p 中点的第一点：              //捕捉如图 11-57 所示的顶面圆心
中点的第二点：               //捕捉圆柱体底面圆心
在所需的侧面上指定点或 [保留两个侧面(B)] <保留两个侧面>：
//b Enter，结束命令，剖切结果如图 11-58 所示
```

Step 05 使用快捷键 M 执行"移动"命令，对剖切后的实体进行位移，结果如图 11-59 所示。

图 11-57　捕捉顶面圆心　　　　图 11-58　剖切结果　　　　图 11-59　位移结果

11.3.6　干涉检查

"干涉检查"命令用于检测各实体之间是否存在干涉现象，如果存在干涉（相交）情况，则将干涉部分提取出来，创建成新的实体，而源实体依然存在。

执行"干涉检查"命令主要有以下几种方式。

◇　单击"常用"选项卡→"实体编辑"面板→"干涉检查"按钮 📌 。

◇　选择菜单栏中的"修改"→"三维操作"→"干涉检查"命令。

◇　在命令行中输入 Interfere 后按 Enter 键。

下面通过典型的实例，学习"干涉检查"命令的使用方法和操作技巧，操作步骤如下。

Step 01 打开配套资源中的"素材文件\11-3.dwg"。

Step 02 执行"圆环体"命令，以垂直轴线的中点作为圆心，创建圆环体，命令行操作如下。

```
命令：_torus
指定中心点或 [三点(3P)/两点(2P)/切点、切点、半径(T)]://捕捉如图 11-60 所示的中点
指定半径或 [直径(D)] <0.0000>：              //100 Enter
指定圆管半径或 [两点(2P)/直径(D)] <0.0000>：     //10 Enter，结果如图 11-61 所示
```

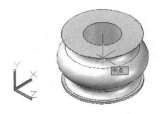

图 11-60　捕捉中点

图 11-61　创建圆环体

Step 03 单击"常用"选项卡→"实体编辑"面板→"干涉检查"按钮，根据命令行的提示进行干涉检测，命令行操作如下。

```
命令：_interfere
选择第一组对象或 [嵌套选择(N)/设置(S)]:          //选择回转体
选择第一组对象或 [嵌套选择(N)/设置(S)]:          //Enter，结束选择
选择第二组对象或 [嵌套选择(N)/检查第一组(K)] <检查>:  //选择圆环体
选择第二组对象或 [嵌套选择(N)/检查第一组(K)] <检查>:  //Enter
```

Step 04 此时系统将会亮显干涉的实体，如图 11-62 所示，同时弹出如图 11-63 所示的"干涉检查"对话框。

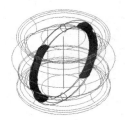

图 11-62　亮显干涉实体

图 11-63　"干涉检查"对话框

Step 05 取消勾选"关闭时删除已创建的干涉对象"复选框，单击"关闭"按钮关闭此对话框。

Step 06 执行"移动"命令，将创建的干涉实体进行外移，移动结果如图 11-64 所示。

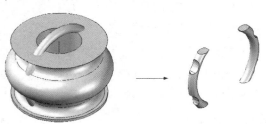

图 11-64　移动结果

11.4　创建网格几何体

本节学习基本几何体网格和复杂几何体网格的创建功能，主要有"网格图元""旋转网格""平移网格""直纹网格"和"边界网格"等。

11.4.1　网格图元

如图 11-65 所示的各类基本几何体网格图元，与各类基本几何实体的结构一样，只不过网格图元是由网状格子线连接而成的。网格图元包括网格长方体、网格楔体、网格圆锥体、网格球体、网格圆柱体、网格圆环体、网格棱锥体等基本网格图元。

执行"网格"→"图元"命令主要有以下几种方式。

图 11-65　基本几何体网格图元

- ◇ 选择"绘图"→"建模"→"网格"→"图元"子菜单中的相应命令，如图 11-66 所示。
- ◇ 单击"网格"选项卡→"图元"面板中的相应按钮，如图 11-67 所示。
- ◇ 在命令行中输入 Mesh 后按 Enter 键。

图 11-66　"图元"子菜单

图 11-67　"图元"面板

基本几何体网格的创建方法与基本几何实体的创建方法相同，在此不再细述。在默认情况下，可以创建无平滑度的网格图元，然后再根据需要应用平滑度，如图 11-68 所示。平滑度 0 表示低平滑度，不同对象之间可能会有所差别，平滑度 4 表示高平滑度。

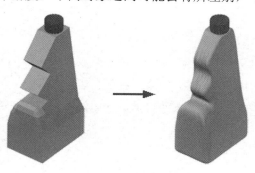

图 11-68　应用平滑度示例

⣿ 小技巧

选择菜单栏中的"绘图"→"建模"→"平滑网格"命令，可以将现有对象直接转化为平滑网格。用于转化为平滑网格的对象有三维实体、三维曲面、三维面、多边形网格、多面网格、面域、闭合多段线等。

Note

11.4.2 旋转网格

"旋转网格"命令用于将轨迹线围绕指定的轴进行空间旋转，生成回转体空间网格，如图 11-69 所示。此命令常用于创建具有回转体特征的空间形体，如酒杯、茶壶、花瓶、灯罩、轮、环等三维模型。

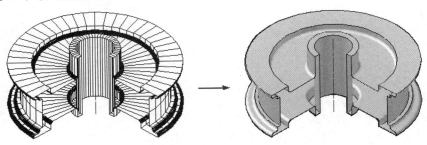

图 11-69　旋转网格示例

⣿ 小技巧

用于旋转的轨迹线可以是直线、圆、圆弧、样条曲线、二维或三维多段线，旋转轴则可以是直线或非封闭的多段线。

执行"旋转网格"命令主要有以下几种方式。

◇　单击"网格"选项卡→"图元"面板→"旋转网格"按钮 ▥。
◇　选择菜单栏中的"绘图"→"建模"→"网格"→"旋转网格"命令。
◇　在命令行中输入 Revsurf 后按 Enter 键。

下面通过典型的实例，学习"旋转网格"命令的使用方法和操作技巧，操作步骤如下。

Step 01 打开配套资源中的"素材文件\11-4.dwg"。

Step 02 执行"修剪"命令和"删除"命令，将图形编辑为如图 11-70 所示的结构。

Step 03 使用快捷键 BO 执行"边界"命令，将闭合区域编辑成一条多段线边界。

Step 04 选择如图 11-70 所示的边界及中心线剪切到前视图，然后将视图切换为西南视图，如图 11-71 所示。

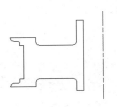

图 11-70　编辑结果

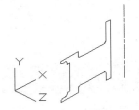

图 11-71　切换为西南视图

Step 05 分别使用系统变量 SURFTAB1 和 SURFTAB2，设置网格的线框密度，命令行操作如下。

```
命令: _surftab1                                    //Enter
输入 SURFTAB1 的新值 <6>:                           //36 Enter
命令: _surftab2                                    //Enter
输入 SURFTAB2 的新值 <6>:                           //36 Enter
```

Note

Step 06 单击"网格"选项卡→"图元"面板→"旋转网格"按钮，将边界旋转为网格，
命令行操作如下。

```
命令: _revsurf
当前线框密度: SURFTAB1=36  SURFTAB2=36
选择要旋转的对象:                      //选择边界
选择定义旋转轴的对象:                   //选择垂直中心线
指定起点角度 <0>:                     //90 Enter
指定包含角 (+=逆时针, -=顺时针)<360>:
//270 Enter, 采用当前设置, 旋转网格结果如图 11-72 所示
```

Step 07 使用快捷键 HI 执行"消隐"命令，消隐效果如图 11-73 所示。

Step 08 执行"视觉样式"命令，对网格进行灰度着色，结果如图 11-74 所示。

图 11-72 旋转网格结果

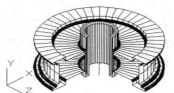

图 11-73 消隐效果

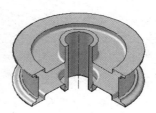

图 11-74 灰度着色

小技巧

在系统以逆时针方向为选择角度测量方向的情况下，如果输入的角度为正数，则按
逆时针方向构造旋转曲面，否则按顺时针方向构造旋转曲面。

11.4.3 平移网格

"平移网格"命令用于将轨迹线沿着指定方向矢量平移延伸而形成三维网格。轨迹线
可以是直线、圆（圆弧）、椭圆（椭圆弧）、样条曲线、二维或三维多段线；方向矢量用
于指明拉伸方向和长度，可以是直线或非封闭多段线，不能使用圆或圆弧来指定拉伸的
方向。

执行"平移网格"命令主要有以下几种方式。

◇ 单击"网格"选项卡→"图元"面板→"平移网格"按钮。

◇ 选择菜单栏中的"绘图"→"建模"→"网格"→"平移网格"命令。

◇ 在命令行中输入 Tabsurf 后按 Enter 键。

下面通过典型的实例，学习"平移网格"命令的使用方法和操作技巧，操作步骤
如下。

Step 01 打开配套资源中的"素材文件\11-5.dwg"。

Step 02 将内部的图线删除，然后将余下的封闭区域编辑为一条边界，编辑结果如图 11-75 所示。

Step 03 将视图切换为东南视图，并绘制高度为 70 的直线，如图 11-76 所示。

图 11-75 编辑结果

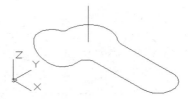

图 11-76 绘制直线

Step 04 使用系统变量 SURFTAB1，设置直纹曲面表面的线框密度为 24。

Step 05 单击"网格"选项卡→"图元"面板→"平移网格"按钮，创建平移网格模型，命令行操作如下。

```
命令: _tabsurf
当前线框密度: SURFTAB1=24
选择用作轮廓曲线的对象:        //选择如图 11-77 所示的闭合边界
选择用作方向矢量的对象:        //在如图 11-78 所示的位置单击
```

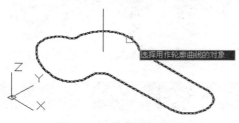

图 11-77 选择闭合边界

图 11-78 选择用作方向矢量的对象

⚙ 小技巧

　　当创建平移网格时，用于拉伸的轨迹线和方向矢量不能位于同一平面内，在指定拉伸的方向矢量时，选择点的位置不同，结果也不同。

Step 06 创建如图 11-79 所示的平移网格。

Step 07 执行"视觉样式"命令，对平移网格进行灰度着色，结果如图 11-80 所示。

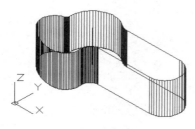

图 11-79 创建平移网格

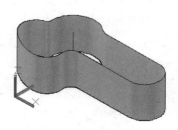

图 11-80 灰度着色

11.4.4　直纹网格

"直纹网格"命令用于在指定的两个对象之间创建直纹网格,如图 11-81 所示。所指定的两条边界可以是直线、样条曲线、多段线等。

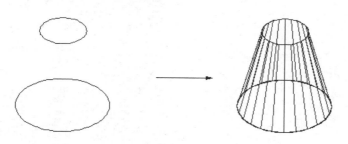

图 11-81　直纹网格示例

执行"直纹网格"命令主要有以下几种方式。

◇　单击"网格"选项卡→"图元"面板→"直纹网格"按钮 。

◇　选择菜单栏中的"绘图"→"建模"→"网格"→"直纹网格"命令。

◇　在命令行中输入 Rulesurf 后按 Enter 键。

下面通过典型的实例,学习"直纹网格"命令的使用方法和操作技巧,操作步骤如下。

Step 01 打开配套资源中的"素材文件\11-6.dwg"。

Step 02 执行"边界"命令,将图形编辑成 4 条闭合边界。

Step 03 切换为东南视图,然后对 4 条闭合边界沿 Z 轴正方向复制 45 个单位,如图 11-82 所示。

Step 04 在命令行设置系统变量 SURFTAB1 的值为 36。

Step 05 单击"网格"选项卡→"图元"面板→"直纹网格"按钮 ,创建直纹网格模型,命令行操作如下。

```
命令: _rulesurf
当前线框密度: SURFTAB1=36
选择第一条定义曲线:          //选择如图 11-83 所示的圆 C
选择第二条定义曲线:          //选择圆 c,创建如图 11-84 所示的直纹网格
命令: _rulesurf
当前线框密度: SURFTAB1=36
选择第一条定义曲线:          //选择边界 B
选择第二条定义曲线:          //选择边界 b
命令: _rulesurf
当前线框密度: SURFTAB1=36
选择第一条定义曲线:          //选择边界 D
选择第二条定义曲线:          //选择边界 d,创建如图 11-85 所示的直纹网格
```

Note

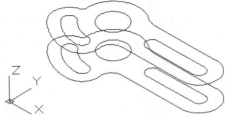

图 11-82　复制结果

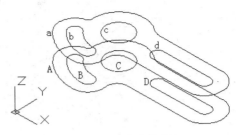

图 11-83　定位边界

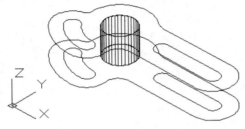

图 11-84　创建直纹网格（1）

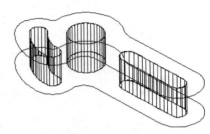

图 11-85　创建直纹网格（2）

Step 06 将系统变量 SURFTAB1 设置为 100，然后执行"直纹网格"命令，创建外侧的网格模型，命令行操作如下。

```
命令：_rulesurf
当前线框密度：SURFTAB1=100
选择第一条定义曲线：          //选择如图 11-83 所示的边界 A
选择第二条定义曲线：          //选择边界 a，创建如图 11-86 所示的直纹网格
```

Step 07 执行"消隐"命令，对网格进行消隐，效果如图 11-87 所示。

Step 08 执行"视觉样式"命令，对网格进行边缘着色，效果如图 11-88 所示。

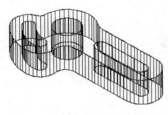

图 11-86　创建直纹网格（3）

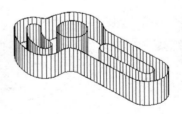

图 11-87　消隐效果

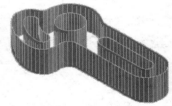

图 11-88　边缘着色效果

11.4.5　边界网格

"边界网格"命令用于将 4 条首尾相连的空间直线或曲线作为边界，创建成空间曲面模型，如图 11-89 所示。4 条边界必须首尾相连形成一个封闭图形。

执行"边界网格"命令主要有以下几种方式。

◇　单击"网格"选项卡→"图元"面板→"边界网格"按钮 。

◇　选择菜单栏中的"绘图"→"建模"→"网格"→"边界网格"命令。

◇　在命令行中输入 Edgesurf 后按 Enter 键。

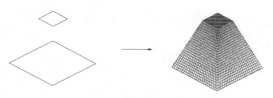

图 11-89　边界网格示例

命令行操作如下。

```
命令: _edgesurf
当前线框密度: SURFTAB1=24  SURFTAB2=24
选择用作曲面边界的对象 1:              //选择如图 11-90 所示的轮廓线 1
选择用作曲面边界的对象 2:              //选择轮廓线 2
选择用作曲面边界的对象 3:              //选择轮廓线 3
选择用作曲面边界的对象 4:              //选择轮廓线 4, 创建结果如图 11-91 所示
```

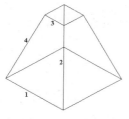

图 11-90　选择轮廓线

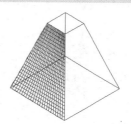

图 11-91　创建边界网格

11.5　上机实训——绘制办公桌立体造型

本实训通过绘制办公桌立体造型, 主要对 AutoCAD 三维建模功能及三维辅助功能进行综合练习和巩固。办公桌立体造型的最终绘制效果如图 11-92 所示。

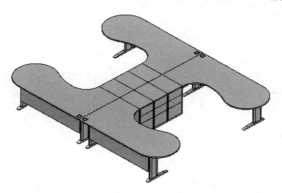

图 11-92　办公桌立体造型的最终绘制效果

操作步骤如下。

Step 01 执行"新建"命令, 快速创建空白文件, 并打开对象捕捉功能。

Step 02 使用快捷键 PL 执行 "多段线" 命令，配合坐标输入功能，绘制如图 11-93 所示的轮廓线。

Step 03 使用快捷键 C 执行 "圆" 命令，配合对象捕捉追踪功能，绘制如图 11-94 所示的 3 个圆。

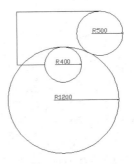

图 11-93　绘制轮廓线　　　　　　　　　　图 11-94　绘制圆

Step 04 使用快捷键 TR 执行 "修剪" 命令，对圆图形进行修剪，编辑如图 11-95 所示的桌面板轮廓线。

Step 05 使用快捷键 PE 执行 "编辑多段线" 命令，将桌面板轮廓线编辑为一条闭合的多段线。

Step 06 使用 "矩形" 命令和 "圆" 命令，根据图示尺寸，绘制过线孔轮廓线，如图 11-96 所示。

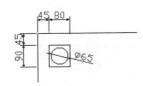

图 11-95　编辑桌面板轮廓线　　　　　　　图 11-96　绘制结果

Step 07 单击 "常用" 选项卡→ "建模" 面板→ "拉伸" 按钮，将桌面板沿 Z 轴负方向拉伸 26 个单位，将矩形沿 Z 轴正方向拉伸 2 个单位，命令行操作如下。

```
命令：_extrude
当前线框密度：ISOLINES=4，闭合轮廓创建模式 = 实体
选择要拉伸的对象或 [模式(MO)]:mo
闭合轮廓创建模式 [实体(SO)/曲面(SU)] <实体>: so
选择要拉伸的对象或 [模式(MO)]:                  //选择桌面板轮廓线
选择要拉伸的对象或 [模式(MO)]:                  //Enter
指定拉伸的高度或 [方向(D)/路径(P)/倾斜角(T)/表达式(E)] <0.0>:0  //-26 Enter
命令：_extrude
当前线框密度：ISOLINES=4，闭合轮廓创建模式 = 实体
选择要拉伸的对象或 [模式(MO)]: mo
闭合轮廓创建模式 [实体(SO)/曲面(SU)] <实体>:so
选择要拉伸的对象或 [模式(MO)]:                  //选择桌面板轮廓线
选择要拉伸的对象或 [模式(MO)]:                  //Enter
指定拉伸的高度或 [方向(D)/路径(P)/倾斜角(T)/表达式(E)] <0.0>:  //2 Enter
```

Step 08 使用快捷键 M 执行"移动"命令，将圆沿 Z 轴正方向移动 2 个单位。

Step 09 使用快捷键 C 执行"圆"命令，绘制半径为 110 的两个圆，圆心距为 170，结果如图 11-97 所示。

Step 10 选择菜单栏中的"绘图"→"圆"→"相切、相切、半径"命令，绘制半径为 10 的相切圆，结果如图 11-98 所示。

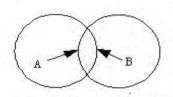

图 11-97　绘制两个圆

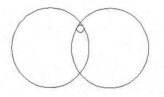

图 11-98　绘制相切图

Step 11 以相切圆的上象限点作为起点，绘制长度为 50 的垂直直线，如图 11-99 所示。

Step 12 重复执行"直线"命令，绘制一条经过垂直直线下端点的水平直线，结果如图 11-100 所示。

Step 13 选择菜单栏中的"修改"→"修剪"命令，将多余的线修剪掉，结果如图 11-101 所示。

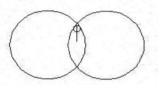

图 11-99　绘制垂直直线

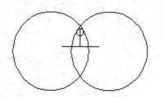

图 11-100　绘制水平直线

图 11-101　修剪结果

Step 14 使用快捷键 REG 执行"面域"命令，将修剪后的图形创建为面域。

Step 15 选择菜单栏中的"修改"→"镜像"命令，对刚创建的面域进行镜像，命令行操作如下。

```
命令: _mirror
选择对象:                    //选择刚创建的面域
选择对象:                    //Enter
指定镜像线的第一点:          //激活捕捉自功能
 _from 基点:                //捕捉面域下侧水平边的中点
 <偏移>:                    //@0,-70 Enter
指定镜像线的第二点:          //沿 X 轴方向上的一点
要删除源对象吗？[是(Y)/否(N)] <N>:   //Enter，结束命令，结果如图 11-102 所示
```

Step 16 选择菜单栏中的"绘图"→"矩形"命令，以如图 11-102 所示的端点 A、B 作为矩形对角点，绘制如图 11-103 所示的矩形。

Step 17 使用快捷键 EXT 执行"拉伸"命令，将如图 11-103 所示的图形沿 Z 轴正方向拉伸 695 个单位。

Step 18 选择菜单栏中的"视图"→"三维视图"→"左视"命令，将当前视图切换为左视图。

Note

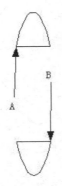

图 11-102　镜像结果（1）　　　　　　　　　图 11-103　绘制矩形

Step 19 选择菜单栏中的"绘图"→"多段线"命令，配合坐标输入功能，绘制桌脚轮廓线，命令行操作如下。

```
命令：_pline
指定起点：                              //在绘图区单击
当前线宽为 0.0000
指定下一点或 [圆弧(A)/半宽(H)/长度(L)/放弃(U)/宽度(W)]:      //@-240,0 Enter
指定下一点或 [圆弧(A)/闭合(C)/半宽(H)/长度(L)/放弃(U)/宽度(W)]: //@-70,-30 Enter
指定下一点或 [圆弧(A)/闭合(C)/半宽(H)/长度(L)/放弃(U)/宽度(W)]: //@0,-10 Enter
指定下一点或 [圆弧(A)/闭合(C)/半宽(H)/长度(L)/放弃(U)/宽度(W)]: //@600,0 Enter
指定下一点或 [圆弧(A)/闭合(C)/半宽(H)/长度(L)/放弃(U)/宽度(W)]: //@0,10 Enter
指定下一点或 [圆弧(A)/闭合(C)/半宽(H)/长度(L)/放弃(U)/宽度(W)]: //@-120,20 Enter
指定下一点或 [圆弧(A)/闭合(C)/半宽(H)/长度(L)/放弃(U)/宽度(W)]:
//c Enter，闭合图形，结果如图 11-104 所示
```

图 11-104　绘制桌脚轮廓线

Step 20 将当前视图切换为西南视图，选择菜单栏中的"绘图"→"建模"→"拉伸"命令，将桌脚轮廓线沿 Z 轴正方向拉伸 60 个单位，然后配合中点捕捉功能将桌脚与桌腿拉伸体移动到一起，结果如图 11-105 所示。

Step 21 将坐标系恢复为世界坐标系，然后选择菜单栏中的"修改"→"移动"命令，配合捕捉自和对象捕捉功能，将桌腿与桌面板移动到一起，命令行操作如下。

```
命令：_move
选择对象：                        //选择桌腿与桌脚造型
选择对象：                        //Enter
指定基点或 [位移(D)] <位移>：      //捕捉如图 11-105 所示的中点
指定第二个点或 <使用第一个点作为位移>://激活捕捉自功能
_from 基点：                      //捕捉桌面板下侧面的角点 A，如图 11-106 所示
<偏移>：                          //@98,-294 Enter，移动结果如图 11-106 所示
```

图 11-105　操作结果　　　　　　　　　　图 11-106　移动结果（1）

Step 22 选择菜单栏中的"修改"→"复制"命令，将桌腿沿 X 轴正方向复制 1800 个单位，结果如图 11-107 所示。

Step 23 单击"常用"选项卡→"建模"面板→"长方体"按钮，绘制前挡板，命令行操作如下。

```
命令: _box
指定第一个角点或 [中心(C)]:          //激活捕捉自功能
 _from 基点:                        //捕捉如图 11-106 所示的角点 A
 <偏移>:                            //@140,-160,0 Enter
指定其他角点或 [立方体(C)/长度(L)]:
//@1770,-18,-500 Enter，结果如图 11-108 所示
```

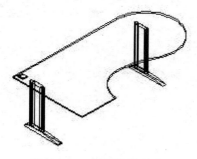

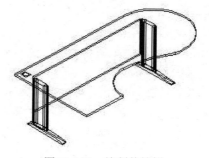

图 11-107　复制结果（1）　　　　　　　图 11-108　绘制前挡板

Step 24 单击"常用"选项卡→"建模"面板→"长方体"按钮，绘制落地柜，命令行操作如下。

```
命令: _box
指定第一个角点或 [中心(C)]:          //拾取任意一点
指定其他角点或 [立方体(C)/长度(L)]:  //@600,420,25 Enter，结果如图 11-109 所示
```

Step 25 重复执行"长方体"命令，配合端点捕捉功能绘制落地柜的侧板，命令行操作如下。

```
命令: _box
指定第一个角点或 [中心(C)]:          //选择如图 11-109 所示的 A 点
指定其他角点或 [立方体(C)/长度(L)]://@-582,-18,-735 Enter，结果如图 11-110 所示
```

Step 26 选择菜单栏中的"修改"→"复制"命令，将刚绘制的长方体侧板沿 Y 轴负方向复制 402 个单位，结果如图 11-111 所示。

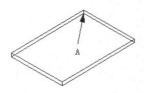

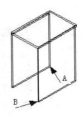

图 11-109　绘制落地柜　　　　图 11-110　绘制落地柜的侧板　　　图 11-111　复制结果（2）

Step **27** 单击"常用"选项卡→"建模"面板→"长方体"按钮▧，绘制底板，命令行操作如下。

```
命令：_box
指定第一个角点或 [中心(C)]：　　　　　　//捕捉如图 11-111 所示的 A 点
指定其他角点或 [立方体(C)/长度(L)]：　　//捕捉 B 点
指定高度或 [两点(2P)]：　　　　　　　　//40 Enter，结束命令，结果如图 11-112 所示
```

Step **28** 重复执行"长方体"命令，配合端点捕捉功能绘制落地柜的后挡板，命令行操作如下。

```
命令：_box
指定第一个角点或 [中心(C)]：　　　　　　//捕捉如图 11-112 所示的 A 点
指定其他角点或 [立方体(C)/长度(L)]：　　//@18,-384,-695 Enter
```

Step **29** 重复执行"长方体"命令，配合端点捕捉功能绘制落地柜的抽屉门，命令行操作如下。

```
命令：_box
指定第一个角点或 [中心(C)]：　　　　　　//捕捉如图 11-112 所示的 B 点
指定其他角点或 [立方体(C)/长度(L)]：
// @18,-420,-200 Enter，结果如图 11-113 所示
```

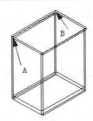

图 11-112　绘制底板　　　　　　　　图 11-113　绘制落地柜的抽屉门

Step **30** 选择菜单栏中的"修改"→"复制"命令，将刚绘制的抽屉门沿 Z 轴负方向复制 200 个单位，结果如图 11-114 所示。

Step **31** 单击"常用"选项卡→"建模"面板→"长方体"按钮▧，绘制第三个抽屉门，命令行操作如下。

```
命令：_box
指定第一个角点或 [中心(C)]：　　　　　　//捕捉如图 11-114 所示的 A 点
指定其他角点或 [立方体(C)/长度(L)]：//@18,-420,-335 Enter，结果如图 11-115 所示
```

图 11-114　复制结果（3）

图 11-115　绘制第三个抽屉门

Step 32 将当前视图切换为东南视图。

Step 33 使用快捷键 M 激活执行"移动"命令，将侧柜模型移动到如图 11-116 所示的位置。

Step 34 执行"俯视"命令，将视图切换为俯视图，结果如图 11-117 所示。

Step 35 执行"镜像"命令，窗口选择如图 11-118 所示的落地柜进行镜像，命令行操作如下。

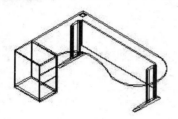

图 11-116　移动结果（2）

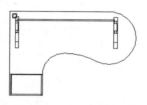

图 11-117　切换为俯视图

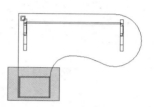

图 11-118　窗口选择（1）

```
命令：_mirror
选择对象：                          //窗口选择如图 11-118 所示的对象
选择对象：                          //Enter
指定镜像线的第一点：                //捕捉如图 11-119 所示的端点
指定镜像线的第二点：                //@1,0 Enter
要删除源对象吗？[是(Y)/否(N)] <N>：  //Enter，镜像结果如图 11-120 所示
```

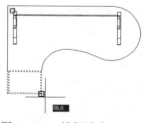

图 11-119　捕捉端点（1）

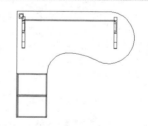

图 11-120　镜像结果（2）

Step 36 重复执行"镜像"命令，窗口选择如图 11-121 所示的对象进行镜像，命令行操作如下。

```
命令：_mirror
选择对象：                          //窗口选择如图 11-121 所示的对象
选择对象：                          //Enter
指定镜像线的第一点：                //捕捉如图 11-122 所示的中点
指定镜像线的第二点：                //@1,0 Enter
要删除源对象吗？[是(Y)/否(N)] <N>：  //Enter，镜像结果如图 11-123 所示
```

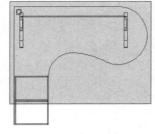

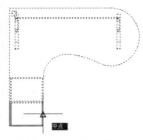

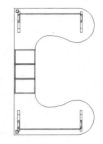

图 11-121　窗口选择（2）　　　图 11-122　捕捉中点　　　图 11-123　镜像结果（3）

Step 37 重复执行"镜像"命令，窗口选择所有的对象进行镜像，命令行操作如下。

```
命令：_mirror
选择对象：                        //窗口选择所有的对象
选择对象：                        //Enter
指定镜像线的第一点：               //捕捉如图 11-124 所示的端点
指定镜像线的第二点：               //@0,1 Enter
要删除源对象吗？[是(Y)/否(N)] <N>：  //Enter，镜像结果如图 11-125 所示
```

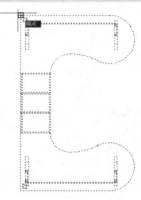

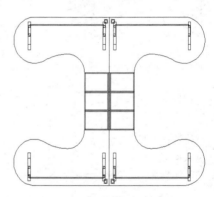

图 11-124　捕捉端点（2）　　　　　图 11-125　镜像结果（4）

Step 38 将视图切换为东南视图，结果如图 11-126 所示。

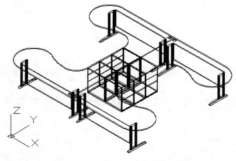

图 11-126　切换为东南视图

Step 39 使用快捷键 VS 执行"视觉样式"命令，对模型进行灰度着色，结果如图 11-92 所示。

Step 40 执行"保存"命令，将图形名存储为"上机实训——绘制办公桌立体造型.dwg"。

11.6　小结与练习

11.6.1　小结

本章详细讲述了各种基本几何实体和特殊几何实体的创建方法和编辑技巧，除此之外还讲述了曲面及网格面的创建方法和技巧。通过本章的学习，应熟练掌握如下知识。

（1）基本几何体命令。主要包括"多段体""长方体""圆柱体""圆锥体""棱锥体""圆环体""球体"和"楔体"命令。

（2）特殊几何体及曲面命令。主要包括"拉伸""回转""剖切""扫掠""抽壳"和"干涉检查"等命令。

（3）组合几何体命令。主要包括"并集""差集"和"交集"命令。

（4）网格几何体命令。主要包括"平移网格""旋转网格""直纹网格"和"边界网格"等命令，掌握各种网格的特点、线框密度的设置及各自的创建方法。

11.6.2　练习题

（1）综合运用所学知识，根据如图 11-127 所示的吊柜平面图，制作如图 11-128 所示的吊柜立体图（局部尺寸自定）。

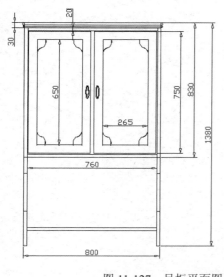

图 11-127　吊柜平面图　　　　　　　　图 11-128　吊柜立面图

（2）综合运用所学知识，根据零件前视图和左视图制作零件立体图，如图 11-129 所示。

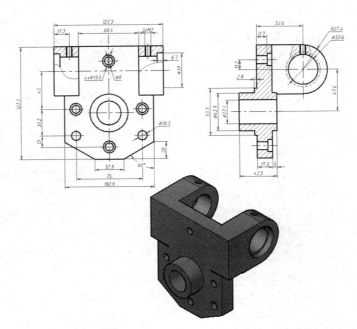

图 11-129　根据零件前视图和左视图制作零件立体图

第12章

AutoCAD三维编辑功能

第 11 章学习了三维基础建模功能，使用这些建模功能仅能创建一些结构简单的三维模型，如果要创建结构较为复杂的三维模型，还需要使用三维编辑功能及模型的面边细化等功能。

内容要点

◆ 编辑实体边　　　　　　　◆ 编辑实体面
◆ 编辑曲面与网格　　　　　◆ 三维模型的基本操作
◆ 上机实训——制作离合器立体造型

Note

12.1 编辑实体边

本节主要学习实体棱边的编辑细化技能，主要有"倒角边""圆角边""压印边"和"复制边"4个命令。

12.1.1 倒角边

"倒角边"命令主要用于将实体的棱边按照指定的距离进行倒角编辑。

● "倒角边"命令的执行方式

执行"倒角边"命令主要有以下几种方式。

◇ 单击"实体"选项卡→"实体编辑"面板→"倒角边"按钮◢。

◇ 选择菜单栏中的"修改"→"实体编辑"→"倒角边"命令。

◇ 在命令行中输入 Chamferedge 后按 Enter 键。

下面通过典型的实例，学习"倒角边"命令的使用方法和操作技巧，操作步骤如下。

Step 01 打开配套资源中的"素材文件\12-1.dwg"。

Step 02 单击"实体"选项卡→"实体编辑"面板→"倒角边"按钮◢，对实体边进行倒角编辑，命令行操作如下。

```
命令：_chamferedge
距离 1 = 1.0000，距离 2 = 1.0000
选择一条边或 [环(L)/距离(D)]:            //选择如图 12-1 所示的倒角边
选择同一个面上的其他边或 [环(L)/距离(D)]:  //d Enter
指定距离 1 或 [表达式(E)] <1.0000>:       //1.5 Enter
指定距离 2 或 [表达式(E)] <1.0000>:       //1.5 Enter
选择同一个面上的其他边或 [环(L)/距离(D)]:  //Enter
按 Enter 键接受倒角或 [距离(D)]:          //Enter，结束命令
```

Step 03 倒角结果如图 12-2 所示。

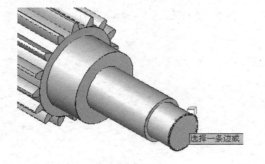

图 12-1　选择倒角边

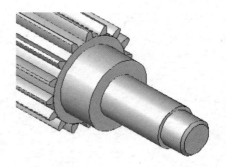

图 12-2　倒角结果

📖 选项解析

选项解析如下。

◇ "环"选项用于一次选中倒角基面内的所有棱边。
◇ "距离"选项用于设置倒角边的倒角距离。
◇ "表达式"选项用于输入倒角距离的表达式，系统会自动计算倒角距离值。

12.1.2　圆角边

"圆角边"命令主要用于将实体的棱边按照指定的半径进行圆角编辑，如图 12-3 所示。

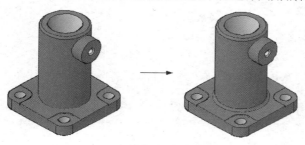

图 12-3　圆角边示例

● "圆角边"命令的执行方式

执行"圆角边"命令主要有以下几种方式。

◇ 单击"实体"选项卡→"实体编辑"面板→"圆角边"按钮 。
◇ 选择菜单栏中的"修改"→"实体编辑"→"圆角边"命令。
◇ 在命令行中输入 Filletedge 后按 Enter 键。

下面通过典型的实例，学习"圆角边"命令的使用方法和操作技巧，操作步骤如下。

Step 01 打开配套资源中的"素材文件\12-2.dwg"。

Step 02 单击"实体"选项卡→"实体编辑"面板→"圆角边"按钮 ，对实体边进行圆角编辑，命令行操作如下。

```
命令: _filletedge
半径 = 1.0000
选择边或 [链(C)/半径(R)]:           //选择如图 12-4 所示的圆角边
选择边或 [链(C)/半径(R)]:           //r Enter
输入圆角半径或 [表达式(E)] <1.0000>: //2.5 Enter
选择边或 [链(C)/半径(R)]:           //Enter
已选定 1 个边用于圆角
按 Enter 键接受圆角或 [半径(R)]:     //Enter, 结束命令
```

Step 03 圆角结果如图 12-5 所示。

Step 04 执行"消隐"命令对模型进行消隐，结果如图 12-6 所示。

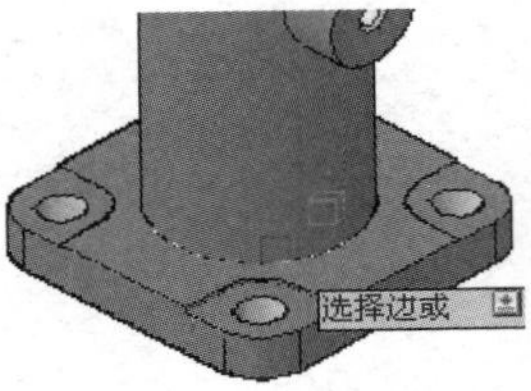

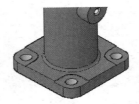
图 12-4 选择圆角边

图 12-5 圆角结果

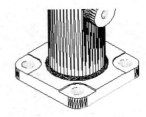
图 12-6 消隐结果

选项解析

选项解析如下。

◇ "链"选项，如果各棱边是相切的关系，则选择其中的一个边，所有棱边都将被选中，同时进行圆角操作。

◇ "半径"选项用于为随后选择的棱边重新设定圆角半径。

◇ "表达式"选项用于输入圆角半径的表达式，系统会自动计算圆角半径。

12.1.3 压印边

"压印边"命令用于将圆、圆弧、直线、多段线、样条曲线或实体等对象，压印到三维实体上，使其成为实体的一部分，如图 12-7 所示。

图 12-7 压印边示例

执行"压印边"命令主要有以下几种方式。

◇ 单击"实体"选项卡→"实体编辑"面板→"压印边"按钮 。

◇ 选择菜单栏中的"修改"→"实体编辑"→"压印边"命令。

◇ 在命令行中输入 Imprint 后按 Enter 键。

下面通过典型的实例，学习"压印边"命令的使用方法和操作技巧，操作步骤如下。

Step 01 新建文件并将视图切换为西南视图。

Step 02 执行"长方体"命令，创建长度为 150、宽度为 90、高度为 15 的长方体，如图 12-8 所示。

Step 03 执行"圆角边"命令，对长方体进行圆角操作，圆角半径为 15，如图 12-9 所示。

Step 04 执行"圆"命令，配合中点捕捉和对象追踪功能，以如图 12-10 所示的追踪虚线交点为圆心，分别绘制半径为 30 和 20 的同心圆，结果如图 12-11 所示。

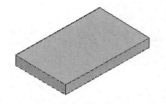

图 12-8　创建长方体

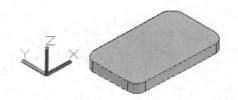

图 12-9　圆角结果

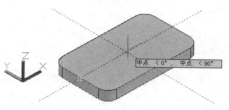

图 12-10　定位圆心

图 12-11　绘制同心圆

Step 05　单击"实体"选项卡→"实体编辑"面板→"压印边"按钮，将同心圆压印到长
方体的表面，命令行操作如下。

```
命令：_imprint
选择三维实体或曲面：              //选择长方体
选择要压印的对象：               //选择内侧的圆
是否删除源对象 [是(Y)/否(N)] <N>： //y Enter
选择要压印的对象：               //选择外侧的圆
是否删除源对象 [是(Y)/否(N)] <N>： //y Enter
选择要压印的对象：               //Enter，结束命令
```

Step 06　压印边后的效果如图 12-12 所示。

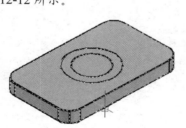

图 12-12　压印边后的效果

12.1.4　复制边

　　"复制边"命令用于对实体的棱边进行复制，以方便用户从实体模型中提取所需的二
维几何图线。

　　执行"复制边"命令主要有以下几种方式。

　　◇　单击"实体"选项卡→"实体编辑"面板→"复制边"按钮。

　　◇　选择菜单栏中的"修改"→"实体编辑"→"复制边"命令。

　　◇　在命令行中输入 Solidedit 后按 Enter 键。

12.2　编辑实体面

本节主要学习实体表面的编辑细化技能，具体有"拉伸面""移动面""偏移面""倾斜面""删除面"和"复制面"等命令。

12.2.1　拉伸面

"拉伸面"命令用于对实心体的表面进行编辑，将实体面按照指定的高度或路径进行拉伸，以创建新的实体。

执行"拉伸面"命令主要有以下几种方式。

◇　单击"实体"选项卡→"实体编辑"面板→"拉伸面"按钮📦。

◇　选择菜单栏中的"修改"→"实体编辑"→"拉伸面"命令。

◇　在命令行中输入 Solidedit 后按 Enter 键。

下面通过典型的实例，学习"拉伸面"命令的使用方法和操作技巧，操作步骤如下。

Step 01 继续上例的操作。

Step 02 单击"实体"选项卡→"实体编辑"面板→"拉伸面"按钮📦，对压印后的面进行拉伸，命令行操作如下。

```
命令：_solidedit
实体编辑自动检查：SOLIDCHECK=1
输入实体编辑选项 [面(F)/边(E)/体(B)/放弃(U)/退出(X)] <退出>：_face
输入面编辑选项[拉伸(E)/移动(M)/旋转(R)/偏移(O)/倾斜(T)/删除(D)/复制(C)/颜色
(L)/材质(A)/放弃(U)/退出(X)] <退出>：_extrude
选择面或 [放弃(U)/删除(R)]：            //选择如图 12-13 所示的表面
选择面或 [放弃(U)/删除(R)/全部(ALL)]：  //Enter，结束选择
指定拉伸高度或 [路径(P)]：              //25 Enter
指定拉伸的倾斜角度 <0>：                //0 Enter
已开始实体校验
输入面编辑选项[拉伸(E)/移动(M)/旋转(R)/偏移(O)/倾斜(T)/删除(D)/复制(C)/颜色
(L)/材质(A)/放弃(U)/退出(X)] <退出>：                        //x Enter
实体编辑自动检查：SOLIDCHECK=1
输入实体编辑选项 [面(F)/边(E)/体(B)/放弃(U)/退出(X)] <退出>：  //x Enter
```

Step 03 实体面拉伸后的结果如图 12-14 所示。

🔅 小技巧

"路径（p）"选项是将实体表面沿着指定的路径进行拉伸，拉伸路径可以是直线、圆弧、多段线或二维样条曲线等。

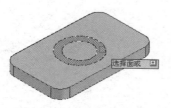

图 12-13　选择拉伸面

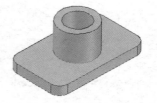

图 12-14　实体面拉伸后的结果

12.2.2　移动面

"移动面"命令通过移动实体的表面，修改实体的尺寸或改变孔与槽的位置等，如图 12-15 所示。

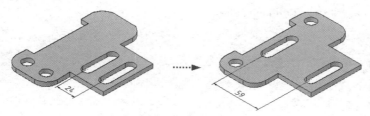

图 12-15　移动面示例

执行"移动面"命令主要有以下几种方式。

◇　单击"实体"选项卡→"实体编辑"面板→"移动面"按钮。
◇　选择菜单栏中的"修改"→"实体编辑"→"移动面"命令。
◇　在命令行中输入 Solidedit 后按 Enter 键。

12.2.3　偏移面

"偏移面"命令主要通过偏移实体的表面来改变实体的孔、槽等特征的大小，如图 12-16 所示。

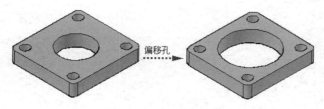

图 12-16　偏移面示例

小技巧

在偏移实体面时，当输入的偏移距离为正值时，AutoCAD 将使表面向其外法线方向偏移；当输入的偏移距离为负值时，被编辑的表面将向相反的方向偏移。

执行"偏移面"命令主要有以下几种方式。

◇ 单击"实体"选项卡→"实体编辑"面板→"偏移面"按钮□。

◇ 选择菜单栏中的"修改"→"实体编辑"→"偏移面"命令。

◇ 在命令行中输入 Solidedit 后按 Enter 键。

12.2.4 倾斜面

"倾斜面"命令主要用于通过倾斜实体的表面，使实体表面产生一定的锥度。

执行"倾斜面"命令主要有以下几种方式。

◇ 单击"实体"选项卡→"实体编辑"面板→"倾斜面"按钮。

◇ 选择菜单栏中的"修改"→"实体编辑"→"倾斜面"命令。

◇ 在命令行中输入 Solidedit 后按 Enter 键。

下面通过典型的实例，学习"倾斜面"命令的使用方法和操作技巧，操作步骤如下。

Step 01 在西南视图内创建高度为 21、半径为 25 和 10 的同心圆柱体，如图 12-17 所示。

Step 02 对两个同心圆柱体进行差集操作，然后单击"实体"选项卡→"实体编辑"面板→"倾斜面"按钮，对内部的柱孔表面进行倾斜，命令行操作如下。

```
命令: _solidedit
实体编辑自动检查: SOLIDCHECK=1
输入实体编辑选项 [面(F)/边(E)/体(B)/放弃(U)/退出(X)] <退出>: _face
输入面编辑选项[拉伸(E)/移动(M)/旋转(R)/偏移(O)/倾斜(T)/删除(D)/复制(C)/颜色
(L)/材质(A)/放弃(U)/退出(X)] <退出>: _taper
选择面或 [放弃(U)/删除(R)]:          //选择如图 12-18 所示的柱孔表面
```

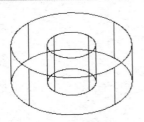

图 12-17 创建同心圆柱体

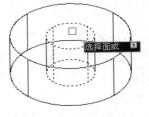

图 12-18 选择柱孔表面

```
选择面或 [放弃(U)/删除(R)/全部(ALL)]:       //Enter, 结束选择
指定基点:                               //捕捉下底面圆心
指定沿倾斜轴的另一个点:                   //捕捉顶面圆心
指定倾斜角度:                           //30 Enter
已开始实体校验
已完成实体校验
输入面编辑选项[拉伸(E)/移动(M)/旋转(R)/偏移(O)/倾斜(T)/删除(D)/复制(C)/颜色
(L)/材质(A)/放弃(U)/退出(X)] <退出>:      //x Enter
 实体编辑自动检查: SOLIDCHECK=1
输入实体编辑选项 [面(F)/边(E)/体(B)/放弃(U)/退出(X)] <退出>:
```

//x Enter，退出命令

Step 03 实体面的倾斜结果如图 12-19 所示。

Step 04 对模型进行灰度着色，结果如图 12-20 所示。

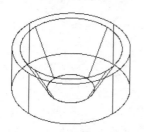

图 12-19　倾斜结果

图 12-20　灰度着色

小技巧

　　在倾斜面时，倾斜的方向是由倾斜角度的正负号及定义矢量时的基点决定的。如果输入的倾斜角度为正值，则 AutoCAD 将已定义的矢量绕基点向实体内部倾斜面，否则向实体外部倾斜面。

12.2.5　删除面

　　"删除面"命令主要用于在实体表面上删除某些特征面，如倒圆角和倒斜角形成的面，如图 12-21 所示。

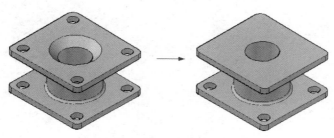

图 12-21　删除面示列

执行"删除面"命令主要有以下几种方式。

◇　单击"实体"选项卡→"实体编辑"面板→"删除面"按钮 。

◇　选择菜单栏中的"修改"→"实体编辑"→"删除面"命令。

◇　在命令行中输入 Solidedit 后按 Enter 键。

12.2.6　复制面

　　"复制面"命令用于将实体的表面复制成新的图形对象，所复制的新图形对象是面域或体，如图 12-22 所示。

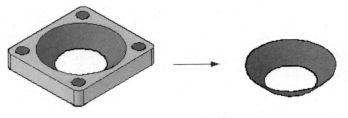

图 12-22　复制面示例

执行"复制面"命令主要有以下几种方式。

◇　单击"实体"选项卡→"实体编辑"面板→"复制面"按钮 。

◇　选择菜单栏中的"修改"→"实体编辑"→"复制面"命令。

◇　在命令行中输入 Solidedit 后按 Enter 键。

12.3　编辑曲面与网格

本节主要学习曲面的"圆角""修剪""修补""偏移"及"优化网格"等命令，以便用户对曲面和网格模型进行编辑。

12.3.1　曲面圆角

曲面"圆角"命令用于为空间曲面进行圆角，以创建新的圆角曲面，如图 12-23 所示。

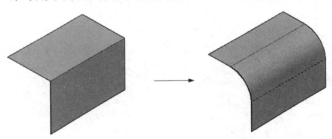

图 12-23　曲面圆角示例

执行曲面"圆角"命令主要有以下几种方式。

◇　单击"曲面"选项卡→"创建"面板→"圆角"按钮 。

◇　选择菜单栏中的"绘图"→"建模"→"曲面"→"圆角"命令。

◇　在命令行中输入 Surffillet 后按 Enter 键。

命令行操作如下。

```
命令: _surffillet
半径 = 25.0，修剪曲面 = 是
选择要圆角化的第一个曲面或面域或者 [半径(R)/修剪曲面(T)]:    //选择曲面
选择要圆角化的第二个曲面或面域或者 [半径(R)/修剪曲面(T)]:    //选择曲面
按 Enter 键接受圆角曲面或 [半径(R)/修剪曲面(T)]:            //结束命令
```

> **∷∷ 小技巧**
>
> 　　其中"半径"选项用于设置曲面的圆角半径，"修剪曲面"选项用于设置曲面的修剪模式。非修剪模式下的圆角效果如图 12-24 所示。

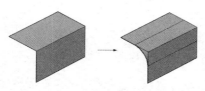

图 12-24　非修剪模式下的圆角效果

12.3.2　曲面修剪

　　曲面"修剪"命令用于修剪与其他曲面、面域、曲线等相交的曲面部分，如图 12-25 所示。

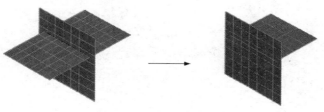

图 12-25　曲面修剪示例

执行曲面"修剪"命令主要有以下几种方式。

◇　单击"曲面"选项卡→"创建"面板→"修剪"按钮 ✂。
◇　选择菜单栏中的"修改"→"曲面编辑"→"修剪"命令。
◇　在命令行中输入 Surftrim 后按 Enter 键。

下面通过典型的实例，学习曲面"修剪"命令的使用方法和操作技巧，操作步骤如下。

Step 01 在西南视图内绘制两个相互垂直的曲面，如图 12-26 所示。

Step 02 单击"曲面"选项卡→"创建"面板→"修剪"按钮 ✂，对水平曲面进行修剪，命令行操作如下。

```
命令: _surftrim
延伸曲面 = 是，投影 = 自动
选择要修剪的曲面或面域或者 [延伸(E)/投影方向(PRO)]:  //选择水平曲面
选择要修剪的曲面或面域或者 [延伸(E)/投影方向(PRO)]:  //Enter
选择剪切曲线、曲面或面域:               //选择如图 12-27 所示的曲面作为边界
选择剪切曲线、曲面或面域:               //Enter
选择要修剪的区域 [放弃(U)]:            //在需要修剪掉的曲面上单击
选择要修剪的区域 [放弃(U)]:            //Enter，结束命令
```

Step 03 修剪结果如图 12-28 所示，然后对曲面进行边缘着色，效果如图 12-25 所示。

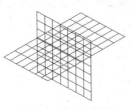

图 12-26　绘制曲面

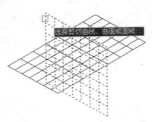

图 12-27　选择边界

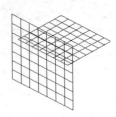

图 12-28　修剪结果

> **┅┅ 小技巧**
>
> 　　使用"曲面取消修剪"命令可以将修剪后的曲面恢复到修剪前的状态，使用"延伸"命令可以将曲面延伸，如图 12-29 所示。

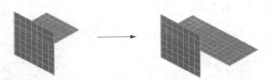

图 12-29　曲面延伸示例

12.3.3　曲面修补

　　曲面"修补"命令主要修补现有的曲面，以创建新的曲面，还可以添加其他曲线以约束和引导修补曲面。

　　◇　单击"曲面"选项卡→"创建"面板→"修补"按钮。
　　◇　选择菜单栏中的"绘图"→"建模"→"曲面"→"修补"命令。
　　◇　在命令行中输入 Surfpatch 后按 Enter 键。

　　下面通过典型的实例，学习"曲面修补"命令的使用方法和操作技巧，操作步骤如下。

Step 01 在东南视图内随意绘制闭合的样条曲线，如图 12-30 所示。

Step 02 使用快捷键 EXT 执行"拉伸"命令，将闭合样条曲线拉伸为曲面，使用快捷键 VS 执行"灰度"命令，对曲面进行灰度着色，效果如图 12-31 所示。

Step 03 单击"曲面"选项卡→"创建"面板→"修补"按钮，执行"曲面修补"命令，对拉伸曲面的边进行修补，命令行操作如下。

```
命令：_surfpatch
连续性 = G0 - 位置，凸度幅值 = 0.5
选择要修补的曲面边或 <选择曲线>：　　　//选择曲面边
选择要修补的曲面边或 <选择曲线>：　　　//Enter
按 Enter 键接受修补曲面或 [连续性(CON)/凸度幅值(B)/约束几何图形(CONS)]：
　　　　　　　　　　　　　　　　　　　　//Enter，结束命令，修补结果如图 12-32 所示
```

图 12-30 绘制样条曲线

图 12-31 灰度着色效果

图 12-32 修补结果

12.3.4 曲面偏移

曲面"偏移"命令用于按照指定的距离偏移选择的曲面,以创建相互平行的曲面。另外,在偏移曲面时也可以反转偏移的方向。

执行曲面"偏移"命令主要有以下几种方式。

◇ 单击"曲面"选项卡→"创建"面板→"偏移"按钮 。

◇ 选择菜单栏中的"修改"→"曲面编辑"→"偏移"命令。

◇ 在命令行中输入 Surfoffset 后按 Enter 键。

命令行操作如下。

```
命令: _surfoffset
连接相邻边 = 否
选择要偏移的曲面或面域:              //选择如图 12-33 所示的曲面
选择要偏移的曲面或面域:              //Enter
指定偏移距离或 [翻转方向(F)/两侧(B)/实体(S)/连接(C)/表达式(E)] <0.0>:
                                    //40 Enter,偏移结果如图 12-34 所示
```

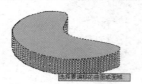
图 12-33 选择曲面

图 12-34 偏移结果

12.3.5 拉伸网格

网格"拉伸面"命令用于将网格模型上的网格面按照指定的距离或路径进行拉伸,如图 12-35 所示。

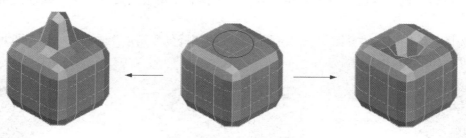
图 12-35 拉伸网格示例

执行"拉伸面"命令主要有以下几种方式。

❖ 单击"网格"选项卡→"网格编辑"面板→"拉伸面"按钮 。

❖ 选择菜单栏中的"修改"→"网格编辑"→"拉伸面"命令。

❖ 在命令行输入 Meshextrude 后按 Enter 键。

命令行操作如下。

命令：_meshextrude
相邻拉伸面设置为：合并
选择要拉伸的网格面或 [设置(S)]：　　　　　　　　//选择需要拉伸的网格面
选择要拉伸的网格面或 [设置(S)]：　　　　　　　　//Enter
指定拉伸的高度或 [方向(D)/路径(P)/倾斜角(T)] <-0.0>：//指定拉伸高度

其中，"方向"选项用于指定方向的起点和端点，以定位拉伸的距离和方向；"路径"选项用于按照选择的路径进行拉伸；"倾斜角"选项用于按照指定的角度进行拉伸。

12.3.6　优化网格

"优化网格"命令用于对网格进行优化，成倍增加网格模型或网格面中的面数，如图 12-36 所示。选择菜单栏中的"修改"→"网格编辑"→"优化网格"命令，可以执行"优化网格"操作。

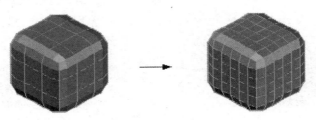

图 12-36　优化网格示例

12.3.7　提高与降低平滑度

"提高平滑度"命令用于将网格对象的平滑度提高一个级别，如图 12-37 所示。选择菜单栏中的"修改"→"网格编辑"→"提高平滑度"命令，可以提高网格的平滑度。

选择菜单栏中的"修改"→"网格编辑"→"降低平滑度"命令，可以降低网格的平滑度，如图 12-38 所示。

图 12-37　提高网格平滑度示例　　　　　　图 12-38　降低网格平滑度示例

12.4　三维模型的基本操作

本节学习三维模型的基本操作，主要有"三维移动""三维旋转""三维对齐""三维镜像"和"三维阵列"等命令。

12.4.1　三维移动

"三维移动"命令主要用于将对象在三维操作空间内进行位移。

执行"三维移动"命令主要有以下几种方式。

◆　单击"常用"选项卡→"修改"面板→"三维移动"按钮 ⬧。

◆　选择菜单栏中的"修改"→"三维操作"→"三维移动"命令。

◆　在命令行中输入 3dmove 后按 Enter 键。

◆　使用快捷键 3M。

命令行操作如下。

```
命令：_3dmove
选择对象：                              //选择移动对象
选择对象：                              //Enter，结束选择
指定基点或 [位移(D)] <位移>：           //定位基点
指定第二个点或 <使用第一个点作为位移>： //定位目标点
正在重生成模型。
```

12.4.2　三维旋转

"三维旋转"命令用于在三维空间内按照指定的坐标轴，围绕基点旋转三维模型。

执行"三维旋转"命令主要有以下几种方式。

◆　单击"常用"选项卡→"修改"面板→"三维旋转"按钮 ⊕。

◆　选择菜单栏中的"修改"→"三维操作"→"三维旋转"命令。

◆　在命令行中输入 3drotate 后按 Enter 键。

下面通过典型的实例，学习"三维旋转"命令的使用方法和操作技巧，操作步骤如下。

Step 01 打开配套资源中的"素材文件\12-3.dwg"。

Step 02 将当前视图切换为西南视图，结果如图 12-39 所示。

Step 03 单击"常用"选项卡→"修改"面板→"三维旋转"按钮 ⊕，将齿轮零件模型进行旋转，命令行操作如下。

```
命令： _3drotate
UCS 当前的正角方向： ANGDIR=逆时针  ANGBASE=0
选择对象：                    //选择齿轮零件模型
选择对象：                    //Enter，结束选择
指定基点：                    //在齿轮零件模型上拾取一点
拾取旋转轴：                  //在如图 12-40 所示轴方向上单击，定位旋转轴
指定角的起点或键入角度：      //90 Enter，结束命令
```

Step 04 旋转结果如图 12-41 所示。

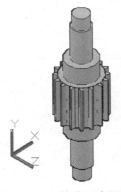
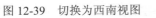

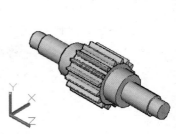

图 12-39　切换为西南视图　　　图 12-40　定位旋转轴　　　图 12-41　旋转结果

Step 05 执行"另存为"命令，将齿轮零件模型名存储为"三维旋转.dwg"。

12.4.3　三维对齐

"三维对齐"命令主要以定位源平面和目标平面的形式，将两个三维对象在三维操作空间中进行对齐。

执行"三维对齐"命令主要有以下几种方式。

◇　单击"常用"选项卡→"修改"面板→"三维对齐"按钮 。
◇　选择菜单栏中的"修改"→"三维操作"→"三维对齐"命令。
◇　在命令行中输入 3dalign 后按 Enter 键。
◇　使用快捷键 3AL。

命令行操作如下。

```
命令： _3dalign
选择对象：                              //选择如图 12-42（左）所示的源对象
选择对象：                              //Enter，结束选择
指定源平面和方向 ...指定基点或 [复制(C)]： //捕捉端点 1
指定第二个点或 [继续(C)] <C>：           //捕捉端点 2
指定第三个点或 [继续(C)] <C>：           //捕捉端点 3
指定目标平面和方向 ...
指定第一个目标点：                       //捕捉端点 4
```

指定第二个目标点或 [退出(X)] <X>:	//捕捉端点 5
指定第三个目标点或 [退出(X)] <X>:	//捕捉端点 6，对齐结果如图 12-43 所示

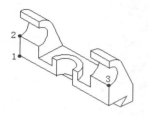
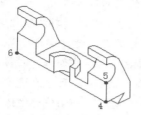

图 12-42　选择源对象　　　　　　　　　　图 12-43　对齐结果

12.4.4　三维镜像

"三维镜像"命令用于在三维空间内将选定的三维模型按照指定的镜像平面进行镜像，以创建结构对称的三维模型。

● "三维镜像"命令的执行方式

执行"三维镜像"命令主要有以下几种方式。

◇　单击"常用"选项卡→"修改"面板→"三维镜像"按钮 ▯▯。

◇　选择菜单栏中的"修改"→"三维操作"→"三维镜像"命令。

◇　在命令行中输入 Mirror3D 后按 Enter 键。

命令行操作如下。

```
命令：_mirror3d
选择对象：                              //选择如图 12-44 所示的源对象
选择对象：                              //Enter
指定镜像平面（三点）的第一个点或  [对象(O)/最近的(L)/Z 轴(Z)/视图(V)/XY 平面
(XY)/YZ 平面(YZ)/ZX 平面(ZX)/三点(3)] <三点>：//XY Enter，激活"XY 平面"选项
指定 XY 平面上的点 <0,0,0>：             //捕捉如图 12-45 所示的圆心
是否删除源对象？[是(Y)/否(N)] <否>：
//Enter，对镜像后的对象进行并集和边缘着色，结果如图 12-46 所示
```

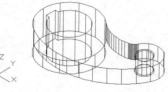

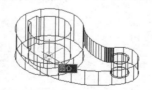

图 12-44　选择源对象　　　图 12-45　捕捉圆心　　　图 12-46　并集和边缘着色结果

📖 选项解析

选项解析如下。

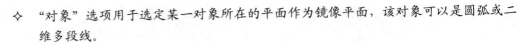

> ◇ "对象"选项用于选定某一对象所在的平面作为镜像平面，该对象可以是圆弧或二维多段线。
> ◇ "最近的"选项用于以上次镜像使用的镜像平面作为当前镜像平面。
> ◇ "Z 轴"选项用于在镜像平面及镜像平面的 Z 轴法线指定点。
> ◇ "视图"选项用于在视图平面上指定点，进行空间镜像。
> ◇ "XY 平面"选项用于以当前坐标系的 XY 平面作为镜像平面。
> ◇ "YZ 平面"选项用于以当前坐标系的 YZ 平面作为镜像平面。
> ◇ "ZX 平面"选项用于以当前坐标系的 ZX 平面作为镜像平面。
> ◇ "三点"选项用于指定 3 个点，以定位镜像平面。

12.4.5 三维阵列

"三维阵列"命令用于将三维模型按照矩形或环形的方式，在三维空间中进行规则排列。

● "三维阵列"命令的执行方式

执行"三维阵列"命令主要有以下几种方式。

> ◇ 选择菜单栏中的"修改"→"三维操作"→"三维阵列"命令。
> ◇ 在命令行中输入 3darray 后按 Enter 键。
> ◇ 使用快捷键 3A。

● 矩形阵列

下面通过典型的实例，学习"三维阵列"命令中的"矩形"选项功能，操作步骤如下。

Step 01 打开配套资源中的"素材文件\12-4.dwg"，如图 12-47 所示。

Step 02 选择菜单栏中的"修改"→"三维操作"→"三维阵列"命令，对圆柱体进行阵列操作，命令行操作如下。

```
命令：_3darray
选择对象：                          //选择圆柱体
选择对象：                          //Enter
输入阵列类型 [矩形(R)/环形(P)] <矩形>：//Enter
输入行数 (---) <1>：                //2 Enter
输入列数 (|||) <1>：                //2 Enter
输入层数 (...) <1>：                //2 Enter
指定行间距 (---)：                  //33.97 Enter
指定列间距 (|||)：                  //-37.35 Enter
指定层间距 (...)：                  //22 Enter，矩形阵列结果如图 12-48 所示
```

Step 03 对阵列出的 8 个圆柱体进行差集操作，结果如图 12-49 所示。

图 12-47　打开素材文件

图 12-48　矩形阵列结果

图 12-49　差集结果

- **环形阵列**

下面通过典型的实例，学习"三维阵列"命令中的"环形"选项功能，操作步骤如下。

Step 01 打开配套资源中的"素材文件\12-5.dwg"，如图 12-50 所示。

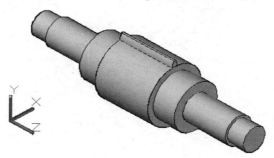
图 12-50　打开素材文件

Step 02 选择菜单栏中的"修改"→"三维操作"→"三维阵列"命令，对轮齿进行环形阵列，命令行操作如下。

```
命令：_3darray
选择对象：                                    //拉出如图 12-51 所示的窗口选择框
选择对象：                                    //Enter，选择结果如图 12-52 所示
输入阵列类型 [矩形(R)/环形(P)] <矩形>：        //p Enter
输入阵列中的项目数目：                         //16 Enter
指定要填充的角度 (+=逆时针，-=顺时针) <360>：   // Enter
旋转阵列对象？ [是(Y)/否(N)] <Y>：            //y Enter
指定阵列的中心点：                            //捕捉如图 12-53 所示的圆心
指定旋转轴上的第二点：                         //捕捉如图 12-54 所示的圆心
```

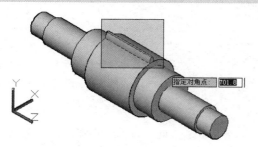
图 12-51　拉出窗口选择框

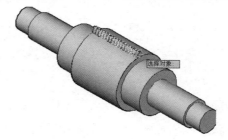
图 12-52　选择结果

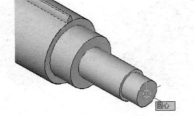

图 12-53　捕捉圆心（1）　　　　　　图 12-54　捕捉圆心（2）

Step 03 环形阵列结果如图 12-55 所示。

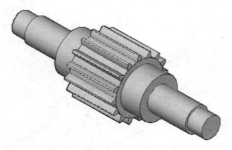

图 12-55　环形阵列结果

12.5　上机实训——制作离合器立体造型

本实训主要对 AutoCAD 的三维建模和编辑功能进行综合练习和巩固。离合器立体造型的最终绘制效果如图 12-56 所示。

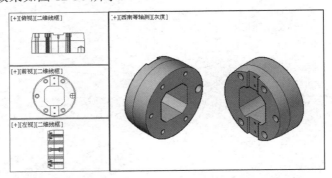

图 12-56　离合器立体造型的最终绘制效果

操作步骤如下。

Step 01 打开配套资源中的"素材文件\12-6.dwg"，并将图形编辑成如图 12-57 所示的状态。

Step 02 将编辑后的图形剪切到前视图，然后使用快捷键 BO 执行"边界"命令，在如图 12-58 所示的 A 和 B 区域内拾取点，创建 4 条闭合的多段线边界，并将与边界重合的源对象删除。

Step 03 设置变量 ISOLINES 的值为 12，变量 FACETRES 的值为 5。

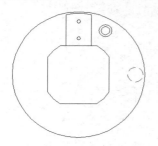

图 12-57　编辑结果

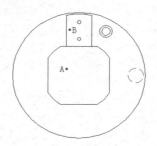

图 12-58　指定位置

Step 04 单击"常用"选项卡→"建模"面板→"拉伸"按钮，将各闭合图形拉伸为三维实体，命令行操作如下。

```
命令：_extrude
当前线框密度：ISOLINES=12，闭合轮廓创建模式 = 实体
选择要拉伸的对象或 [模式(MO)]：mo
闭合轮廓创建模式 [实体(SO)/曲面(SU)] <实体>:so
选择要拉伸的对象或 [模式(MO)]：              //选择如图 12-59 所示的边界
选择要拉伸的对象或 [模式(MO)]：              //Enter
指定拉伸的高度或 [方向(D)/路径(P)/倾斜角(T)/表达式(E)] <0.0>:0
//沿 Z 轴正方向引导光标，输入 100 Enter
命令：_extrude
当前线框密度：ISOLINES=12，闭合轮廓创建模式 = 实体
选择要拉伸的对象或 [模式(MO)]：mo
闭合轮廓创建模式 [实体(SO)/曲面(SU)] <实体>:so
选择要拉伸的对象或 [模式(MO)]：              //选择如图 12-60 所示的边界
选择要拉伸的对象或 [模式(MO)]：              //Enter
指定拉伸的高度或 [方向(D)/路径(P)/倾斜角(T)/表达式(E)] <0.0>:0
//沿 Z 轴正方向引导光标，输入 10 Enter
```

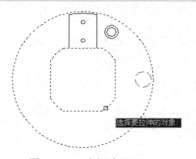

图 12-59　选择边界（1）

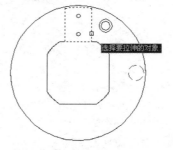

图 12-60　选择边界（2）

```
命令：_extrude
当前线框密度：ISOLINES=12，闭合轮廓创建模式 = 实体
选择要拉伸的对象或 [模式(MO)]：mo
```

Note

闭合轮廓创建模式 [实体(SO)/曲面(SU)] <实体>: so

选择要拉伸的对象或 [模式(MO)]:　　　　　　//选择如图 12-61 所示的两个圆

选择要拉伸的对象或 [模式(MO)]:　　　　　　//Enter

指定拉伸的高度或 [方向(D)/路径(P)/倾斜角(T)/表达式(E)] <0.0>:0

//沿 Z 轴正方向引导光标，输入 26 Enter

命令: _extrude

当前线框密度: ISOLINES=12，闭合轮廓创建模式 = 实体

选择要拉伸的对象或 [模式(MO)]: mo

闭合轮廓创建模式 [实体(SO)/曲面(SU)] <实体>: so

选择要拉伸的对象或 [模式(MO)]:　　　　　　//选择如图 12-62 所示的圆

选择要拉伸的对象或 [模式(MO)]:　　　　　　//Enter

指定拉伸的高度或 [方向(D)/路径(P)/倾斜角(T)/表达式(E)] <0.0>:0

//沿 Z 轴正方向引导光标，输入 20 Enter

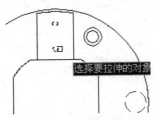

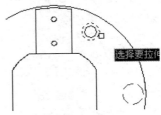

图 12-61　选择两个圆　　　　　　　　　　图 12-62　选择圆（1）

Step 05 重复执行"拉伸"命令，继续对二维几何图形进行拉伸，命令行操作如下。

命令: _extrude

当前线框密度: ISOLINES=12，闭合轮廓创建模式 = 实体

选择要拉伸的对象或 [模式(MO)]: mo

闭合轮廓创建模式 [实体(SO)/曲面(SU)] <实体>:so

选择要拉伸的对象或 [模式(MO)]:　　　　　　//选择如图 12-63 所示的圆

选择要拉伸的对象或 [模式(MO)]:　　　　　　//Enter

指定拉伸的高度或 [方向(D)/路径(P)/倾斜角(T)/表达式(E)] <20.0>:0

//沿 Z 轴正方向引导光标，输入 80 Enter

命令: _extrude

当前线框密度: ISOLINES=12，闭合轮廓创建模式 = 实体

选择要拉伸的对象或 [模式(MO)]:mo

闭合轮廓创建模式 [实体(SO)/曲面(SU)] <实体>:so

选择要拉伸的对象或 [模式(MO)]:　　　　　　//选择如图 12-64 所示的圆

选择要拉伸的对象或 [模式(MO)]:　　　　　　//Enter

指定拉伸的高度或 [方向(D)/路径(P)/倾斜角(T)/表达式(E)] <80.0>:0

//沿 Z 轴正方向引导光标，输入 22 Enter

Step 06 执行"东北等轴测"命令，将当前视图切换为东北视图，结果如图 12-65 所示。

Step 07 选择菜单栏中的"绘图"→"建模"→"圆锥体"命令，以如图 12-66 所示的圆心
作为圆心，创建底面直径为 7、高度为 2 的圆锥体，并将创建的圆锥体进行复制，
目标点为如图 12-67 所示的圆心。

图 12-63　选择圆（2）

图 12-64　选择圆（3）

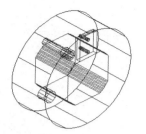
图 12-65　切换为东北视图

图 12-66　捕捉圆心（1）

图 12-67　捕捉圆心（2）

Step 08 重复执行"圆锥体"命令，以如图 12-68 所示的圆心作为底面圆心，继续创建底面直径为 30 、高度为 8.7 的圆锥体，结果如图 12-69 所示。

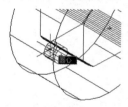
图 12-68　捕捉圆心（3）

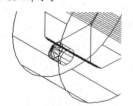
图 12-69　创建圆锥体

Step 09 选择菜单栏中的"修改"→"三维操作"→"三维镜像"命令，配合对象捕捉功能，对拉伸实体进行三维镜像，命令行操作如下。

```
命令：_mirror3d
选择对象：                        //拉出如图 12-70 所示的窗口选择框，选择镜像实体
选择对象：                        //Enter
指定镜像平面（三点）的第一个点或 [对象(O)/最近的(L)/Z 轴(Z)/视图(V)/XY 平面
(XY)/YZ 平面(YZ)/ZX 平面(ZX)/三点(3)] <三点>：//XY Enter
指定 XY 平面上的点 <0,0,0>：
_m2p 中点的第一点：                //捕捉如图 12-71 所示的圆心
```

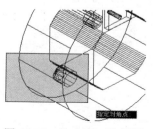
图 12-70　拉出窗口选择框

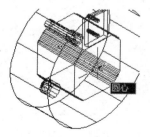
图 12-71　捕捉圆心（4）

Note

中点的第二点： //捕捉如图 12-72 所示的圆心
是否删除源对象？[是(Y)/否(N)] <否>： //y Enter，镜像结果如图 12-73 所示

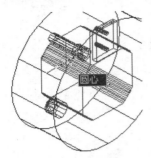

图 12-72 捕捉圆心（5）

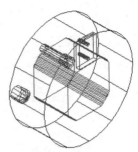

图 12-73 镜像结果（1）

Step **10** 单击"常用"选项卡→"修改"面板→"三维镜像"按钮，选择如图 12-74 所示的对象进行镜像，镜像结果如图 12-75 所示。

命令：_mirror3d
选择对象： //选择如图 12-74 所示的镜像对象
选择对象： //Enter
指定镜像平面（三点）的第一个点或 [对象(O)/最近的(L)/Z 轴(Z)/视图(V)/XY 平面(XY)/YZ 平面(YZ)/ZX 平面(ZX)/三点(3)] <三点>： //ZX Enter，激活"ZX 平面"选项
指定 XY 平面上的点 <0,0,0>： //捕捉如图 12-71 所示位置的圆心
是否删除源对象？[是(Y)/否(N)] <否>： //Enter，镜像结果如图 12-75 所示

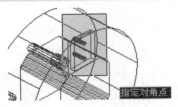

图 12-74 选择镜像对象

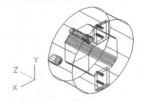

图 12-75 镜像结果（2）

Step **11** 使用快捷键 M 执行"移动"命令，对内部圆柱体进行位移，命令行操作如下。

命令：_m //Enter
选择对象： //选择如图 12-76 所示的圆柱体
选择对象： //Enter
指定基点或 [位移(D)] <位移>： //捕捉任意一点作为基点
指定第二个点或 <使用第一个点作为位移>：
//@0,0,20 Enter，结束命令，位移结果如图 12-77 所示

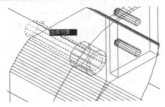

图 12-76 选择圆柱体（1）

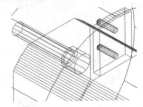

图 12-77 位移结果

Step 12 选择菜单栏中的"修改"→"三维操作"→"三维阵列"命令，对内部的圆柱体进行三维阵列，命令行操作如下。

```
命令：_3darray
选择对象：                    //选择如图 12-78 所示的圆柱体
选择对象：                    //选择如图 12-79 所示的圆柱体
```

图 12-78　选择圆柱体（2）

图 12-79　选择圆柱体（3）

```
选择对象：                                    //Enter
输入阵列类型 [矩形(R)/环形(P)] <矩形>：       //p Enter
输入阵列中的项目数目：                        //6 Enter
指定要填充的角度 (+=逆时针，-=顺时针) <360>：  //Enter
旋转阵列对象？ [是(Y)/否(N)] <Y>：            //y Enter
指定阵列的中心点：                            //捕捉如图 12-80 所示的圆心
指定旋转轴上的第二点： //捕捉如图 12-81 所示的圆心，三维阵列结果如图 12-82 所示
```

图 12-80　捕捉圆心（6）

图 12-81　捕捉圆心（7）

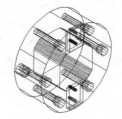

图 12-82　三维阵列结果

Step 13 执行"删除"命令，选择如图 12-83 所示的两个圆柱体进行删除，结果如图 12-84 所示。

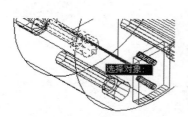

图 12-83　选择两个圆柱体

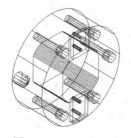

图 12-84　删除结果

Step 14 使用快捷键 SU 执行"差集"命令，对各实体进行差集操作，命令行操作如下。

```
命令：_subtract              //Enter
选择要从中减去的实体或面域...
选择对象：                    //选择如图 12-85 所示的被减实体
```

选择对象：   //Enter

选择要减去的实体或面域

选择对象：   //选择内部的所有拉伸实体，如图 12-86 所示

选择对象：   //Enter，结束命令

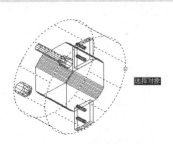 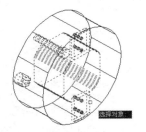

图 12-85　选择被减实体　　　　　图 12-86　选择内部的所有拉伸实体

Step 15 单击"实体"选项卡→"实体编辑"面板→"倒角边"按钮，对差集后的实体进行倒角操作，命令行操作如下。

```
命令：_chamferedge
距离 1 = 1.0000，距离 2 = 1.0000
选择一条边或 [环(L)/距离(D)]：              //选择如图 12-87 所示的倒角边
选择同一个面上的其他边或 [环(L)/距离(D)]：    //d Enter
指定距离 1 或 [表达式(E)] <1.0000>：          //40 Enter
指定距离 2 或 [表达式(E)] <1.0000>：          //5.3 Enter
选择同一个面上的其他边或 [环(L)/距离(D)]：    //Enter
按 Enter 键接受倒角或 [距离(D)]：             //Enter，倒角结果如图 12-88 所示
```

Step 16 将当前视图切换为西北视图，然后对模型进行概念着色，结果如图 12-89 所示。

Step 17 执行"另存为"命令，将图形名存储为"上机实训——制作离合器立体造型.dwg"。

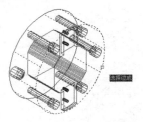  

图 12-87　选择倒角边　　　　图 12-88　倒角结果　　　　图 12-89　概念着色效果

12.6　小结与练习

12.6.1　小结

本章主要学习了三维模型的基本操作功能、曲面与网格的编辑功能和实体面边的细化功能。通过本章的学习，应了解和掌握以下知识。

（1）了解和掌握模型的空间旋转、镜像、阵列、对齐、移动等重要操作功能。

（2）了解和掌握曲面的修补、圆角、修剪等功能。

（3）了解和掌握网格的优化、锐化和拉伸功能。

（4）了解和掌握实体棱边的倒角、圆角和压印等功能。

（5）了解和掌握实体面的拉伸、倾斜、旋转和复制等功能。

12.6.2 练习题

（1）综合运用所学知识，根据如图 12-90 所示的零件前视图和左视图，制作如图 12-91 所示的零件立体造型图。

（2）综合运用所学知识，根据如图 12-92 所示的零件前视图和左视图，制作如图 12-93 所示的零件立体造型图。

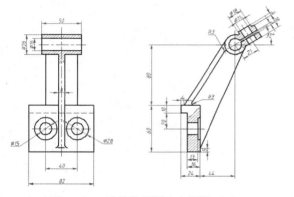

图 12-90　零件前视图和左视图（1）

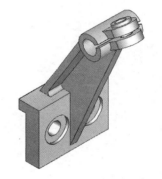

图 12-91　零件立体造型图（1）

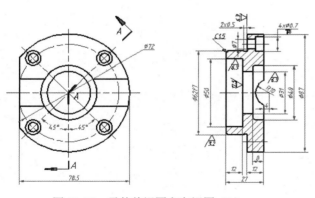

图 12-92　零件前视图和左视图（2）

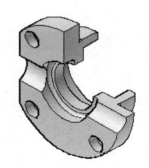

图 12-93　零件立体造型图（2）

第四篇　工程案例应用篇

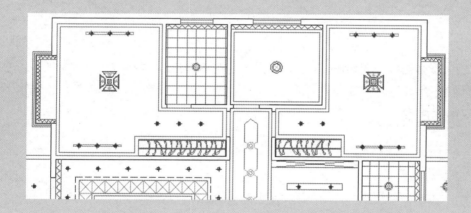

第**13**章

AutoCAD在等轴测图中的应用

使用轴测图表达产品的立体形态是一种常用的图形表达方式。本章通过直线、圆、圆弧等几何图线投影图的绘制和标注过程，学习 AutoCAD 在绘制形状轴测图中的应用。

内容要点

◆ 上机实训——绘制线的轴测投影图　　◆ 上机实训二——绘制圆弧轴测投影图
◆ 上机实训三——绘制圆与切线的轴测投影图　　◆ 上机实训四——绘制剖视图的轴测投影图
◆ 上机实训五——标注轴测剖视图投影尺寸

13.1　上机实训一——绘制线的轴测投影图

本实训通过绘制如图 13-1 所示的线的轴测投影图，学习等轴测图绘图环境的设置、等轴测平面的切换和直线投影图的绘制方法及绘制技巧。

操作步骤如下。

Step 01　执行"新建"命令，调用配套资源中的"样板文件\机械样板.dwt"作为基础样板，新建文件。

Step 02　选择菜单栏中的"工具"→"绘图设置"命令，在弹出的"草图设置"对话框中，设置等轴测捕捉绘制环境，如图 13-2 所示。

Step 03　在"草图设置"对话框中选择"对象捕捉"选项卡，设置捕捉模式，如图 13-3 所示。

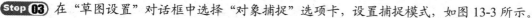

图 13-1　线的轴测投影图

图 13-2　"草图设置"对话框

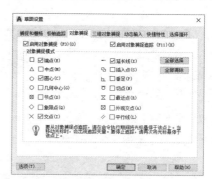

图 13-3　设置捕捉模式

Step 04　选择菜单栏中的"格式"→"线宽"命令，在弹出的"线宽设置"对话框中，设置线宽的显示比例，并开启线宽的显示功能，如图 13-4 所示。

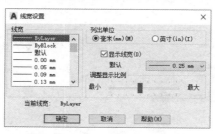

图 13-4　"线宽设置"对话框

Step 05　在命令行设置系统变量 LTSCALE 的值为 2，然后按 F8 功能键打开状态栏上的正交模式功能。

Step 06　单击"默认"选项卡→"图层"面板→"图层控制"下拉按钮，打开"图层控制"下拉列表，将"中心线"设置为当前图层。

Step 07　按 F5 功能键，将等轴测平面切换为"等轴测平面俯视"。

Step 08 选择菜单栏中的"绘图"→"直线"命令，配合正交模式功能在 30°方向上绘制中心线的轴测投影，命令行操作如下。

```
命令：_line
指定第一点：                  //在绘图区拾取一点
指定下一点或 [放弃(U)]：      //引出如图 13-5 所示的正交矢量，输入 160 Enter
指定下一点或 [放弃(U)]：      //Enter，结束命令，绘制结果如图 13-6 所示
```

图 13-5　引出正交矢量（1）　　　　　　　图 13-6　绘制结果（1）

Step 09 重复执行"直线"命令，配合中点捕捉功能，在 330°方向上绘制中心线的轴测投影，命令行操作如下。

```
命令：_line
指定第一点：                  //捕捉刚绘制的直线中点
指定下一点或 [放弃(U)]：      //引出如图 13-7 所示的正交矢量，然后输入 70 Enter
指定下一点或 [放弃(U)]：      //Enter，结束命令
```

Step 10 按 F5 功能键，将等轴测平面切换为"等轴测平面右视"。

Step 11 执行"直线"命令，配合交点捕捉或端点捕捉功能，在 90°方向上绘制中心线的轴测投影，命令行操作如下。

```
命令：_line
指定第一点：                  //捕捉如图 13-8 所示的交点
指定下一点或 [放弃(U)]：      //引出如图 13-9 所示的正交矢量，然后输入 100 Enter
指定下一点或 [放弃(U)]：      //Enter，结束命令，绘制结果如图 13-10 所示
```

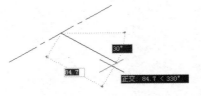

图 13-7　引出正交矢量（2）　　　　　　　图 13-8　捕捉交点（1）

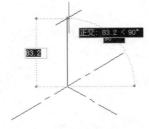
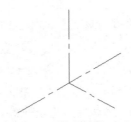

图 13-9　引出正交矢量（3）　　　　　　　图 13-10　绘制结果（2）

Step 12 选择菜单栏中的"修改"→"拉长"命令，对中心线进行拉长，命令行操作如下。

```
命令： _lengthen
选择对象或 [增量(DE)/百分数(P)/全部(T)/动态(DY)]：    //de Enter
输入长度增量或 [角度(A)]：            //70 Enter
选择要修改的对象或 [放弃(U)]：        //在如图 13-11 所示的位置单击
选择要修改的对象或 [放弃(U)]：        //Enter，结束命令，拉长结果如图 13-12 所示
```

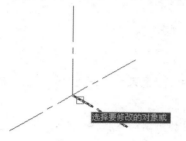

图 13-11　指定单击位置

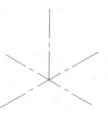

图 13-12　拉长结果

Step 13 选择菜单栏中的"修改"→"复制"命令，对中心线进行对称复制，命令行操作如下。

```
命令： _copy
选择对象：                                //选择如图 13-13 所示的中心线
选择对象：                                //Enter，结束选择
当前设置： 复制模式 = 多个
指定基点或 [位移(D)/模式(O)] <位移>：      //捕捉如图 13-14 所示的交点
指定第二个点或 [阵列(A)] <使用第一个点作为位移>：  //向右拖动鼠标并输入 36 Enter
指定第二个点或 [阵列(A)] <使用第一个点作为位移>：  //向左拖动鼠标并输入 36 Enter
指定第二个点或 [阵列(A)/退出(E)/放弃(U)] <退出>：
//Enter，复制结果如图 13-1 所示
```

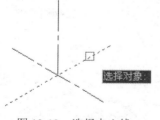

图 13-13　选择中心线

图 13-14　捕捉交点（2）

Step 14 执行"保存"命令，将图形名存储为"上机实训一——绘制线的轴测投影图.dwg"。

13.2　上机实训二——绘制圆弧轴测投影图

本实训通过绘制如图 13-15 所示的圆弧轴测投影图，学习其绘制方法和绘制技巧。

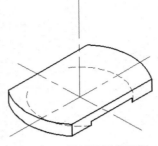

图 13-15　圆弧轴测投影图

操作步骤如下。

Step 01 继续上例的操作。也可以直接打开配套资源中的"效果文件\第13章\上机实训一——绘制线的轴测投影图.dwg"。

Step 02 单击"默认"选项卡→"图层"面板→"图层控制"下拉按钮，打开"图层控制"下拉列表，将"轮廓线"设置为当前图层。

Step 03 按F5功能键，将等轴测平面切换为"等轴测平面俯视"。

Step 04 单击"默认"选项卡→"绘图"面板→"椭圆"按钮⊙，在"轮廓线"图层内绘制同心等轴测圆，命令行操作如下。

```
命令：_ellipse
指定椭圆轴的端点或 [圆弧(A)/中心点(C)/等轴测圆(I)]：   //i Enter
指定等轴测圆的圆心：                              //捕捉如图13-16所示的交点
指定等轴测圆的半径或 [直径(D)]：                   //d Enter
指定等轴测圆的直径：                              //116 Enter
命令：_ellipse                                   //Enter，重复命令
指定椭圆轴的端点或 [圆弧(A)/中心点(C)/等轴测圆(I)]：   //i Enter
指定等轴测圆的圆心：                              //捕捉等轴测圆的圆心
指定等轴测圆的半径或 [直径(D)]：                   //d Enter
指定等轴测圆的直径：                              //86 Enter，绘制结果如图13-17所示
```

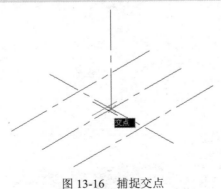

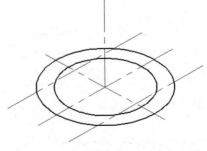

图 13-16　捕捉交点　　　　　　　　　　图 13-17　绘制结果（1）

Step 05 选择菜单栏中的"修改"→"修剪"命令，选择如图13-18所示的两条线作为边界，对两个等轴测圆进行修剪，修剪结果如图13-19所示。

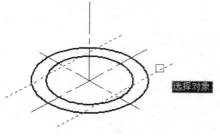

图 13-18　选择边界

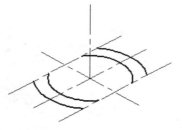

图 13-19　修剪结果（1）

Step 06 重复执行"修剪"命令，以如图 13-20 所示的圆弧作为边界，对两侧的定位线进行修剪，修剪结果如图 13-21 所示。

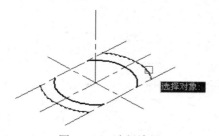

图 13-20　选择边界

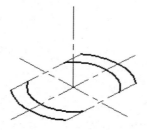

图 13-21　修剪结果（2）

Step 07 将如图 13-22 所示的夹点直线放到"轮廓线"图层上，将如图 13-23 所示的夹点圆弧放到"隐藏线"图层上，操作结果如图 13-24 所示。

图 13-22　夹点直线

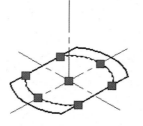

图 13-23　夹点圆弧

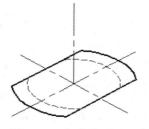

图 13-24　操作结果（1）

Step 08 按 F5 功能键，将等轴测平面切换为"等轴测平面右视"，选择菜单栏中的"修改"→"复制"命令，对底面轮廓线进行复制，命令行操作如下。

```
命令: _copy
选择对象:                                //选择如图 13-25 所示的轮廓线
选择对象:                                //Enter，结束选择
当前设置: 复制模式 = 多个
指定基点或 [位移(D)/模式(O)] <位移>:      //捕捉辅助线一端的端点
//向 90° 方向移动光标并输入 12 Enter
指定第二个点或 [阵列(A)] <使用第一个点作为位移>:
指定第二个点或 [阵列(A)/退出(E)/放弃(U)] <退出>:
//Enter，结束命令，复制结果如图 13-26 所示
```

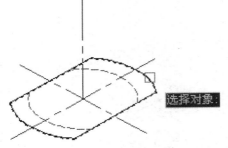

图 13-25　选择轮廓线

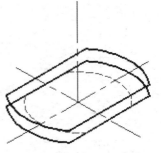

图 13-26　复制结果

Step 09 选择菜单栏中的"绘图"→"多段线"命令，配合坐标输入功能绘制下侧轮廓线，命令行操作如下。

```
命令：_pline
指定起点：                                       //捕捉如图 13-27 所示的端点
当前线宽为 0.0
指定下一点或 [圆弧(A)/半宽(H)/长度(L)/放弃(U)/宽度(W)]：      //@4<90 Enter
指定下一点或 [圆弧(A)/闭合(C)/半宽(H)/长度(L)/放弃(U)/宽度(W)]://@47<30 Enter
指定下一点或 [圆弧(A)/闭合(C)/半宽(H)/长度(L)/放弃(U)/宽度(W)]://@4<-90 Enter
指定下一点或 [圆弧(A)/闭合(C)/半宽(H)/长度(L)/放弃(U)/宽度(W)]：
//Enter，绘制结果如图 13-28 所示
```

图 13-27　捕捉端点

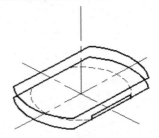

图 13-28　绘制结果（2）

Step 10 重复执行"多段线"命令，配合端点捕捉功能绘制如图 13-29 所示的垂直轮廓线。

Step 11 使用快捷键 TR 执行"修剪"命令，对底座进行修剪，并删除多余图线，操作结果如图 13-30 所示。

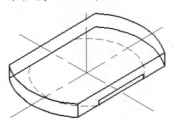

图 13-29　绘制垂直轮廓线

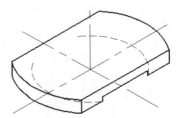

图 13-30　操作结果（2）

Step 12 执行"另存为"命令，将图形名存储为"上机实训二——绘制圆弧轴测投影图.dwg"。

13.3 上机实训三——绘制圆与切线的轴测投影图

本实训通过绘制如图 13-31 所示的零件轴测投影图，学习圆与切线的轴测投影图的绘制方法和绘制技巧。

操作步骤如下。

Step 01 继续上例的操作。也可以打开配套资源中的"效果文件\第 13 章\上机实训二——绘制圆弧轴测投影图.dwg"。

Step 02 单击"默认"选项卡→"图层"面板→"图层控制"下拉按钮，打开"图层控制"下拉列表，关闭"隐藏线"图层和"中心线"图层，如图 13-32 所示，关闭图层后的显示效果如图 13-33 所示。

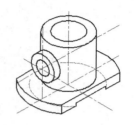

图 13-31 零件轴测投影图

图 13-32 "图层控制"下拉列表

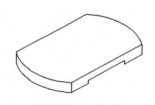

图 13-33 关闭图层后的显示效果

Step 03 单击"默认"选项卡→"绘图"面板→"椭圆"按钮，在等轴测平面内绘制同心等轴测圆，命令行操作如下。

```
命令: _ellipse
指定椭圆轴的端点或 [圆弧(A)/中心点(C)/等轴测圆(I)]:    //i Enter
指定等轴测圆的圆心:                              //捕捉如图 13-34 所示的圆心
指定等轴测圆的半径或 [直径(D)]:                   //d Enter
指定等轴测圆的直径:                              //62 Enter
命令: _ellipse                                 //Enter，重复命令
指定椭圆轴的端点或 [圆弧(A)/中心点(C)/等轴测圆(I)]:    //i Enter
指定等轴测圆的圆心:                              //捕捉刚绘制的等轴测圆的圆心
指定等轴测圆的半径或 [直径(D)]:                   //d Enter
指定等轴测圆的直径:                    //40 Enter，绘制结果如图 13-35 所示
```

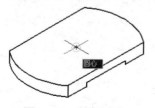

图 13-34 捕捉圆心

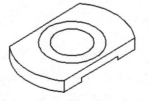

图 13-35 绘制结果（1）

Note

Step 04 选择菜单栏中的"修改"→"复制"命令，将刚绘制的同心等轴测圆进行复制，命令行操作如下。

```
命令：_copy
选择对象：                                        //选择刚绘制的同心等轴测圆
选择对象：                                        //Enter，结束选择
当前设置：复制模式 = 多个
指定基点或 [位移(D)/模式(O)] <位移>：              //捕捉等轴测圆的圆心
指定第二个点或 [阵列(A)] <使用第一个点作为位移>：   //@60<90 Enter
指定第二个点或 [阵列(A)/退出(E)/放弃(U)] <退出>：
// Enter，结束命令，复制结果如图 13-36 所示
```

Step 05 选择菜单栏中的"绘图"→"直线"命令，配合切点捕捉功能绘制如图 13-37 所示的公切线。

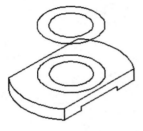

图 13-36 复制结果（1）

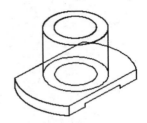

图 13-37 绘制公切线（1）

Step 06 选择菜单栏中的"修改"→"修剪"命令，以两条公切线作为修剪边界，对等轴测线和等轴测圆进行修剪，结果如图 13-38 所示。

Step 07 删除下侧的等轴测圆，然后打开"中心线"图层，操作结果如图 13-39 所示。

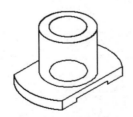

图 13-38 修剪结果（1）

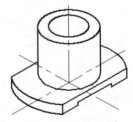

图 13-39 操作结果

Step 08 选择菜单栏中的"修改"→"复制"命令，配合相对极坐标输入功能对中心线进行复制，命令行操作如下。

```
命令：_copy
选择对象：                                        //选择如图 13-40 所示的对象
选择对象：                                        //Enter，结束选择
当前设置：复制模式 = 多个
指定基点或 [位移(D)/模式(O)] <位移>：              //捕捉任意一点
指定第二个点或 [阵列(A)] <使用第一个点作为位移>：   //@42<90 Enter
指定第二个点或 [阵列(A)/退出(E)/放弃(U)] <退出>：//Enter，结束命令
```

命令：_copy

选择对象：　　　　　　　　　　　　　　　　//选择垂直定位线

选择对象：　　　　　　　　　　　　　　　　//Enter，结束选择

当前设置：　复制模式 = 多个

指定基点或 [位移(D)/模式(O)] <位移>：　　//捕捉任意一点

指定第二个点或 [阵列(A)] <使用第一个点作为位移>：//@40<-150 Enter

指定第二个点或 [阵列(A)/退出(E)/放弃(U)] <退出>：

　　　　　　　　　　　　//Enter，结束命令，复制结果如图 13-41 所示

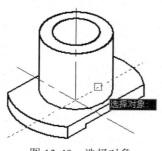
图 13-40　选择对象

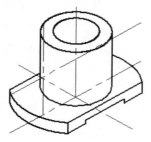
图 13-41　复制结果（2）

Step 09 按 F5 功能键，将等轴测平面切换为 "等轴测平面左视"。

Step 10 单击 "默认" 选项卡→ "绘图" 面板→ "椭圆" 按钮⬭，配合交点捕捉功能绘制同心等轴测圆，命令行操作如下。

命令：_ellipse

指定椭圆轴的端点或 [圆弧(A)/中心点(C)/等轴测圆(I)]：//i Enter

指定等轴测圆的圆心：　　　　　　　　　//捕捉如图 13-42 所示的交点

指定等轴测圆的半径或 [直径(D)]：　　　//d Enter

指定等轴测圆的直径：　　　　　　　　　//36 Enter

命令：_ellipse　　　　　　　　　　　　//Enter，重复命令

指定椭圆轴的端点或 [圆弧(A)/中心点(C)/等轴测圆(I)]：//i Enter

指定等轴测圆的圆心：　　　　　　　//捕捉刚绘制的等轴测圆的圆心

指定等轴测圆的半径或 [直径(D)]：　　　//d Enter

指定等轴测圆的直径：　　　//20 Enter，绘制结果如图 13-43 所示

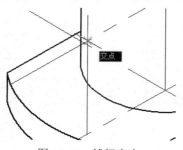
图 13-42　捕捉交点

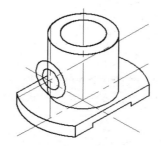
图 13-43　绘制结果（2）

Step 11 选择菜单栏中的 "修改" → "复制" 命令，选择直径为 36 的等轴测圆进行复制，命令行操作如下。

```
命令：_copy
选择对象：                                          //选择如图 13-44 所示的等轴测圆
选择对象：                                          //Enter，结束选择
当前设置：  复制模式 = 多个
指定基点或 [位移(D)/模式(O)] <位移>：              //捕捉任意一点
指定第二个点或 [阵列(A)] <使用第一个点作为位移>： //@9<30 Enter
指定第二个点或 [阵列(A)/退出(E)/放弃(U)] <退出>：//Enter，复制结果如图 13-45 所示
```

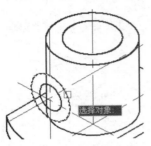
图 13-44　选择等轴测圆

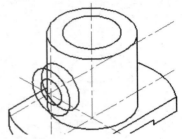
图 13-45　复制结果（3）

Step 12　关闭"中心线"图层，然后使用"直线"命令，配合切点捕捉功能绘制如图 13-46 所示的公切线。

Step 13　使用快捷键 TR 执行"修剪"命令，对等轴测圆和等轴测线进行修剪，并删除多余图线，结果如图 13-47 所示。

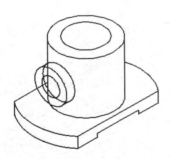
图 13-46　绘制公切线（2）

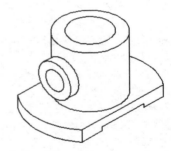
图 13-47　修剪结果（2）

Step 14　执行"另存为"命令，将图形名存储为"上机实训三——绘制圆与切线的轴测投影图.dwg"。

13.4　上机实训四——绘制剖视图的轴测投影图

本实训通过绘制如图 13-48 所示的剖视图的轴测投影图，学习其绘制方法和绘制技巧。

操作步骤如下。

Step 01 继续上例的操作。也可以直接打开配套资源中的"效果文件\第 13 章\上机实训三——绘制圆与切线的轴测投影图.dwg"。

Step 02 单击"默认"选项卡→"图层"面板→"图层控制"下拉按钮，打开"图层控制"下拉列表，打开"中心线"和"隐藏线"两个图层。

Step 03 单击"默认"选项卡→"特性"面板→"颜色控件"下拉按钮，打开"颜色控制"下拉列表，将当前颜色设置为"红"，如图 13-49 所示。

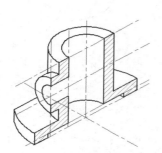

图 13-48　剖视图的轴测投影图

图 13-49　将当前颜色设置为"红"

Step 04 选择菜单栏中的"修改"→"复制"命令，对上侧的等轴测圆进行复制，命令行操作如下。

```
命令：_copy
选择对象：                                    //选择如图 13-50 所示的等轴测圆
选择对象：                                    //Enter
当前设置： 复制模式 = 多个
指定基点或 [位移(D)/模式(O)] <位移>：         //Enter
指定第二个点或 [阵列(A)] <使用第一个点作为位移>： //@68<270 Enter
指定第二个点或 [阵列(A)/退出(E)/放弃(U)] <退出>：
//Enter，结束命令，复制结果如图 13-51 所示
```

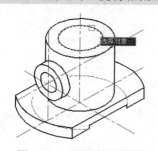

图 13-50　选择等轴测圆

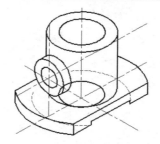

图 13-51　复制结果（1）

Step 05 选择菜单栏中的"绘图"→"多段线"命令，配合相对极坐标输入功能绘制剖切面轮廓线，命令行操作如下。

```
命令：_pline
指定起点：                                    //捕捉如图 13-52 所示的交点
当前线宽为 0.0
指定下一点或 [圆弧(A)/半宽(H)/长度(L)/放弃(U)/宽度(W)]：     //@8<90 Enter
```

指定下一点或 [圆弧(A)/闭合(C)/半宽(H)/长度(L)/放弃(U)/宽度(W)]: //@9<30 Enter
指定下一点或 [圆弧(A)/闭合(C)/半宽(H)/长度(L)/放弃(U)/宽度(W)]: //@12<90 Enter
指定下一点或 [圆弧(A)/闭合(C)/半宽(H)/长度(L)/放弃(U)/宽度(W)]: //@11<30 Enter
指定下一点或 [圆弧(A)/闭合(C)/半宽(H)/长度(L)/放弃(U)/宽度(W)]: //@20<270 Enter
指定下一点或 [圆弧(A)/闭合(C)/半宽(H)/长度(L)/放弃(U)/宽度(W)]:
//c Enter, 结束命令, 绘制结果如图 13-53 所示

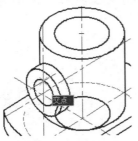

图 13-52　捕捉交点（1）

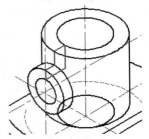

图 13-53　绘制结果（1）

Step 06 选择菜单栏中的 "修改" → "复制" 命令，对垂直的中心线进行复制，命令行操作如下。

命令: _copy
选择对象: //选择如图 13-54 所示的中心线
选择对象: //Enter
当前设置: 复制模式 = 多个
指定基点或 [位移(D)/模式(O)] <位移>:   //Enter
指定第二个点或 [阵列(A)] <使用第一个点作为位移>: //@20<210 Enter
指定第二个点或 [阵列(A)/退出(E)/放弃(U)] <退出>: //Enter, 复制结果如图 13-55 所示

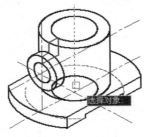

图 13-54　选择中心线（1）

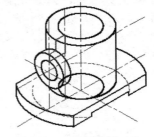

图 13-55　复制结果（2）

Step 07 选择菜单栏中的 "绘图" → "多段线" 命令，配合相对极坐标输入功能绘制剖切面轮廓线，命令行操作如下。

命令: _pline
指定起点: //捕捉如图 13-56 所示的交点
当前线宽为 0.0
指定下一点或 [圆弧(A)/半宽(H)/长度(L)/放弃(U)/宽度(W)]:   //@28<90 Enter
指定下一点或 [圆弧(A)/闭合(C)/半宽(H)/长度(L)/放弃(U)/宽度(W)]: //@20<210 Enter
指定下一点或 [圆弧(A)/闭合(C)/半宽(H)/长度(L)/放弃(U)/宽度(W)]: //@8<270 Enter
指定下一点或 [圆弧(A)/闭合(C)/半宽(H)/长度(L)/放弃(U)/宽度(W)]: //@9<30 Enter
指定下一点或 [圆弧(A)/闭合(C)/半宽(H)/长度(L)/放弃(U)/宽度(W)]: //@12<270 Enter

指定下一点或 [圆弧(A)/闭合(C)/半宽(H)/长度(L)/放弃(U)/宽度(W)]: //@27<210 Enter
指定下一点或 [圆弧(A)/闭合(C)/半宽(H)/长度(L)/放弃(U)/宽度(W)]: //@12<270 Enter
指定下一点或 [圆弧(A)/闭合(C)/半宽(H)/长度(L)/放弃(U)/宽度(W)]:
　　　　　　　　　　　　　　　　//捕捉如图 13-57 所示的交点
指定下一点或 [圆弧(A)/闭合(C)/半宽(H)/长度(L)/放弃(U)/宽度(W)]: //@4<90 Enter
指定下一点或 [圆弧(A)/闭合(C)/半宽(H)/长度(L)/放弃(U)/宽度(W)]:
//c Enter,绘制结果如图 13-58 所示

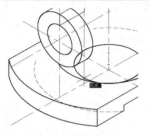
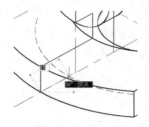
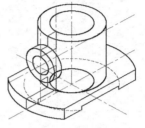

图 13-56　捕捉交点（2）　　　图 13-57　捕捉交点（3）　　　图 13-58　绘制结果（2）

Step 08 选择菜单栏中的"修改"→"复制"命令,对中心线和等轴测圆弧进行复制,命令行操作如下。

命令: _copy
选择对象: //选择如图 13-59 所示的中心线
选择对象: //Enter
当前设置: 复制模式 = 多个
指定基点或 [位移(D)/模式(O)] <位移>: //Enter
指定第二个点或 [阵列(A)] <使用第一个点作为位移>: //@72<90 Enter
指定第二个点或 [阵列(A)/退出(E)/放弃(U)] <退出>: //Enter
命令: _copy
选择对象: //选择如图 13-60 所示的等轴测圆弧

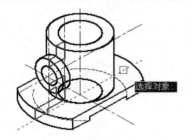
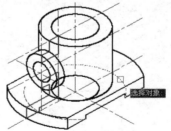

图 13-59　选择中心线（2）　　　　　图 13-60　选择等轴测圆弧（1）

选择对象: //Enter
当前设置: 复制模式 = 多个
指定基点或 [位移(D)/模式(O)] <位移>: //Enter
指定第二个点或 [阵列(A)] <使用第一个点作为位移>: //@4<90 Enter
指定第二个点或 [阵列(A)/退出(E)/放弃(U)] <退出>: //Enter
命令: _copy
选择对象: //选择如图 13-61 所示的等轴测圆弧
选择对象: //Enter

当前设置： 复制模式 = 多个
指定基点或 [位移(D)/模式(O)] <位移>:   //Enter
指定第二个点或 [阵列(A)] <使用第一个点作为位移>:   //@12<270 Enter
指定第二个点或 [阵列(A)/退出(E)/放弃(U)] <退出>: //Enter
命令：_copy
选择对象：   //选择如图 13-62 所示的中心线
选择对象：   //Enter
当前设置： 复制模式 = 多个
指定基点或 [位移(D)/模式(O)] <位移>:   //Enter
指定第二个点或 [阵列(A)] <使用第一个点作为位移>: //@4<90 Enter
指定第二个点或 [阵列(A)/退出(E)/放弃(U)] <退出>: //Enter，复制结果如图 13-63 所示

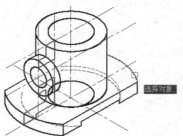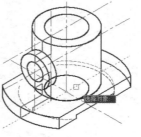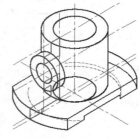

图 13-61   选择等轴测圆弧（2）   图 13-62   选择中心线（3）   图 13-63   复制结果（3）

Step 09 选择菜单栏中的"绘图"→"多段线"命令，配合相对极坐标输入功能绘制剖切面
轮廓线，命令行操作如下。

命令：_pline
指定起点：   //捕捉如图 13-64 所示的交点
当前线宽为 0.0
指定下一点或 [圆弧(A)/半宽(H)/长度(L)/放弃(U)/宽度(W)]:   //@68<270
指定下一点或 [圆弧(A)/闭合(C)/半宽(H)/长度(L)/放弃(U)/宽度(W)]:
//捕捉如图 13-65 所示的交点
指定下一点或 [圆弧(A)/闭合(C)/半宽(H)/长度(L)/放弃(U)/宽度(W)]:   //@4<270
指定下一点或 [圆弧(A)/闭合(C)/半宽(H)/长度(L)/放弃(U)/宽度(W)]:
//捕捉如图 13-66 所示的交点

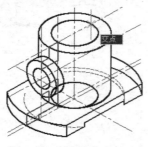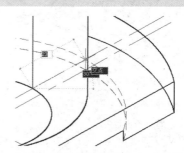

图 13-64   捕捉交点（4）   图 13-65   捕捉交点（5）

指定下一点或 [圆弧(A)/闭合(C)/半宽(H)/长度(L)/放弃(U)/宽度(W)]:   //@12<90
指定下一点或 [圆弧(A)/闭合(C)/半宽(H)/长度(L)/放弃(U)/宽度(W)]:   //@27<210
指定下一点或 [圆弧(A)/闭合(C)/半宽(H)/长度(L)/放弃(U)/宽度(W)]:   //@60<90

指定下一点或 [圆弧(A)/闭合(C)/半宽(H)/长度(L)/放弃(U)/宽度(W)]：
//c Enter，绘制结果如图 13-67 所示

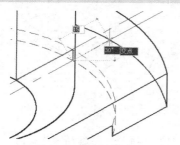

图 13-66　捕捉交点（6）

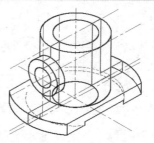

图 13-67　绘制结果（3）

Step 10 单击"默认"选项卡→"图层"面板→"图层控制"下拉按钮，打开"图层控制"下拉列表，关闭"中心线"和"隐藏线"两个图层，此时图形的显示结果如图 13-68 所示。

Step 11 使用快捷键 TR 执行"修剪"命令，以 3 条闭合的多段线作为修剪边界，对等轴测图进行修剪，并删除多余图线，结果如图 13-69 所示。

Step 12 选择菜单栏中的"修改"→"延伸"命令，以右侧的剖切线作为边界，对如图 13-69 所示的圆弧 A 进行延伸，结果如图 13-70 所示。

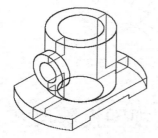

图 13-68　图形的显示结果

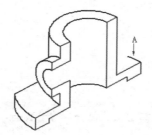

图 13-69　修剪结果（1）

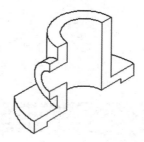

图 13-70　延伸结果

Step 13 单击"默认"选项卡→"图层"面板→"图层控制"下拉按钮，打开"图层控制"下拉列表，打开"隐藏线"图层，结果如图 13-71 所示。

Step 14 综合使用"修剪"命令和"删除"命令，对等轴测圆弧进行修剪，结果如图 13-72 所示。

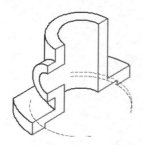

图 13-71　打开"隐藏线"图层后的结果

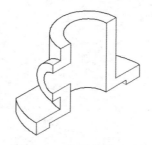

图 13-72　修剪结果（2）

Step 15 将刚修改后的等轴测圆弧放到"轮廓线"图层上，并夹点显示如图 13-73 所示的 3 条剖切线，取消夹点后的效果如图 13-74 所示。

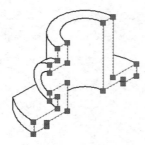

图 13-73　夹点显示 3 条剖切线

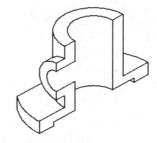

图 13-74　取消夹点后的效果

Step 16 将"剖面线"设置为当前图层，然后使用快捷键 H 执行"图案填充"命令，在打开的"图案填充和渐变"对话框中，设置填充图案和参数，如图 13-75 所示，为剖切边界填充剖面线，填充结果如图 13-76 所示。

Step 17 执行"另存为"命令，将图形名存储为"上机实训四——绘制剖视图的轴测投影图.dwg"。

图 13-75　设置填充图案和参数

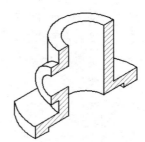

图 13-76　填充结果

13.5　上机实训五——标注轴测剖视图投影尺寸

本实训通过为零件的轴测剖视图标注如图 13-77 所示的尺寸，学习轴测剖视图投影尺寸的标注方法和标注过程。

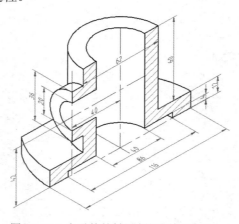

图 13-77　为零件的轴测剖视图标注尺寸

操作步骤如下。

Step 01 继续上例的操作。也可以直接打开配套资源中的"效果文件\第 13 章\上机实训四——绘制剖视图的轴测投影图.dwg"。

Step 02 单击"默认"选项卡→"图层"面板→"图层控制"下拉按钮，打开"图层控制"下拉列表，将"标注线"设置为当前图层，同时打开"中心线"图层，结果如图 13-78 所示。

Step 03 综合使用"修剪"命令、"删除"命令及夹点编辑工具，对中心线进行修剪，结果如图 13-79 所示。

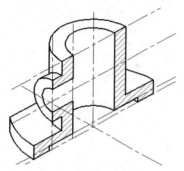
图 13-78　打开"中心线"图层后的结果

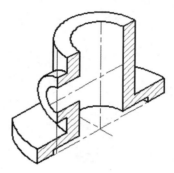
图 13-79　修剪中心线结果

Step 04 执行"标注样式"命令，将"机械样式"设为当前样式，并修改标注比例为 1.5。

Step 05 单击"注释"选项卡→"标注"面板→"对齐"按钮，执行"对齐"标注命令，标注轴测图尺寸，命令行操作如下。

```
命令：_dimaligned
指定第一条尺寸界线原点或 <选择对象>：           //捕捉如图 13-80 所示的端点
指定第二条尺寸界线原点：                        //捕捉如图 13-81 所示的交点
指定尺寸线位置或[多行文字(M)/文字(T)/角度(A)]： //在适当位置拾取一点
标注文字 = 40
```

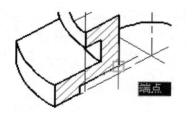
图 13-80　捕捉端点（1）

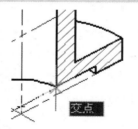
图 13-81　捕捉交点（1）

```
命令：_dimaligned                              //Enter，重复命令
指定第一条尺寸界线原点或 <选择对象>：           //捕捉如图 13-82 所示的端点
指定第二条尺寸界线原点：                        //捕捉如图 13-83 所示的交点
指定尺寸线位置或[多行文字(M)/文字(T)/角度(A)]： //在适当位置拾取一点
标注文字 = 86
```

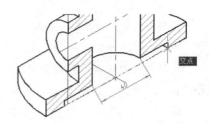

图 13-82　捕捉端点（2）　　　　　　　图 13-83　捕捉交点（2）

```
命令：_dimaligned                        //Enter，重复命令
指定第一条尺寸界线原点或 <选择对象>：      //捕捉如图 13-84 所示的端点
指定第二条尺寸界线原点：                   //捕捉如图 13-85 所示的端点
```

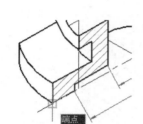

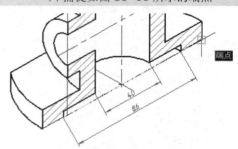

图 13-84　捕捉端点（3）　　　　　　　图 13-85　捕捉端点（4）

```
指定尺寸线位置或[多行文字(M)/文字(T)/角度(A)]：
//在适当位置拾取一点，标注结果如图 13-86 所示
标注文字 = 116
```

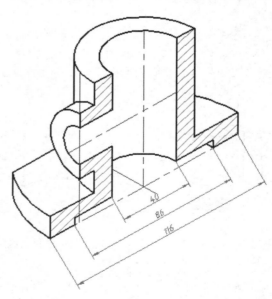

图 13-86　标注结果

Step 06 重复执行"对齐"命令，配合对象捕捉功能分别标注其他位置的尺寸，结果如图 13-87
　　　　　所示。

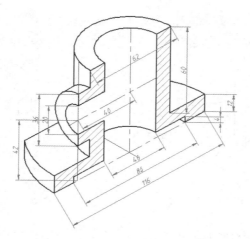

图 13-87 标注其他位置的尺寸

Step 07 执行"编辑标注"命令,将标注的尺寸进行倾斜,命令行操作如下。

```
命令: _dimedit
输入标注编辑类型 [默认(H)/新建(N)/旋转(R)/倾斜(O)] <默认>:     //o Enter
选择对象:                          //选择尺寸文字为 20 的对象
选择对象:                          //选择尺寸文字为 36 的对象
选择对象:                          //选择尺寸文字为 40 的对象
选择对象:                          //选择尺寸文字为 86 的对象
选择对象:                          //选择尺寸文字为 116 的对象
选择对象:                          //Enter,选择对象,如图 13-88 所示
输入倾斜角度 (按 Enter 键表示无):    //-30 Enter,倾斜结果如图 13-89 所示
```

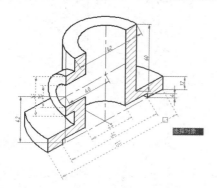

图 13-88 选择对象(1)

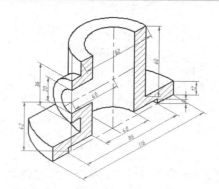

图 13-89 倾斜结果(1)

Step 08 重复执行"编辑标注"命令,分别选择切面的投影尺寸倾斜 90°,命令行操作如下。

```
命令: _dimedit
输入标注编辑类型 [默认(H)/新建(N)/旋转(R)/倾斜(O)] <默认>:     //o Enter
选择对象:                          //选择尺寸文字为 42 的对象
选择对象:                          //选择尺寸文字为 4 的对象
选择对象:                          //选择尺寸文字为 12 的对象
选择对象:                          //选择尺寸文字为 60 的对象
```

选择对象：　　　　　　　　　　　　//Enter，选择对象，如图 13-90 所示
输入倾斜角度（按 Enter 键表示无）：　//30 Enter，倾斜结果如图 13-91 所示

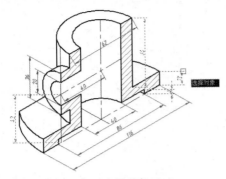

图 13-90　选择对象（2）

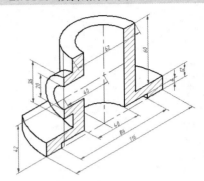

图 13-91　倾斜结果（2）

Step 09 重复执行"编辑标注"命令，对轴测图其他尺寸进行倾斜，命令行操作如下。

命令：_dimedit
输入标注编辑类型 [默认(H)/新建(N)/旋转(R)/倾斜(O)] <默认>：　//o Enter
选择对象：　　　　　　　　　　　　//选择尺寸文字为 62 的对象
选择对象：　　　　　　　　　　　　//选择尺寸文字为 40 的对象
选择对象：　　　　　　　　　　　　//Enter，选择对象，如图 13-92 所示
输入倾斜角度（按 Enter 键表示无）：　//90 Enter，倾斜结果如图 13-93 所示

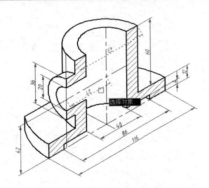

图 13-92　选择对象（3）

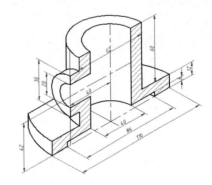

图 13-93　倾斜结果（3）

Step 10 使用快捷键 ST 执行"文字样式"命令，打开"文字样式"对话框，创建两种名为
"30"和"-30"的文字样式，参数设置如图 13-94 和图 13-95 所示。

图 13-94　设置文字样式（1）

图 13-95　设置文字样式（2）

Step 11 在无命令执行的前提下，夹点显示如图 13-96 所示的 4 个尺寸对象，然后打开"特性"面板中的"文字样式"下拉列表，修改尺寸文字的样式，如图 13-97 所示。

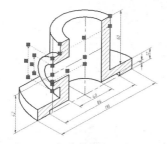

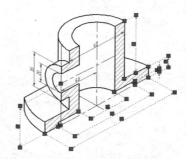

图 13-96　夹点显示 4 个尺寸对象　　　　图 13-97　修改尺寸文字的样式（1）

Step 12 取消尺寸对象的夹点显示，结果如图 13-98 所示。

Step 13 在无命令执行的前提下，夹点显示其他 7 个尺寸对象，如图 13-99 所示。

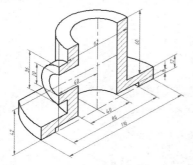

图 13-98　取消尺寸对象的夹点显示结果（1）　　　　图 13-99　夹点显示其他 7 个尺寸对象

Step 14 在"特性"面板中修改夹点尺寸对象的文字样式，如图 13-100 所示。取消尺寸对象的夹点显示，结果如图 13-101 所示。

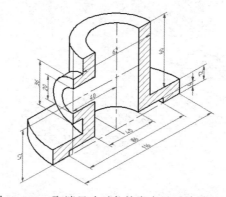

图 13-100　修改尺寸文字的样式（2）　　　　图 13-101　取消尺寸对象的夹点显示结果（2）

Step 15 选择菜单栏中的"修改"→"打断"命令，对两条垂直的中心线进行打断，最终效果如图 13-77 所示。

Step 16 执行"另存为"命令，将图形名存储为"上机实训五——标注轴测剖视图投影尺寸.dwg"。

431

第14章

AutoCAD在建筑制图中的应用

　　建筑平面图是建筑施工图中重要、关键的施工图纸，它其实就是一种水平剖面图，假想使用水平剖切平面，沿着房屋的门窗洞口位置将房屋剖开，移去剖切平面以上的部分，将余下的部分直接用正投影法投影到地面上而得到的正投影图，这样就可以看清房间的相对位置及门窗洞口、楼梯、走道等的布置和各墙体的结构及厚度等。

　　本章通过绘制某住宅小区标准层建筑平面图，学习 AutoCAD 在建筑制图行业中的应用。

内容要点

◆ 上机实训一——绘制住宅楼定位轴线　　　◆ 上机实训二——绘制住宅楼纵横墙体

◆ 上机实训三——绘制建筑构件平面图　　　◆ 上机实训四——标注房间功能与面积

◆ 上机实训五——标注建筑平面图尺寸　　　◆ 上机实训六——标注建筑平面图轴标号

14.1　上机实训一——绘制住宅楼定位轴线

　　轴线网是建筑物墙体定位的主要依据，本实训通过绘制如图 14-1 所示的住宅楼定位轴线，在综合巩固所学知识的前提下，主要学习单元纵横轴线的绘制方法和技巧。

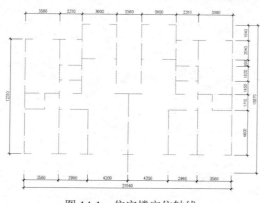

图 14-1　住宅楼定位轴线

　　操作步骤如下。

Step 01 执行"新建"命令，以配套资源中的"样板文件\建筑样板.dwt"作为基础样板，新建空白文件。

Step 02 激活状态栏上的"对象捕捉追踪"功能，并设置捕捉模式为端点捕捉和交点捕捉。

Step 03 使用快捷键 LT 执行"线型"命令，在"线型管理器"对话框中设置线型，如图 14-2 所示。

Step 04 单击"默认"选项卡→"图层"面板→"图层控制"下拉按钮，打开"图层控制"下拉列表，将"轴线层"设置为当前图层。

Step 05 使用快捷键 REC 执行"矩形"命令，绘制长度为 10770、宽度为 15870 的矩形作为基准轴线，如图 14-3 所示。

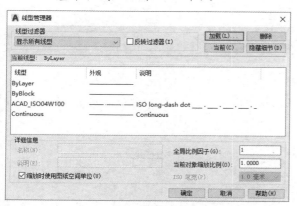

图 14-2　"线型管理器"对话框

图 14-3　绘制矩形

Step 06 使用快捷键 X 执行"分解"命令，将矩形分解为 4 条独立的线段。

Step 07 单击"默认"选项卡→"修改"面板→"偏移"按钮 ，将两侧的垂直边向内偏移，命令行操作如下。

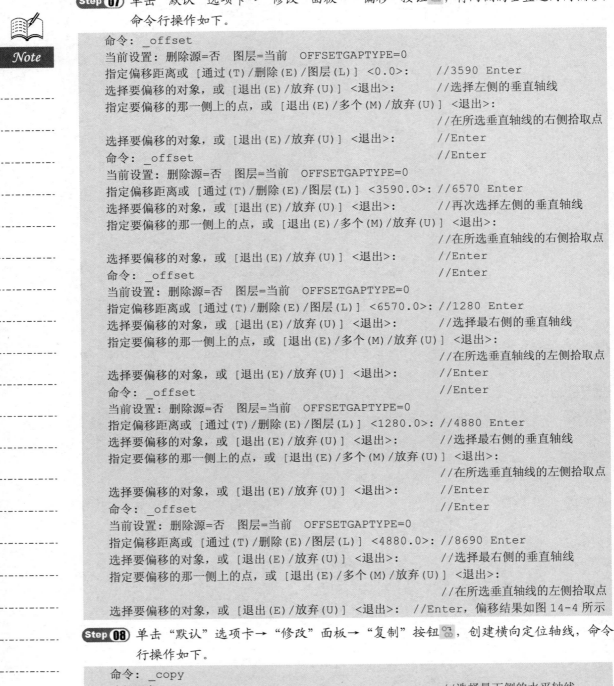

```
命令: _offset
当前设置: 删除源=否   图层=当前   OFFSETGAPTYPE=0
指定偏移距离或 [通过(T)/删除(E)/图层(L)] <0.0>:      //3590 Enter
选择要偏移的对象，或 [退出(E)/放弃(U)] <退出>:      //选择左侧的垂直轴线
指定要偏移的那一侧上的点，或 [退出(E)/多个(M)/放弃(U)] <退出>:
                                                //在所选垂直轴线的右侧拾取点
选择要偏移的对象，或 [退出(E)/放弃(U)] <退出>:      //Enter
命令: _offset                                    //Enter
当前设置: 删除源=否   图层=当前   OFFSETGAPTYPE=0
指定偏移距离或 [通过(T)/删除(E)/图层(L)] <3590.0>: //6570 Enter
选择要偏移的对象，或 [退出(E)/放弃(U)] <退出>:      //再次选择左侧的垂直轴线
指定要偏移的那一侧上的点，或 [退出(E)/多个(M)/放弃(U)] <退出>:
                                                //在所选垂直轴线的右侧拾取点
选择要偏移的对象，或 [退出(E)/放弃(U)] <退出>:      //Enter
命令: _offset                                    //Enter
当前设置: 删除源=否   图层=当前   OFFSETGAPTYPE=0
指定偏移距离或 [通过(T)/删除(E)/图层(L)] <6570.0>: //1280 Enter
选择要偏移的对象，或 [退出(E)/放弃(U)] <退出>:      //选择最右侧的垂直轴线
指定要偏移的那一侧上的点，或 [退出(E)/多个(M)/放弃(U)] <退出>:
                                                //在所选垂直轴线的左侧拾取点
选择要偏移的对象，或 [退出(E)/放弃(U)] <退出>:      //Enter
命令: _offset                                    //Enter
当前设置: 删除源=否   图层=当前   OFFSETGAPTYPE=0
指定偏移距离或 [通过(T)/删除(E)/图层(L)] <1280.0>: //4880 Enter
选择要偏移的对象，或 [退出(E)/放弃(U)] <退出>:      //选择最右侧的垂直轴线
指定要偏移的那一侧上的点，或 [退出(E)/多个(M)/放弃(U)] <退出>:
                                                //在所选垂直轴线的左侧拾取点
选择要偏移的对象，或 [退出(E)/放弃(U)] <退出>:      //Enter
命令: _offset                                    //Enter
当前设置: 删除源=否   图层=当前   OFFSETGAPTYPE=0
指定偏移距离或 [通过(T)/删除(E)/图层(L)] <4880.0>: //8690 Enter
选择要偏移的对象，或 [退出(E)/放弃(U)] <退出>:      //选择最右侧的垂直轴线
指定要偏移的那一侧上的点，或 [退出(E)/多个(M)/放弃(U)] <退出>:
                                                //在所选垂直轴线的左侧拾取点
选择要偏移的对象，或 [退出(E)/放弃(U)] <退出>: //Enter，偏移结果如图 14-4 所示
```

Step 08 单击"默认"选项卡→"修改"面板→"复制"按钮 ，创建横向定位轴线，命令行操作如下。

```
命令: _copy
选择对象:                                        //选择最下侧的水平轴线
选择对象:                                        //Enter，结束对象的选择
当前设置: 复制模式 = 多个
指定基点或 [位移(D)/模式(O)] <位移>:             //捕捉水平边的一个端点
```

```
指定第二个点或 [阵列(A)/退出(E)/放弃(U)] <退出>：    //@0,1920 Enter
指定第二个点或 [阵列(A)/退出(E)/放弃(U)] <退出>：    //@0,6720 Enter
指定第二个点或 [阵列(A)/退出(E)/放弃(U)] <退出>：    //@0,8430 Enter
指定第二个点或 [阵列(A)/退出(E)/放弃(U)] <退出>：    //@0,9880 Enter
指定第二个点或 [阵列(A)/退出(E)/放弃(U)] <退出>：    //@0,11500 Enter
指定第二个点或 [阵列(A)/退出(E)/放弃(U)] <退出>：    //@0,12190 Enter
指定第二个点或 [阵列(A)/退出(E)/放弃(U)] <退出>：    //@0,14230 Enter
指定第二个点或 [阵列(A)/退出(E)/放弃(U)] <退出>：//Enter，复制结果如图 14-5 所示
```

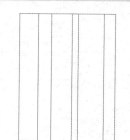

图 14-4　偏移结果（1）

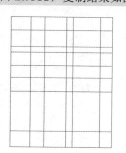

图 14-5　复制结果

Step 09 在无命令执行的前提下，选择最上侧的水平轴线，使其呈现夹点显示状态，如图 14-6 所示。

Step 10 单击左侧的夹点，使其变为夹基点（也称为热点），然后在命令行 "** 拉伸 ** 指定拉伸点或 [基点(B)/复制(C)/放弃(U)/退出(X)]:" 提示下捕捉如图 14-7 所示的端点作为拉伸的目标点。

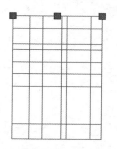

图 14-6　呈现夹点显示状态

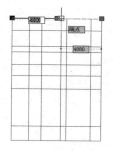

图 14-7　捕捉端点（1）

Step 11 单击右侧的夹点，然后将其拉伸至如图 14-8 所示的位置上。按 Esc 键，取消对象的夹点显示，结果如图 14-9 所示。

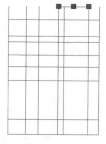

图 14-8　拉伸结果

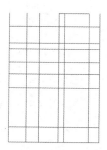

图 14-9　取消对象的夹点显示

435

Step 12 参照上述步骤，分别对其他水平轴线和垂直轴线进行拉伸，编辑结果如图 14-10 所示。

Step 13 删除最下侧的水平轴线，结果如图 14-11 所示。

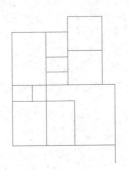

图 14-10　编辑结果　　　　　　　　　图 14-11　删除结果（1）

Step 14 单击"默认"选项卡→"修改"面板→"修剪"按钮 ✂，以如图 14-12 所示的两条轴线作为边界，对水平轴线进行修剪，结果如图 14-13 所示。

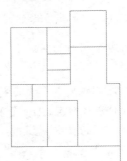

图 14-12　选择边界　　　　　　　　　图 14-13　修剪结果

Step 15 单击"默认"选项卡→"修改"面板→"打断"按钮 □，在下侧的水平轴线上创建窗洞，命令行操作如下。

```
命令: _break
选择对象:                          //选择下侧的水平轴线
指定第二个打断点 或 [第一点(F)]:    //f Enter，重新指定第一个打断点
指定第一个打断点:                  //激活捕捉自功能
 _from 基点:                       //捕捉如图 14-14 所示的端点
 <偏移>:                           //@770,0 Enter
指定第二个打断点:                  //@2060,0 Enter，打断结果如图 14-15 所示
```

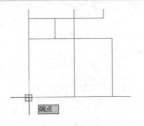

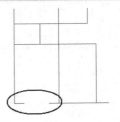

图 14-14　捕捉端点（2）　　　　　　　图 14-15　打断结果

Step 16 使用快捷键 O 执行"偏移"命令，将最左侧的垂直轴线分别向右偏移 780 个和 2820 个单位，结果如图 14-16 所示。

Step 17 使用快捷键 TR 执行"修剪"命令，以偏移出的两条垂直轴线作为边界，对上侧的水平轴线进行修剪，创建窗洞，结果如图 14-17 所示。

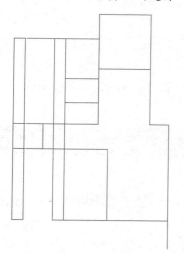

图 14-16　偏移结果（2）

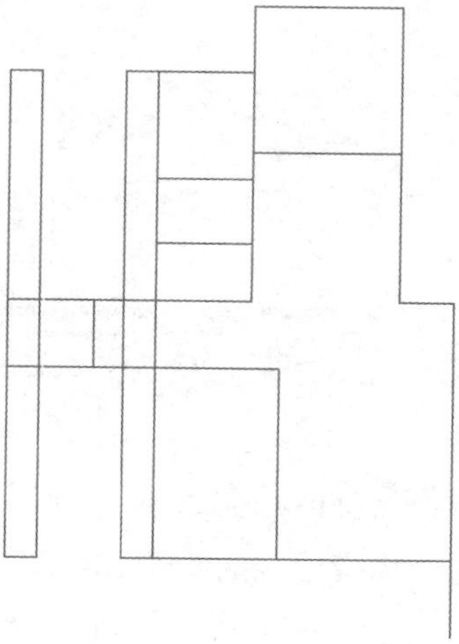

图 14-17　创建窗洞

Step 18 使用快捷键 E 执行"删除"命令，将刚偏移出的两条垂直轴线删除，结果如图 14-18 所示。

Step 19 综合运用以上各种方法，分别创建其他位置的门洞和窗洞，结果如图 14-19 所示。

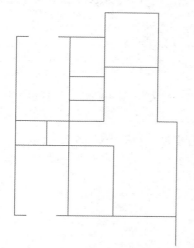

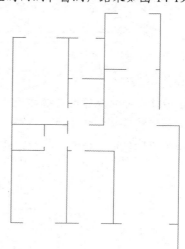

图 14-18　删除结果（2）

图 14-19　创建其他门洞和窗洞

Step 20 单击"默认"选项卡→"修改"面板→"镜像"按钮 ，拉出如图 14-20 所示的窗交选择框，对轴线进行镜像，结果如图 14-21 所示。

Step 21 执行"保存"命令，将图形名存储为"上机实训一——绘制住宅楼定位轴线.dwg"。

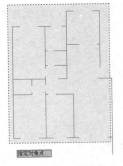

图 14-20　拉出窗交选择框

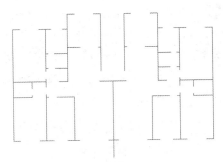

图 14-21　镜像结果

14.2　上机实训二——绘制住宅楼纵横墙体

本实训通过绘制如图 14-22 所示的住宅楼纵横墙体，在综合巩固所学知识的前提下，学习住宅楼纵横墙线的绘制方法和技巧。

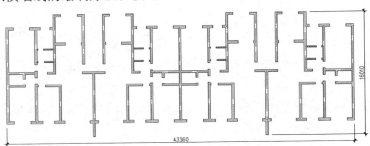

图 14-22　住宅楼纵横墙体

操作步骤如下。

Step 01 继续上例的操作或直接打开配套资源中的"效果文件\第 14 章\上机实训一——绘制住宅楼定位轴线.dwg"。

Step 02 执行"镜像"命令，将打开的单元轴线进行镜像，结果如图 14-23 所示。

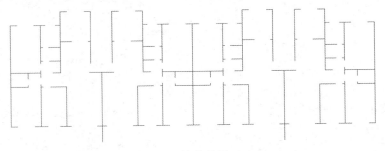

图 14-23　镜像结果（1）

Step 03 单击"默认"选项卡→"图层"面板→"图层控制"下拉按钮，打开"图层控制"下拉表列，将"墙线层"设置为当前图层。

Step 04 选择菜单栏中的"绘图"→"多线样式"命令，在弹出的"多线样式"对话框中将"墙线样式"设置为当前样式。

Step 05 选择菜单栏中的"绘图"→"多线"命令，配合端点捕捉功能绘制主墙线，命令行操作如下。

Note

```
命令：_mline
当前设置：对正 = 上，比例 = 20.00，样式 = 墙线样式
指定起点或 [对正(J)/比例(S)/样式(ST)]：        //s Enter，激活比例选项
输入多线比例 <20.00>：                          //280 Enter
当前设置：对正 = 上，比例 = 280.00，样式 = 墙线
指定起点或 [对正(J)/比例(S)/样式(ST)]：        //j Enter，激活对正选项
输入对正类型 [上(T)/无(Z)/下(B)] <上>：         //z Enter
当前设置：对正 = 无，比例 = 280.00，样式 = 墙线样式
指定起点或 [对正(J)/比例(S)/样式(ST)]：        //捕捉如图 14-24 所示的端点 1
指定下一点：                                    //捕捉端点 2
指定下一点或 [放弃(U)]：                         //捕捉端点 3
指定下一点或 [闭合(C)/放弃(U)]：                 //捕捉端点 4
指定下一点或 [闭合(C)/放弃(U)]：                 //Enter，绘制结果如图 14-25 所示
```

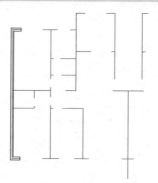

图 14-24　捕捉端点 1　　　　　　　　图 14-25　绘制结果（1）

Step 06 重复上述操作步骤，配合端点捕捉功能分别绘制其他墙体，结果如图 14-26 所示。

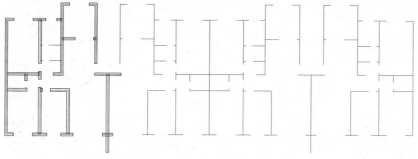

图 14-26　绘制其他墙体

Step 07 使用快捷键 ML 执行"多线"命令，配合对象捕捉功能绘制宽度为 140 的次墙体，绘制结果如图 14-27 所示。

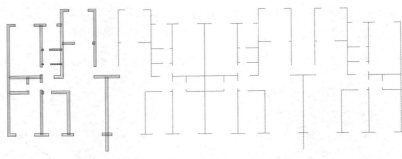

图 14-27　绘制结果（2）

Step 08 单击"默认"选项卡→"图层"面板→"图层控制"下拉按钮，打开"图层控制"下拉列表，关闭"轴线层"图层，此时图形的显示结果如图 14-28 所示。

Step 09 选择菜单栏中的"修改"→"对象"→"多线"命令，在弹出的"多线编辑工具"对话框中，单击如图 14-29 所示的按钮。

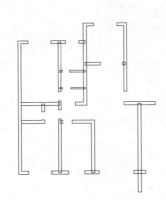

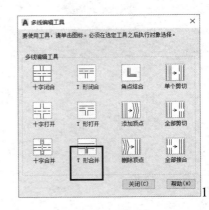

图 14-28　关闭"轴线层"图层后的显示　　　　图 14-29　"多线编辑工具"对话框（1）

Step 10 返回绘图区，在命令行"选择第一条多线："提示下，选择如图 14-30 所示的墙线。

Step 11 在"选择第二条多线："提示下，选择如图 14-31 所示的墙线，这两条 T 形相交的多线合并，如图 14-32 所示。

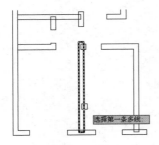

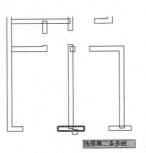

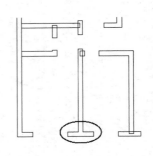

图 14-30　选择第一条多线（1）　　图 14-31　选择第二条多线（1）　　图 14-32　T 形相交多线合并

Step 12 继续在"选择第一条多线或 [放弃（U）]:"提示下，分别选择其他位置 T 形墙线进行合并，结果如图 14-33 所示。

Step 13 选择菜单栏中的"修改"→"对象"→"多线"命令，在弹出的"多线编辑工具"对话框中单击 ╬ 按钮，如图 14-34 所示。

Step 14 在命令行"选择第一条多线:"提示下，选择如图 14-35 所示的墙线。

Step 15 在"选择第二条多线:"提示下，选择如图 14-36 所示的墙线，对两条墙线进行十字合并，结果如图 14-37 所示。

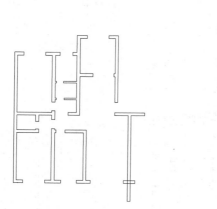

图 14-33 合并结果

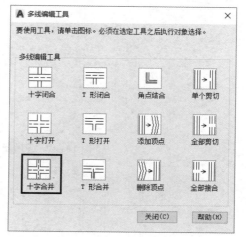

图 14-34 "多线编辑工具"对话框（2）

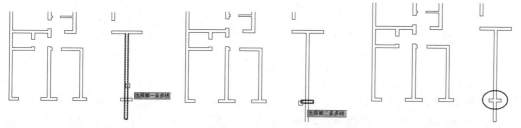

图 14-35 选择第一条多线（2）　图 14-36 选择第二条多线（2）　　图 14-37 十字合并

Step 16 单击"默认"选项卡→"修改"面板→"镜像"按钮 ⚠，选择如图 14-38 所示的墙线作为镜像对象，配合中点捕捉功能进行镜像，镜像结果如图 14-39 所示。

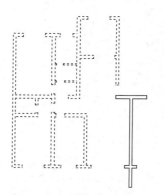

图 14-38 选择墙线作为镜像对象（1）

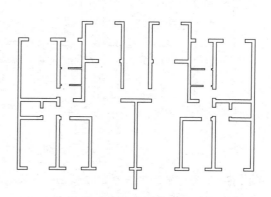

图 14-39 镜像结果（2）

Step 17 重复执行"镜像"命令，选择如图 14-40 所示的墙线作为镜像对象，配合中点捕捉功能进行镜像，镜像结果如图 14-41 所示。

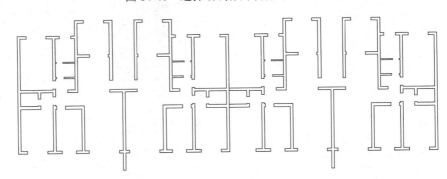

图 14-40 选择墙线作为镜像对象（2）

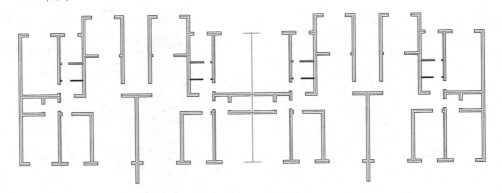

图 14-41 镜像结果（3）

Step 18 单击"默认"选项卡→"图层"面板→"图层控制"下拉按钮，打开"图层控制"下拉列表，打开"轴线层"图层，然后删除两个单元之间的墙线，结果如图 14-42 所示。

图 14-42 删除墙线

Step 19 使用"多线"命令，绘制两个单元之间的墙线，结果如图 14-43 所示。

Step 20 执行"另存为"命令，将图形名存储为"上机实训二——绘制住宅楼纵横墙体.dwg"。

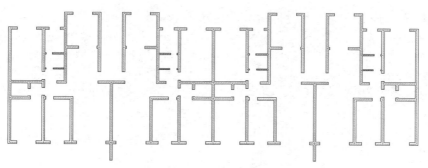

图 14-43　绘制结果（3）

14.3　上机实训三——绘制建筑构件平面图

本实训在综合巩固所学知识的前提下，学习建筑平面施工图中的窗、单开门、推拉门、阳台及楼梯等建筑构件的绘制方法和技巧。本实训的最终绘制效果如图 14-44 所示。

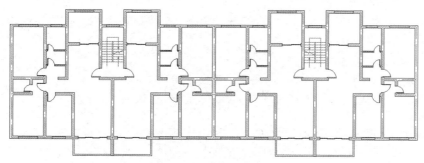

图 14-44　最终绘制效果

操作步骤如下。

Step 01 继续上例的操作或直接打开配套资源中的"效果文件\第 14 章\上机实训二——绘制住宅楼纵横墙体.dwg"。

Step 02 单击"默认"选项卡→"图层"面板→"图层控制"下拉按钮，打开"图层控制"下拉列表，将"门窗层"设置为当前图层，并关闭"轴线层"图层。

Step 03 选择菜单栏中的"绘图"→"多线"命令，配合端点捕捉和交点捕捉功能绘制阳台轮廓线，命令行操作如下。

```
命令: _mline
当前设置: 对正 = 无, 比例 = 280.00, 样式 = 墙线样式
指定起点或 [对正(J)/比例(S)/样式(ST)]:       //s Enter
输入多线比例 <280.00>:                        //140 Enter
当前设置: 对正 = 无, 比例 = 140.00, 样式 = 墙线样式
指定起点或 [对正(J)/比例(S)/样式(ST)]:       //j Enter
输入对正类型 [上(T)/无(Z)/下(B)] <无>:      //t Enter
```

当前设置：对正 = 上，比例 = 140.00，样式 = 墙线样式
指定起点或 [对正(J)/比例(S)/样式(ST)]:   //捕捉如图 14-45 所示的端点
指定下一点: //@-4060,0 Enter
指定下一点或 [放弃(U)]:   //捕捉如图 14-46 所示的交点
指定下一点或 [闭合(C)/放弃(U)]:   //绘制结果如图 14-47 所示

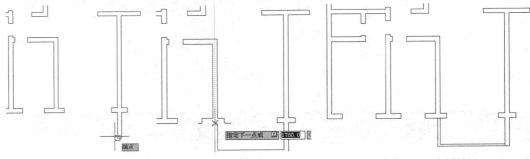

图 14-45　捕捉端点　　　　图 14-46　捕捉交点（1）　　　　图 14-47　绘制结果（1）

Step 04 选择菜单栏中的"格式"→"多线样式"命令，在弹出的"多线样式"对话框中设置"窗线样式"为当前样式。

Step 05 选择菜单栏中的"绘图"→"多线"命令，配合中点捕捉功能绘制平面窗轮廓线，命令行操作如下。

命令: _mline
当前设置：对正 = 上，比例 = 140.00，样式 = 窗线样式
指定起点或 [对正(J)/比例(S)/样式(ST)]:   //s Enter
输入多线比例 <140.00>:   //280 Enter
当前设置：对正 = 上，比例 = 280.00，样式 = 窗线样式
指定起点或 [对正(J)/比例(S)/样式(ST)]:   //j Enter
输入对正类型 [上(T)/无(Z)/下(B)] <上>:   //z Enter
当前设置：对正 = 无，比例 = 280.00，样式 = 窗线样式
指定起点或 [对正(J)/比例(S)/样式(ST)]:   //捕捉如图 14-48 所示的中点
指定下一点: //捕捉如图 14-49 所示的中点
指定下一点或 [闭合(C)/放弃(U)]:   //Enter，绘制结果如图 14-50 所示

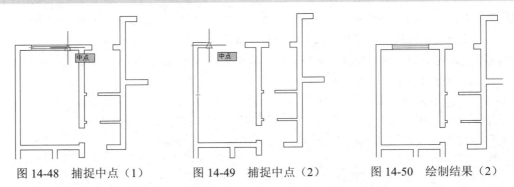

图 14-48　捕捉中点（1）　　　　图 14-49　捕捉中点（2）　　　　图 14-50　绘制结果（2）

Step 06 重复上述操作步骤，设置多线比例和对正方式不变，配合中点捕捉功能分别绘制其他位置的窗线，结果如图 14-51 所示。

Step 07 选择菜单栏中的"绘图"→"矩形"命令，配合中点捕捉功能绘制推拉门，命令行操作如下。

```
命令：_rectang
指定第一个角点或 [倒角(C)/标高(E)/圆角(F)/厚度(T)/宽度(W)]：
                    //捕捉如图 14-52 所示的中点
指定另一个角点或 [面积(A)/尺寸(D)/旋转(R)]：
                    //@975,-50 Enter
命令：_rectang      //Enter
指定第一个角点或 [倒角(C)/标高(E)/圆角(F)/厚度(T)/宽度(W)]：
                    //捕捉刚绘制的矩形的右上角点
指定另一个角点或 [面积(A)/尺寸(D)/旋转(R)]：
                    //@975,50 Enter，绘制结果如图 14-53 所示
```

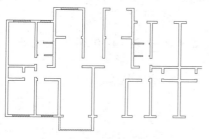

图 14-51　绘制结果（3）

图 14-52　捕捉中点（3）

Step 08 重复执行"矩形"命令，配合中点捕捉功能绘制如图 14-54 所示的推拉门。

图 14-53　绘制结果（4）

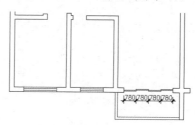

图 14-54　绘制结果（5）

Step 09 使用快捷键 I 执行插入"块"命令，插入配套资源中的"图块文件\单开门.dwg"，在相应的面板中设置参数，如图 14-55 所示，捕捉如图 14-56 所示的中点作为单开门插入点。

图 14-55　设置参数（1）

图 14-56　捕捉中点（4）

Step 10 重复执行插入"块"命令，在相应面板中设置参数，如图 14-57 所示，捕捉如图 14-58 所示的中点作为单开门插入点。

图 14-57　设置参数（2）

图 14-58　捕捉中点（5）

Step 11 重复执行插入"块"命令，在相应的面板中设置参数，如图 14-59 所示，捕捉如图 14-60 所示的中点作为单开门插入点。

图 14-59　设置参数（3）

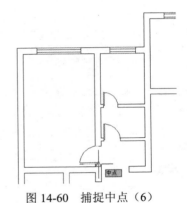

图 14-60　捕捉中点（6）

Step 12 重复执行插入"块"命令，在相应的面板中设置参数，如图 14-61 所示，捕捉如图 14-62 所示的中点作为单开门插入点。

图 14-61　设置参数（4）

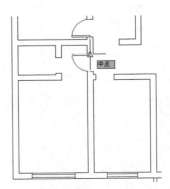

图 14-62　捕捉中点（7）

Step 13 重复执行插入"块"命令,在相应的面板中设置参数,如图 14-63 所示,捕捉如图 14-64 所示的中点作为单开门插入点。

图 14-63　设置参数（5）

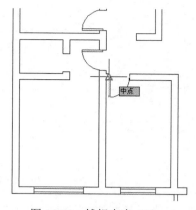

图 14-64　捕捉中点（8）

Step 14 重复执行插入"块"命令,在相应的面板中设置参数,如图 14-65 所示,捕捉如图 14-66 所示的中点作为单开门插入点。

图 14-65　设置参数（6）

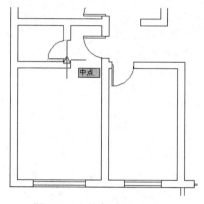

图 14-66　捕捉中点（9）

Step 15 重复执行插入"块"命令,在相应的面板中设置参数,如图 14-67 所示,捕捉如图 14-68 所示的中点作为单开门插入点。

图 14-67　设置参数（7）

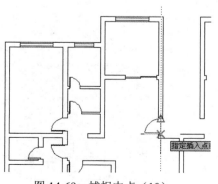

图 14-68　捕捉中点（10）

Step 16 选择菜单栏中的"工具"→"快速选择"命令，选择"门窗层"图层上的所有图形对象，如图 14-69 所示。

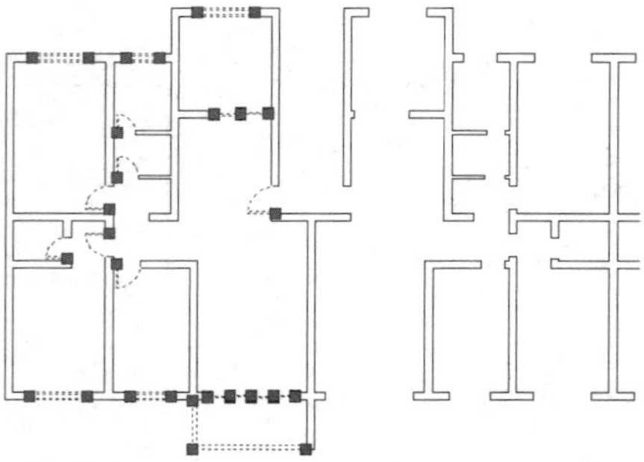

图 14-69　选择"门窗层"图层上的所有图形对象（1）

Step 17 单击"默认"选项卡→"修改"面板→"镜像"按钮 ⚎，对选择的门窗等进行镜像，命令行操作如下。

命令：_mirror
找到 19 个
指定镜像线的第一点：　　　 //捕捉如图 14-70 所示的中点
指定镜像线的第二点：　　　 //@0,1 Enter
要删除源对象吗？[是(Y)/否(N)] <N>：　//Enter，镜像结果如图 14-71 所示

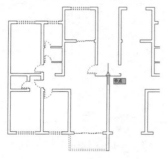

图 14-70　捕捉中点（11）

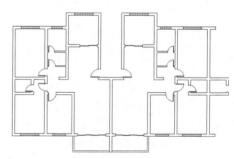

图 14-71　镜像结果（1）

Step 18 重复执行"快速选择"命令，选择"门窗层"图层上的所有图形对象，结果如图 14-72 所示。

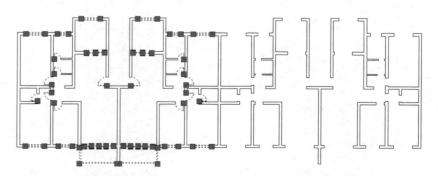

图 14-72　选择"门窗层"图层上的所有图形对象（2）

Step 19 执行 "镜像" 命令，对夹点显示的门窗进行镜像，结果如图 14-73 所示。

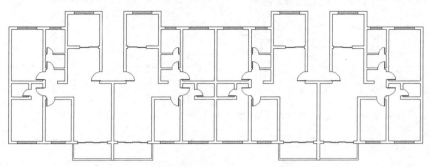

图 14-73　镜像结果（2）

Step 20 单击 "默认" 选项卡→ "图层" 面板→ "图层控制" 下拉按钮，打开 "图层控制" 下拉列表，打开 "轴结层" 图层，并将其设置为当前图层。

Step 21 使用 "直线" 命令，配合范围捕捉与交点捕捉功能，以如图 14-74 所示的交点作为起点，绘制楼梯间轴线，结果如图 14-75 所示。

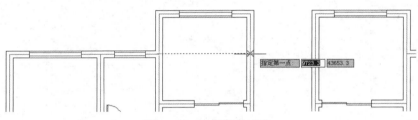

图 14-74　捕捉交点（2）

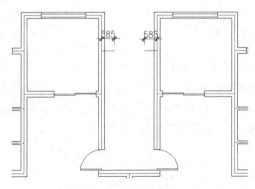

图 14-75　绘制楼梯间轴线

Step 22 执行 "多线样式" 命令，将 "墙线样式" 设置为当前多线样式。

Step 23 将 "墙线层" 设置为当前图层，然后使用 "多线" 命令绘制如图 14-76 所示的楼梯间墙线。

Step 24 打开 "图层控制" 下拉列表，关闭 "轴线层" 图层，结果如图 14-77 所示。

Step 25 使用 "多线编辑工具" 对话框中的 "T 形合并" 按钮，对楼梯间墙线进行编辑，结果如图 14-78 所示。

Note

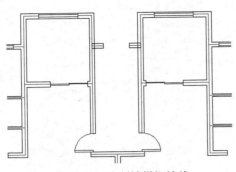

图 14-76　绘制楼梯间墙线　　　　　　图 14-77　关闭"轴线层"图层后的结果

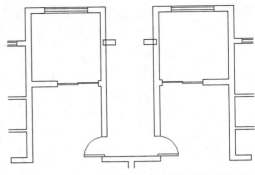

Step 26 打开"图层控制"下拉列表，将"门窗层"设置为当前图层，并执行"多线样式"命令，将"窗线样式"设置为当前多线样式。

Step 27 使用快捷键 ML 执行"多线"命令，配合中点捕捉功能绘制如图 14-79 所示的楼梯间窗线。

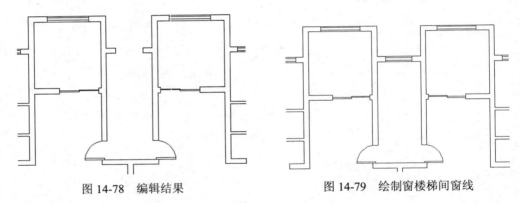

图 14-78　编辑结果　　　　　　　　　图 14-79　绘制窗楼梯间窗线

Step 28 将"楼梯层"设置为当前图层，然后使用"直线"命令，配合范围捕捉功能绘制如图 14-80 所示的台阶轮廓线。

Step 29 使用快捷键 AR 执行"阵列"命令，选择刚绘制的台阶轮廓线进行阵列（9 行），行偏移为-280 个单位，阵列结果如图 14-81 所示。

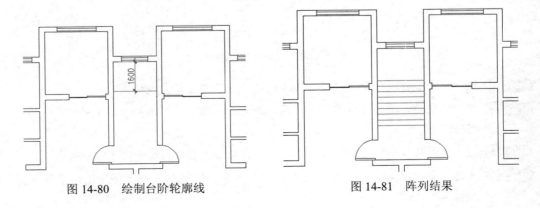

图 14-80　绘制台阶轮廓线　　　　　　图 14-81　阵列结果

Step 30 使用快捷键 L 执行"直线"命令，配合中点捕捉功能绘制如图 14-82 所示的中线。

Step 31 将绘制的垂直中线对称偏移 45 个单位，作为扶手轮廓线，并删除垂直中线，结果如图 14-83 所示。

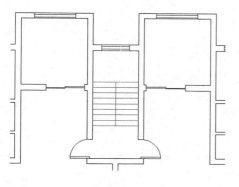

图 14-82　绘制中线　　　　　　　　　图 14-83　偏移结果

Step 32 使用快捷键 TR 执行"修剪"命令，以偏移出的扶手轮廓线作为边界，对台阶轮廓线进行修剪，结果如图 14-84 所示。

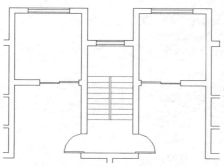

图 14-84　修剪结果（1）

Step 33 使用快捷键 L 执行"直线"命令，绘制如图 14-85 所示的折断线，并对台阶轮廓线进行修剪，结果如图 14-86 所示。

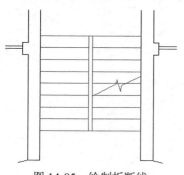

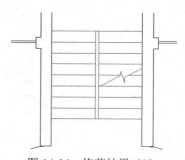

图 14-85　绘制折断线　　　　　　　　图 14-86　修剪结果（2）

Step 34 使用快捷键 PL 执行"多段线"命令，绘制如图 14-87 所示的楼梯方向线。

451

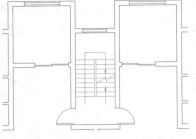

图 14-87　绘制楼梯方向线

Step 35 执行"镜像"命令，配合中点捕捉功能，对楼梯间平面图进行镜像，结果如图 14-88 所示。

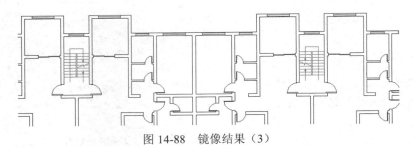

图 14-88　镜像结果（3）

Step 36 执行"另存为"命令，将图形名存储为"上机实训三——绘制建筑构件平面图.dwg"。

14.4　上机实训四——标注房间功能与面积

本实训在综合巩固所学知识的前提下，学习平面图房间功能与使用面积等内容的快速标注方法和技巧。本实训的最终标注效果如图 14-89 所示。

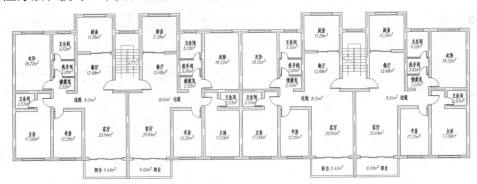

图 14-89　最终标注效果

操作步骤如下。

Step 01 继续上例的操作或直接打开配套资源中的"效果文件\第 14 章\上机实训三——绘制建筑构件平面图.dwg"。

Step 02 单击"默认"选项卡→"图层"面板→"图层控制"下拉按钮，打开"图层控制"下拉列表，将"文本层"设置为当前图层。

Step 03 单击"默认"选项卡→"注释"面板→"文字样式"按钮，弹出"文字样式"对话框，选择"仿宋体"作为当前的文字样式。

Note

Step 04 选择菜单栏中的"绘图"→"文字"→"单行文字"命令，根据命令行提示标注平面图左上角的房间功能，命令行操作如下。

```
命令：_dtext
当前文字样式："仿宋体"　文字高度：2.5　注释性：否
指定文字的起点或 [对正(J)/样式(S)]：　　//在左下侧房间内拾取起点
指定高度 <2.5>：　　　　　　　　　//380 Enter
指定文字的旋转角度 <0.00>：　　　//Enter，输入"主卧"，如图 14-90 所示
```

Step 05 移动光标至其他房间内，输入各房间内的文字，并结束命令，结果如图 14-91 所示。

Step 06 使用快捷键 LA 执行"图层"命令，创建名为"面积层"的图层，图层颜色为 104 号色，并将其设置为当前图层。

Step 07 使用快捷键 ST 执行"文字样式"命令，在弹出的"文字样式"对话框中设置名为"面积"的文字样式，并将其设置为当前样式，如图 14-92 所示。

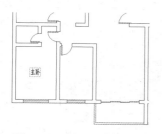
图 14-90　输入"主卧"

图 14-91　输入各房间内的文字

图 14-92　设置文字样式

Step 08 选择菜单栏中的"工具"→"查询"→"面积"命令，查询"次卧"的使用面积，命令行操作如下。

```
命令：_measuregeom
输入选项 [距离(D)/半径(R)/角度(A)/面积(AR)/体积(V)] <距离>：area
指定第一个角点或 [对象(O)/增加面积(A)/减少面积(S)/退出(X)] <对象(O)>：
　　　　　　　　　　　　　　　//捕捉如图 14-93 所示的端点
指定下一个点或 [圆弧(A)/长度(L)/放弃(U)]：　//捕捉如图 14-94 所示的端点
```

图 14-93　捕捉端点（1）

图 14-94　捕捉端点（2）

指定下一个点或 [圆弧(A)/长度(L)/放弃(U)]:　//捕捉如图14-95所示的端点
指定下一个点或 [圆弧(A)/长度(L)/放弃(U)/总计(T)] <总计>:
　//捕捉如图14-96所示的端点
指定下一个点或 [圆弧(A)/长度(L)/放弃(U)/总计(T)] <总计>:　// Enter
面积 = 18216000.0，周长 = 17640.0
输入选项 [距离(D)/半径(R)/角度(A)/面积(AR)/体积(V)/退出(X)] <面积>:
//x Enter，结束命令

图 14-95　捕捉端点（3）

图 14-96　捕捉端点（4）

Step 09 重复使用"面积"命令，配合对象捕捉功能，分别查询其他房间的使用面积。

Step 10 执行"多行文字"命令，在"次卧"字样的下侧拾取两点，打开"文字编辑器"窗口，然后设置文字高度为300，输入如图14-97所示的房间面积。

Step 11 在文本编辑框中选择"2^"字样，使其反白显示，然后单击"堆叠"按钮 进行堆叠，结果如图14-98所示。

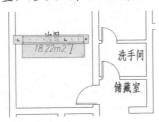

图 14-97　输入房间面积

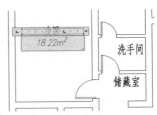

图 14-98　堆叠结果

Step 12 关闭"文字编辑器"窗口，标注结果如图14-99所示。

Step 13 选择菜单栏中的"修改"→"复制"命令，选择刚标注的面积，将其复制到其他房间内，结果如图14-100所示。

图 14-99　标注结果

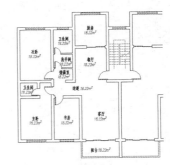

图 14-100　复制结果

Step 14 选择菜单栏中的"修改"→"对象"→"文字"→"编辑"命令，在"选择注释对

象或 [放弃(U)]:"提示下,选择"厨房"下侧的面积对象,在打开的"文字编辑器"窗口中修改厨房的使用面积,如图 14-101 所示。

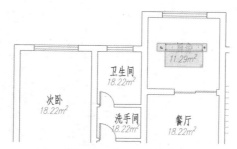

图 14-101　修改厨房的使用面积

Step 15 关闭"文字编辑器"窗口,面积修改后的结果如图 14-102 所示。

图 14-102　面积修改后的结果

Step 16 继续在"选择注释对象或[放弃(U)]:"提示下,分别选择其他房间的面积进行修改,修改结果如图 14-103 所示。

Step 17 选择菜单栏中的"修改"→"镜像"命令,对文字和面积进行镜像,命令行操作如下。

```
命令: _mirror
选择对象:                    //选择房间功能与面积
选择对象:                    //Enter,结束对象的选择
指定镜像线的第一点:           //捕捉如图 14-104 所示的中点
指定镜像线的第二点:           //@0,1 Enter
要删除源对象吗? [是(Y)/否(N)] <N>: //Enter,镜像结果如图 14-105 所示
```

图 14-103　修改结果

图 14-104　捕捉中点

455

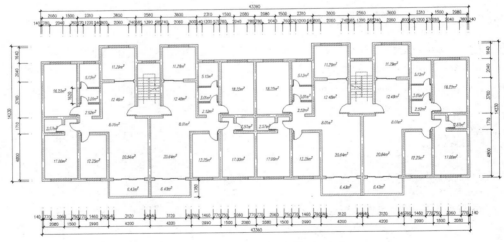

图 14-105　镜像结果

Step 18 重复执行"镜像"命令，对各房间内的文字和面积再次进行镜像。

Step 19 执行"另存为"命令，将图形名存储为"上机实训四——标注房间功能与面积.dwg"。

14.5　上机实训五——标注建筑平面图尺寸

本实训通过为建筑平面图标注如图 14-106 所示的尺寸，在综合练习和巩固所学知识的前提下，学习建筑平面图尺寸的快速标注方法和标注技巧。

图 14-106　为建筑平面图标注尺寸

操作步骤如下。

Step 01 继续上例的操作或直接打开配套资源中的"效果文件\第 14 章\上机实训四——标注房间功能与面积.dwg"。

Step 02 使用快捷键 LA 执行"图层"命令，关闭"文本层"图层和"面积层"图层，打开"轴线层"图层，然后将"尺寸层"作为当前图层。

Step 03 使用快捷键 XL 执行"构造线"命令，配合端点捕捉功能，在平面图最外侧绘制如图 14-107 所示的 4 条构造线，作为尺寸定位辅助线。

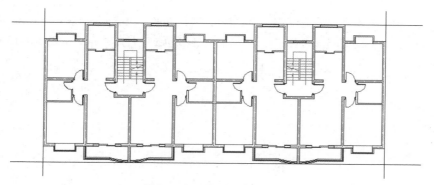

图 14-107　绘制 4 条构造线

Step 04 选择菜单栏中的"修改"→"偏移"命令，将 4 条构造线向外侧偏移 1000 个单位，并将原构造线删除，操作结果如图 14-108 所示。

Step 05 使用快捷键 D 执行"标注样式"命令，在弹出的"修改标注样式：建筑标注"对话框中设置"建筑标注"为当前样式，同时修改标注比例，如图 14-109 所示。

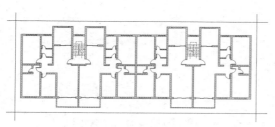

图 14-108　操作结果

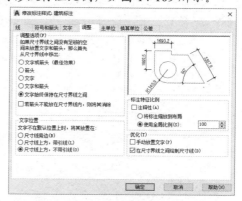

图 14-109　"修改标注样式：建筑标注"对话框

Step 06 单击"注释"选项卡→"标注"面板→"线性"按钮，在"指定第一条尺寸界线原点或 <选择对象>："提示下，捕捉追踪虚线与辅助线的交点，作为第一条尺寸界线原点，如图 14-110 所示。

Step 07 在"指定第二条尺寸界线原点："提示下，捕捉追踪虚线与辅助线的交点，作为第二条尺寸界线原点，如图 14-111 所示。

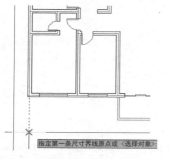

图 14-110　指定第一条尺寸界线原点

图 14-111　指定第二条尺寸界线原点

Step 08 在"指定尺寸线位置或[多行文字(M)/文字(T)/角度(A)/水平(H)/垂直(V)/旋转(R)]:"提示下，垂直向下移动光标，输入770，并按Enter键，标注结果如图14-112所示。

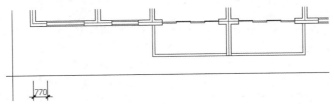

图 14-112　标注结果（1）

Step 09 单击"注释"→"标注"面板→"连续"按钮，配合对象捕捉功能标注尺寸，命令行操作如下。

```
命令：_dimcontinue
指定第二条尺寸界线原点或 [放弃(U)/选择(S)] <选择>：//捕捉如图14-113所示的交点
标注文字 = 2060
指定第二条尺寸界线原点或 [放弃(U)/选择(S)] <选择>：//捕捉如图14-114所示的交点
标注文字 = 750
```

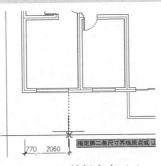

图 14-113　捕捉交点（1）

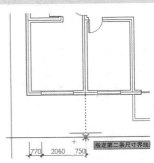

图 14-114　捕捉交点（2）

```
指定第二条尺寸界线原点或 [放弃(U)/选择(S)] <选择>：//捕捉如图14-115所示的交点
标注文字 = 770
指定第二条尺寸界线原点或 [放弃(U)/选择(S)] <选择>：//捕捉如图14-116所示的交点
标注文字 =1460
```

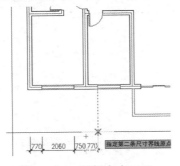

图 14-115　捕捉交点（3）

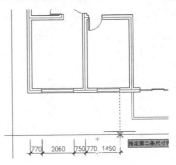

图 14-116　捕捉交点（4）

```
指定第二条尺寸界线原点或 [放弃(U)/选择(S)] <选择>：//捕捉如图14-117所示的交点
标注文字 = 760
```

指定第二条尺寸界线原点或 [放弃(U)/选择(S)] <选择>：//捕捉如图 14-118 所示的交点
标注文字 = 540

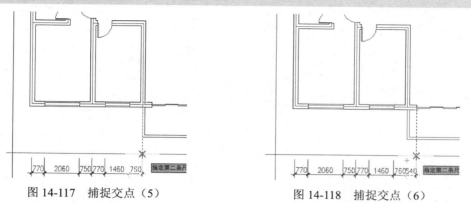

图 14-117　捕捉交点（5）　　　　　图 14-118　捕捉交点（6）

指定第二条尺寸界线原点或 [放弃(U)/选择(S)] <选择>：//捕捉如图 14-119 所示的交点
标注文字 = 3120
指定第二条尺寸界线原点或 [放弃(U)/选择(S)] <选择>：//捕捉如图 14-120 所示的交点
标注文字 = 540

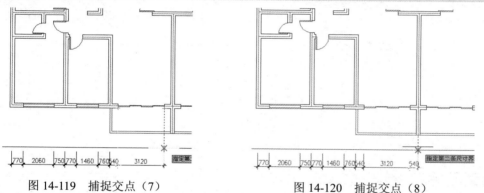

图 14-119　捕捉交点（7）　　　　　图 14-120　捕捉交点（8）

指定第二条尺寸界线原点或 [放弃(U)/选择(S)] <选择>：//Enter
选择连续标注：
选择连续标注：　　　　　　　　//在如图 14-121 所示的位置单击

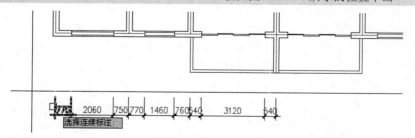

图 14-121　选择基准尺寸

指定第二条尺寸界线原点或 [放弃(U)/选择(S)] <选择>：
　　　　　　　　//捕捉如图 14-122 所示的交点
标注文字 = 140

指定第二条尺寸界线原点或 ［放弃(U)/选择(S)］〈选择〉：　　//Enter 结束连续标注
选择连续标注：　　　　　　　　　　　//Enter，结束命令，标注结果如图 14-123 所示

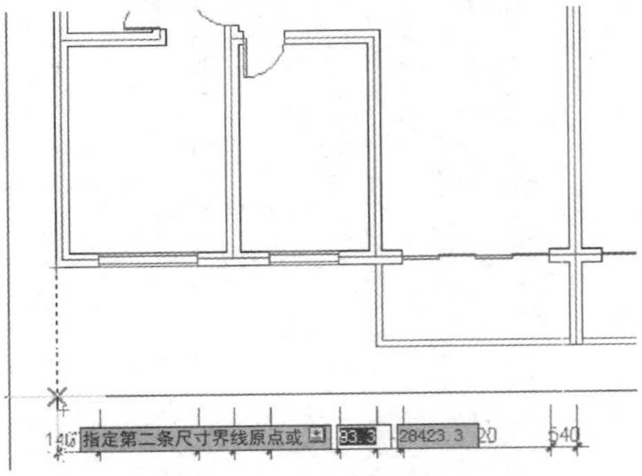

图 14-122　捕捉交点（9）

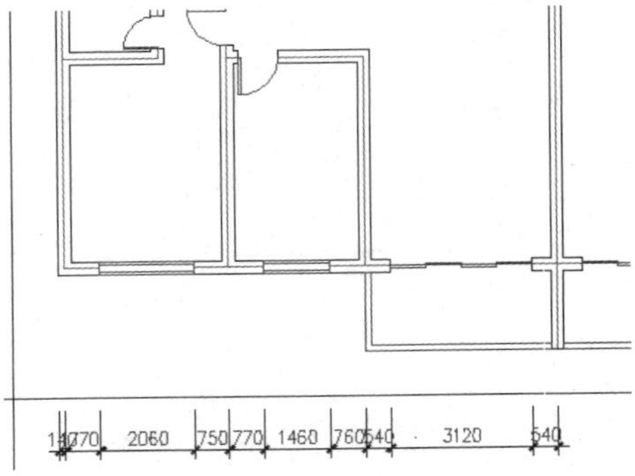

图 14-123　标注结果（2）

Step 10 执行 dimtedit 命令，对重叠的尺寸文字进行编辑，命令行操作如下。

命令：_dimtedit
选择标注：　　　　　　　　　//选择尺寸文本为 140 的左侧墙体
为标注文字指定新位置或 ［左对齐(L)/右对齐(R)/居中(C)/默认(H)/角度(A)］：
　　　　　　　　　　　　　//在适当位置指定尺寸位置，编辑结果如图 14-124 所示

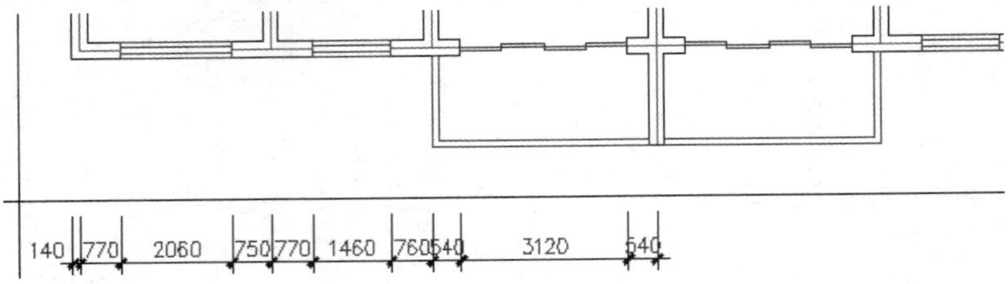

图 14-124　编辑结果（1）

Step 11 单击"默认"选项卡→"图层"面板→"图层控制"下拉按钮，打开"图层控制"
下拉列表，暂时关闭"门窗层"图层和"墙线层"图层，结果如图 14-125 所示。

Step 12 单击"注释"→"标注"面板→"快速标注"按钮，执行"快速标注"命令，标
注施工图的轴线尺寸，命令行操作如下。

命令：_qdim
关联标注优先级 = 端点
选择要标注的几何图形：　　　　　//单击如图 14-125 所示的轴线 1
选择要标注的几何图形：　　　　　//单击轴线 2
选择要标注的几何图形：　　　　　//单击轴线 3
选择要标注的几何图形：　　　　　//单击轴线 4
选择要标注的几何图形：　　　　　//Enter
指定尺寸线位置或 ［连续(C)/并列(S)/基线(B)/坐标(O)/半径(R)/直径(D)/基准点(P)/
编辑(E)/设置(T)]〈连续〉：
　　//向下引出如图 14-126 所示的对象追踪矢量，输入 800，按 Enter 键，标注结果如图 14-127
所示

Step 13 在无命令执行的前提下，选择刚标注的轴线尺寸，使其呈现夹点显示，如图 14-128 所示。

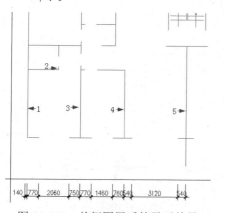

图 14-125　关闭图层后的显示结果

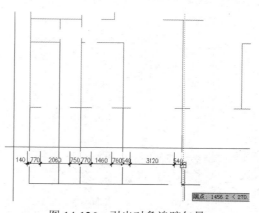

图 14-126　引出对象追踪矢量

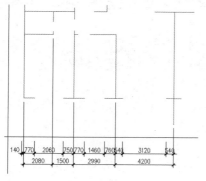

图 14-127　标注结果（3）

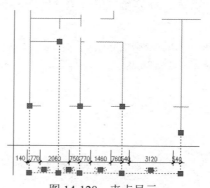

图 14-128　夹点显示

Step 14 选择最上侧夹点，进入夹点编辑模式，根据命令行的提示，捕捉尺寸线与辅助线的交点作为拉伸的目标点，将尺寸线的端点放置在辅助线上，如图 14-129 所示。

Step 15 按住 Shift 键，同时依次单击其他 3 个夹点，然后单击其中的 1 个夹点，根据命令行的提示，捕捉尺寸线与辅助线的交点作为拉伸的目标点，将此 3 个夹点拉伸至辅助线上，结果如图 14-130 所示。

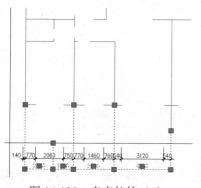

图 14-129　夹点拉伸（1）

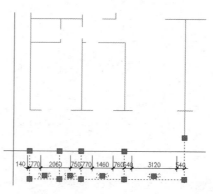

图 14-130　夹点拉伸（2）

Step 16 继续使用夹点拉伸功能，将右侧的夹点拉伸至尺寸线上，结果如图 14-131 所示。

Step 17 按下 Esc 键，取消对象的夹点显示，编辑结果如图 14-132 所示。

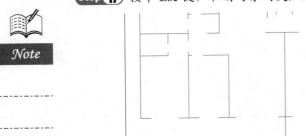

图 14-131　夹点拉伸（3）

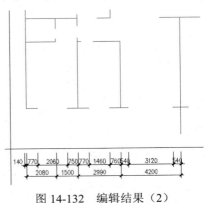

图 14-132　编辑结果（2）

Step 18 使用快捷键 MI 执行"镜像"命令，选择编辑后的轴线尺寸进行镜像，命令行操作如下。

```
命令：_mirror                    //Enter
MIRROR 选择对象：                 //拉出如图 14-133 所示的窗交选择框
```

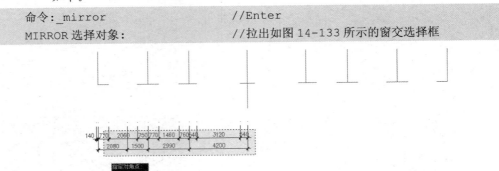

图 14-133　拉出窗交选择框

```
选择对象：                       //Enter，结束对象的选择
指定镜像线的第一点：              //捕捉轴线尺寸最右侧尺寸线的上端点
指定镜像线的第二点：              //捕捉轴线尺寸最右侧尺寸线的下端点
是否删除源对象？[是(Y)/否(N)] <N>：  //Enter，镜像结果如图 14-134 所示
```

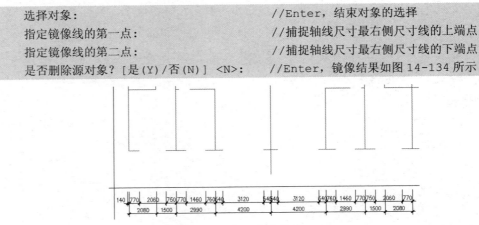

图 14-134　镜像结果（1）

Step 19 再次执行"镜像"命令，选择所有的尺寸进行镜像，创建右侧单元图的尺寸，结果如图 14-135 所示。

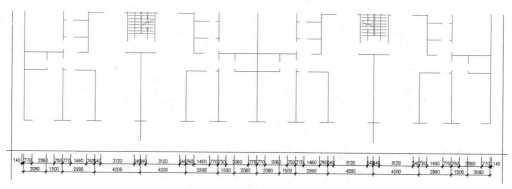

图 14-135　镜像结果（2）

Step ⑳ 单击"默认"选项卡→"图层"面板→"图层控制"下拉按钮，打开"图层控制"下拉列表，打开"墙线层"图层和"门窗层"图层，显示结果如图 14-136 所示。

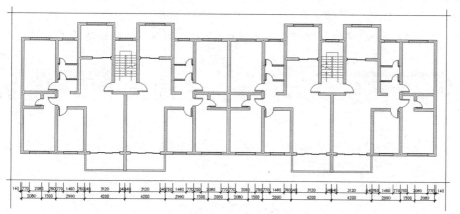

图 14-136　打开图层后的显示结果

Step ㉑ 单击"注释"选项卡→"标注"面板→"线性"按钮，标注平面图各侧的总尺寸和局部尺寸，结果如图 14-137 所示。

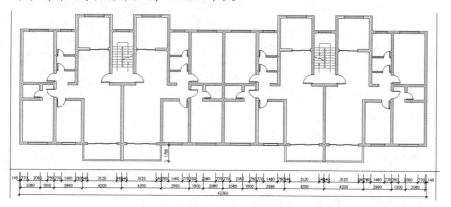

图 14-137　标注平面图各侧的总尺寸和局部尺寸

Step ㉒ 参照上述操作步骤，综合使用"线性""连续"和"快速标注"等命令，分别标注平面图的其他尺寸，结果如图 14-138 所示。

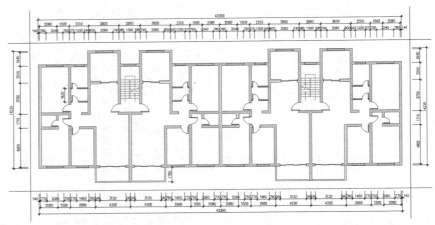

图 14-138 标注平面图的其他尺寸

Step 23 打开"面积层"图层，显示结果如图 14-106 所示。

Step 24 执行"另存为"命令，将图形名存储为"上机实训五——标注建筑平面图尺寸.dwg"。

14.6 上机实训六——标注建筑平面图轴标号

本实训在巩固和练习所学知识的前提下，学习建筑平面图轴标号的快速标注方法和标注技巧。本实训的最终标注效果如图 14-139 所示。

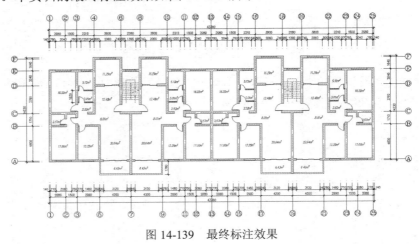

图 14-139 最终标注效果

操作步骤如下。

Step 01 继续上例的操作或直接打开配套资源中的"效果文件\第 14 章\上机实训五——标注建筑平面图尺寸.dwg"。

Step 02 使用快捷键 LA 执行"图层"命令，将"其他层"设置为当前图层。

Step 03 在无命令执行的前提下，选择平面图的一个轴线尺寸，使其夹点显示如图 14-140 所示。

Step 04 按 Ctrl+1 组合键,打开"特性"面板,修改尺寸界线超出尺寸线的长度,如图 14-141
所示。

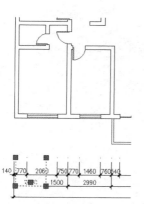

图 14-140　轴线尺寸的夹点显示

图 14-141　"特性"面板

Step 05 关闭"特性"面板,取消尺寸的夹点显示,结果所选择的轴线尺寸的尺寸界线被延
长,编辑结果如图 14-142 所示。

Step 06 单击"默认"选项卡→"剪贴板"面板→"特性匹配"按钮,选择被延长的轴线尺
寸作为源对象,将尺寸界线的特性复制给其他位置的轴线尺寸,匹配结果如图 14-143
所示。

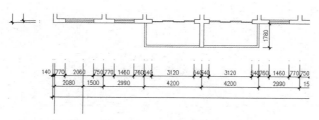

图 14-142　编辑结果

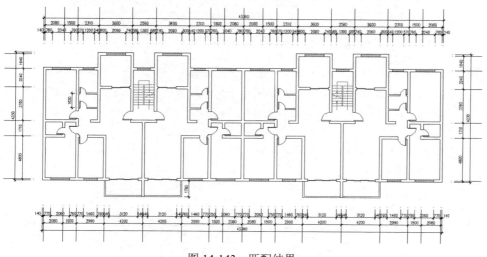

图 14-143　匹配结果

Step 07 使用快捷键 I 执行插入"块"命令，插入配套资源中的"图块文件\轴标号.dwg"，在相应面板中设置参数，如图 14-144 所示。

Step 08 根据命令行的提示，为第一道横向轴线进行编号，命令行操作如下。

```
命令：_insert
指定插入点或 [基点(B)/比例(S)/旋转(R)]：      //捕捉左下侧第一道横向尺寸界线的端点
输入属性值
输入轴线编号： <A>：                          //Enter，输入结果如图 14-145 所示
```

图 14-144 设置参数

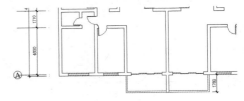

图 14-145 输入结果

Step 09 选择菜单栏中的"修改"→"复制"命令，将轴线标号分别复制到其他指示线的末端点，基点为轴标号圆心，目标点为各指示线的末端点，复制结果如图 14-146 所示。

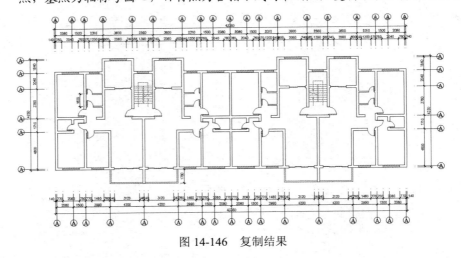

图 14-146 复制结果

Step 10 选择菜单栏中的"修改"→"对象"→"属性"→"单个"命令，弹出"增强属性编辑器"对话框，选择平面图下侧第一个轴标号（从左向右），修改属性值为"1"，如图 14-147 所示，修改结果如图 14-148 所示。

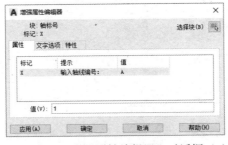

图 14-147 "增强属性编辑器"对话框（1）

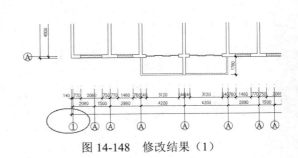

图 14-148 修改结果（1）

Step 11 单击"选择块"按钮，分别选择其他位置的轴标号进行修改，结果如图 14-149 所示。

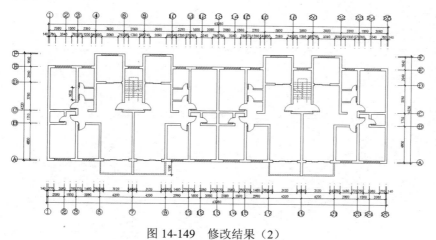

图 14-149　修改结果（2）

Step 12 双击编号为"10"轴标号，在如图 14-150 所示的"增强属性编辑器"对话框中修改属性文本的宽度因子，修改结果如图 14-151 所示。

图 14-150　"增强属性编辑器"对话框（2）

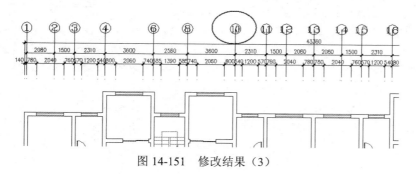

图 14-151　修改结果（3）

Step 13 依次选择所有位置的双位编号修改宽度因子，使双位编号完全处于轴标符号内，修改结果如图 14-152 所示。

Step 14 选择菜单栏中的"修改"→"移动"命令，配合对象捕捉功能，分别将平面图四侧的轴标号进行外移，基点为轴标号与指示线的交点，目标点为各指示线端点，移动后的效果如图 14-153 所示。

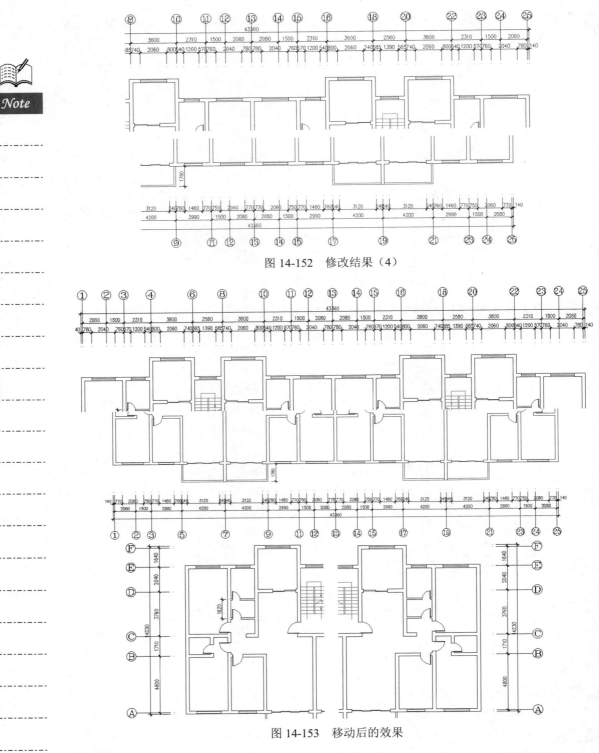

图 14-152　修改结果（4）

图 14-153　移动后的效果

Step 15 执行"另存为"命令，将图形名存储为"上机实训六——标注建筑平面图轴标号.dwg"。

第15章

AutoCAD在机械制图中的应用

本章通过绘制模具零件三视图、标注模具零件三视图尺寸、公差、粗糙度、代号与技术要求等内容，学习 AutoCAD 在机械制图行业中的应用。

内容要点

- ◆ 上机实训一——绘制模具零件主视图
- ◆ 上机实训二——绘制模具零件俯视图
- ◆ 上机实训三——绘制模具零件侧视图
- ◆ 上机实训四——标注模具零件三视图尺寸
- ◆ 上机实训五——标注模具零件三视图公差
- ◆ 上机实训六——标注粗糙度、代号与技术要求

Note

15.1 上机实训一——绘制模具零件主视图

本实训在综合巩固所学知识的前提下，主要学习模具零件主视图的绘制方法和绘制技巧。模具零件主视图的最终绘制效果如图 15-1 所示。

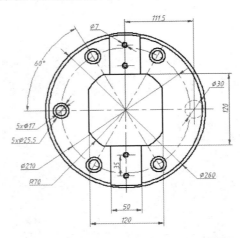

图 15-1　模具零件主视图的最终绘制效果

操作步骤如下。

Step 01 执行"新建"命令，以配套资源中的"样板文件\机械样板.dwt"作为基础样板，新建空白文件。

Step 02 选择菜单栏中的"格式"→"线型"命令，在弹出的"线型管理器"对话框中设置线型比例，如图 15-2 所示。

Step 03 打开状态栏上的对象捕捉追踪功能，单击"默认"选项卡→"图层"面板→"图层控制"下拉按钮，打开"图层控制"下拉列表，将"中心线"设置为当前图层，如图 15-3 所示。

图 15-2　"线型管理器"对话框

图 15-3　将"中心线"设置为当前图层

Step 04 设置视图高度为 350，然后使用快捷键 L 执行"直线"命令，在绘图区绘制垂直相交的两条线作为基准线。

Step 05 单击"默认"选项卡→"图层"面板→"图层控制"下拉按钮，打开"图层控制"下拉列表，将"轮廓线"设置为当前图层。

Step 06 使用快捷键 C 执行"圆"命令，以基准线的交点为圆心，分别绘制半径为 130、126.7、124.7、105 和 70 的同心圆，结果如图 15-4 所示。

Step 07 选择菜单栏中的"绘图"→"矩形"命令，配合捕捉自功能绘制矩形，命令行操作如下。

```
命令：_rectang
指定第一个角点或 [倒角(C)/标高(E)/圆角(F)/厚度(T)/宽度(W)]：
                    //激活捕捉自功能
_from 基点：        //捕捉同心圆的圆心
<偏移>：            //@-60,60 Enter
指定另一个角点或 [面积(A)/尺寸(D)/旋转(R)]：
                    //@120,-120 Enter，绘制结果如图 15-5 所示
```

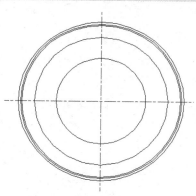

图 15-4　绘制同心圆（1）

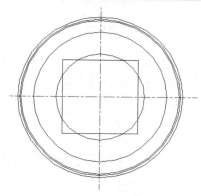

图 15-5　绘制结果（1）

Step 08 选择菜单栏中的"修改"→"偏移"命令，将垂直基准线对称偏移 25 个单位，然后执行"修剪"命令，对图形进行修剪，结果如图 15-6 所示。

Step 09 绘制孔结构。将修剪后的垂直线放入"轮廓线"图层，将半径为 105 的圆放入"中心线"图层，然后选择菜单栏中的"修改"→"旋转"命令，将垂直基准线旋转复制 30° 和-30°，命令行操作如下。

```
命令：_rotate
UCS 当前的正角方向：ANGDIR=逆时针  ANGBASE=0.000
选择对象：                          //选择垂直基准线
选择对象：                          //Enter，结束选择
指定基点：                          //捕捉垂直基准线的交点
指定旋转角度，或 [复制(C)/参照(R)] <0.000>：//c Enter
旋转一组选定对象
指定旋转角度，或 [复制(C)/参照(R)] <0.000>：//30 Enter
命令：_rotate                       //Enter
```

Note

UCS 当前的正角方向： ANGDIR=逆时针　ANGBASE=0.000
选择对象：　　　　　　　　　　　　　　　　　//选择垂直基准线
选择对象：　　　　　　　　　　　　　　　　　//Enter，结束选择
指定基点：　　　　　　　　　　　　　　　　　//捕捉垂直基准线的交点
指定旋转角度，或 [复制(C)/参照(R)] <30.000>：//c Enter
旋转一组选定对象。
指定旋转角度，或 [复制(C)/参照(R)] <30.000>：//-30 Enter，结果如图 15-7 所示

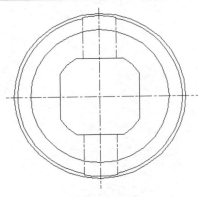

图 15-6　修剪结果（1）

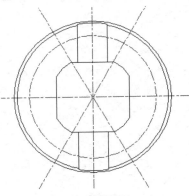

图 15-7　复制结果（1）

Step **10** 使用快捷键 C 执行"圆"命令，配合交点捕捉功能绘制半径为 8.5 和 12.8 的同心圆，结果如图 15-8 所示。

Step **11** 选择菜单栏中的"修改"→"复制"命令，将同心圆分别复制到其他位置，结果如图 15-9 所示。

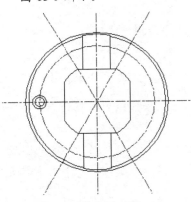

图 15-8　绘制同心圆（2）

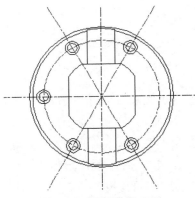

图 15-9　复制结果（2）

Step **12** 绘制螺孔结构。重复执行"圆"命令，配合捕捉自功能绘制半径为 5 和 3.5 的同心圆，命令行操作如下。

```
命令: _circle
指定圆的圆心或 [三点(3P)/两点(2P)/切点、切点、半径(T)]:
                                    //激活捕捉自功能
_from 基点:                         //捕捉如图 15-10 所示的交点
<偏移>:                             //@0,-20 Enter
```

```
指定圆的半径或 [直径(D)] <12.800>:              //5 Enter
命令: _circle                                   //Enter
指定圆的圆心或 [三点(3P)/两点(2P)/切点、切点、半径(T)]:
                                              //捕捉半径为 5 的圆的圆心
指定圆的半径或 [直径(D)] <5.000>:               //3.5 Enter, 绘制结果如图 15-11 所示
```

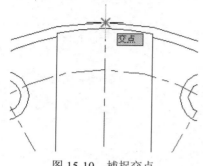

图 15-10　捕捉交点

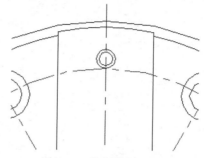

图 15-11　绘制结果（2）

Step 13 使用快捷键 L 执行 "直线" 命令, 在 "中心线" 图层内绘制如图 15-12 所示的水平中心线。

Step 14 选择菜单栏中的 "修改" → "修剪" 命令, 将半径为 5 的圆进行修剪, 然后将修剪后的圆放到 "细实线" 图层上, 结果如图 15-13 所示。

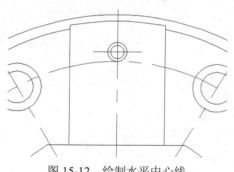

图 15-12　绘制水平中心线

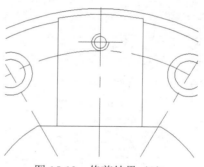

图 15-13　修剪结果（2）

Step 15 选择菜单栏中的 "修改" → "复制" 命令, 将螺孔及中心线进行复制, 命令行操作如下。

```
命令: _copy
选择对象:                                       //窗口选择如图 15-14 所示的螺孔及中心线
选择对象:                                       //Enter
当前设置:  复制模式 = 多个
指定基点或 [位移(D)/模式(O)] <位移>:           //拾取任意一点
指定第二个点或 [阵列(A)] <使用第一个点作为位移>:    //@0,-35 Enter
指定第二个点或 [阵列(A)/退出(E)/放弃(U)] <退出>:    //@0,-185 Enter
指定第二个点或 [阵列(A)/退出(E)/放弃(U)] <退出>:    //@0,-220 Enter
指定第二个点或 [阵列(A)/退出(E)/放弃(U)] <退出>:
                                              //Enter, 复制结果如图 15-15 所示
```

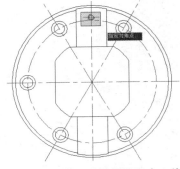

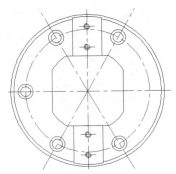

图 15-14　窗口选择螺孔及中心线　　　　　　图 15-15　复制结果（3）

Step 16 单击"默认"选项卡→"图层"面板→"图层控制"下拉按钮，打开"图层控制"下拉列表，将"隐藏线"设置为当前图层。

Step 17 使用快捷键 C 执行"圆"命令，配合极轴追踪功能或捕捉自功能，绘制半径为 15 的圆，命令行操作如下。

```
命令: _circle
指定圆的圆心或 [三点(3P)/两点(2P)/切点、切点、半径(T)]:
 //激活捕捉自功能
_from 基点:                          //捕捉两条倾斜中心线的交点
<偏移>:                              //@111.5,0 Enter
指定圆的半径或 [直径(D)] <5.000>:    //15 Enter，绘制结果如图 15-16 所示
```

Step 18 单击"默认"选项卡→"图层"面板→"图层控制"下拉按钮，打开"图层控制"下拉列表，将"中心线"设置为当前图层。

Step 19 使用快捷键 L 执行"直线"命令，配合对象捕捉追踪功能和对象捕捉功能，绘制如图 15-17 所示的垂直中心线。

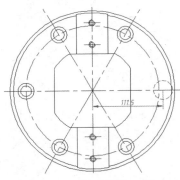

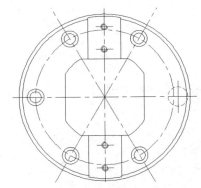

图 15-16　绘制结果（3）　　　　　　　　图 15-17　绘制垂直中心线

Step 20 选择菜单栏中的"修改"→"修剪"命令，对垂直中心线进行修剪，结果如图 15-18 所示。

Step 21 选择菜单栏中的"修改"→"拉长"命令，将修剪后的两条倾斜中心线两端拉长 4 个单位，分别将主视图水平中心线和垂直中心线拉长 12 个单位，结果如图 15-19 所示。

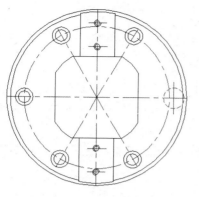

图 15-18　修剪结果（3）

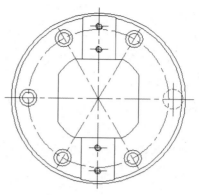

图 15-19　拉长结果

Step 22 执行"保存"命令，将图形名存储为"上机实训一——绘制模具零件主视图.dwg"。

15.2　上机实训二——绘制模具零件俯视图

本实训在综合巩固所学知识的前提下，学习模具零件俯视图的绘制方法和绘制技巧。模具零件俯视图的最终绘制效果如图 15-20 所示。

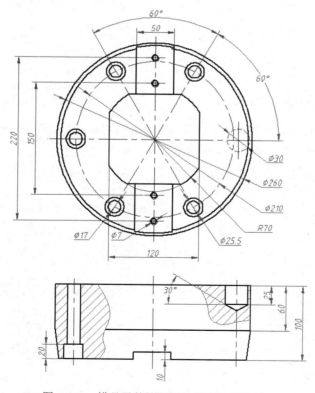

图 15-20　模具零件俯视图的最终绘制效果

操作步骤如下。

Step 01 继续上例的操作，也可直接打开配套资源中的"效果文件\第15章\上机实训一——绘制模具零件主视图.dwg"。

Step 02 使用快捷键 LA 执行"图层"命令，将"轮廓线"设置为当前图层。

Step 03 使用快捷键 XL 执行"构造线"命令，根据视图之间的对正关系，绘制如图 15-21 所示的垂直构造线。

Step 04 重复执行"构造线"命令，在主视图下侧绘制一条水平的构造线，如图 15-22 所示。

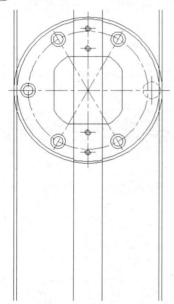
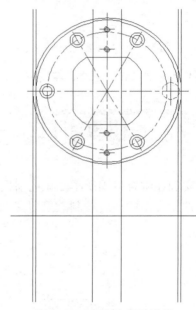

图 15-21　绘制垂直构造线（1）　　　　图 15-22　绘制水平构造线

Step 05 选择菜单栏中的"修改"→"偏移"命令，将水平构造线向下偏移 60 个、90 个和 100 个单位，结果如图 15-23 所示。

Step 06 使用快捷键 L 执行"直线"命令，配合交点捕捉功能绘制倾斜轮廓线，结果如图 15-24 所示。

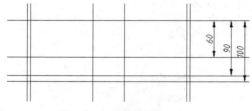

图 15-23　偏移结果（1）　　　　　　图 15-24　绘制结果（1）

Step 07 使用快捷键 F 执行"圆角"命令，设置圆角半径为 0，对水平构造线和倾斜轮廓线进行圆角编辑，结果如图 15-25 所示。

Step 08 删除剩余水平构造线，然后执行"修剪"命令，对水平构造线进行修剪，修剪主视图外部结构，结果如图 15-26 所示。

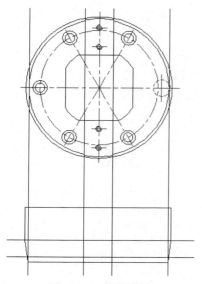

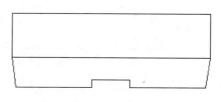

图 15-25　编辑结果　　　　　　　　　图 15-26　修剪结果（1）

Step 09 使用快捷键 XL 执行 "构造线" 命令，根据视图之间的对正关系，绘制如图 15-27 所示的垂直构造线。

Step 10 选择菜单栏中的 "修改" → "偏移" 命令，将俯视图最上侧的水平轮廓线向下偏移 25 个单位，将俯视图最下侧的水平轮廓线向上偏移 20 个单位，结果如图 15-28 所示。

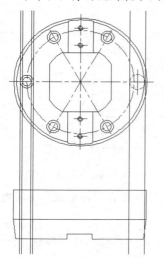

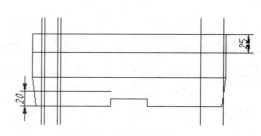

图 15-27　绘制垂直构造线（2）　　　　　图 15-28　偏移结果（2）

Step 11 选择菜单栏中的 "修改" → "修剪" 命令，对垂直构造线和偏移出的水平轮廓线进行修剪，修剪俯视图内部结构，结果如图 15-29 所示。

Step 12 单击 "默认" 选项卡 → "图层" 面板 → "图层控制" 下拉按钮，打开 "图层控制" 下拉列表，将 "中心线" 设置为当前图层。

Step 13 使用快捷键 XL 执行 "构造线" 命令，根据视图之间的对正关系，绘制如图 15-30 所示的垂直构造线。

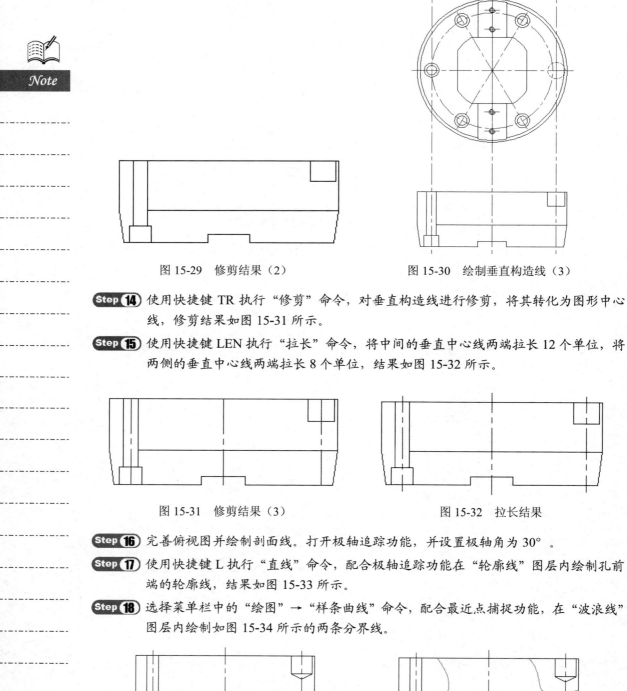

图 15-29　修剪结果（2）　　　　　　　　　图 15-30　绘制垂直构造线（3）

Step 14 使用快捷键 TR 执行"修剪"命令，对垂直构造线进行修剪，将其转化为图形中心线，修剪结果如图 15-31 所示。

Step 15 使用快捷键 LEN 执行"拉长"命令，将中间的垂直中心线两端拉长 12 个单位，将两侧的垂直中心线两端拉长 8 个单位，结果如图 15-32 所示。

图 15-31　修剪结果（3）　　　　　　　　　图 15-32　拉长结果

Step 16 完善俯视图并绘制剖面线。打开极轴追踪功能，并设置极轴角为 30°。

Step 17 使用快捷键 L 执行"直线"命令，配合极轴追踪功能在"轮廓线"图层内绘制孔前端的轮廓线，结果如图 15-33 所示。

Step 18 选择菜单栏中的"绘图"→"样条曲线"命令，配合最近点捕捉功能，在"波浪线"图层内绘制如图 15-34 所示的两条分界线。

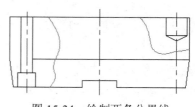

图 15-33　绘制结果（2）　　　　　　　　　图 15-34　绘制两条分界线

Step ⑲ 使用快捷键 TR 执行"修剪"命令，对孔前端的轮廓线进行修剪，然后打开线宽的显示功能，结果如图 15-35 所示。

Step ⑳ 单击"默认"选项卡→"图层"面板→"图层控制"下拉按钮，打开"图层控制"下拉列表，将"剖面线"设置为当前图层。

Step ㉑ 选择菜单栏中的"绘图"→"图案填充"命令，在弹出的"图案填充和渐变色"对话框中设置填充图案与参数，如图 15-36 所示。

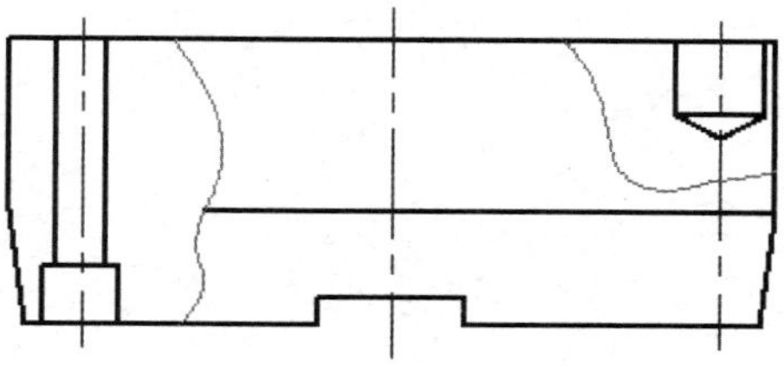

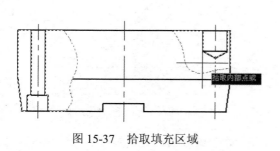

图 15-35　修剪结果（4）

图 15-36　设置填充图案与参数

Step ㉒ 返回绘图区，拾取如图 15-37 所示的区域进行填充，填充结果如图 15-38 所示。

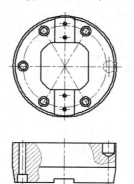

图 15-37　拾取填充区域

图 15-38　填充结果

Step ㉓ 执行"另存为"命令，将图形名存储为"上机实训二——绘制模具零件俯视图.dwg"。

15.3 上机实训三——绘制模具零件侧视图

本实训在综合巩固所学知识的前提下，学习模具零件侧视图的绘制方法和绘制技巧。模具零件侧视图的最终绘制效果如图 15-39 所示。

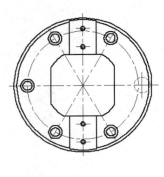
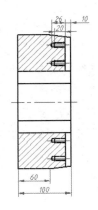
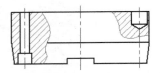

图 15-39　模具零件侧视图的最终绘制效果

操作步骤如下。

Step 01 继续上例的操作，也可直接打开配套资源中的"效果文件\第 15 章\上机实训二——绘制模具零件俯视图.dwg"。

Step 02 使用快捷键 LA 执行"图层"命令，将"轮廓线"设置为当前图层。

Step 03 使用快捷键 XL 执行"构造线"命令，根据视图之间的对正关系，绘制如图 15-40 所示的水平构造线，并将中间的水平构造线放到"中心线"图层上。

Step 04 重复执行"构造线"命令，在主视图右侧绘制一条垂直构造线，如图 15-41 所示。

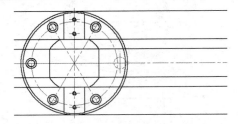
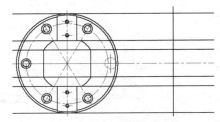

图 15-40　绘制水平构造线（1）　　　　　图 15-41　绘制垂直构造线

Step 05 使用快捷键 O 执行"偏移"命令，将垂直构造线向右偏移 100 个单位，然后执行"修剪"命令，对垂直构造线进行修剪，修剪侧视图主体结构，如图 15-42 所示。

Step 06 选择菜单栏中的"修改"→"倒角"命令，对侧视图外部结构进行倒角操作，命令行操作如下。

```
命令: _chamfer
("修剪"模式) 当前倒角距离 1 = 0.0，距离 2 = 0.0
选择第一条直线或 [放弃(U)/多段线(P)/距离(D)/角度(A)/修剪(T)/方式(E)/多个(M)]:
//a Enter
指定第一条直线的倒角长度 <0.0>:  //40 Enter
指定第一条直线的倒角角度 <0>:   //7.5 Enter
选择第一条直线或 [放弃(U)/多段线(P)/距离(D)/角度(A)/修剪(T)/方式(E)/多个(M)]:
```

//m Enter，激活"多个"选项
选择第一条直线或 [放弃(U)/多段线(P)/距离(D)/角度(A)/修剪(T)/方式(E)/多个(M)]：
　　　　　　　　　　　//选择侧视图上侧的水平轮廓线
选择第二条直线，或按住 Shift 键选择直线以应用角点或 [距离(D)/角度(A)/方法(M)]：
　　　　　　　　　　　//选择侧视图右侧的垂直轮廓线
选择第一条直线或 [放弃(U)/多段线(P)/距离(D)/角度(A)/修剪(T)/方式(E)/多个(M)]：
　　　　　　　　　　　//选择侧视图下侧的水平轮廓线
选择第二条直线，或按住 Shift 键选择直线以应用角点或 [距离(D)/角度(A)/方法(M)]：
　　　　　　　　　　　//选择侧视图右侧的垂直轮廓线
选择第一条直线或 [放弃(U)/多段线(P)/距离(D)/角度(A)/修剪(T)/方式(E)/多个(M)]：
　　　　　　　　　　　//Enter，结束命令，倒角结果如图 15-43 所示

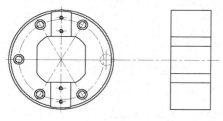
图 15-42　修剪结果（1）

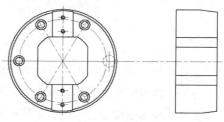
图 15-43　倒角结果

Step 07 绘制侧视图内部结构。使用快捷键 XL 执行"构造线"命令，根据视图之间的对正关系，绘制如图 15-44 所示的水平构造线。

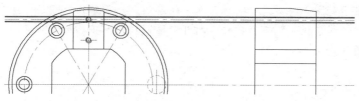
图 15-44　绘制水平构造线（2）

Step 08 夹点显示刚绘制的水平构造线，单击"默认"选项卡→"图层"面板→"图层控制"下拉按钮，打开"图层控制"下拉列表，将其放到"中心线"图层上。

Step 09 暂时关闭线宽的显示功能，将最右侧的垂直轮廓线向左偏移 10 个、30 个和 36 个单位，结果如图 15-45 所示。

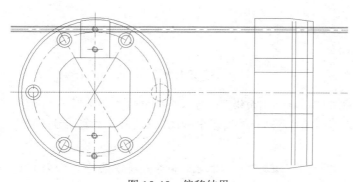
图 15-45　偏移结果

Step 10 选择菜单栏中的"修改"→"修剪"命令，对偏移出的垂直构造线进行修剪，修剪侧视图内部结构，结果如图 15-46 所示。

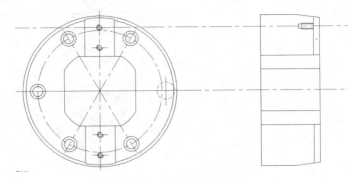

图 15-46　修剪结果（2）

Step 11 完善侧视图。选择菜单栏中的"修改"→"延伸"命令，将内部的两条垂直轮廓线分别向两端延伸至外轮廓线上，结果如图 15-47 所示。

Step 12 打开极轴追踪功能，在"草图设置"对话框中，选择"极轴追踪"选项卡，将"增量角"设置为 30°。

Step 13 使用快捷键 L 执行"直线"命令，配合极轴追踪功能在"轮廓线"图层内绘制螺孔前端的轮廓线，结果如图 15-48 所示。

Step 14 夹点显示如图 15-49 所示的两条水平轮廓线，然后单击"默认"选项卡→"图层"面板→"图层控制"下拉按钮，打开"图层控制"下拉列表，将"细实线"设置为当前图层。

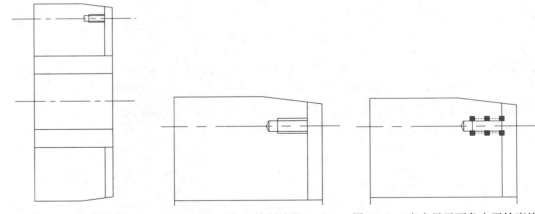

图 15-47　延伸结果　　　图 15-48　绘制结果　　　图 15-49　夹点显示两条水平轮廓线

Step 15 绘制俯视图中心线和剖面线。选择菜单栏中的"修改"→"修剪"命令，对垂直构造线进行修剪，将其转化为图形中心线，然后打开线宽的显示功能，结果如图 15-50 所示。

Step 16 选择菜单栏中的"修改"→"拉长"命令，将下侧的中心线两端拉长 12 个单位，结果如图 15-51 所示。

Step 17 重复执行"拉长"命令，设置长度增量为 7，将上侧的中心线两端拉长 7 个单位，结果如图 15-52 所示。

图 15-50　修剪结果（3）

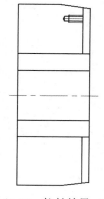

图 15-51　拉长结果（1）

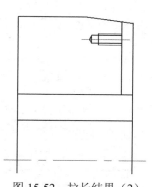

图 15-52　拉长结果（2）

Step 18 选择菜单栏中的"修改"→"复制"命令，对螺孔及中心线进行复制，命令行操作如下。

```
命令：_copy
选择对象：                         //窗口选择如图 15-53 所示的螺孔及中心线
选择对象：                         //Enter
当前设置：　复制模式 = 多个
指定基点或 [位移(D)/模式(O)] <位移>：      //拾取任意一点
指定第二个点或 [阵列(A)] <使用第一个点作为位移>：   //@0,-35 Enter
指定第二个点或 [阵列(A)/退出(E)/放弃(U)] <退出>：  //@0,-185 Enter
指定第二个点或 [阵列(A)/退出(E)/放弃(U)] <退出>：  //@0,-220 Enter
指定第二个点或 [阵列(A)/退出(E)/放弃(U)] <退出>：
  //Enter，结束命令，复制结果如图 15-54 所示
```

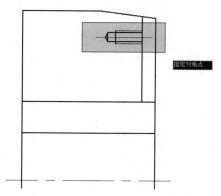

图 15-53　窗口选择螺孔及中心线

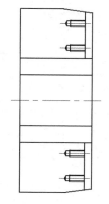

图 15-54　复制结果

Step 19 单击"默认"选项卡→"图层"面板→"图层控制"下拉按钮，打开"图层控制"下拉列表，将"剖面线"设置为当前图层。

Step 20 选择菜单栏中的"绘图"→"图案填充"命令，在弹出的"图案填充和渐变色"对

话框中设置填充图案与参数，如图 15-55 所示，填充剖面线，结果如图 15-56 所示。

Step 21 执行"另存为"命令，将图形名存储为"上机实训三——绘制模具零件侧视图.dwg"。

图 15-55　设置填充图案与参数

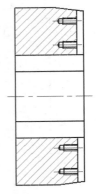

图 15-56　填充结果

15.4　上机实训四——标注模具零件三视图尺寸

本实训在综合巩固所学知识的前提下，学习模具零件三视图各类尺寸的具体标注过程和标注技巧。模具零件三视图尺寸的最终标注效果如图 15-57 所示。

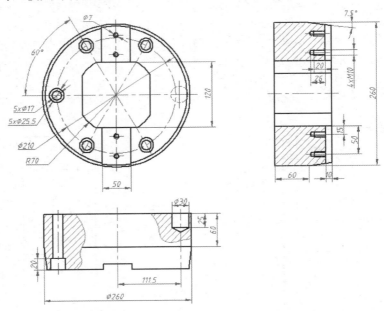

图 15-57　模具零件三视图尺寸的最终标注效果

操作步骤如下。

Step 01 继续上例的操作，也可直接打开配套资源中的"效果文件\第 15 章\上机实训三——绘制模具零件侧视图.dwg"。

Step 02 单击"默认"选项卡→"图层"面板→"图层控制"下拉按钮，打开"图层控制"下拉列表，将"标注线"设置为当前图层。

Step 03 使用快捷键 D 执行"标注样式"命令，将"机械样式"设置为当前标注样式，同时在"修改标注样式：机械样式"对话框中选择"调整"选项卡，将"使用全局比例"设置为"3"，如图 15-58 所示。

图 15-58　"修改标注样式：机械样式"对话框

Step 04 按 F3 功能键，打开对象捕捉功能。

Step 05 标注直线尺寸。单击"注释"选项卡→"标注"面板→"线性"按钮，配合端点捕捉功能标注模具零件三视图右侧的总宽尺寸，命令行操作如下。

```
命令：_dimlinear
指定第一条尺寸界线原点或 <选择对象>：         //捕捉如图 15-59 所示的端点
指定第二条尺寸界线原点：                       //捕捉如图 15-60 所示的端点
指定尺寸线位置或[多行文字(M)/文字(T)/角度(A)/水平(H)/垂直(V)/旋转(R)]：
//t Enter，激活"文字"选项
输入标注文字 <260>：                          //c 260 Enter
指定尺寸线位置或[多行文字(M)/文字(T)/角度(A)/水平(H)/垂直(V)/旋转(R)]：
//在适当位置定位尺寸线，标注结果如图 15-61 所示
标注文字 = 260
```

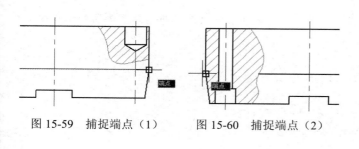

图 15-59　捕捉端点（1）　　　图 15-60　捕捉端点（2）

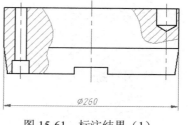

图 15-61　标注结果（1）

Step 06 重复执行"线性"命令，配合交点捕捉功能或端点捕捉功能，分别标注模具零件三视图其他位置的尺寸，标注结果如图 15-62 所示。

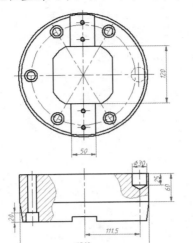
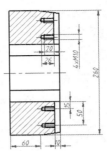

图 15-62 标注结果（2）

Step 07 标注半径尺寸和直径尺寸。使用快捷键 D 执行"标注样式"命令，将"角度标注"设置为当前标注样式，同时在"修改标注样式：角度标注"对话框中将"使用全局比例"设置为"3"，如图 15-63 所示。

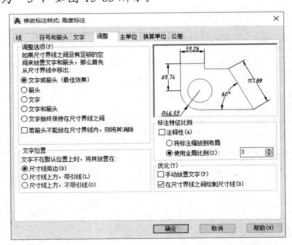

图 15-63 "修改标注样式：角度标注"对话框

Step 08 单击"注释"选项卡→"标注"面板→"半径"按钮，标注主视图中的半径尺寸，命令行操作如下。

```
命令：_dimradius
选择圆弧或圆：                    //选择如图 15-64 所示的圆弧
标注文字 = 70
指定尺寸线位置或 [多行文字(M)/文字(T)/角度(A)]：
//指定尺寸的位置，标注结果如图 15-65 所示
```

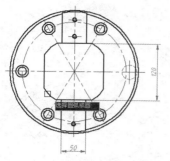

图 15-64　选择圆弧

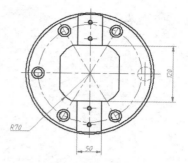

图 15-65　标注结果（3）

Step 09 单击"注释"选项卡→"标注"面板→"直径"按钮◯，标注主视图中的直径尺寸，命令行操作如下。

```
命令：_dimdiameter
选择圆弧或圆：                                    //选择如图 15-66 所示的圆
指定尺寸线位置或 [多行文字(M)/文字(T)/角度(A)]：  //t Enter
输入标注文字 <25.5>：                             //5×φ25.5 Enter
指定尺寸线位置或 [多行文字(M)/文字(T)/角度(A)]：
    //指定尺寸的位置，标注结果如图 15-67 所示
```

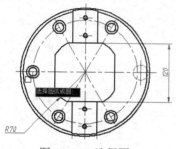

图 15-66　选择圆

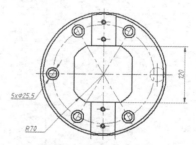

图 15-67　标注结果（4）

Step 10 重复执行"直径"命令，标注其他位置的直径尺寸，结果如图 15-68 所示。

Step 11 标注角度尺寸。选择菜单栏中的"标注"→"角度"命令，命令行操作如下。

```
命令：_dimangular
选择圆弧、圆、直线或 <指定顶点>：   //选择如图 15-69 所示的倾斜中心线
```

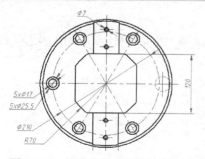

图 15-68　标注其他位置的直径尺寸

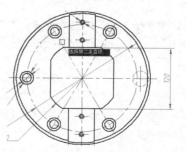

图 15-69　选择倾斜中心线

```
选择第二条直线：                   //选择如图 15-70 所示的水平中心线
```

指定标注弧线位置或 [多行文字(M)/文字(T)/角度(A)/象限点(Q)]:
//捕捉一点放置水平中心线，标注结果如图 15-71 所示
标注文字 = 60

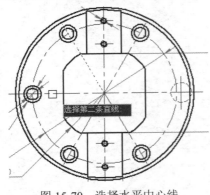

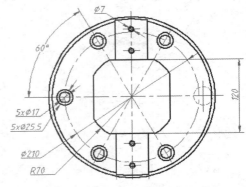

图 15-70　选择水平中心线 　　　　　　　　　图 15-71　标注结果（5）

Step 12　重复执行"角度"命令，标注侧视图中的角度尺寸，结果如图 15-72 所示。

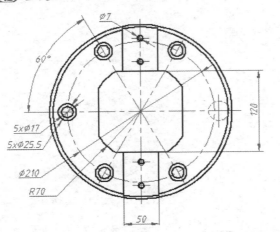

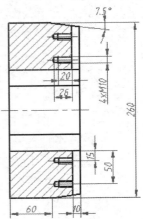

图 15-72　标注主视图中的角度尺寸

Step 13　执行"另存为"命令，将图形名存储为"上机实训四——标注模具零件三视图尺寸.dwg"。

15.5　上机实训五——标注模具零件三视图公差

本实训在综合巩固所学知识的前提下，学习模具零件三视图尺寸公差与形位公差的具体标注过程和标注技巧。模具零件三视图公差的最终标注效果如图 15-73 所示。

操作步骤如下。

Step 01　继续上例的操作，也可直接打开配套资源中的"效果文件\第 15 章\上机实训四——标注模具零件三视图尺寸.dwg"。

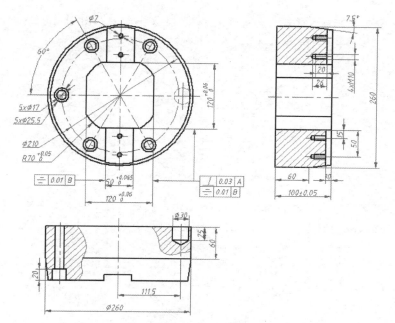

图 15-73　模具零件三视图公差的最终标注效果

Step 02 选择菜单栏中的"标注"→"线性"命令，标注主视图上侧的尺寸公差，命令行操作如下。

命令：_dimlinear
指定第一条尺寸界线原点或 <选择对象>：　//捕捉如图 15-74 所示的端点
指定第二条尺寸界线原点：　　　　　　　//捕捉如图 15-75 所示的端点

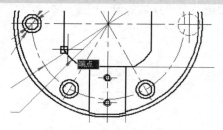

图 15-74　捕捉端点（1）

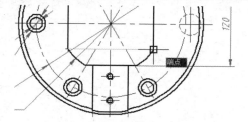

图 15-75　捕捉端点（2）

指定尺寸线位置或[多行文字(M)/文字(T)/角度(A)/水平(H)/垂直(V)/旋转(R)]：
//m Enter，打开如图 15-76 所示的"文字编辑器"窗口

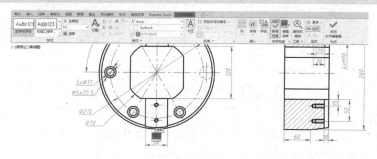

图 15-76　"文字编辑器"窗口

Note

Step 03 将光标移至标注文字后，为标注文字输入公差后缀，如图 15-77 所示。

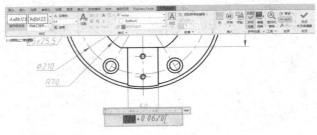

图 15-77　输入公差后缀（1）

Step 04 在多行文字输入框内选择输入的公差后缀，然后单击"文字编辑器"选项卡→"格式"面板→"堆叠"按钮 ，堆叠结果如图 15-78 所示。

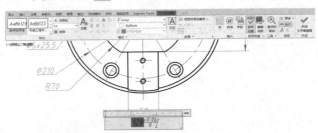

图 15-78　堆叠结果（1）

Step 05 关闭"文字编辑器"窗口返回绘图区，根据命令行的提示指定尺寸线位置，标注结果如图 15-79 所示。

Step 06 重复执行"线性"命令，标注侧视图下侧的公差，结果如图 15-80 所示。

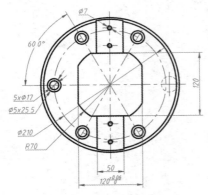

图 15-79　标注结果（1）

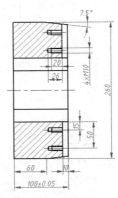

图 15-80　标注结果（2）

Step 07 编辑尺寸标注。使用快捷键 ED 执行"编辑"文字命令，根据命令行的提示选择主视图半径为 70 的尺寸，打开"文字编辑器"窗口，然后输入如图 15-81 所示的公差后缀。

Step 08 在多行文字输入框内选择输入的公差后缀，然后单击"文字编辑器"选项卡→"格式"面板→"堆叠"按钮 ，堆叠结果如图 15-82 所示。

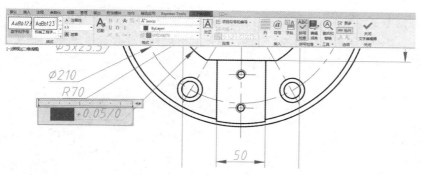

图 15-81 输入公差后缀（2）

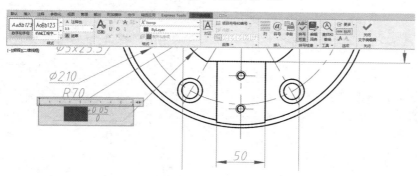

图 15-82 堆叠结果（2）

Step 09 关闭"文字编辑器"窗口返回绘图区，根据命令行的提示指定尺寸线位置，标注结果如图 15-83 所示。

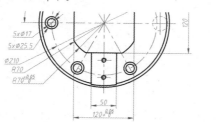

图 15-83 标注结果（3）

Step 10 参照上述操作步骤，使用"编辑"文字命令标注尺寸公差，结果如图 15-84 所示。

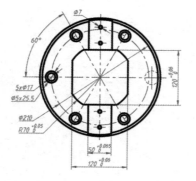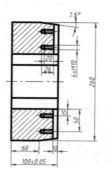

图 15-84 标注尺寸公差

Step 11 标注形位公差。使用快捷键 LE 执行"快速引线"命令，使用命令中的"设置"选项，在弹出的"引线设置"对话框中设置引线注释类型为"公差"，如图 15-85 所示，设置引线和箭头参数如图 15-86 所示。

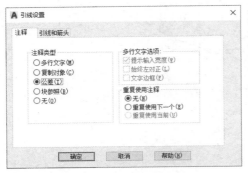 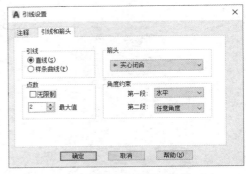

图 15-85　设置注释类型（1）　　　　图 15-86　设置引线和箭头参数（1）

Step 12 单击 ▢确定▢ 按钮，返回绘图区，根据命令行的提示，配合端点捕捉功能，在如图 15-87 所示的位置指定第一个引线点。

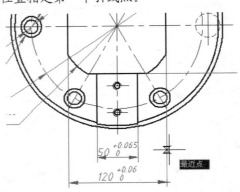

图 15-87　指定第一个引线点

Step 13 继续根据命令行的提示，分别在适当位置指定另外两个引线点。使用快捷键 TOL 执行"公差"命令，弹出"形位公差"对话框。

Step 14 在"形位公差"对话框的"符号"颜色块上单击，弹出"特征符号"对话框，然后选择如图 15-88 所示的公差符号。

Step 15 返回"形位公差"对话框，然后设置"公差 1"中的第一个值为"0.03"及"基准 1"为"A"，如图 15-89 所示。

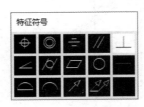 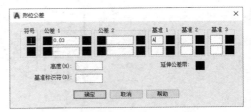

图 15-88　选择公差符号（1）　　　　图 15-89　设置形位公差参数（1）

Step 16 在"形位公差"对话框的"符号"最下侧颜色块上单击，弹出"特征符号"对话框，然后选择如图 15-90 所示的公差符号。

Step 17 返回"形位公差"对话框，然后设置"公差 1"中的第二个值为"0.01"及"基准 1"为"B"，如图 15-91 所示。

图 15-90　选择公差符号（2）

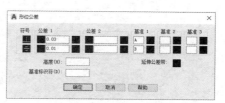

图 15-91　设置形位公差参数（2）

Step 18 单击　确定　按钮，关闭"形位公差"对话框，标注结果如图 15-92 所示。

Step 19 参照上述操作步骤，重复使用"快速引线"命令标注主视图下侧的形位公差，结果如图 15-93 所示。

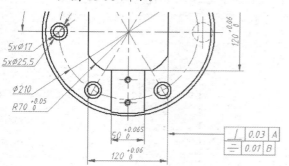

图 15-92　标注结果（4）

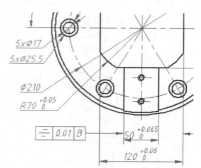

图 15-93　标注主视图形位公差

Step 20 重复执行"快速引线"命令，激活"设置"选项，并在弹出的"引线设置"对话框中设置注释类型、引线和箭头参数，如图 15-94 和图 15-95 所示。

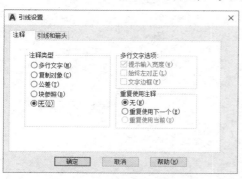

图 15-94　设置注释类型（2）

图 15-95　设置引线和箭头参数（2）

Step 21 关闭"引线设置"对话框，返回绘图区，根据命令行的提示绘制如图 15-96 所示的引线。

Step 22 执行"另存为"命令，将图形名存储为"上机实训五——标注模具零件三视图公差.dwg"。

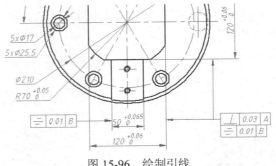

图 15-96　绘制引线

15.6 上机实训六——标注粗糙度、代号与技术要求

本实训在综合巩固所学知识的前提下，主要学习模具零件三视图表面粗糙度、代号与技术要求等内容的具体标注过程和标注技巧。模具零件三视图的最终标注效果如图 15-97 所示。

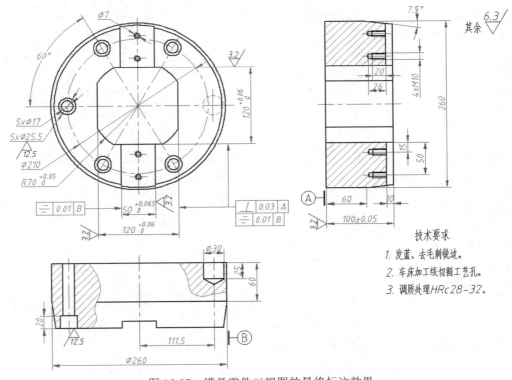

图 15-97　模具零件三视图的最终标注效果

操作步骤如下。

Step 01 继续上例的操作，也可直接打开配套资源中的"效果文件\第 15 章\上机实训五——标注模具零件三视图公差.dwg"。

Step 02 单击"默认"选项卡→"图层"面板→"图层控制"下拉按钮，打开"图层控制"下拉列表，将"细实线"设置为当前图层。

Step 03 使用快捷键 I 执行插入"块"命令，在相应面板中设置参数，如图 15-98 所示。插入配套资源中的"图块文件\粗糙度.dwg"属性块，命令行操作如下。

```
命令：_insert                      //Enter
指定插入点或 [基点(B)/比例(S)/旋转(R)]：
//在主视图左侧水平尺寸线上单击
输入属性值
输入粗糙度值：<3.2>：              //Enter，标注结果如图 15-99 所示
```

图 15-98　设置参数（1）

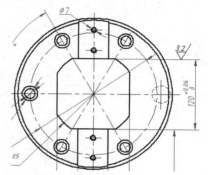

图 15-99　标注结果（1）

Step 04 使用快捷键 RO 执行"旋转"命令，对刚插入的粗糙度进行旋转并复制，旋转角度为 90°，然后将旋转、复制出的粗糙度移至如图 15-100 所示的位置。

Step 05 选择菜单栏中的"修改"→"复制"命令，将位移后的粗糙度复制到侧视图中，结果如图 15-101 所示。

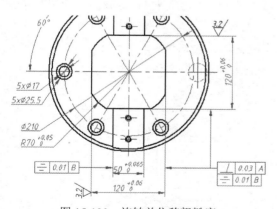

图 15-100　旋转并位移粗糙度

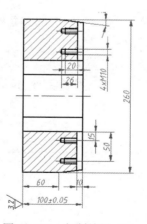

图 15-101　复制结果（1）

Step 06 选择菜单栏中的"修改"→"镜像"命令，将主视图下侧的粗糙度进行水平镜像和垂直镜像，然后将镜像出的粗糙度移到如图 15-102 所示的位置。

Step 07 重复执行"镜像"命令，将主视图右上侧的粗糙度进行水平镜像和垂直镜像，然后将镜像出的粗糙度移到如图 15-103 所示的位置。

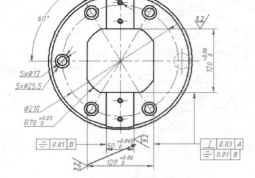

图 15-102　镜像结果（1）

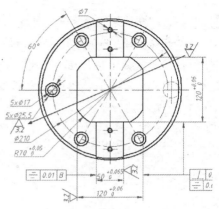

图 15-103　镜像结果（2）

Step 08 选择菜单栏中的"修改"→"对象"→"属性"→"单个"命令，在命令行提示下选择属性块，命令，弹出"增强属性编辑器"对话框，选择"属性"选项卡，在"值"文本框中输入"12.5"，如图 15-104 所示。

图 15-104　"增强属性编辑器"对话框（1）

Step 09 使用快捷键 CO 执行"复制"命令，将 12.5 号粗糙度复制到俯视图中，复制结果如图 15-105 所示。

Step 10 重复执行插入"块"命令，以 448%等比缩放，在侧视图右侧位置插入配套资源中的"图块文件\粗糙度.dwg"属性块，插入结果如图 15-106 所示。

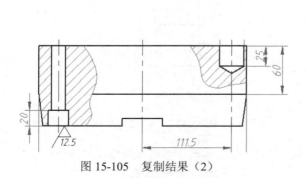

图 15-105　复制结果（2）

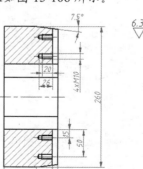

图 15-106　插入结果（1）

Step 11 标注技术要求。使用快捷键 ST 执行"文字样式"命令，打开"文字编辑器"窗口，将"字母与文字"设置为当前文字样式。

Step 12 使用快捷键 T 执行 "多行文字" 命令，打开 "文字编辑器" 窗口，然后设置字体高度为 18，并输入如图 15-107 所示的技术要求标题。

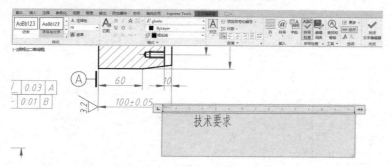

图 15-107　输入技术要求标题

Step 13 按 Enter 键，在多行文字输入框内分别输入技术要求的内容，如图 15-108 所示，将字体高度设置为 16。

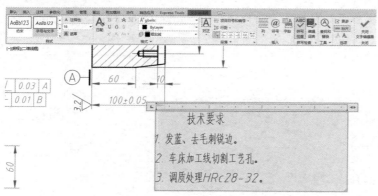

图 15-108　输入技术要求的内容

Step 14 重复执行 "多行文字" 命令，在侧视图右上角标注 "其余" 字样，将字体高度设置为 18，结果如图 15-109 所示。

Step 15 使用快捷键 I 执行插入 "块" 命令，在相应的面板中设置参数，如图 15-110 所示。插入配套资源中的 "图块文件\基面代号.dwg"，插入结果如图 15-111 所示。

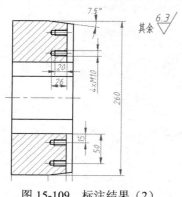

图 15-109　标注结果（2）

图 15-110　设置参数（2）

Step 16 在插入的基面代号属性块上双击，弹出"增强属性编辑器"对话框，选择"文字选项"选项卡，在"旋转"文本框中输入"0"，如图 15-112 所示。

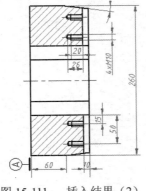

图 15-111　插入结果（2）

图 15-112　"增强属性编辑器"对话框（2）

Step 17 重复执行插入"块"命令，在相应的面板中设置参数，如图 15-113 所示，插入配套资源中的"图块文件\基面代号.dwg"，插入结果如图 15-114 所示。

图 15-113　设置参数（3）

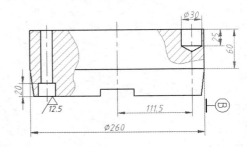

图 15-114　插入结果（3）

Step 18 在插入的基面代号属性块上双击，弹出"增强属性编辑器"对话框，选择"文字选项"选项卡，在"旋转"文本框中输入"0"，如图 15-115 所示。

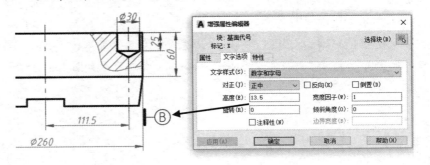

图 15-115　"增强属性编辑器"对话框（3）

Step 19 执行"另存为"命令，将图形名存储为"上机实训六——标注粗糙度、代号与技术要求.dwg"。

第16章

AutoCAD在室内装潢中的应用

　　本章通过绘制某套三厅室内吊顶装修图，主要学习 AutoCAD 在室内装饰装潢行业中的应用。

内容要点

Note

16.1 上机实训一——绘制居室吊顶墙体图

吊顶也被称为天棚、顶棚、天花板等，它是室内装饰的重要组成部分，也是室内空间装饰中富有变化、引人注目的界面。本实训在综合巩固所学知识的前提下，主要学习居室吊顶墙体图的具体绘制过程和绘制技巧。本实训最终绘制效果如图 16-1 所示。

操作步骤如下。

Step 01 执行"打开"命令，打开配套资源中的"素材文件\16-1.dwg"。

Step 02 使用快捷键 LA 执行"图层"命令，在弹出的"图层特性管理器"面板中关闭"尺寸层"图层，冻结"地面层"图层、"文本层"图层和"其他层"图层，并设置"吊顶层"为当前图层，如图 16-2 所示。

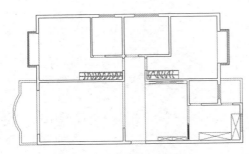

图 16-1 最终绘制效果

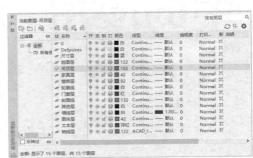

图 16-2 "图层特性管理器"面板

Step 03 关闭"图层特性管理器"面板，结果与作图无关的图形对象都被隐藏，图形的显示效果如图 16-3 所示。

Step 04 单击"默认"选项卡→"修改"面板→"删除"按钮，删除不需要的图块及对象，结果如图 16-4 所示。

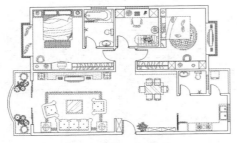

图 16-3 图形的显示效果（1）

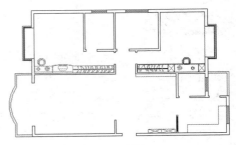

图 16-4 删除结果（1）

Step 05 在无命令执行的前提下，夹点显示如图 16-5 所示的图块和平面窗，然后选择菜单栏中的"修改"→"分解"命令，将图块分解。

Step 06 单击"默认"选项卡→"修改"面板→"删除"按钮，删除多余图形，并对图线进行修整和完善，结果如图 16-6 所示。

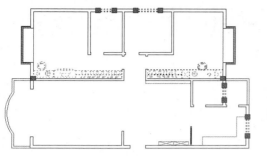

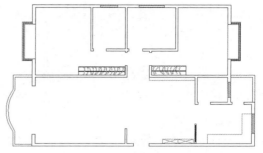

图 16-5　夹点显示效果　　　　　　　　　　　图 16-6　删除结果（2）

Step 07 单击"默认"选项卡→"图层"面板→"图层控制"下拉按钮，打开"图层控制"下拉列表，暂时关闭"墙线层"图层，此时图形的显示效果如图 16-7 所示。

Step 08 夹点显示如图 16-7 所示的对象，将其放到"吊顶层"图层上，并修改对象的颜色为 102 号色。单击"默认"选项卡→"图层"面板→"图层控制"下拉按钮，打开"图层控制"下拉列表，打开"墙线层"图层，结果如图 16-8 所示。

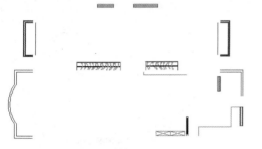

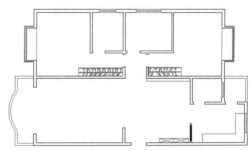

图 16-7　图形的显示效果（2）　　　　　图 16-8　打开"墙线层"图层后的图形显示效果

Step 09 使用快捷键 L 执行"直线"命令，分别连接各门洞两侧的端点，绘制过梁底面的轮廓线，结果如图 16-9 所示。

Step 10 重复执行"直线"命令，配合端点捕捉功能绘制厨房吊柜和餐厅酒水柜示意线，结果如图 16-10 所示。

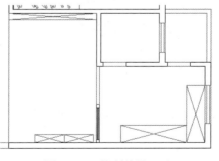

图 16-9　绘制结果（1）　　　　　　　图 16-10　绘制结果（2）

Step 11 调整视图，使居室吊顶图全部显示，最终结果如图 16-1 所示。

Step 12 执行"另存为"命令，将图形名存储为"上机实训一——绘制居室吊顶墙体图.dwg"。

16.2 上机实训二——绘制居室吊顶构件图

Note

本实训在综合巩固所学知识的前提下，学习窗帘、窗帘盒等吊顶构件的具体绘制过程和绘制技巧。本实训最终绘制效果如图 16-11 所示。

操作步骤如下。

Step 01 继续上例的操作，也可打开配套资源中的"效果文件\第 16 章\上机实训一——绘制居室吊顶墙体图.dwg"。

Step 02 使用快捷键 L 执行"直线"命令，配合对象追踪功能和极轴追踪功能绘制窗帘盒轮廓线，命令行操作如下。

```
命令：_line
指定第一点：          //水平向右引出如图 16-12 所示的对象追踪矢量，然后输入 150 Enter
指定下一点或 [放弃(U)]：
//垂直向上引出极轴追踪矢量，然后捕捉追踪虚线与墙线的交点，如图 16-13 所示
指定下一点或 [放弃(U)]：//Enter，绘制结果如图 16-14 所示
```

图 16-11　最终绘制效果

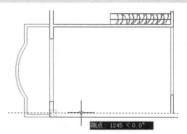

图 16-12　引出对象追踪矢量

图 16-13　引出极轴追踪矢量

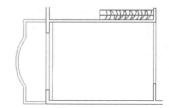

图 16-14　绘制结果（1）

Step 03 使用快捷键 O 执行"偏移"命令，选择刚绘制的窗帘盒轮廓线，将其左下偏移 75 个单位，作为窗帘轮廓线，结果如图 16-15 所示。

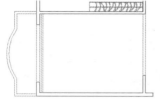

图 16-15　偏移结果（1）

Step 04 选择菜单栏中的"格式"→"线型"命令，弹出"线型管理器"对话框，使用此对话框中的"加载"功能，加载名为"ZIGZIG"的线型，并修改线型比例为 1。

Step 05 在无命令执行的前提下，夹点显示窗帘轮廓线，然后按 Ctrl+1 组合键，执行"特性"命令，在弹出的"特性"面板中修改窗帘轮廓线的线型，如图 16-16 所示，修改线型比例为 10，如图 16-17 所示。

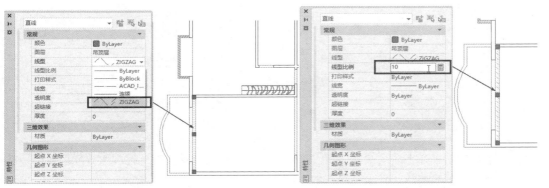

图 16-16　修改窗帘轮廓线的线型　　　　　图 16-17　修改窗帘轮廓线的线型比例

Step 06 在 "颜色" 下拉列表框中修改窗帘轮廓线的颜色，如图 16-18 所示。

Step 07 关闭 "特性" 面板，然后按 Esc 键，取消对象的夹点显示，观看线型特性修改后的效果，如图 16-19 所示。

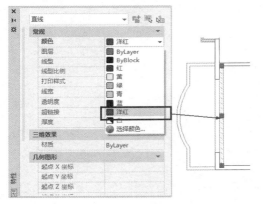

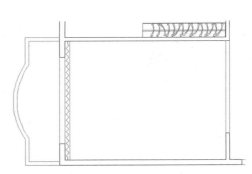

图 16-18　修改窗帘轮廓线的颜色　　　　　图 16-19　线型特性修改后的效果

Step 08 参照操作步骤 2～7，综合使用 "直线" "偏移" 和 "特性" 等命令，分别绘制其他房间内的窗帘及窗帘盒轮廓线，绘制结果如图 16-20 所示。

Step 09 单击 "默认" 选项卡→ "修改" 面板→ "偏移" 按钮，选择如图 16-21 所示的轮廓线，向右偏移 50 个和 100 个单位，分别作为窗帘和窗帘盒轮廓线，偏移结果如图 16-22 所示。

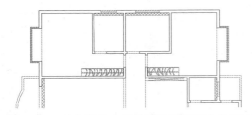

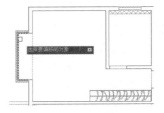

图 16-20　绘制其他房间的窗帘及窗帘盒轮廓线　　　　图 16-21　选择轮廓线

Step 10 单击 "默认" 选项卡→ "修改" 面板→ "延伸" 按钮，选择如图 16-23 所示的轮廓线作为延伸边界，分别对偏移出的两条轮廓线进行延伸，延伸结果如图 16-24 所示。

图 16-22　偏移结果（2）　　　图 16-23　选择延伸边界　　　图 16-24　延伸结果

Step 11 选择菜单栏中的"修改"→"特性匹配"命令，将客厅窗帘轮廓线的线型匹配给卧室窗帘轮廓线，命令行操作如下。

```
命令：_matchprop
选择源对象：                          //选择如图 16-25 所示的匹配源对象
当前活动设置： 颜色 图层 线型 线型比例 线宽 透明度 厚度 打印样式 标注 文字 图案填充
多段线 视口 表格材质 阴影显示 多重引线
选择目标对象或 [设置(S)]：            //选择如图 16-26 所示的目标对象
选择目标对象或 [设置(S)]：            //Enter，匹配结果如图 16-27 所示
```

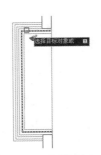

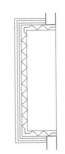

图 16-25　选择匹配源对象　　　图 16-26　选择目标对象　　　图 16-27　匹配结果

Step 12 夹点显示匹配后的卧室窗帘轮廓线，然后打开"特性"面板，修改其线型比例，如图 16-28 所示。

Step 13 关闭"特性"面板，然后按 Esc 键，取消对象的夹点显示，修改线型比例后的显示效果如图 16-29 所示。

Step 14 参照操作步骤 9～13，综合使用"偏移""延伸""特性匹配"和"特性"等命令，绘制右侧子女房内的窗帘及窗帘盒轮廓线，结果如图 16-30 所示。

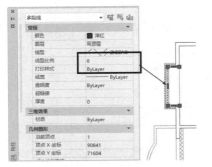

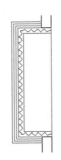

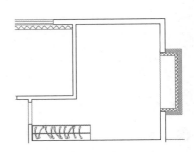

图 16-28　修改线型比例　　图 16-29　修改线型比例后的显示效果　　图 16-30　绘制结果（2）

Step 15 调整视图，使居室吊顶图全部显示，最终结果如图 16-11 所示。

Step 16 执行"另存为"命令，将图形名存储为"上机实训二——绘制居室吊顶构件图.dwg"。

16.3 上机实训三——绘制客厅吊顶图

本实训在综合巩固所学知识的前提下，学习客厅吊顶图的具体绘制过程和绘制技巧。
本实训最终绘制效果如图 16-31 所示。

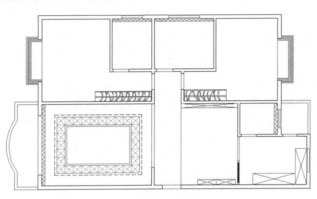

图 16-31　最终绘制效果

操作步骤如下。

Step 01 继续上例的操作，也可打开配套资源中的"效果文件\第 16 章\上机实训二——绘制
居室吊顶构件图.dwg"。

Step 02 单击"默认"选项卡→"绘图"面板→"矩形"按钮□，配合捕捉自功能绘制客
厅矩形吊顶图，命令行操作如下。

```
命令: _rectang
指定第一个角点或 [倒角(C)/标高(E)/圆角(F)/厚度(T)/宽度(W)]://激活捕捉自功能
_from 基点:          //捕捉如图 16-32 所示的端点
<偏移>:              //@465,525 Enter
指定另一个角点或 [面积(A)/尺寸(D)/旋转(R)]:
 //@4200,3000 Enter, 绘制结果如图 16-33 所示
```

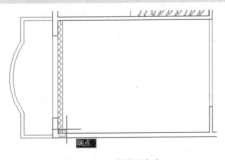

图 16-32　捕捉端点

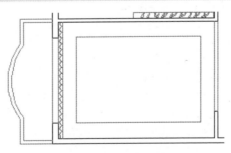

图 16-33　绘制结果

Note

Step 03 单击"默认"选项卡→"修改"面板→"偏移"按钮，将绘制的矩形向内偏移，命令行操作如下。

命令：_offset
当前设置：删除源=否　图层=源　OFFSETGAPTYPE=0
指定偏移距离或 [通过(T)/删除(E)/图层(L)] <500>：　//100 Enter
选择要偏移的对象，或 [退出(E)/放弃(U)] <退出>：　　//选择刚绘制的矩形
指定要偏移的那一侧上的点，或 [退出(E)/多个(M)/放弃(U)] <退出>：
//在所选矩形的内侧拾取点
选择要偏移的对象，或 [退出(E)/放弃(U)] <退出>：　//Enter
命令：_offset
当前设置：删除源=否　图层=源　OFFSETGAPTYPE=0
指定偏移距离或 [通过(T)/删除(E)/图层(L)] <100>：//400 Enter
选择要偏移的对象，或 [退出(E)/放弃(U)] <退出>：　　//选择刚偏移的矩形
指定要偏移的那一侧上的点，或 [退出(E)/多个(M)/放弃(U)] <退出>：
//在所选矩形的内侧拾取点
选择要偏移的对象，或 [退出(E)/放弃(U)] <退出>：　//Enter
命令：_offset
当前设置：删除源=否　图层=源　OFFSETGAPTYPE=0
指定偏移距离或 [通过(T)/删除(E)/图层(L)] <400>：//80 Enter
选择要偏移的对象，或 [退出(E)/放弃(U)] <退出>：　　//选择刚偏移的矩形
指定要偏移的那一侧上的点，或 [退出(E)/多个(M)/放弃(U)] <退出>：
//在所选矩形的内侧拾取点
选择要偏移的对象，或 [退出(E)/放弃(U)] <退出>：//Enter，偏移结果如图16-34所示

Step 04 使用快捷键 L 执行"直线"命令，配合端点捕捉功能绘制如图 16-35 所示的分隔线。

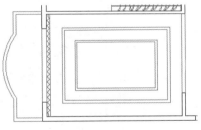

图 16-34　偏移结果

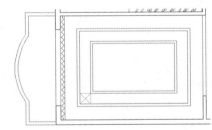

图 16-35　绘制分隔线

Step 05 单击"默认"选项卡→"修改"面板→"矩形阵列"按钮，将分隔线进行矩形阵列，命令行操作如下。

命令：_arrayrect
选择对象：　　　　　　　　　　　　　　　　　　　//窗口选择如图16-36所示的对象
选择对象：　　　　　　　　　　　　　　　　　　　//Enter
类型 = 矩形　关联 = 是
选择夹点以编辑阵列或 [关联(AS)/基点(B)/计数(COU)/间距(S)/列数(COL)/行数(R)/层
数(L)/退出(X)] <退出>：　　　　　　　　　　　　//cou Enter

```
输入列数数或 [表达式(E)] <4>:                    //10 Enter
输入行数数或 [表达式(E)] <3>:                    //7 Enter
选择夹点以编辑阵列或 [关联(AS)/基点(B)/计数(COU)/间距(S)/列数(COL)/行数(R)/层
数(L)/退出(X)] <退出>:                          //s Enter
指定列之间的距离或 [单位单元(U)] <401.1296>:    //400 Enter
指定行之间的距离 <517.6271>:                     //400 Enter
选择夹点以编辑阵列或 [关联(AS)/基点(B)/计数(COU)/间距(S)/列数(COL)/行数(R)/层
数(L)/退出(X)] <退出>:                          //as Enter
创建关联阵列 [是(Y)/否(N)] <是>:                //n Enter
选择夹点以编辑阵列或 [关联(AS)/基点(B)/计数(COU)/间距(S)/列数(COL)/行数(R)/层
数(L)/退出(X)] <退出>:                          //Enter，阵列结果如图 16-37 所示
```

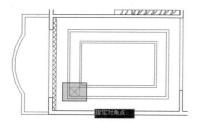

图 16-36　窗口选择对象

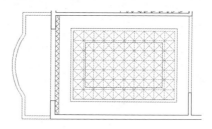

图 16-37　阵列结果

Step 06 单击 "默认" 选项卡→ "修改" 面板→ "删除" 按钮，窗交选择如图 16-38 所示的对象进行删除，结果如图 16-39 所示。

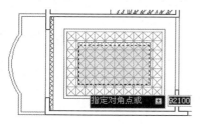

图 16-38　窗交选择对象

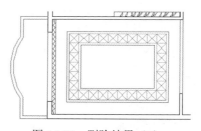

图 16-39　删除结果（1）

Step 07 在无命令执行的前提下，分别将夹点显示的分隔线进行删除，如图 16-40 和图 16-41 所示，结果如图 16-42 所示。

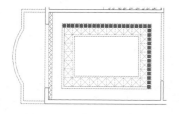

图 16-40　夹点显示（1）

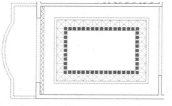

图 16-41　夹点显示（2）

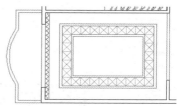

图 16-42　删除结果（2）

Step 08 使用快捷键 LT 执行 "线型" 命令，在弹出的 "线型管理器" 对话框中加载名为 "DASHED" 线型。

Step 09 在无命令执行的前提下，夹点显示如图 16-43 所示的轮廓线。打开 "特性" 面板，

507

修改轮廓线的线型，如图 16-44 所示；修改轮廓线的线型比例，如图 16-45 所示；修改轮廓线的颜色，如图 16-46 所示。

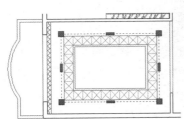

图 16-43　夹点显示轮廓线　　　图 16-44　修改轮廓线的线型　　图 16-45　修改轮廓线的线型比例

Step 10 关闭"特性"面板，然后按 Esc 键，取消对象的夹点显示，修改线型特性后的显示效果如图 16-47 所示。

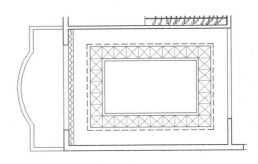

图 16-46　修改轮廓线的颜色　　　　　图 16-47　修改线型特性后的显示效果

Step 11 调整视图，使客厅吊顶图全部显示，最终结果如图 16-31 所示。

Step 12 执行"另存为"命令，将图形名存储为"上机实训三——绘制客厅吊顶图.dwg"。

16.4　上机实训四——绘制餐厅吊顶图

　　本实训在综合巩固所学知识的前提下，学习餐厅吊顶图的具体绘制过程和绘制技巧。本实训最终绘制效果如图 16-48 所示。

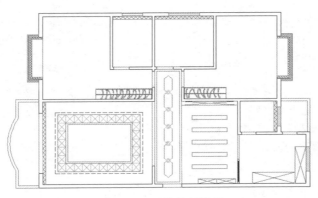

图 16-48　最终绘制效果

操作步骤如下。

Step 01 继续上例的操作，也可打开配套资源中的"效果文件\第 16 章\上机实训三——绘制客厅吊顶图.dwg"。

Step 02 单击"默认"选项卡→"绘图"面板→"矩形"按钮▢，配合捕捉自功能绘制餐厅吊顶图，命令行操作如下。

```
命令: _rectang
指定第一个角点或 [倒角(C)/标高(E)/圆角(F)/厚度(T)/宽度(W)]://激活捕捉自功能
_from 基点:         //捕捉如图 16-49 所示的端点
<偏移>:          //@500,-500 Enter
指定另一个角点或 [面积(A)/尺寸(D)/旋转(R)]:
 //@1700,-200 Enter, 绘制结果如图 16-50 所示
```

图 16-49　捕捉端点

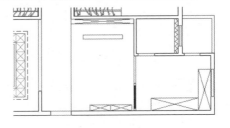

图 16-50　绘制结果（1）

Step 03 单击"默认"选项卡→"修改"面板→"矩形阵列"按钮▦，将刚绘制的矩形进行阵列操作，命令行操作如下。

```
命令: _arrayrect
选择对象:    //窗交选择如图 16-51 所示的对象
选择对象:    //Enter
类型 = 矩形 关联 = 是
选择夹点以编辑阵列或 [关联(AS)/基点(B)/计数(COU)/间距(S)/列数(COL)/行数(R)/层
数(L)/退出(X)] <退出>:                //cou Enter
输入列数数或 [表达式(E)] <4>:         //1 Enter
输入行数数或 [表达式(E)] <3>:         //5 Enter
```

选择夹点以编辑阵列或 [关联(AS)/基点(B)/计数(COU)/间距(S)/列数(COL)/行数(R)/层数(L)/退出(X)] <退出>： //s Enter

指定列之间的距离或 [单位单元(U)] <401.1296>： //1 Enter

指定行之间的距离 <517.6271>： //-600 Enter

选择夹点以编辑阵列或 [关联(AS)/基点(B)/计数(COU)/间距(S)/列数(COL)/行数(R)/层数(L)/退出(X)] <退出>： //as Enter

创建关联阵列 [是(Y)/否(N)] <是>： //n Enter

选择夹点以编辑阵列或 [关联(AS)/基点(B)/计数(COU)/间距(S)/列数(COL)/行数(R)/层数(L)/退出(X)] <退出>： //Enter，阵列结果如图 16-52 所示

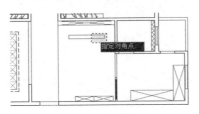

图 16-51　窗交选择对象（1）

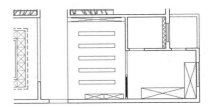

图 16-52　阵列结果（1）

Step 04 单击"默认"选项卡→"修改"面板→"偏移"按钮，将如图 16-53 所示的轮廓线 1、2、3 和 4 向中心偏移 100 个单位，结果如图 16-54 所示。

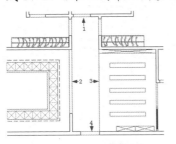

图 16-53　定位偏移对象

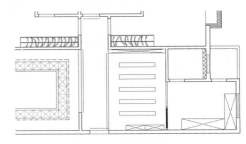

图 16-54　偏移结果（1）

Step 05 单击"默认"选项卡→"修改"面板→"圆角"按钮，分别对偏移出的 4 条轮廓线进行圆角操作，命令行操作如下。

```
命令：_fillet
当前设置：模式 = 修剪，半径 = 0
选择第一个对象或 [放弃(U)/多段线(P)/半径(R)/修剪(T)/多个(M)]： //m Enter
选择第一个对象或 [放弃(U)/多段线(P)/半径(R)/修剪(T)/多个(M)]：
//在如图 16-55 所示轮廓线 1 的左端单击
选择第二个对象，或按住 Shift 键选择对象以应用角点或 [半径(R)]：
//在轮廓线 2 的上端单击
选择第一个对象或 [放弃(U)/多段线(P)/半径(R)/修剪(T)/多个(M)]：
//在轮廓线 2 的下端单击
选择第二个对象，或按住 Shift 键选择对象以应用角点或 [半径(R)]：
//在轮廓线 3 的左端单击
选择第一个对象或 [放弃(U)/多段线(P)/半径(R)/修剪(T)/多个(M)]：
//在轮廓线 3 的右端单击
```

选择第二个对象，或按住 Shift 键选择对象以应用角点或 [半径(R)]：
//在轮廓线 4 的下端单击
选择第一个对象或 [放弃(U)/多段线(P)/半径(R)/修剪(T)/多个(M)]：
//在轮廓线 4 的上端单击
选择第二个对象，或按住 Shift 键选择对象以应用角点或 [半径(R)]：
//在轮廓线 1 的右端单击
选择第一个对象或 [放弃(U)/多段线(P)/半径(R)/修剪(T)/多个(M)]：
//Enter，圆角结果如图 16-56 所示

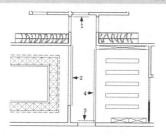

图 16-55　指定圆角对象

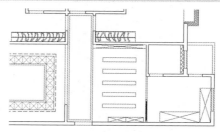

图 16-56　圆角结果

Step 06 将圆角后的两条水平轮廓线分别向内侧偏移 385 个和 215 个单位，将两条垂直轮廓线向内侧偏移 350 个单位，结果如图 16-57 所示。

Step 07 单击"默认"选项卡→"绘图"面板→"直线"按钮，配合中点捕捉功能和交点捕捉功能绘制 4 条倾斜轮廓线，绘制结果如图 16-58 所示。

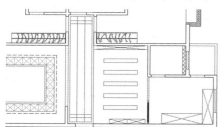

图 16-57　偏移结果（2）

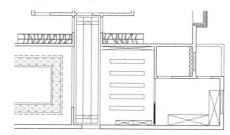

图 16-58　绘制结果（2）

Step 08 单击"默认"选项卡→"修改"面板→"修剪"按钮，以 4 条倾斜轮廓线作为边界，对两条垂直轮廓线进行修剪，结果如图 16-59 所示。

Step 09 单击"默认"选项卡→"修改"面板→"删除"按钮，删除 4 条水平轮廓线，结果如图 16-60 所示。

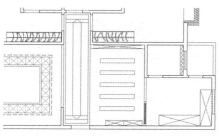

图 16-59　修剪结果（1）

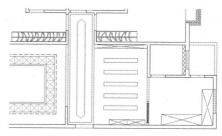

图 16-60　删除结果（1）

Step 10 选择菜单栏中的"格式"→"点样式"命令，在弹出的"点样式"对话框中设置点样式及点大小，如图 16-61 所示。

Step 11 使用快捷键 L 执行"直线"命令，配合端点捕捉功能或交点捕捉功能，绘制如图 16-62 所示的垂直辅助线。

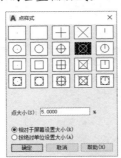

图 16-61　"点样式"对话框

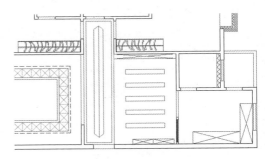

图 16-62　绘制垂直辅助线

Step 12 使用快捷键 DIV 执行"定数等分"命令，将垂直辅助线等分 6 份，等分结果如图 16-63 所示。

Step 13 使用快捷键 C 执行"圆"命令，以下侧的节点作为圆心，绘制半径为 50 和 100 的同心圆，结果如图 16-64 所示。

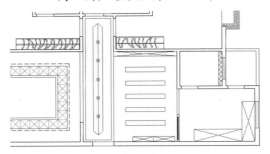

图 16-63　等分结果

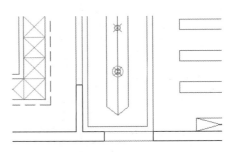

图 16-64　绘制同心圆

Step 14 单击"默认"选项卡→"修改"面板→"复制"按钮，将半径为 100 的圆对称复制 200 个单位，命令行操作如下。

```
命令：_copy
选择对象：                                          //选择半径为 100 的圆
选择对象：                                          //Enter
当前设置：　复制模式 = 多个
指定基点或 [位移(D)/模式(O)] <位移>：              //拾取任意一点作为基点
指定第二个点或 [阵列(A)] <使用第一个点作为位移>：  //@200,0 Enter
指定第二个点或 [阵列(A)/退出(E)/放弃(U)] <退出>：  //@-200,0 Enter
指定第二个点或 [阵列(A)/退出(E)/放弃(U)] <退出>：
//Enter，复制结果如图 16-65 所示
```

Step 15 选择菜单栏中的"修改"→"删除"命令，删除垂直辅助线和等分点，结果如图 16-66 所示。

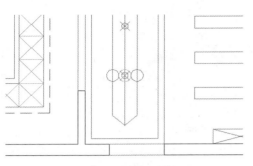

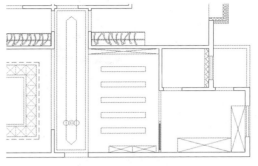

图 16-65　复制结果　　　　　　　　　　　图 16-66　删除结果（2）

Step 16 单击"默认"选项卡→"修改"面板→"矩形阵列"按钮▦▦，对 4 个圆进行矩形阵列，命令行操作如下。

```
命令: _arrayrect
选择对象:                                      //窗口选择如图 16-67 所示的对象
选择对象:                                      //Enter
类型 = 矩形　关联 = 否
选择夹点以编辑阵列或 [关联(AS)/基点(B)/计数(COU)/间距(S)/列数(COL)/行数(R)/层
数(L)/退出(X)] <退出>:                          //cou Enter
　输入列数或 [表达式(E)] <4>:                    //1 Enter
　输入行数或 [表达式(E)] <3>:                    //5 Enter
　选择夹点以编辑阵列或 [关联(AS)/基点(B)/计数(COU)/间距(S)/列数(COL)/行数(R)/层
数(L)/退出(X)] <退出>:                          //s Enter
　指定列之间的距离或 [单位单元(U)] <401.1296>:   //1 Enter
　指定行之间的距离 <517.6271>:                   //5020/6 Enter
　选择夹点以编辑阵列或 [关联(AS)/基点(B)/计数(COU)/间距(S)/列数(COL)/行数(R)/层
数(L)/退出(X)] <退出>:                          //as Enter
　创建关联阵列 [是(Y)/否(N)] <是>:               //n Enter
　选择夹点以编辑阵列或 [关联(AS)/基点(B)/计数(COU)/间距(S)/列数(COL)/行数(R)/层
数(L)/退出(X)] <退出>:                          //Enter，阵列结果如图 16-68 所示
```

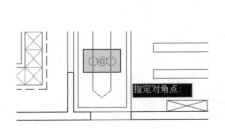

指定对角点:

图 16-67　窗口选择对象（2）　　　　　　　图 16-68　阵列结果（2）

Step 17 单击"默认"选项卡→"修改"面板→"修剪"按钮✂，选择如图 16-69 所示的两条垂直轮廓线作为修剪边界，对两侧的半径为 100 的圆进行修剪，修剪结果如图 16-70 所示。

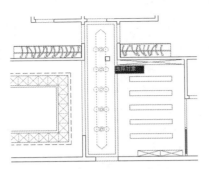

图 16-69　选择要修剪的边界

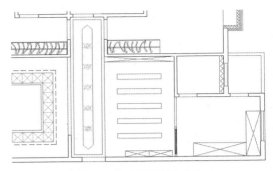

图 16-70　修剪结果（2）

Step 18 重复执行"修剪"命令，窗口选择如图 16-71 所示的图形作为边界，对两条垂直轮廓线进行修剪，修剪结果如图 16-72 所示。

Step 19 调整视图，使餐厅吊顶图全部显示，最终结果如图 16-48 所示。

Step 20 执行"另存为"命令，将图形名存储为"上机实训四——绘制餐厅吊顶图.dwg"。

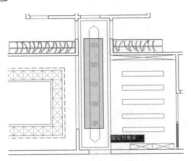

图 16-71　选择要修剪的边界

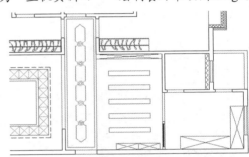

图 16-72　修剪结果（3）

16.5　上机实训五——绘制简易吊顶图

本实训在综合巩固所学知识的前提下，学习书房、卧室、厨房、卫生间等吊顶图的具体绘制过程和绘制技巧。本实训最终绘制效果如图 16-73 所示。

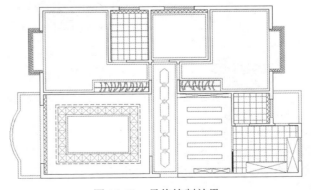

图 16-73　最终绘制效果

操作步骤如下。

Step 01 继续上例的操作，也可打开配套资源中的"效果文件\第 16 章\上机实训四——绘制餐厅吊顶图.dwg"。

Step 02 使用快捷键 H 执行"图案填充"命令，弹出"图案填充和渐变色"对话框。

Step 03 打开"图案填充"选项卡，在"类型"下拉列表中选择"用户定义"，同时设置图案填充的角度及间距，如图 16-74 所示。

Step 04 在"图案填充和渐变色"对话框中单击"添加：拾取点"按钮，然后返回绘图区，分别在厨房和卫生间内单击，拾取填充边界，如图 16-75 所示。

图 16-74　设置填充图案与参数

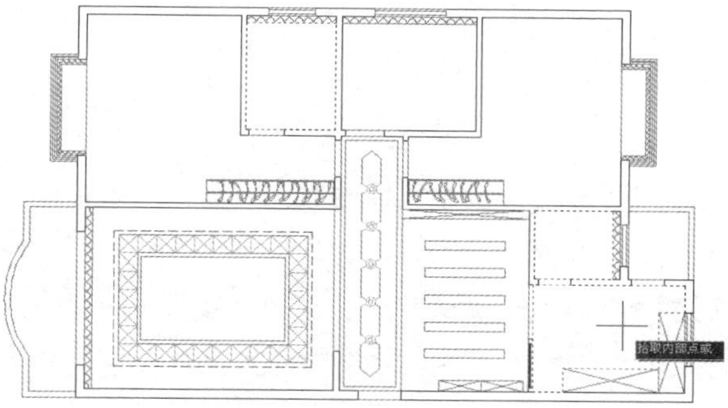

图 16-75　拾取填充边界

Step 05 返回"图案填充和渐变色"对话框后单击　确定　按钮，结束命令，填充结果如图 16-76 所示。

Step 06 在填充的图案上右击，在弹出的快捷菜单中选择"设定原点"命令，如图 16-77 所示，重新设置图案的填充原点。

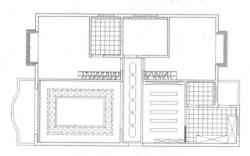

图 16-76　填充结果

图 16-77　选择"设定原点"命令

Step 07 此时在命令行"选择新的图案填充原点："提示下，激活"两点之间的中点"选项。

Step 08 在命令行"_m2p 中点的第一点："提示下捕捉如图 16-78 所示的端点。

Step 09 在命令行"中点的第二点："提示下捕捉如图 16-79 所示的端点，结果图案填充原点被更改，更改后的效果如图 16-80 所示。

图 16-78　捕捉端点（1）　　　图 16-79　捕捉端点（2）　图 16-80　更改图案填充原点后的效果

Step 10 参照操作步骤 6～9，更改厨房及卫生间内的吊顶图案的原点，结果如图 16-81 所示。

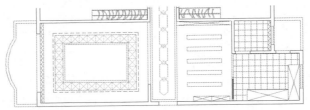

图 16-81　更改厨房及卫生间内的吊顶图案的原点

Step 11 单击"默认"选项卡→"绘图"面板→"构造线"按钮，分别通过书房内侧墙线绘制 4 条构造线，如果如图 16-82 所示。

Step 12 单击"默认"选项卡→"修改"面板→"偏移"按钮，将 4 条构造线向内侧偏移100 个单位，并删除源构造线，结果如图 16-83 所示。

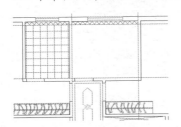
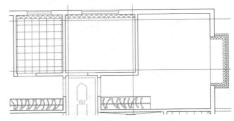

图 16-82　绘制结果（1）　　　　　　　　图 16-83　偏移与删除结果

Step 13 单击"默认"选项卡→"修改"面板→"修剪"按钮，对偏移出的构造线进行修剪，结果如图 16-84 所示。

Step 14 单击"默认"选项卡→"绘图"面板→"边界"按钮，在弹出的"边界创建"对话框中设置参数，如图 16-85 所示。

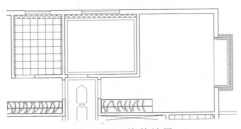

图 16-84　修剪结果　　　　　图 16-85　"边界创建"对话框

Step 15 在 "边界创建" 对话框中单击 按钮, 返回绘图区, 在命令行 "拾取内部点:" 提示下, 在子女房内单击, 创建一条闭合的多段线边界, 边界的虚线效果如图 16-86 所示, 边界的突显效果如图 16-87 所示。

Note

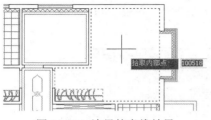

图 16-86　边界的虚线效果

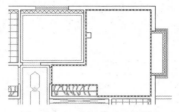

图 16-87　边界的突显效果

Step 16 使用快捷键 O 执行 "偏移" 命令, 将刚创建的多段线边界向内偏移 100 个单位, 结果如图 16-88 所示。

Step 17 参照操作步骤 14~16, 综合使用 "边界" 命令和 "偏移" 命令, 创建主卧室吊顶图, 结果如图 16-89 所示。

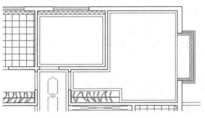

图 16-88　偏移结果

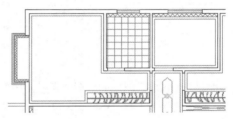

图 16-89　绘制结果（2）

Step 18 调整视图, 使图形全部显示, 最终结果如图 16-73 所示。

Step 19 执行 "另存为" 命令, 将图形名存储为 "上机实训五——绘制简易吊顶图.dwg"。

16.6　上机实训六——绘制居室吊顶灯具图

本实训在综合巩固所学知识的前提下, 学习居室吊顶灯具图的具体绘制过程和绘制技巧。居室吊顶灯具图的最终绘制效果如图 16-90 所示。

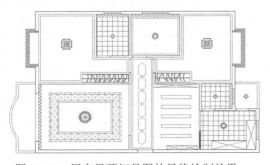

图 16-90　居室吊顶灯具图的最终绘制效果

操作步骤如下。

Step 01 继续上例的操作，也可打开配套资源中的"效果文件\第16章\上机实训五——绘制简易吊顶图.dwg"。

Step 02 执行"图层"命令，创建名为"灯具层"的新图层，设置图层颜色为220号色，并将其设置为当前图层，如图16-91所示。

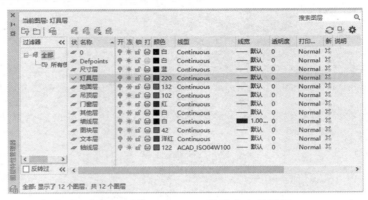

图 16-91　将"灯具层"设置为当前图层

Step 03 打开状态栏上的对象捕捉追踪功能，选择菜单栏中的"插入"→"块"命令，弹出"插入"对话框。

Step 04 在"插入"对话框中单击 按钮，在弹出的"选择图形文件"对话框中选择配套资源中的"图块文件\艺术吊灯04.dwg"，如图16-92所示。

Step 05 单击"打开"按钮，返回"插入"对话框，以默认的参数插入客厅吊顶位置处。在命令行"指定插入点或 [基点(B)/比例(S)/旋转(R)]:"提示下，配合对象捕捉追踪功能，引出如图16-93所示的两条中点追踪矢量。

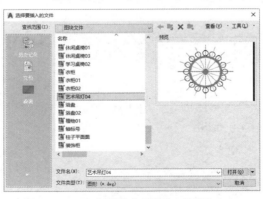

图 16-92　"选择图形文件"对话框（1）

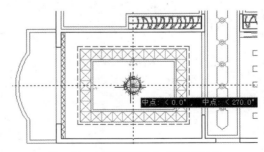

图 16-93　引出两条中点追踪矢量

Step 06 返回绘图区，捕捉两条对象追踪虚线的交点作为插入点，插入结果如图16-94所示。

Step 07 接下来重复执行插入"块"命令，在"插入"对话框中单击 按钮，在弹出的"选择图形文件"对话框中选择配套资源中的"图块文件\工艺吊灯02.dwg"，如图16-95所示。

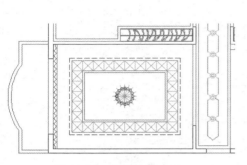

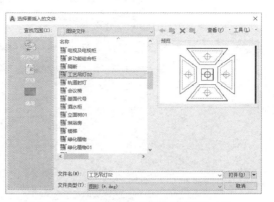

图 16-94　插入结果（1）　　　　　　　图 16-95　"选择图形文件"对话框（2）

Step 08 单击 **打开(O)** 按钮，返回"插入"对话框，采用默认设置，将此图块插入主卧室吊顶位置处。

Step 09 在命令行"指定插入点或 [基点(B)/比例(S)/X/Y/Z/旋转(R)]:"提示下，垂直向下引出如图 16-96 所示的中点追踪虚线，然后输入"1700"并按 Enter 键，插入结果如图 16-97 所示。

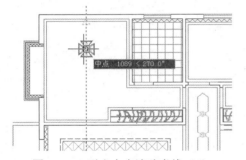

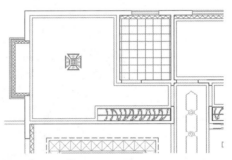

图 16-96　引出中点追踪虚线（1）　　　　　图 16-97　插入结果（2）

Step 10 重复执行插入"块"命令，采用默认参数再次插入配套资源中的"图块文件\工艺吊灯 02.dwg"，在命令行"指定插入点或 [基点(B)/比例(S)/X/Y/Z/旋转(R)]:"提示下，垂直向下引出如图 16-98 所示的中点追踪虚线，然后输入"1675"并按 Enter 键，插入结果如图 16-99 所示。

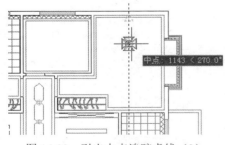

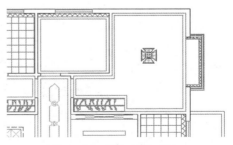

图 16-98　引出中点追踪虚线（2）　　　　　图 16-99　插入结果（3）

Step 11 重复执行插入"块"命令，选择配套资源中的"图块文件\吸顶灯.dwg"，将图块的缩放比例设置为 0.8。

Step 12 返回绘图区，在命令行"指定插入点或 [基点(B)/比例(S)/X/Y/Z/旋转(R)]："提示下，捕捉如图 16-100 所示的中点追踪虚线，并将其交点作为插入点，插入结果如图 16-101 所示。

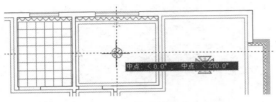

图 16-100　引出中点追踪虚线（3）

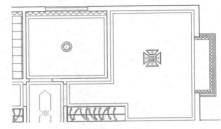

图 16-101　插入结果（4）

Step 13 重复执行插入"块"命令，采用默认参数插入配套资源中的"图块文件\吸顶灯 03.dwg"，在命令行"指定插入点或 [基点(B)/比例(S)/旋转(R)]:"提示下，激活"两点之间的中点"选项。

Step 14 在"_m2p 中点的第一点:"提示下，捕捉如图 16-102 所示的端点。

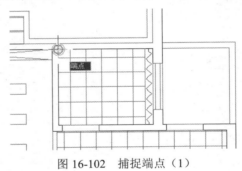

图 16-102　捕捉端点（1）

Step 15 继续在"中点的第二点:"提示下，捕捉如图 16-103 所示的端点，插入结果如图 16-104 所示。

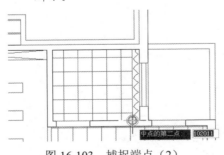

图 16-103　捕捉端点（2）

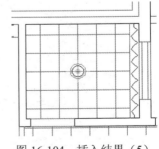

图 16-104　插入结果（5）

Step 16 单击"默认"选项卡→"修改"面板→"复制"按钮，对刚插入的吸顶灯进行复制，命令行操作如下。

```
命令：_copy
选择对象：                                    //选择刚插入的吸顶灯
```

Note

选择对象：　　　　　　　　　　　　　　　　//Enter
当前设置：　复制模式 = 多个
指定基点或 [位移(D)/模式(O)] <位移>：　　//捕捉如图 16-105 所示的圆心
指定第二个点或 [阵列(A)] <使用第一个点作为位移>：
//捕捉如图 16-106 所示的中点追踪虚线的交点

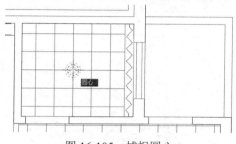
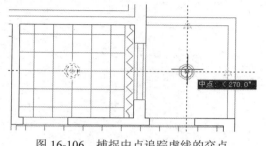

图 16-105　捕捉圆心　　　　　　图 16-106　捕捉中点追踪虚线的交点

指定第二个点或 [阵列(A)/退出(E)/放弃(U)] <退出>：
_m2p 中点的第一点：　　　　//捕捉如图 16-107 所示的端点
中点的第二点：　　　　　　//捕捉如图 16-108 所示的端点
指定第二个点或 [阵列(A)/退出(E)/放弃(U)] <退出>：
//Enter，结束命令，复制结果如图 16-109 所示。

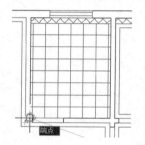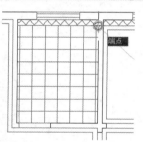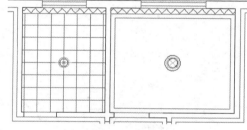

图 16-107　捕捉端点（3）图 16-108　捕捉端点（4）　　　图 16-109　复制结果（1）

Step 17　使用快捷键 L 执行"直线"命令，配合端点捕捉功能绘制如图 16-110 所示的灯具定位辅助线。

Step 18　使用快捷键 CO 执行"复制"命令，将书房吊顶处的吸顶灯复制到辅助线的中点处，结果如图 16-111 所示。

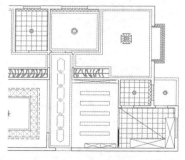

图 16-110　绘制灯具定位辅助线　　　　图 16-111　复制结果（2）

521

Step 19 在厨房吊顶填充图案上右击，在弹出的快捷菜单中选择"图案填充编辑"命令，如图 16-112 所示。

Step 20 在弹出的"图案填充和渐变色"对话框中设置孤岛显示样式，如图 16-113 所示。

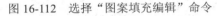

图 16-112 选择"图案填充编辑"命令　　　　图 16-113 设置孤岛显示样式

Step 21 在"图案填充和渐变色"对话框中单击"添加：拾取对象"按钮，返回绘图区，选择如图 16-114 所示的吸顶灯，编辑后的效果如图 16-115 所示。

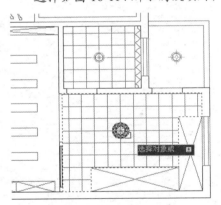

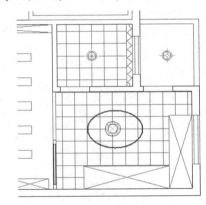

图 16-114 选择吸顶灯　　　　　　　　　图 16-115 编辑后的效果

Step 22 参照操作步骤 19～21，分别对卫生间吊顶填充图案进行编辑，将吊顶内的吸顶灯图块区域以孤岛的形式排除在填充区域之外，编辑结果如图 16-116 所示。

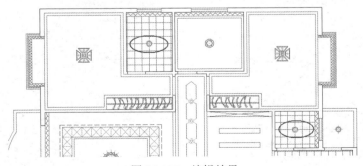

图 16-116 编辑结果

Step 23 调整视图，使图形全部显示，最终结果如图 16-90 所示。

Step 24 执行"另存为"命令，将图形名存储为"上机实训六——绘制居室吊顶灯具图.dwg"。

16.7　上机实训七——绘制吊顶辅助灯具图

本实训在综合巩固所学知识的前提下，学习某套三厅吊顶筒灯、轨道射灯等辅助灯具图的具体绘制过程和绘制技巧。吊顶辅助灯具图的最终绘制效果如图 16-117 所示。

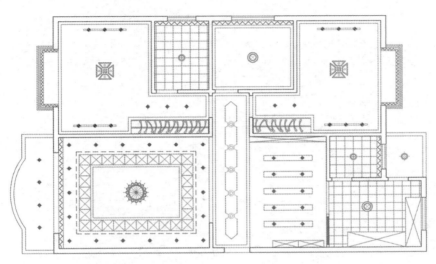

图 16-117　吊顶辅助灯具图的最终绘制效果

操作步骤如下。

Step 01 继续上例的操作，也可打开配套资源中的"效果文件\第 16 章\上机实训六——绘制居室吊顶灯具图.dwg"。

Step 02 选择菜单栏中的"格式"→"点样式"命令，在弹出的"点样式"对话框中，设置当前点样式和点大小，如图 16-118 所示。

图 16-118　"点样式"对话框

Step **03** 单击"默认"选项卡→"修改"面板→"偏移"按钮 ⊂，选择如图 16-119 所示的
灯具轮廓线，向外侧偏移 250 个单位作为辅助线，结果如图 16-120 所示。

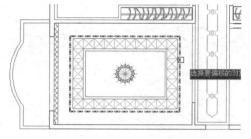

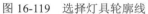

图 16-119　选择灯具轮廓线　　　　　　　　图 16-120　偏移结果

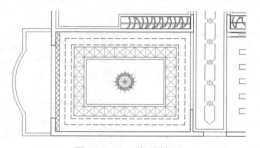

Step **04** 将偏移出的灯具轮廓线分解，然后选择菜单栏中的"绘图"→"直线"命令，配合中
点捕捉功能和范围捕捉功能，绘制如图 16-121 所示的 3 条直线作为灯具定位辅助线。

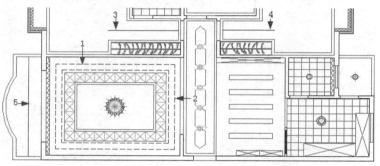

图 16-121　绘制灯具定位辅助线

Step **05** 单击"默认"选项卡→"绘图"面板→"定数等分"按钮 ，将灯具定位辅助线
进行等分，在等分点处放置点标记，表示筒灯，命令行操作如下。

```
命令: _divide
选择要定数等分的对象:          //选择如图 16-121 所示的辅助线 1
输入线段数目或 [块(B)]:         //5 Enter，等分结果如图 16-122 所示
```

Step **06** 重复执行"定数等分"命令，将辅助线 2 和辅助线 3 等分 4 份，将辅助线 4 等分 3
份，将辅助线 5 等分 5 份，结果如图 16-123 所示。

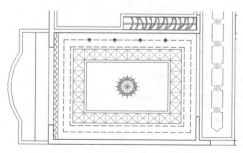

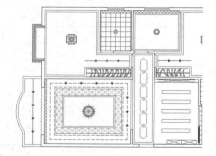

图 16-122　等分结果（1）　　　　　　　　图 16-123　等分结果（2）

Step **07** 单击"默认"选项卡→"绘图"面板→"多点"按钮 ，配合端点捕捉功能绘制两

个点标记作为筒灯，结果如图 16-124 所示。

Step 08 使用快捷键 E 执行"删除"命令，删除灯具定位辅助线，结果如图 16-125 所示。

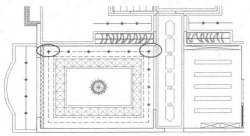

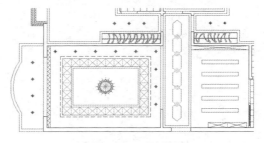

图 16-124　绘制结果（1）　　　　　　　　图 16-125　删除结果

Step 09 单击"默认"选项卡→"修改"面板→"镜像"按钮 ⚖，窗交选择如图 16-126 所示的灯具进行镜像，命令行操作如下。

```
命令：_mirror
选择对象：        //窗交选择如图 16-136 所示的灯具
选择对象：        //Enter
指定镜像线的第一点： //捕捉如图 16-127 所示的中点
指定镜像线的第二点： //@1,0 Enter
要删除源对象吗？[是(Y)/否(N)] <N>：//Enter，镜像结果如图 16-128 所示
```

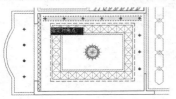
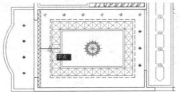
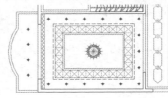

图 16-126　窗交选择灯具　　　图 16-127　捕捉中点（1）　　　图 16-128　镜像结果（1）

Step 10 重复执行"镜像"命令，配合中点捕捉功能对另一侧的灯具进行镜像，镜像结果如图 16-129 所示。

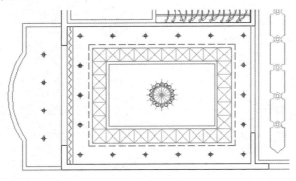

图 16-129　镜像结果（2）

Step 11 选择菜单栏中的"绘图"→"点"→"单点"命令，在命令行"指定点："提示下，向右引出如图 16-130 所示的中点追踪虚线，输入"350"并按 Enter 键，绘制结果如图 16-131 所示。

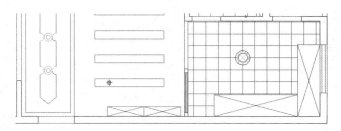

图 16-130　引出中点追踪虚线　　　　　　　　图 16-131　绘制结果（2）

Step **12**　单击"默认"选项卡→"修改"面板→"矩形阵列"按钮，对刚绘制的筒灯进行
　　　　阵列，命令行操作如下。

```
命令：_arrayrect
选择对象：                          //窗口选择如图 16-132 所示的筒灯
选择对象：                          //Enter
类型 = 矩形　关联 = 是
选择夹点以编辑阵列或 [关联(AS)/基点(B)/计数(COU)/间距(S)/列数(COL)/行数(R)/层
数(L)/退出(X)] <退出>：              //cou Enter
输入列数或 [表达式(E)] <4>：         //2 Enter
输入行数或 [表达式(E)] <3>：         //5 Enter
选择夹点以编辑阵列或 [关联(AS)/基点(B)/计数(COU)/间距(S)/列数(COL)/行数(R)/层
数(L)/退出(X)] <退出>：                        //s Enter
指定列之间的距离或 [单位单元(U)] <401.1296>：//1000 Enter
指定行之间的距离 <517.6271>：                 //600 Enter
选择夹点以编辑阵列或 [关联(AS)/基点(B)/计数(COU)/间距(S)/列数(COL)/行数(R)/层
数(L)/退出(X)] <退出>：                //Enter，阵列结果如图 16-133 所示
```

Step **13**　使用快捷键 I 执行插入"块"命令，采用默认参数插入配套资源中的"图块文件\
　　　　轨道射灯.dwg"，在命令行"指定插入点或 [基点(B)/比例(S)/旋转(R)]:"提示下激活
　　　　捕捉自功能。

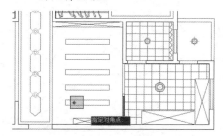

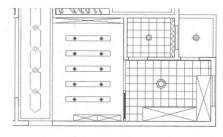

图 16-132　窗口选择筒灯　　　　　　　　　图 16-133　阵列结果

Step **14**　继续在命令行"_from 基点:"提示下捕捉如图 16-134 所示的中点。

Step **15**　继续在命令行"<偏移>:"提示下，输入"@0,200"后按 Enter 键，插入结果如图 16-135
　　　　所示。

Step **16**　重复执行插入"块"命令，采用默认设置，配合捕捉自功能继续为主卧室吊顶布置
　　　　轨道射灯，命令行操作如下。

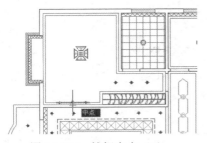

图 16-134　捕捉中点（2）

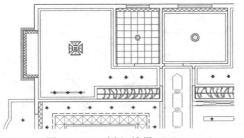

图 16-135　插入结果（1）

```
命令：_insert                           //Enter
指定插入点或 [基点(B)/比例(S)/旋转(R)]：  //激活捕捉自功能
_from 基点：                            //捕捉如图 16-136 所示的中点
<偏移>：                               //@-200,0 Enter，插入结果如图 16-137 所示
```

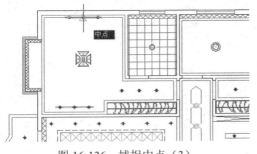

图 16-136　捕捉中点（3）

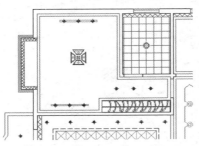

图 16-137　插入结果（2）

Step 17 使用快捷键 CO 执行"复制"命令，配合中点捕捉功能将两个轨道射灯分别复制到子女房吊顶处，结果如图 16-138 所示。

Step 18 调整视图，使图形全部显示，最终结果如图 16-117 所示。

Step 19 执行"另存为"命令，将图形名存储为"上机实训七——绘制吊顶辅助灯具图.dwg"。

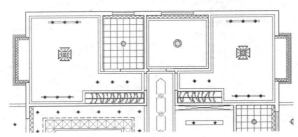

图 16-138　复制结果

16.8　上机实训八——标注吊顶图文字与尺寸

　　本实训在综合巩固所学知识的前提下，学习吊顶图文字与尺寸的快速标注过程及标注技巧。吊顶图文字与尺寸的最终标注效果如图 16-139 所示。

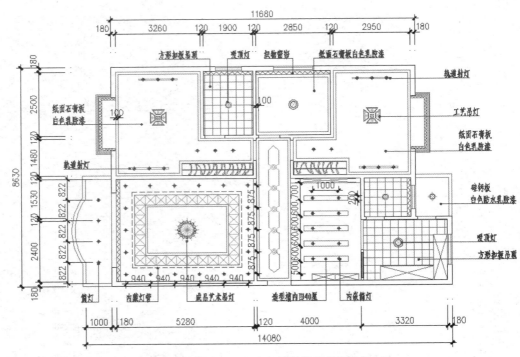

图 16-139　吊顶图文字与尺寸的最终标注效果

操作步骤如下。

Step 01 继续上例的操作，也可打开配套资源中的"效果文件\第 16 章\上机实训七——绘制吊顶辅助灯具图.dwg"。

Step 02 使用快捷键 LA 执行"图层"命令，解冻"文本层"图层，并将此图层设置为当前图层，此时图形的显示效果如图 16-140 所示。

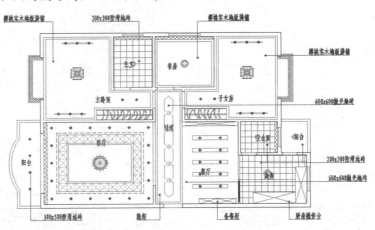

图 16-140　图形的显示效果（1）

Step 03 选择菜单栏中的"工具"→"快速选择"命令，在弹出的"快速选择"对话框中设置参数，如图 16-141 所示。选择"文本层"图层上的所有对象，选择结果如图 16-142 所示。

图 16-141　"快速选择"对话框

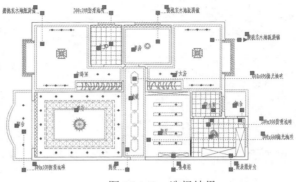

图 16-142　选择结果

Step 04 使用快捷键 E 执行"删除"命令，删除选择的所有对象，结果如图 16-143 所示。

Step 05 按 F3 功能键，暂时关闭对象捕捉功能。

Step 06 选择菜单栏中的"标注"→"多重引线"命令，在命令行"指定引线箭头的位置或[引线基线优先(L)/内容优先(C)/选项(O)] <选项>:"提示下，在客厅艺术吊灯图块位置上拾取点，如图 16-144 所示，以定位引线箭头的位置。

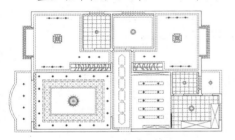

图 16-143　删除结果

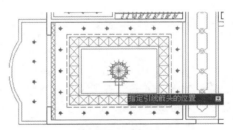

图 16-144　定位引线箭头的位置

Step 07 在命令行"指定下一点:"提示下，引出极轴追踪矢量，然后在适当位置拾取点，以定位引线的第二点，如图 16-145 所示。

Step 08 在命令行"指定引线基线的位置:"提示下，引出极轴追踪矢量，然后在适当位置拾取点，以定位引线基线的位置，如图 16-146 所示。

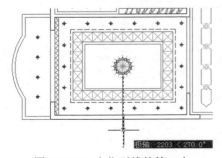

图 16-145　定位引线的第二点

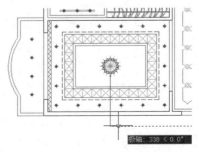

图 16-146　定位引线基线的位置

Step 09 在命令行"指定基线距离 <0.0000>:"提示下，直接按 Enter 键，打开"文字编辑器"窗口。

Step 10 此时在文字输入框内输入"成品艺术吊灯"文本内容，如图 16-147 所示。

Step 11 关闭"文字编辑器"窗口，标注结果如图 16-148 所示。

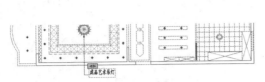

图 16-147　输入文本内容

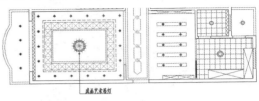

图 16-148　标注结果（1）

Step 12 参照操作步骤 6～11，分别标注其他位置的引线注释，标注结果如图 16-149 所示。

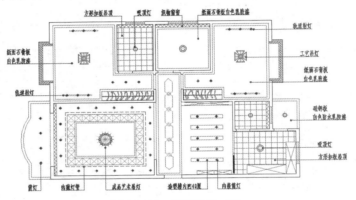

图 16-149　标注结果（2）

Step 13 单击"默认"选项卡→"图层"面板→"图层控制"下拉按钮，打开"图层控制"下拉列表，解冻"尺寸层"图层，并将"尺寸层"设置为当前图层，此时图形的显示效果如图 16-150 所示。

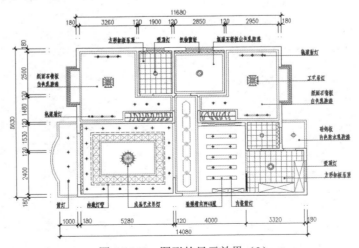

图 16-150　图形的显示效果（2）

Step 14 单击"注释"选项卡→"标注"面板→"线性"按钮 ，配合端点捕捉功能标注定位尺寸，结果如图 16-151 所示。

Step 15 单击"注释"选项卡→"标注"面板→"连续"按钮 ，配合端点捕捉功能标注连续尺寸，结果如图 16-152 所示。

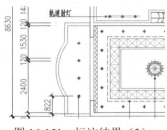

图 16-151 标注结果（3）

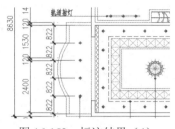

图 16-152 标注结果（4）

Step 16 重复使用"线性"和"连续"等命令，分别标注其他位置的内部尺寸，标注结果如图 16-153 所示。

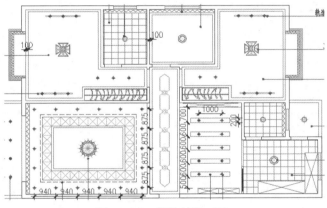

图 16-153 标注结果（5）

Step 17 调整视图，使图形全部显示，最终结果如图 16-139 所示。

Step 18 执行"另存为"命令，将图形名存储为"上机实训八——标注吊顶图文字与尺寸.dwg"。